U0176037

理解人类多样性
科塔克人类学

[美] 康拉德·菲利普·科塔克（Conrad Phillip Kottak） 著

黄剑波　方静文 等 译

Anthropology
The Exploration of Human Diversity
12th Edition

中国人民大学出版社
·北京·

目录

第一部分　人类学的多重维度

第二部分 体质人类学和考古学

第四部分　变迁中的世界

第
1
章

人类学是什么

- 人类的适应性
- 适应、变异与变迁
- 普通人类学
- 人类学分支学科
- 人类学与其他学科
- 科学、解释和假设检验

第一部分 人类学的多重维度

人类的适应性

人类学家随时随地可以展开研究——在肯尼亚北部、一家土耳其咖啡厅、一座美索不达米亚陵墓或者一家北美的购物中心。人类学是对时空中人类多样性的探索。它研究整个人类状况：过去、现在和将来；生物性、社会、语言和文化。特别关注通过人类适应性表现出来的多样性。

人类是世界上适应性最强的动物。在南美洲的安第斯山脉，人们在海拔 1.6 万英尺^① 的村庄中醒来，然后再往上徒步登上 1 500 英尺的锡矿山工作。澳大利亚沙漠中的部落民崇拜动物并探讨哲学。热带的人们则在疟疾中存活下来。人类已经实现在月球上行走。华盛顿史密森学会（Smithsonian Institution）的进取号星舰（Starship Enterprise）模型象征着"寻找新生命和新文明，勇敢地航向前人所未至的领域"的欲望。希望知道未知的、掌控不可控的和在混乱中创造秩序，这在所有民族中都有所表现。创造性、适应性和灵活性是人类的基本属性，而人类多样性则是人类学的主题。

学生们常惊叹于**人类学**（anthropology）的广博，因为它研究人种及其直接祖先。人类学是一门比较的和**整体论**（holistic）的独特科学。整体论指的是对人类整体状况的研究：过去、现在和将来；生物性、社会、语言和文化。很多人认为人类学家研究化石、非工业社会和非西方文化，如阿里尔人，的确有很多人在做这些研究。但人类学远非只是对非工业民族的研究，它是一种比较研究，探索所有的社会：古代的和现代的，简单的和复杂的。其他社会科学倾向于关注一种单一的社会，通常是如美国或加拿大那样的工业国家。然而人类学却提供了一个独一无二的跨文化比较视角，经常将一个社会中的风俗与其他社会中的进行比较。

人们与其他动物，包括狒狒、狼甚至蚂蚁都有社会——有组织的群体生

---

① 1英尺约合0.304 8米。——译者注

活,但文化却是人类所独有的。通过学习传递的文化是形成和指导接触它的人们的信仰与行为的传统与风俗。孩子们通过在某个特定的社会中成长来习得这种传统,这一过程被称为濡化。文化传统包括适当与不当行为的风俗和观念,经过数代发展起来。这些传统回答此类问题:我们该如何行事?我们如何理解这个世界?我们如何辨别正误?文化为生活在特定社会人们的思想和行为方面创造了某种程度上的延续性。

文化传统的关键在于它的传承通过后天学习而不是生物遗传。文化本身不是生物性的,但是它依托于某些人类的生物性特征。在一百多万年的时间里,人类已经至少拥有了一些文化可以依赖的生物能力。这些能力包括学习、象征性地思考、运用语言、使用工具和适应所在的环境。

人类学面对和思考人类存在的主要问题,在时空中探索人类的生物和文化多样性。通过考察古代的遗骨和工具,我们揭开人类起源之谜。我们的祖先是从何时起与那些后代是猿类的远祖们分离开来的?智人是在何时何地起源的?我们的物种是如何变迁的?我们现在是什么?我们又将走向何方?我们的属及人属已经变化了100多万年,人类还要在生物和文化上继续适应和变迁。

适应、变异与变迁

适应指的是有机体应对环境的力量和压力的过程,例如那些由气候和地形地貌等施加的力量。有机体如何改变以适应它们的环境如干旱气候或者高海拔呢?和其他动物一样,人类也用生物适应方式。表1.1概括了人类适应高海拔的生物和文化方式。山地地形伴随着高海拔和缺氧形成了巨大挑战。设想有四种(一种文化的和三种生物的)人类可以在高海拔应对低压氧的方法。例如文化(技术)适应是一个配备有氧气面罩的增压飞机座舱。而适应高海拔的生物方式有三种:基因适应、长期的生理适应和短期的生理适应。首先,高海拔地区的本土居民如秘鲁的安第斯人、尼泊尔的喜马拉雅人,似乎获得了一些在高海拔地区生活的基因优势。形成容量很大的胸腔和肺的安第斯倾向可能是有基因基础的。第二,抛开其基因不说,在高海拔地区长大的人与那些基因相似但在低海拔地区长大的人们相比生理上更能适应。这说明了在身体生长和发育过程中长期的生理适应。第三，人类还有短期或者暂时性生理适应的能力。那就是，当低地人到了高地，他们的呼吸和心跳会立即加快。过速呼吸增加了他们肺和动脉中的氧。因为脉搏也随之加速了，血液得以更快地到达各组织。所有这些不同的适应性反应——文化的和生物的——实现了同一个目标：维持身体充足的氧供应。

伴随人类历史的展开，社会和文化适应日益重要。在此过程中，人类发明出多种应对他们在时空中已经占据的环境变化的方式。在过去的10 000 年中，文化适应和变迁的速率加快了。狩猎和采集自然的恩赐——觅食（foraging）——在上百万年中曾是人类生计的唯一基础。但源于距今12 000~10 000 年的**食物生产**（food production，种植作物和驯养家畜）只用了几千年便取代了大多数地区的采集生活。距今 6 000 至 5 000 年，文明出现了，产生了大型的、强势的和复杂的社会，如征服和统治广大地理区域的古埃及。

更晚近些，工业产品的传播已经深刻地影响了人们的生活。纵观整个人类历史，主要革新的传播都是以取代早先的革新为代价的。每一次经济革命都会造成社会和文化反响。当今全球化的经济与交流将所有人在世界体系中直接或间接地联系起来。人们必须应对渐次扩大的体系——宗教、国家和世界——所催生的力量。对于当代适应性的研究为人类学带来了新的挑战："世界各民族的文化需要被重新发现，因为人们在变迁的历史情境中重新发明了文化。"（Marcus and Fischer，1986，p.24）

表 1.1　文化和生物适应形式（对高海拔）

适应形式	适应类型	实例
技术	文化的	配备有氧气面罩的增压飞机座舱
基因适应（经过数代发生）	生物的	高海拔本土居民的更大的"桶状胸腔"
长期的生理适应	生物的	更有效的呼吸系统，以从"稀薄的空气"中获得更多氧
短期的生理适应（当个体机体进入新环境时自发发生）	生物的	心跳加速，过速呼吸

普通人类学

人类学学科，也称**普通人类学**（general anthropology）或者"四分支"人类学，包括四个主要的分支学科或者分支领域。它们是社会文化人类学、考古人类学、生物人类学和语言人类学（后文中，更简短的"文化人类学"将被作为"社会文化人类学"的同义词使用），在分支领域中，文化人类学的成员队伍最大。大多数人类学系开设所有四分支的课程。

一个学科包含四个分支领域是有历史原因的。人类学作为科学领域，特别是美国人类学，其源头可以追溯至 19 世纪。早期美国人类学家特别关注北美土著民族的历史与文化。对美洲土著起源、多样性的兴趣将对风俗、社会生活、语言和体质特征的研究汇集到一起。现在人类学家依然在思考这样的问题：美洲土著是从何而来的？是几次移民浪潮将他们带到新大陆的吗？美洲土著人之间以及他们与亚洲之间的语言、文化和生物联结是什么？人类学包含四个分支领域的另一个原因是对于生物和文化关系的兴趣（如"种族"）。60 多年前，人类学家鲁思·本尼迪克特（Ruth Benedict）意识到，"在世界历史上，共同创建同一种文化的不一定属于同一种族，而同一种族的人可能不共享同一种文化"（Benedict, 1940, chapter 2）。（注意：欧洲没有发展出一个统一的四分支人类学，而是各分支学科倾向于独立存在）

美国人类学的统一还有逻辑原因。每一个分支领域都考虑时空变迁（也就是在不同的地理区域）。文化人类学家与考古人类学家研究（在很多其他主题中）社会生活和风俗的变迁。考古学家过去常常研究现存的社会和行为模式来设想过去的生活可能是什么样的。生物人类学家考察生物形式的进化性变化，如解剖学变化可能与使用工具或语言的起源有联系。语言人类学家通过研究现代语言来重构古代语言的基础。

因为人类学家相互交谈、阅读专著与期刊并通过各种专业机构联系起来，所以四个分支学科是相互影响的。普通人类学探索人类生物、社会和文化的基础并思考它们之间的相互关系。人类学家共享某些关键预设。可能最根本的原因在于，关于"人性"的合宜的结论性观点不可能只通过研究一个国家、社会或者文化传统得出。跨文化的比较研究进路是关键。

文化力量模塑人类生物性

举例来说，人类学比较的、生物文化的视角认为文化力量持续模塑人类生物性［**"生物文化的"**（biocultural）意为包含和结合生物及文化的视角与方法来讨论或解决某个特定的问题或事件］。文化是决定人类身体成长和发展的关键环境力量。文化传统促进某些文化和能力却阻碍另外一些，并为身体健康和吸引力制定标准。身体活动，包括受文化影响的运动，帮助塑造体格。例如，北美的女孩被鼓励在花样滑冰、体操、田径、游泳、跳水和其他运动竞赛中发展，所以她们在这些领域表现很好。巴西女孩虽然在篮球和排球等团队项目中表现优异，但是在个人项目上的表现不如她们的美国或加拿大同伴。为什么有些国家鼓励人们成为运动员而有些国家不是这样呢？为什么有些国家的人们在那些显著改变他们身体的竞技体育中投入那么多时间和努力呢？魅力与得体的文化标准影响体育的参与和成就。美国人跑步或者游泳不是为了比赛而是为了健美。巴西的审美标准强调要更丰满，尤其是女人的臀部。巴西男子选手在跑步和游泳项目上获得了世界性的成功，但巴西很少输送女子游泳运动员或女子跑步运动员参加奥林匹克运动会。巴西女子避免参加竞技游泳的特殊原因可能是因为该运动对于身体的影响。经年游泳会塑造出与众不同的体格：宽大的上身、结实的颈项，还有强有力的肩膀和背。成功的女子游泳运动员倾向于高大和强壮。一贯出产此类女性的是美国、加拿大、澳大利亚、德国、斯堪的纳维亚国家、荷兰以及苏联，这些国家对这类体型的污名要弱于拉丁国家。游泳会塑造出强壮的身体，而巴西文化认为女性应该是柔软的，有硕大的臀部而不是宽大的肩膀。许多年轻的巴西女性游泳运动员宁愿选择理想的"女性"身体而放弃这项运动。

人类学分支学科

文化人类学

文化人类学研究人类社会与文化，是描述、分析、阐释和说明社会和文化异同的分支学科。为了研究和阐释文化多样性，文化人类学家从事两类活动：**民族志**（ethnography）（基于田野工作）和民族学（基于跨文化比较）。民族志提供对特定社区、社会或者文化的描述。在民族志田野工作中，民族志者收集他或她组织、描述、分析和阐释的数据，并以专著、文章或者电影的形式来建立和展示描述。传统上，民族志者曾居住在小型社区［如巴西的阿伦贝培（Arembepe）——见10～11页的"趣味阅读"］中，并研究当地的行为、信仰、风俗、社会生活、经济活动、政治和宗教。什么样的经历对于民族志者来说是民族志呢？"趣味阅读"提供了一些线索。

从民族志田野工作中得出的人类学视角往往与从经济或政治科学中得出的大相径庭。经济和政治领域关注国家的和官方的组织、政策，而且通常是关于精英的。而人类学家传统上研究的群体与当今世界上大多数人一样是相对贫困和无权的。民族志者经常观察到针对这部分人的歧视性举措，他们经受粮食短缺、食物匮乏以及其他方面的贫困。政治科学家倾向于研究国家计划制定者拟定的项目，而人类学家则探讨这些项目是如何在地方层面上展开的。

文化不是孤立的。正如弗朗兹·博厄斯（Franz Boas, 1940/1966）在很多年前注意到的那样，相邻部落间的联系一直延伸至很大区域。"人类在与他人的互动中而不是孤立中建构他们的文化。"（Wolf,1982,p.ix）村民们日益参与到区域、国家和世界事务中。他们暴露于通过大众传媒、移民和现代交通表现出来的外力中。随着游客、发展机构、政府官员和宗教人士以及政治候选人的到来，城市和国家日益侵入地方社区。这些联系是区域、国家和国际政治、经济和信息体系的重要组成部分。这些更大的体系对人类学传统上研究的人们和地区的影响日益增强。

民族学（ethnology）考察、阐释、分析和比较民族志结果——从不同社会中搜集到的资料。它运用这些材料对社会和文化进行比较、对比和归纳。发现特殊之后更普遍的东西，民族学家试图辨认和解释文化异同，检验假设并建立理论以提升我们对于社会和文化体系如何运作这一问题的理解（见本章末尾"科学、解释和假设检验"部分）。民族学不仅从民族志也从其他分支领域，特别是从重构了过去社会体系的考古人类学中获得比较的材料。

关于民族志与民族学的对比，请见表1.2。

理解我们自己

　　我们的父母可能告诉我们喝牛奶和吃蔬菜有助于健康成长，但是他们并没有同样清晰地认识到文化在模塑我们身体中所扮演的角色。我们的遗传属性提供了我们成长和发育的基础，人类的生物性是非常具有可塑性的。就是说，它是可锻造的；环境影响我们如何成长。同卵双胞胎若在明显不同的环境（例如一个在高海拔的安第斯山，一个在接近海平面的地方）中长大，当他们成年的时候，体质上不会完全一样。营养在成长中很重要；同样，关于男孩和女孩适合做什么的文化准则也很重要。文化作为一种环境力量，和营养、热、冷以及海拔对我们发育的影响一样大。文化的一个方面是它如何为各种各样的活动提供机会。通过练习我们擅长某种运动。当你长大后，你觉得最容易的运动是棒球、高尔夫、登山、击剑还是其他运动呢？想一想这是为什么。

 ## 考古人类学

　　考古人类学（archaeological anthropology）（更简单地说，是"考古学"）通过物质遗存重构、描述和阐释人类行为与文化模式。在人类生活或曾经生活过的遗址，考古学家发现人类制作的、用过或者修饰过的人工制品和物质产品，如工具、武器、营地、建筑和垃圾。植物和动物遗存以及古代垃圾可以讲述消费和活动的故事。野生的和家种的谷物有不同的特征，这使得考古学家得以区分出采集和栽培。对动物骨骼的考察揭示出宰杀动物的年代，并为判断物种是野生的还是驯养的提供其他有用的信息。

表 1.2　民族志与民族学——文化人类学的两个维度

民族志	民族学
要求田野工作以收集材料	运用一系列研究者收集到的材料
通常是描述性的	通常是综合性的
具体的群体 / 社区	比较 / 跨文化

趣味阅读 即使是人类学家也会遭遇文化休克

我第一次住在阿伦贝培是 1962 年（北美）暑假。当时，我在纽约哥伦比亚大学读完大三，下一年就要大四了，我的专业是人类学。我去阿伦贝培是参加一个现在已经不存在的旨在为本科生提供民族志研究经验的项目——完成对一个陌生社会的文化和社会生活的研究。

在一种文化中长大，对他者有强烈的好奇心的人类学家也会经历文化休克，尤其是在他们的第一次田野之行中。文化休克是指置身于一个陌生场景中产生的一系列情感以及随之出现的行动。那是一种冷淡的、恐怖的疏离感，对自己的文化来源没有哪怕是最普通、最细微的（也因而是最基本的）线索。

当我 1962 年计划离开美国去巴西的时候，我不知道没有了我的语言和文化的外衣，我会感觉到怎样的一无所有。在阿伦贝培的逗留将是我第一次去美国以外的地方。我是一个城市男孩，在佐治亚州亚特兰大和纽约市长大。在本国几乎没有乡村生活的经历，更不用说拉丁美洲了，而且我只接受了一点点葡萄牙语的训练就从纽约直接到巴西巴伊亚州萨尔瓦多。在里约热内卢稍作停留；在田野工作的末尾，一段更长的旅途将是回报。当我们的飞机接近萨尔瓦多的时候，我无法相信沙子可以那样白。"那不是雪，对吧？"我跟我的同伴说。我对巴伊亚州的第一印象是气味——陌生的芒果、香蕉和西番莲果成熟和腐烂的味道——和拍打着翅膀无处不在的果蝇，那是我从未见过的，虽然我在基因课上曾仔细地读过关于它们的繁殖行为的书。这里有很奇怪的大米、豆豉、无法辨认的胶状肉块和漂浮的皮的混合物。咖啡很浓糖很粗糙，每一张桌子上都放有牙签盒和木薯粉的容器，木薯粉就像巴尔马干酪一样撒在任何要吃的东西上。我记得燕麦片粥和黏滑的牛舌炖番茄。有一次吃饭有一个破碎的鱼头，鱼眼睛还在，直瞪着我，而它的其他部分却浮在碗里鲜橙色的棕榈油上……

我只依稀记得我在阿伦贝培的第一天。不像研究南美腹地热带雨林中的偏远部落或者巴布亚新几内亚高地的民族志者，我不必徒步或者乘坐独木舟花费很多天才到达田野点。阿伦贝培相对于这种地方来说并不与世隔绝，只是相对于我所到过的地方而言……

我确实记得我们到达那天发生的事。没有正规的通向村庄的路。进入阿伦贝培南部的时候，车子按照之前的机动车留下的痕迹挤过椰子树。一群小孩听说我们要来，就沿村里的路追着我们的车子直到我们在中心广场附近的房子前面停下来。在阿伦贝培的开头几天，我们到哪儿孩子们都会跟着。在几周内，我们几乎没有独处的时间。孩子们从我们起居室的窗户中注视我们的每一个动作。间或会有人做出无法理解的评论。通常他们只是站在那儿……

科塔克和他的巴西侄子吉列尔梅·罗克素（Guilherme Roxo）于2004年再次访问阿伦贝培。

巴西东北部和阿伦贝培生活的声音、感受、景象、气味和味道，慢慢变得熟悉起来……我开始习惯这个没有纸巾的世界，当有感冒在阿伦贝培发生的时候，村里的孩子都惯常地流鼻涕。在这里，妇女将盛满水的18升油桶顶在头上，看起来毫不费力，男孩们放风筝、以徒手抓住家蝇作为消遣，老年妇女用烟管吸烟，店主早上9点就供应巴西朗姆酒（普通的朗姆酒），男人们在不用捕鱼的慵懒的下午玩多米诺骨牌。我所拜访的是一个水的世界——男人们捕鱼的海和女人们公用的洗衣服、洗碗、洗澡的潟湖。

本段描述引自我的民族志《远逝的天堂：一个巴西小社区的全球化》[①]，第 4 版（纽约：麦格劳-希尔出版公司，2006）。

① 本书其他地方对该书的引用省略了副标题。——译者注

通过分析这些资料，考古学家可以回答关于古代经济的几个问题。这个群体是通过狩猎得到肉类，还是驯养动物，并且只宰杀特定年龄和性别的动物呢？植物性食物是来源于野生植物还是播种、照料和收割庄稼呢？人们交换或者购买特殊的物品吗？本地有可用的原料吗？若没有，原料从何而来？根据这些信息，考古学家重构生产、交换和消费模式。

考古学家花费大量时间研究陶器碎片。陶器碎片比其他物品如纺织物和木头更持久。其数量可以帮助研究者估计人口规模与密度。发现制陶所用原料不是本地所有，则暗示了交换体系（的存在）。不同遗址在制造和装饰方面的相似可能就是文化联系的证据。有相似容器的群体可能在历史上是相关的。也许他们共享文化祖先、相互交易或隶属于同一政治体系。

很多考古学家考察古生态学。生态学研究一个环境中各种生物之间的相互关系。有机体与环境共同构成一个生态系统，规范地安排能量流动和交换。人类生态学研究包含人的生态系统，集中关注人类所用的"有自然影响又被社会组织和文化价值观影响"（Bennett,1969,pp.10-11）的方法。古生态学考察过去的生态系统。

除了重构生态模式，考古学家可能推断文化变迁，比如通过观察遗址的大小、类型及相互间的距离。一个城市由几世纪前只有城镇、村落、小村庄存在的区域发展而来。一个社会中居住层（城市、城镇、村落、小村庄）的数量是该社会复杂程度的衡量标准。建筑则能提供政治和宗教特征的线索。寺庙和金字塔说明一个古代社会存在可以集结建造这些建筑所需劳动力的权力结构。某些结构如古埃及和墨西哥的金字塔的存在与缺失，揭示出居住点之间功能的差异。举例来说，有些城镇是人们参加典礼的场所，有些是墓地，还有一些则是农业社区。

考古学家也通过发掘来重构过去的行为模式和生活方式。这包括在特定遗址连续层（succession level）的挖掘。在一个既定区域，经过一段时间，发掘能记录经济、社会和政治活动的变迁。

虽然考古学家以研究史前时代即文字发明之前的时期闻名，但是他们也研究历史甚至现存民族的文化。通过研究佛罗里达海岸的沉船，水下考古学家能够证实非裔美国人的祖先被当做奴隶带到新大陆时在船上的生活状况。在亚利桑那州图森的一项始于 1973 年的研究项目中，考古学家威廉·拉什杰（William Rathje）已经通过对现代垃圾的研究获悉了现代生活的情况。拉什杰所称"垃圾学"的价值，在于它提供了"人们所做的，而不是他们认为做过的，他们认为他们应该已经做过的，或者采访者认为他们应该已经做过的事情的证据"（Harrison, Rathje and Hughes, 1994,p.108）。人们所说的与垃圾学所揭示的他们的行为可能完全不同。例如，学者发现，在图森三个据报道啤酒消费最少的街区，实际上每户平均起来拥有最多的废弃啤酒罐（Podolefsky and Brown, 1992, p.100）！拉什杰的垃圾学还揭示了关于垃圾中各种垃圾所占比例的认识误区：大多数人原以为快餐盒与尿布是主要的污染问题，事实上与纸相比，包括环保的、可回收的纸，它们的污染并不显著（Rathje and Murphy, 2001）。

 ## 生物或体质人类学

生物或体质人类学（biological or physical anthropology）的主题是时空中人类的生物多样性。对生物变异的关注整合了生物人类学内部的 5 个特殊的兴趣点：

1. 化石记录所揭示的人类进化（古人类学）。

2. 人类遗传学。

3. 人类的生长与发育。

4. 人类的生物可塑性（身体应对压力如热、冷和海拔时改变的能力）。

5. 猴、猿及其他非人灵长类的生物性、进化、行为和社会生活。

这些兴趣点将体质人类学与其他学科联系起来：生物学、动物学、地质学、解剖学、生理学、医学和公共卫生。骨骼学——对骨骼的研究——能帮助古人类学家，他们考察头骨、牙齿和骨骼，以识别人类的祖先并标示出随着时间推移出现的解剖学变化。古生物学家就是研究化石的科学家。古人类学家是古生物学家的一种，他们研究人类进化的化石记录。古人类学家在重构人类进化的生物和文化方面经常与研究人工制品的考古学家合作。化石和工具经常是一起被发现的。不同类型的工具提供关于曾经使用这些工具的人类祖先们的习惯、风俗和生活方式的信息。

一个多世纪之前，查尔斯·达尔文（Charles Darwin）注意到存在于各人群内部的差异使某些个体（那些有有利特征的）有可能比另一些个体在存活与繁殖方面做得更好。后来发展的遗传学，启发了我们关于这种变异的原因和传播。但是，不只是基因造成了变异。在任何个体的一生中，环境与遗传一起决定生物特征。例如，基因倾向于高的人若在童年时营养缺乏可能就不会那么高。因此，生物人类学也探查环境在身体成长和成熟中的影响。在环境因素中，影响发育的是营养、纬度、温度和疾病，还有文化因素，像我们之前提到过的吸引力标准。

生物人类学（与动物学一起）也包括灵长类学。灵长类包括我们最近的亲属——猿和猴。灵长类学家通常在它们的自然环境中研究它们的生物性、进化、行为和社会生活。灵长类学家之于古人类学家是有助益的，因为灵长类的行为或许能解释早期人类的行为和人性。

 ## 语言人类学

虽然生物人类学家指望从对脸和颅骨的解剖来推断语言的起源，灵长类学家也已经描绘了猴和猿的交流体系，但是我们不知道（可能永远也不会知道）我们的祖先是何时获得说话的能力的。我们所知道的是，发达的、语法复杂的语言已经存在了上千年。语言人类学家进一步阐明了人类学对于比较、变异和变迁的兴趣。**语言人类学**（illustration anthropology）在社会和文化情境中跨时空地研究语言。有些语言人类学家推断语言的普遍特征或许和人脑的一致性有关。其他人则通过比较当代的后裔重构古代语言，如此一来就可以发现历史。还有一些人研究语言差异以发现不同文化中的不同观念和思维模式。

历史语言学关注历史的变化，如中古英语（大约在1050—1550年间使用）和现代英语相比，语音、语法和词汇的变化。**社会语言学**（sociolinguistics）考察社会和语言变化之间的关系。没有哪一种语言是所有人说话都一模一样的同质的系统。不同的说话人如何使用一种既定的语言？语言特征如何与社会因素包括阶级和社会性别差异（Tannen, 1990）相关联？变异的原因之一是地理，如方言和口音。语言变化也通过族群的双语现象得到表达。语言人类学家和文化人类学家在研究语言和文化的其他方面（如人们如何看待亲属关系以及他们如何感知颜色并对颜色进行分类）的联系时相互合作。

 # 人类学与其他学科

如前文提到的，人类学和其他研究人的学科的主要区别在于整体论，独一无二地融生物、社会、文化、语言、历史和当代视角于一体。存在悖论的是，这种包容和广博在使人类学显得独特的同时也使之与很多其他学科联系起来。用于化石和人工制品年代鉴别的技术从物理、化学和地质学中进入人类学。因为植物和动物遗存经常与人骨和人工制品一起被发现，人类学家常与植物学家、动物学家和古生物学家合作。

作为一门既科学又人文的学科，人类学与很多其他学科有关联。人类学是一门科学——一个"系统的研究领域或者知识共同体，旨在通过实验、观察和演绎得出关于物质世界和物理世界各种现象的可靠解释"（*Webster New World Encyclopedia*, 1993，p.937）。接下来的章节将展现作为人文科学的人类学，致力于发现、描述、理解和解释人类和祖先之间在时空中的异同。克莱德•克拉克洪（Clyde Kluckhohn, 1944）将人类学表述为"关于人类异同的科学"（Kluckhohn,1994,p.9）。他关于需要这样一个学科的命题依然成立："人类学为处理当今世界最严酷的困境提供了科学基础：外表迥异、语言不通、生活方式不同的人们如何和平共处？"（Kluckhohn,p.9）人类学已经形成了本书试着囊括的一整套知识。

除了与自然科学（如地质学、动物学）和社会科学（如社会学、心理学）的联系之外，人类学与人文学科也有很强的联系。人文学科包括语言、比较文学、古典文学、民族学、哲学和艺术。这些学科研究语言、文本、哲学、艺术、音乐、表演和其他形式的创造性表现。民族音乐学尤其与人类学关系密切，它研究世界范围内的音乐表现形式。同样有联系的还有民俗学，它对各种文化中的故事、神话和传奇进行系统研究。考虑到它对人类多样性的最根本的尊重，可能有人会争辩说人类学是所有学科中最人文的学科。人类学家倾听、记录和呈现来自大量民族和文化的声音。人类学珍视地方性知识、多样的世界观和不同的哲学。特别是文化人类学和语言人类学将比较和非精英的视角引入了创造性表现，包括语言、艺术、音乐和舞蹈，并在其社会和文化场景中加以审视。

文化人类学与社会学

文化人类学与社会学在社会关系、组织和行为方面的兴趣是共通的。两个学科之间的重大差别源于二者传统上研究的社会的类型不同。最初社会学家关注西方工业社会，人类学家关注非工业社会。处理这两类不同社会的资料收集和分析方法随之出现。为了研究大规模复杂社会，社会学家依靠问卷等形式搜集大量的定量数据。多年以来，抽样和统计技术成为社会学的基础，但是在人类学中越来越少见统计训练（虽然随着人类学家越来越多地在现代社会中做研究，这种情况正在改变）。

传统的民族志者研究小规模无文字（没有书写文字）的民族，并依靠适合那种场景的方法。"民族志是人类学家近距离观察、记录和参与另一文化中的日常生活的研究过程——一种被称为田野工作方法的经历——然后写下关于此文化的表述，强调细节的描绘。"（Marcus and Fischer,1986, p.18）在这段引文中提到的一种重要方法就是参与观察——参与到所观察的事件中，并描述和分析。

人类学和社会学现在在很多领域和论题上交叉。随着世界体系的形成，社会学家现在也在发展中国家和之前主要属于人类学范围的其他地方做研究。而随着工业化的扩展，很多人类学家现在也研究工业社会，他们的研究主题很多样，包括乡村的衰落、城市贫民区以及大众传媒在塑造民族文化模式中的角色。

人类学与心理学

和社会学家一样，很多心理学家在自己所在的社会中做研究，但是关于"人类"心理的命题不能仅基于在一个社会或一类社会中的观察。文化人类学中被称为心理人类学的领域研究心理特征的跨文化差异。社会通过不同的教育孩子的方式灌输不同的价值观。成人的人格折射出一种文化中养育孩子的实践。

马林诺夫斯基（Bronislaw Malinowski）是人类心理跨文化研究的先驱，他以在南太平洋特洛布里恩德岛民（Trobriand Islanders）中的田野工作著名。特洛布里恩德人按照母系计算世系。他们认为自己与母亲及其亲属相关，而不是父亲。规训孩子的不是父亲而是母亲的兄弟，即母舅。特洛布里恩德人对舅舅表现出特殊的尊重，一个男孩与他舅舅的关系通常是冷淡和疏远的。相反，特洛布里恩德人的父子关系则是友好和亲密的。

马林诺夫斯基在特洛布里恩德岛民中的研究修正了弗洛伊德（Sigmund Freud）著名的俄狄浦斯情结具有普遍性的理论（Malinowski, 1927）。按照弗洛伊德的说法（Freud, 1918/1950），男孩在大约 5 岁的时候开始受到母亲的性吸引。在弗洛伊德看来，这种俄狄浦斯情结在男孩克服他对父亲的性嫉妒并认同父亲之后才能解决。弗洛伊德生活在 19 世纪末 20 世纪初的奥地利父系社会中——父亲在该社会环境中是一个强势的权威人物。奥地利父亲是孩子主要的权威人物和母亲的性伙伴。在特洛布里恩德，父亲只拥有性的角色。

如果按照弗洛伊德所声称的，由于对母亲性伙伴的嫉妒，俄狄浦斯情结总是制造社会距离，那么这种情况也会在特洛布里恩德显现出来，但是它没有。马林诺夫斯基总结说权威结构比性嫉妒对父子关系的影响更大。虽然斯皮罗（Melford Spiro, 1993）已经批评过马林诺夫斯基的结论（又见 Weiner, 1988），但是没有哪位当代的人类学家会质疑他关于个体心理受文化情境模塑的主张。人类学一如既往地为心理学命题（Paul, 1989）、发展问题和认知人类学（Shore, 1996）提供跨文化视角。

 # 科学、解释和假设检验

人类学的重要特征是其比较和跨文化维度。如前文所说，民族学吸收民族志也吸收考古的数据来比较和对比，以及做出对社会和文化的概括。作为一种科学诉求，民族学试图识别和解释文化异同、检验假设和建立理论以提升我们对于社会和文化体系如何运作这一问题的理解。

在 1997 年的《人类学中的科学》一文中，恩伯夫妇（Melvin Ember and

Carol R. Ember）强调科学的重要特征是看待世界的一种方式：科学认识到我们的知识与理解的暂时性和不确定性。科学家努力通过检验假设——对事物和事件建议的解释——来增进理解。在科学中，理解意味着解释——显示待理解的事物（待解释的术语或陈述）是如何以及为何以已知的方式与其他事物联系起来的。解释依赖于关联和理论。关联是两个或以上变量之间可观察到的联系。理论更概括，显示或暗示关联并试着解释它们（Ember and Ember, 1997）。

一个事物或者一个事件，比如水结冰，如果说明一个一般的原则或者关联，它就是被解释了。"水在华氏①32度时固化"说明了两个变量之间的关联：水的状态和温度。这个命题的真实性通过反复的观察得到确认。在自然科学中，这种"关系"被称为"规律"。基于规律的解释使我们得以理解过去、预测未来。

在社会科学中，关联经常被或然性地表述：两个或更多变量可预测地倾向于相关，但是有例外（Ember and Ember, 1997）。例如，在世界范围的不同社会抽样中，人类学家约翰·怀廷（John Whiting, 1964）发现低蛋白饮食和产后性禁忌——在生产后一年或更长时间内禁止夫妻间的性关系——之间强烈的（但不是百分之百）关联或相关。

规律和统计学关联通过将待解释的（例如产后性禁忌）与一个或多个其他变量（如低蛋白饮食）相联系来解释。我们还想知道这种关联为什么会存在。为什么低蛋白饮食的社会有长期的产后性禁忌？科学家构建出理论来解释他们所观察到的相关。

理论（theory）是被构建（通过对已知事实的推理）的一套用于解释事情的观点。一个理论为帮助我们理解为什么（有些东西存在）提供了一个框架。回到产后性禁忌这个例子，为什么低蛋白饮食的社会会发展出这种禁忌呢？怀廷的理论是，禁忌是适应性的，这可以帮助人们在特定环境中存活和繁殖。饮食中的低蛋白可能会使婴儿患上一种被称为夸休可尔症（kwashiorkor）的蛋白质缺乏疾病。但如果婴儿的母亲推迟下一次怀孕的时间，那么这个婴儿就可以获得更长的母乳喂养的时间，存活的概率也就增加了。怀廷认为父母无意或有意地认识到马上生育下一个孩子可能危及第一个孩子的生命。因此，他们在第一个孩子出生后的一年多内避免性交。当这种禁忌被制度化之后，

---

① 1华氏度约等于−17.22摄氏度。——译者注

理解我们自己

　　如果我们只研究自己，我们对人类的行为、思想和感情将能够了解多少呢？如果我们所有的理解都是基于对俄勒冈州大学生们所填问卷的问卷分析，情形又会怎样呢？这是一个极端的问题，但是应该能促使你思考关于人类是怎样的一些论述的基础。人类学之所以能帮助我们理解自己，首要原因是其跨文化视角。一种文化无法告诉我们作为人类意味着什么这一问题的一切答案。之前我们看到文化力量影响我们的体质生长，文化也引导我们的情感和认知发展并帮助决定我们成年后具有哪种人格。在所有学科中，人类学作为提供跨文化验证的领域而凸显。电视是如何影响我们的？要回答这个问题，不仅要研究 2006 年的美国，还要研究其他地区——或许还要研究其他时间段（如 20 世纪 80 年代的巴西，见 Kottak, 1990b）。人类学专门研究时空中的人类多样性。

每一个人都被期望去遵守。

　　理论是包含了一系列命题的解释框架。关联只是说明两个或以上已知变量之间可观察到的关系。相反，理论片段可能很难甚至不可能被观察或被直接得知。以怀廷的理论为例，很难判断人们发展出性禁忌是因为他们认识到了这将可以增加婴儿存活的机会。

　　通常，理论的某些部分是无法观察到的（至少在目前）。相反，数据关联整个是基于观察得出的（Ember and Ember, 1997）。

　　如果一个关联被检验后被发现反复出现，我们或许就可以认为它被证明了。与此相反，理论是无法被证明的。虽然可能有很多的证据支持它，但其真实性仍然不是建立在必然性上的。理论中的很多观念和观点不是直接可观察或可验证的。因此，科学家试着通过假设光是由"光子"组成的来解释光是如何运动的，这种运动即使用最好的显微镜也无法观察到。光子是一种"理论建构"，即某种看不到也无法被直接验证的东西（Ember and Ember, 1997）。

　　如果我们无法证明理论的话为什么还要为之费心呢？按照恩伯夫妇的说法，理论的主要价值在于促进新的理解。理论可以指示模式、联系或者关联，而这些可能在新的研究中被确认。以怀廷的理论为例，它提出了一个假说以待后人验证。因为该理论主张产后性禁忌在特定情况下是有适应性的，其他人可能会假设特定的变化会导致这种禁忌的消亡。比如通过采取节育措施，人们不必避免性交就可以间隔生育。同样，若婴儿们能够得到蛋白质补充而减少患夸休可尔症的威胁，也可能会导致这种禁忌的消亡。

虽然理论不能被证明，但却可以被推翻。证伪（表明一种理论是错误的）方法是我们评估一个理论的主要方法。若一个理论是正确的，特定的预测应该经得起旨在反证它们的检验。未能被证明是错误的理论可以被接受（至少在当下），因为所能获得的证据支持它们。

支持一个解释可能是成立的可接受的证据是什么呢？研究者个人选择的个案不能提供一个假说或者理论的可接受的检验（试想若怀廷精心梳理了民族志文献并只引用能支持他理论的社会个案）。理想的情况是，假设检验应该用从普通数据中随机选取的样本来进行（怀廷在选择跨文化样本时就是这样做的）。相关变量应该被可靠地测量，结果的说服力和意义应该运用合理的统计方法加以评估（Bernard, 1994）。

 理解我们自己

　　科学是理解自身的有力工具。然而，科学不是死板的或者教条的；科学家深知他们努力去提升的知识和理解的暂时性和不确定性。科学家力图客观，致力于证实规律、提升理论并提供精确的解释。科学依赖于无偏见的方法，如随机抽样、不偏不倚的分析技术和标准的统计检验。但是完全的客观是不可能的，总是存在观察者偏差——那就是，科学家及其工具、方法的运用总是会影响到实验、观察或者分析的结果。正是因为人类学家的在场，他会影响所研究的人们和社会状况，当调查者以特定方式提问的时候也是这样。统计学设计出了测量和控制观察者偏差的技术，但是观察者偏差不能被完全消除。作为科学家，我们只能力求客观和公正。科学自身有很多局限，而且当然不是我们理解自身的唯一方式。但是，追求客观和公正的科学还是远远优于那些偏见更大、更死板和更教条的认知方式。

第
2
章

应用人类学

- 应用人类学是什么
- 应用人类学家的角色
- 学术人类学与应用人类学
- 人类学与教育
- 都市人类学
- 医学人类学
- 人类学与商业
- 职业生涯与人类学

应用人类学是什么

人类学不是一门由古怪的人类学家在象牙塔中从事的关于异国情调的科学。相反，它是一个整体论的、比较的、生物文化的领域，有很多东西可以告诉大众。人类学最主要的专业组织美国人类学协会（AAA）通过确认人类学的两个维度正式确认其公共服务的角色：（1）学术人类学和（2）实践或**应用人类学**（applied anthropology）。后者指的是将人类学的资料、视角、理论和方法用于识别、评估和解决当代的社会问题。正如钱伯斯所说，应用人类学是"关注人类学知识及其在人类学之外的世界中的运用之间关系的研究领域"（Chambers, 1987, p.309）。越来越多的来自四个分支的人类学家现在在这种"应用的"领域工作，如公共卫生、计划生育、商业、经济发展以及文化资源管理。

应用人类学包括任何对四分支学科的知识和 / 或技术的应用以识别、评估和解决实际问题。因为兼容并蓄，人类学有很多应用。例如，应用医学人类学家会考虑**疾病**（disease）和**病痛**（illness）的社会文化和生物背景以及影响。对于健康状况好坏的认知，实际的健康威胁及问题，在各文化中是不同的。不同的社会和族群认知到不同的病痛、症状和病因，并发展出不同的保健体系和治疗策略。医学人类学既是生物的也是文化的，既是学术的也是应用的。例如，应用医学人类学家在那些必须与当地文化契合而且被当地人接受的公共卫生项目中充当文化传译者。

其他应用人类学家为国际发展机构如世界银行和美国国际开发署（USAID）工作。这些发展人类学家的工作是评估经济发展的社会和文化维度。人类学家是地方文化的专家。通过与当地人一起工作并依靠地方性知识，人类学家能够识别具体的社会状况和需求，这些必须被强调，因为它会影响到发展计划的成败。华盛顿或巴黎的计划制定者通常对比如非洲乡村耕种庄稼必需的劳力知之甚少。若人类学家未被邀请与当地人一起明确地方需求、轻重缓急和限制，则发展资金经常被浪费。

当规划者忽略发展的文化维度的时候，项目常归于失败。问题在于对既存的社会文化状况缺乏关注和随之而来的不契合。东非的一个计划就属于此类在文化上不能协调的天真案例。其主要的谬误是试图将游牧民转化为农民。规划者们绝对没有任何证据表明牧民们想要改变他们的生计方式和经济，但是这一项目却要在他们的土地上实施。牧民们的领地将被转变为商品农场，牧民则将被转化为农场主和佃农。规划者中缺乏人类学家，这个项目完全忽视了社会问题，而这些问题在任何人类学家看来都是显而易见的。牧民们被指望了为了增加三倍的劳动量以种植稻谷和采摘棉花而放弃世世代代的生活方式。什么可能刺激他们放弃自由和机动性而从事商品农场佃农的工作呢？当然不是项目规划者为牧民们估计的微薄的经济回报——年均 300 美元，与之相对的是，他们的新老板即商品农场主的收入超过 1 万美元。

为了避免此类不切实际的项目，并使发展规划更具社会敏感性和文化适宜性，现在发展组织习惯性地将人类学家纳入其规划团队。他们的组员中可能包括农学家、经济学家、兽医、地质学家、工程师和健康专家。应用人类学家也将他们的技能用于研究人文维度中的环境退化（例如滥砍滥伐和污染）。人类学家考察环境如何影响人类，以及人类活动如何影响生物圈和地球本身。

应用人类学家也在北美工作。垃圾学家帮助环保机构、造纸业、包装和贸易协会。应用考古学，常被称为公共考古学，包含了文化资源管理、契约考古、公共教育计划、历史保存等活动。一项立法确立了公共考古学的重要角色，该法规要求对受到堤坝、公路和其他建设活动威胁的场址进行评估。决定哪些需要保留并在场址不能保留的时候保护关于过去的有意义的信息，这就是**文化资源管理**（CRM）工作。CRM 不只是参与保护场址，当场址没有重大意义时也允许摧毁它们。该术语中的“管理”指的是评估和决策过程。如果需要进一步的信息来做决定，那么可能会进行调查和发掘。CRM 基金来自联邦、州和地方政府，以及必须遵守保护章程的开发者。文化资源保护人为联邦、州、县和其他委托人工作。应用文化人类学家有时和公共考古学家合作，对提议的变迁所滋生的人类问题进行评估，并决定如何减少这类问题。

记住，应用人类学家来自于所有四个分支领域。生物人类学家在公共卫生、营养学、遗传咨询、药物滥用、流行病学、老龄化和精神病领域工作。他们将他们的人体解剖学和生理学知识应用于提高机动车安全水平以及飞机和宇宙飞船的设计。法医（生物）人类学家与警察、法医、审判人员以及国际组织合作，鉴定犯罪、事故、战争和恐怖主义的受害者。他们可以通过遗骸判断年龄、性别、身材大小、族源和受害者人数。体质人类学家能够根据损伤的样式判定飞机和交通工具的设计是否有缺陷。

文化人类学家通过展现城市邻里间强烈的亲属联结的存在而影响了社会政策，在此之前城市的社会组织被认为是"支离破碎的"或"病态的"。改善教育的建议源于对教室和周边社区的民族志研究。语言人类学家展现了方言差异在课堂学习中的影响。总的来说，应用人类学旨在找出人性化和有效的方式以帮助人类学家传统上研究过的那些人们。表 2.1 显示了人类学的四个分支领域和两个维度。

表 2.1　人类学的四个分支领域和两个维度

人类学的分支领域（一般人类学）	应用实例（应用人类学）
文化人类学	发展人类学
考古人类学	文化资源管理（CRM）
生物或体质人类学	法医人类学
语言人类学	课堂中的语言多样性研究

有两支重要的专业应用人类学家队伍［也称**实践人类学家**（practicing anthropologists）］。较早的是独立的应用人类学会（SfAA），成立于 1941 年。第二个是国家人类学实践促进会（NAPA），成立于 1983 年，是美国人类学协会（AAA）的一个组成部分（很多人都同时隶属于这两个协会）。实践人类学家（定期或不定期，全职或兼职）为非学术性的客户工作。这些客户包括政府、发展机构、非政府组织、部落和民族联盟、利益团体、商业机构，以及社会服务和教育机构。应用人类学家为发起、管理和评估那些旨在影响人类行为和社会状况的规

划和政策的团体提供服务。应用人类学的范围既包括北美以外也包括北美内部的变迁和发展（见 Ervin, 2005）。

 # 应用人类学家的角色

通过逐步灌输对于人类多样性的赏识，人类学与民族中心主义——一种认为自己的文化更为优越并用自己的文化价值观评判在其文化中成长的人们的行为和信仰的倾向——作斗争。这种拓宽和教育角色影响到接触人类学的人们的知识、价值观和态度。现在我们着眼于这个问题：人类学在辨识和解决由现代经济、社会和文化变迁潮流引起的问题中能做出什么具体的贡献呢？

因为人类学家是人类问题和社会变迁的专家，因为他们研究、理解和尊重文化价值，他们非常胜任建议、规划和执行那些会对人产生影响的政策。适合人类学家发挥的作用包括：（1）识别当地人理解的对于变迁的需要；（2）与当地人一起规划变迁，既是文化适宜的，也是社会敏感的；（3）保护当地人免受有害政策和项目的威胁。

曾经有这样一个时期——尤其是 20 世纪 40 年代——大部分人类学家都致力于知识的应用。在第二次世界大战期间，美国人类学家研究日本和德国的"遥远文化"，试图预测敌国人们的行为。战后，美国人在太平洋地区应用人类学，用于获取各种各样托管地人们对美国政策的合作。

现代人类学不同于早期主要服务于殖民统治的形式。应用是早期人类学在英国（殖民主义背景下）和美国（在对美国印第安人的政策背景下）的核心关注点。在转向新形式之前，我们应该思考旧形式的危险。

在大英帝国特别是其非洲殖民的背景下，马林诺夫斯基（Malinowski, 1929a）提议"实践人类学"（他关于殖民地应用人类学的术语）应该致力于西化，将欧洲文化散布至部落社会。马林诺夫斯基既不质疑殖民主义和合法性，也不质疑人类学家在使殖民主义得以实现中的角色。他不认为通过研究土地所有制和土地使用并决定当地人应该保留多少土地以及欧洲人应该得到多少来帮助殖民政权有什么不对的地方。马林诺夫斯基的观点例证了人类学（特别是在欧洲）与殖民主义的历史相关联（Maquet，1964）。

今天，很多人类学视自己的工作为助人行业，致力于帮助当地人，因为人类学家在国际政治领域为被剥夺者辩护。但是应用人类学家也为那些既不贫困也非无权的客户解决问题。应用人类学家为其商业雇主或客户工作，试图解决提高利润的问题。在市场调查中，当人类学家力图帮助公司更有效、更有利润地运转的时候，可能出现伦理问题。伦理的模糊性也表现在文化资源管理领域。一个 CRM 公司通常受雇于那些试图建造一条路或者一个工厂的人。在这种情况中，客户会非常乐于看到这样一种结果，即没有任何需要保护的场址。研究者应该对谁忠诚，坚持真理又会带来怎样的问题？

像殖民地人类学家一样，应用人类学家依然面临伦理困境，因为他们不制定他们必须要执行的政策，而且要批评自己参与的项目也很困难（参见 Escobar，1991/1994）。人类学专业组织通过建立伦理法则和伦理委员会来处理这些问题。关于美国人类学协会的伦理规则，可以查阅 **http://www.aaanet.org**。正如泰斯（Tice，1997）所说，对于伦理问题的关注在当今应用人类学教学中是首要的。

 ## 学术人类学与应用人类学

应用人类学在 20 世纪 50 年代至 60 年代期间没有消失，但是学术人类学在第二次世界大战后得到了长足发展。始于 1946 年并在 1957 年达到顶峰的婴儿潮，推动了美国教育系统的扩张，学术性的工作职位因而增多。新的大专、社区大学和四年制的大学得以设立，人类学成为大学课程的标准部分。在 20 世纪 50 年代和 60 年代，虽然有一些人仍在机构和博物馆工作，但多数人类学家是大学教授。

这一学术人类学的时代持续至 20 世纪 70 年代。特别是在越南战争期间，本科生们蜂拥至人类学课堂去学习异文化。学生们尤其对被战争扰乱的东南亚社会感兴趣。很多人类学家抗议超级大国对非西方的生活、价值观、风俗和社会体系表现出的明显的漠视。

在20世纪70年代（此后更甚），虽然很多人类学家依然在学术机构工作，但其他人在国际组织、政府、商业领域、医院和学校找到了工作。现在，大约一半的人类学专业博士毕业后会从事学术以外的职业。这种向应用的转向，使专业本身得以受益。它迫使人类学家思考他们研究的更广泛的社会价值和影响。

 ## 理论与实践

应用人类学中最有价值的工具之一是民族志方法。民族志者直接研究社会，与普通人同住并向他们学习。民族志者是参与观察者，参与到所研究的事件中以理解当地人的思想和行为。应用人类学家在国外和国内场景下均应用民族志技术。其他参与社会变革项目的"专家"可能满足于与官员谈话、阅读报告和抄写统计数据。但是，应用人类学家的最初要求却是"带我见当地人"之类。我们知道当地人必须在影响他们的变革中起到积极的作用，"当地人"拥有"专家"缺乏的信息。

人类学理论——四分支的发现和概括的集合体——也指导着应用人类学家。人类学的整体论和生物文化视角——其对于生物、社会、文化和语言的兴趣——使其能够评估那些会影响当地人的问题。理论辅助实践，实践推动理论。当我们比较社会—变革政策和项目的时候，我们对于因果的理解就提升了。在已知的传统和古代文化之外，我们增添了关于文化变迁的新的认识和概括。

人类学的系统视角认识到变迁不是发生在真空中的。一个项目或者规划总是有多种影响，而有些是不能预见的。举例来说，很多意图通过灌溉提高产量的经济发展规划，却因为建造了易带来频发疾病的水路而造成了公共卫生的恶化。一个发生在美国的关于非预期后果的例子是，一个原本旨在提高教师对文化差异的尊重的项目却导致了民族刻板形象的形成（Kleinfeld，1975）。特别是印第安人学生不喜欢老师经常评论他们的印第安文化遗产。这些学生觉得自己被与其他同学隔离开了，而且将这种对他们民族的关注视为怜悯和贬低。

 # 人类学与教育

人类学与教育（anthropology and education）指的是在教室、家庭和街坊邻里间展开的人类学研究（见 Spindler 2000/2005）。有些很有趣的研究是在教室里做的，人类学家在那里观察教师、学生、父母和拜访者之间的互动。于勒·亨利（Jules Henry）对美国小学教室的经典论述（Henry, 1955）展现了学生是如何学会与他们的同伴保持一致和相互竞争的。人类学家还跟随学生从教室进入他们的家庭和社区，将学生视为全然的文化创造物，他们的文化濡化和对教育的态度属于一个更大的包括家庭和同伴的场景（Zou and Trueba, 2002）。

社会语言学家和文化人类学家在教育研究中相互合作，例如在一项关于中西部城区七年级波多黎各学生的研究中（Hill-Burnett, 1978）。在教室、社区和家庭中，人类学家发现了教师的一些错误观念。例如，教师错误地假设波多黎各父母与非西班牙裔父母相比更看轻教育的价值，但是，深入访谈却显示波多黎各父母更重视教育。

研究者还发现某些事实阻碍了西班牙裔获得充分的教育。比如，教师联盟和教育委员会同意将"英语作为一门外语"来教授。但是，他们没有为讲西班牙语的学生配备双语教师。学校开始将所有阅读分数低和有行为问题的学生（包括非西班牙裔）分派进英语作为外语的班级。

这一教育灾难将不讲西班牙语的老师、几乎不讲英语的学生和讲英语但是有阅读和行为问题的学生汇聚到一起。讲西班牙语的学生不只是在阅读上而是在所有科目上落后。如果先有讲西班牙语的老师来教他们科学、社会研究和数学，直到他们准备好用英语来学习这些学科，那么至少他们在这些科目上能够赶上其他人。

应用社会语言学与教育之间关系的绝好例证来自密歇根州的安·阿伯（Ann Arbor）。1979 年，白人占多数的小马丁·路德·金小学中几位黑人学生的家长起诉了教育委员会。他们声称他们的孩子在教室里遭遇了语言歧视。

这些孩子住在保障性住宅计划建造的一个居民区中，在家中讲通俗黑人英语（BEV）。在学校，他们中的大多数都遇到了功课上的问题。有些被贴上了"阅读障碍"标签，并被安排上阅读补习课程（试想在这种标签下孩子们的尴尬以及对自我形象的影响）。

非裔美国人父母和他们的律师们认为，孩子们没有本质上的学习障碍而仅仅是不能理解老师所讲的全部内容。他们的老师也不是一直都能理解他们。律师们辩称因为通俗黑人英语和标准英语（SE）如此相似，以至于老师经常将孩子对一个标准英语单词的正确发音（用通俗黑人英语）误解为是阅读

 理解我们自己

改变好不好？美国文化看起来会给出一个肯定的回答。"创新与进步"是我们一直听到的口号——比"陈旧可靠"要经常得多。但是新不一定都是进步。人们经常抵制改变，可口可乐公司（TCCC）1985 年改变其高级软饮料的配方并引进"新可乐"时就遇到这个问题。由于遭到大量顾客的抗议，可口可乐公司重新回到熟悉的、老的和可靠的可乐，称之"可口可乐经典"，并一直兴盛到今天。新可乐成为了历史。可口可乐公司进行了自上而下的变化（由上层而不是受影响的社区决定并发起的改变）。人们，也就是顾客，并没有要求可口可乐公司改变其产品；经理人们决定改变可乐的味道。经理人之于企业决策就像政策制定者之于社会变革计划，都是处在组织的顶层向人们提供产品和服务。聪明的经理人和政策制定者会倾听并尝试基于地方需求来做决定——什么是人们想要的。运行得好（假设是非歧视的和合法的）应该保持、鼓励和加强。什么是错误的，以及如何解决它？什么样的变化是人们——什么样的人——想要的？冲突的愿望和需求如何协调？人类学家帮助回答这些问题，这些问题对于理解变化是否需要以及如何实现很关键。

错误。

律师请了几名社会语言学家作证。学校委员会则相反，找不到一个能够胜任的语言学家支持其不存在语言歧视的论点。

法官作出了有利于孩子的判决，并指定下列解决办法：该校教师须参加一个全年的课程以增加关于非标准语言，特别是通俗黑人英语的知识。法官不主张老师学习讲通俗黑人英语，或者孩子们用通俗黑人英语写作业。学校的目标仍旧是教孩子们正确使用标准英语。但是，在实现这一目标之前，老师和学生一样须学会辨认这些方言的异同。在这一年结束的时候，多数老师在接受当地报纸采访时说这一课程对他们有帮助。

面对形形色色的、多重文化的人群，教师应该对语言和文化差异保持敏感和了解。孩子们需要被保护以确保他们的族群和语言背景不会使他们处于不利的地位。而这正是在当一种社会差异被视为学习障碍的时候所出现的状况。

 # 都市人类学

与 1992 年的 77% 相比（Stevens, 1992），至 2025 年，发展中国家人口将占到世界人口的 85%。未来问题的解决日益有赖于对非西方文化背景的了解。最高的人口增长率是在不太发达的国家，特别是在城区。1900 年，全世界只有 16 个城市人口超过 100 万，但是现在有 300 多个这样的城市。至 2025 年，与 1900 年的 37% 相比（Stevens, 1992），世界人口的 65% 将是城市人口。乡村移民经常搬入贫民窟，住在没有公共事业设备和公共卫生设施的陋室中。2003 年，联合国预计有 9 400 万人，约世界人口的六分之一，住在城市的贫民窟中，多数没有水、卫生、公共服务和法律上的安全保障（Vidal, 2003）。联合国预计 30 年后发展中国家的城市人口将翻一番——达到 4 亿人。农村人口几乎不会增长并将在 2020 年后开始下降（Vidal, 2003）。随贫民窟人口的集中和增加而来的是犯罪率上升，以及水、空气和噪声污染。这些问题在不发达国家将更加严重。几乎所有预计要增加的世界人口（97%）将出现在发展中国家，仅非洲就占 34%（Lewis, 1992）。虽然北方国家如美国、加拿大和大多数欧洲国家的人口增长率很低，但全球人口的增长将继续影响到北半球，特别是经过国际移民途径，近期有大量且仍在大幅增加的移民从发展中国家如印度和墨西哥进入美国和加拿大。

随着工业化和城市化在全球扩散，人类学家越来越多地研究这些进程及其所造成的社会和卫生问题。具有理论（基础研究）和应用双重维度的都市人类学是关于全球城市化和都市生活的跨文化的、民族志的和生物文化的研究（参见 Aoyagi, Nas and Traphagan，1998；Gmelch and Zenner, 2002；Stevenson, 2003）。美国和加拿大也已成为都市人类学研究诸如族性、贫困、阶级和亚文化变异等主题的热门地区（Mullings, 1987）。

 ## 都市与乡村

作为一位较早关注第三世界城市化专业的学者，人类学家罗伯特·雷德菲尔德（Robert Redfield）长期致力于城市和乡村生活的对比，他指出城市是一个和乡村社区非常不同的社会情境。雷德菲尔德（Redfield, 1941）提出城市化应该置于城乡连续体中来研究。他描述了处于这个连续体中的四个不同的地点，以及它们在价值观和社会关系方面的差别。在墨西哥尤卡坦半岛，雷德菲尔德对比了一个隔绝的讲玛雅语的印第安社区、一个村庄、一个小城镇和一个庞大的都市。受雷德菲尔德的影响，一些在非洲（Little, 1997）和亚洲的研究也继续探讨了这个话题，即城市作为中心，文化创新从城市传播至乡村和部落地区。

无论在哪个国家，城市和乡村都代表着不同的社会体系。但是，移民将乡村的社会形态、实践和信仰带入了城市。当他们回访或永久返回迁出地的时候，也将城市或国家形态带回去了。不可避免地，乡村地区的经历和社会单位影响到对城市生活的适应。城市也发展出新的机构以满足特殊的城市需求（Mitchell, 1966）。

将人类学应用于城市规划始于识别城市场景中的关键社会群体。在辨识出这些群体后，人类学家帮助他们表述出对于变革的希望，并帮助将这些需求传达给基金资助机构。下一步是和这些机构和人合作以确保变革正确执行并与人们最初所说的保持一致。对于非洲城市群体，一个应用人类学家要考虑的包括族群组织、职业团体、社会团体、宗教团体和丧葬会（burial society）。通过在这些团体中的成员资格，城市非洲人有广泛的人际关系和支持网络。族群或者"部落"联盟在东非和西非都很普遍（Banton, 1957；Little, 1965）。这些团体与其乡村亲属保持联系并为他们提供现金支持以及在城市里的住处。

这种群体的意识形态是庞大的亲属群体。成员之间相互称"兄弟"和"姐妹"。就像在一个扩大家庭中，富裕的成员帮助贫困的亲戚。当出现内讧时，团体成为仲裁者。成员的不当行为可能导致被驱逐——这在一个多民族的大城市中是很悲惨的命运。

现代北美城市也有基于亲属的族群组织。例子之一来自洛杉矶，那里有美国最大的萨摩亚移民社区（超过 1.2 万人）。洛杉矶的萨摩亚人依赖于他们传统的 matai 制度（matai 意为氏族族长；现在 matai 指的是对于长者的尊敬）来处理现代都市问题。举个例子，1992 年，一个白人警察开枪打死了两个未带武器的萨摩亚兄弟。当法院撤销了对警察的指控时，地方领导人运用 matai 制度来安抚愤怒的青年（他们像洛杉矶的其他族群一样形成了自己的社团）。氏族首领和长老组织了一个有众多人参加的社区集会，敦请青年成员耐心。

洛杉矶萨摩亚人也运用美国的司法体制。他们对那位警察提出诉讼，迫使司法部门开始在此事中将其定义为民权案件（Mydans, 1992b）。都市应用人类学家的角色之一是帮助相关的社会团体应对更大的城市机构，如那些特别是新来的移民可能不熟悉的法律和社会服务机构（参见 Holtzman, 2000）。

 # 医学人类学

医学人类学（medical anthropology）既是学术／理论的，也是应用／实践的。它是一个囊括了生物和社会文化人类学家的领域（见 Anderson, 1996；Brown, 1998；Joralemon, 1999）。在这一章讨论医学人类学是因为它有很多应用。医学人类学家考察这样一些问题，如：什么疾病影响不同的人群？病痛是如何被社会建构的？人们如何用有效的和文化适宜的方式治疗病痛？

这一正在发展的领域思考疾病和病痛的生物文化背景和影响（Helman，2001；Strathern and Stewart, 1999）。**疾病**指科学认定的由细菌、病毒、真菌、寄生虫或者其他病原体引起的健康威胁。**病痛**是个体觉察或感觉到的身体不适的状况（Inhorn and Brown, 1990）。跨文化的研究表明，对于健康状况好还是不好以及相伴随的健康威胁和健康问题，是文化建构的。不同的族群和文化识别不同的病痛、症状和病因，并发展出不同的医疗体系和治疗策略。

疾病在不同的文化中也是不同的（Baer，Singer and Susser, 2003）。传统和古代的狩猎–采集者，由于人数少、流动少，以及与其他群体的相对隔绝，不会遭受那些影响农业和城市社会的大多数时疫（Cohen and Armelagos, 1984; Inhorn and Brown, 1990）。流行病如霍乱、伤寒和淋巴腺鼠疫盛行在人口密集处，因而对农民和城市居民影响更大。疟疾的传播则与人口增长和与食物生产相连的森林砍伐相关。

某些疾病随着经济发展扩散。血吸虫病或裂体血吸虫（肝吸虫）病可能是迄今所知传播最快且最危险的寄生虫感染（Heyneman, 1984）。它由生活在池塘、湖泊和水渠，通常是由灌溉工程建造的水渠中的钉螺繁殖。一项在埃及尼罗河三角洲的一个村庄中完成的调查（Farooq, 1966）说明了文化（宗教）在血吸虫病传播中的角色。这种疾病在穆斯林中比在基督徒中更普遍，因为有一种伊斯兰教信仰实践即祈祷前的仪式性净身（沐浴）。应用人类学减少这种疾病的方法是看当地人是否察觉到传播媒介（如水中的钉螺）和疾病之间的联系，这种联系可能花费数年才能发现。如果他们不知道，这些信息可以通过活跃的当地团体和学校来传播。随着电子大众媒体在世界范围内的传播，文化适宜的公众信息推广已经提高了对于公共卫生的意识，也调整了相关行为以改善公共卫生状况。

在东非，艾滋病和其他性传播疾病（STDs）通过男性卡车司机和女性性工作者之间的接触已经沿着交通要道传播开来。随着年轻男性从乡村地区到城市、工厂和矿山找工作，性传播疾病也通过卖淫传播。当这些男人回到他们自己的村庄，他们会感染自己的妻子（Larson, 1989; Miller and Rockwell,

1988）。城市也是性传播疾病在欧洲、亚洲、北美洲和南美洲首要的传播场所（Baer, Singer and Susser, 2003; French, 2002）。疾病的种类和范围在各社会是不同的，各文化解释和治疗病痛的方法是有差异的。生病和健康的身体的标准是文化建构的，且随着时空改变（Martin, 1992）。然而，所有社会还是都有福斯特和安德森（George Foster and Barbara Anderson, 1978）所称的"疾病理论体系"来识别、划分和解释病痛。他们认为（Foster and Anderson, 1978），存在三种关于病因的基本理论：**拟人论**（personalistic）、**自然论**（naturalistic）和**情绪论**（emotionalistic）。拟人论疾病理论将病痛归咎于媒介（通常是恶意的），如巫师、巫术、鬼魂或者祖灵。自然论疾病理论用非人**格性的术语**（impersonal terms）解释病痛。其中一个例子就是西医或称生物医学，它用科学术语来解释病痛，认为患者是受害于一些没有个人恶意的媒介。因此，西医将病痛归因于有机体（如细菌、病毒、真菌或寄生物）、事故或者有毒物质。其他自然论的民族医学体系将健康状况差归咎于体液不平衡。很多拉丁文化将食物、饮料和环境状况分类为"热"和"冷"。人们相信当他们同时或者在不适当的状况下吃或喝冷的和热的东西时，健康会受损。例如，不应该在热水浴后喝冷的东西或者在经期（一种"热的"状况）吃菠萝（一种"冷的"水果）。

情绪论的疾病理论假设情绪经历会引起病痛。比如，拉丁美洲人可能会出现"**惊恐**"（susto），或者"**丢魂**"——一种由焦虑或受惊引起的病痛（Bolton, 1981; Finkler, 1985）。其症状包括无精打采、呆滞和心烦意乱。当然，现代精神分析学也关注情感在生理和心理健康中的角色。

所有社会都有**医疗保健体系**（health-care systems）。这包括信仰、习俗、专家和旨在保障健康和预防、诊断、治疗病痛的技术。一个社会的病因理论对于治疗是很重要的。当病痛具有人格化的病因时，萨满和其他巫术-宗教专家可能是很好的治疗者。他们依靠构成他们专业知识的各种技术（超自然的和实际的）。萨满（其他巫术-宗教专家）可能通过将灵魂引回身体而治愈丢魂。萨满可能通过促使灵魂沿产道游动引导婴儿出生以缓解难产（Lévi-Strauss, 1967）。萨满还可能通过抵抗诅咒治愈咳嗽，或去除巫师引入的某种物质。

所有文化都有保健专家。如果存在一个"世界上最古老的职业",除了猎人和采集者,就是**治疗者**了,通常是萨满。治疗者的角色有一些普同性特征(Foster and Anderson, 1978)。因此,治疗者通过一个文化界定的选择(家长激励、继承、幻象和梦的指引)和培训(萨满学徒、医学院)的过程而产生。最终,该治疗者为前辈所认可并获得了职业资格。病人相信这些治疗者的技能,接受他们的诊治并付给报酬。

我们不应该民族中心主义地忽略科学医学与西方医学的区别(Lieban, 1977)。除了病理学、微生物学、生物化学、外科学、诊断技术和应用的进步,很多西方医学程序在逻辑或事实上很难说有什么合理性。过量镇静剂、麻醉药品、不必要的手术以及非人性化和不平等的医患关系是西方医学体系值得怀疑的特征。不仅对人,在动物喂养和抗菌皂中过量使用抗生素,似乎正在引发有抗体的微生物的爆发,这可能造成长期的全球公共卫生危害。

但是,西方医学依然在很多方面超越了部落治疗。虽然药物如奎宁、古柯、鸦片、麻黄碱和萝芙木碱是在非工业社会被发现的,但是现在已有上千种有效的药物可以被用于治疗无数病痛。预防医疗保健在20世纪得到改善。今天的手术操作与传统社会的相比更为安全和有效。

但是工业化也产生了其自己的健康问题。现代应激源包括噪声、空气和水污染、营养不良、危险的器械、机械的工作、疏离、贫困、无家可归和药物滥用。工业化国家中的健康问题既归因于病原体,也同样归因于经济、社会、政治和文化因素。比如在当今的北美,贫困导致了很多病痛,包括关节炎、心脏病、背疼和听力及视力损伤(参见Bailey, 2000)。贫困也是传染病差异性传播的因素之一。

人类学家在公共卫生项目中扮演了文化传译者的角色,这些项目必须注意到本地人关于病痛性质、病因和治疗的理论。成功的健康干预不能简单地强加给社区。它们必须与当地文化相契合并能为当地人所接受。当西方医学被引入时,人们往往既保留很多老办法也接受新方法(参见Green,1987/1992)。本地的治疗者可能继续治疗某些病症(神灵附身),而医生则处理其他病症。当现代的和传统的专家都参加治疗过程且病人被治愈时,本地治疗者应当得到和医生一样甚至更多的认可。

效仿非西方医学的治疗者-患者-社区关系的更人性化的病痛治疗可能对西方医学体系有益。西方医学倾向于在生物原因和心理原因之间画出一条严格的界线。非西方理论通常没有如此清晰的区分，而认识到健康状况差是生理、情感和社会原因相互交织的结果。身心对立并非科学的一部分，而是一种西方通俗分类学。

 # 人类学与商业

卡罗尔·泰勒（Carol Taylor，1987）研究"驻扎人类学家"在大型、复杂的组织如医院或企业中的价值。当信息与决策沿森严的等级流动时，一个在这些限制之外的民族志研究者可能是一个有洞察力的怪胎。若被允许观察各类型、各层次的人员并与他们自由交谈，人类学家可以获得关于组织状况和问题的独特认知。多年以来，人类学家用民族志方法研究企业场景（Arensberg，1987; Jordan，2003）。举例来说，对汽车厂的民族志研究可以观察工人、管理者和执行官作为不同的社会类型参与到一个共同的社会体系中。每一个群体有独特的态度、价值观和行为模式。这通过微观濡化——人们在有限制的社会体系中学习特殊的角色的过程——传播。民族志研究不受限制的性质使人类学家得以全面考察从工人到执行官的所有人群。这些人既是有个人观点的个体也是文化创造物，在某种程度上与群体内的其他成员共享认知。应用人类学家已经扮演了"文化掮客"的角色，将管理者的目标或工人的关切点转译给对方。

通过密切观察人们是如何使用产品的，人类学家与工程师合作设计出用户友好型产品。人类学家越来越多地与高科技公司合作，运用自己的观察技能研究那里的人们如何工作、生活和使用技术。这种研究可追溯至 1979 年，其时，施乐公司帕洛阿尔托（加利福尼亚）研究中心（PARC）雇用了人类学家萨琪曼（Lucy Suchman）。她在一个实验室工作，那里的研究者正尝试用人工智能帮助人们使用复杂的复印机。萨琪曼观察并拍摄了在复印过程中遇到麻烦的人们。从她的研究可以看到，简单实用比花哨的功能更为重要。这

趣味阅读 公司的热门资产：人类学学位

越来越多的企业雇用人类学家，因为他们喜欢人类学对自然情境中行为的独特观察以及对文化多样性的强调。贺曼贺卡公司（Hallmark）雇用人类学家观察族群聚会、节日和庆祝活动以提高为目标人群设计贺卡的能力。人类学家到人们家中去看他们实际上是如何使用产品的。这有助于更好的产品设计和更有效的广告。

先别把 MBA 学位置之一旁。

但是随着公司走向全球化和领导者对多样化的职工群体的渴求，对于有抱负的高级管理人员来说，一种新的热门学位出现了：人类学。

对人的研究不再只是博物馆馆长所获得的学位的研究范围。花旗集团（Citicorp）的一位副总裁史蒂夫·巴内特（Steve Barnett）就是人类学家，他发现了鉴定人们停止偿付信用卡的早期预警信号。

虽然已经有客户调查，贺曼贺卡公司还另外派人类学家进入移民家庭，参加节日和生日聚会以设计出他们想要的贺卡。

没有哪个调查可以告诉工程师们女人到底想要什么样的剃刀，所以销售顾问公司 Hauser Design 派人类学家到浴室去观察女人如何去除腿毛。

和 MBA 不同，人类学学位十分稀少：每一个人类学本科学位对应 26 个商学学位，而一个人类学博士学位则对应 235 个 MBA。

现在的人类学教科书有商业应用的章节。南佛罗里达大学已经为要进入商贸领域的人类学家设置了课程。

就是为什么现在施乐公司的复印机不管多么复杂，都有一个绿色的复印按钮，供人们在不需要复杂的功能时使用。

"（我们的）研究生一直受到一些公司的争抢。"密歇根州立大学社会科学院院长芭巴（Marietta Baba）说，她曾担任底特律韦恩州立大学（WSU）人类学系主任。韦恩州立大学训练人类学专业的学生观察社会互动以理解一种文化中的深层社会结构，并将这些方法应用于产业界。芭巴估算有约 9 000 位摩托罗拉公司律师罗伯特·福克纳（Robert Faulkner）在进法学院之前获得了人类学学位。他说这日益变得有价值。

"当你进入商业领域，你碰到的唯一问题就是人的问题。"这是 20 世纪 70 年代早期父亲给少年迈克尔·高斯（Michael Koss）的建议。

现年 44 岁的高斯听从这个建议，于 1976 年从伯洛伊特学院（Beloit College）获得了人类学学位，他现任高斯耳机制造厂的 CEO。

凯瑟琳·伯尔（Katherine Burr），汉萨集团（Hanseatic Group）的 CEO，在新墨西哥大学获得了人类学和商学两个学位。汉萨是最早预测到亚洲金融危机的理财公司之一，2007 年他们的投资回报率高达 315%。

"我的竞争优势完全出自人类学，"她说，"世界是如此未知，变化如此之快。先入之见可能置你于死地。"

"公司迫切需要了解人们如何使用互联网或其他网络，为什么有些其实更强大的网络却不被消费者认可。"民族志研究中心的肯·埃里克森（Ken Erickson）说。

"这需要专业训练的观察。"埃里克森说。而观察正是人类学家的专长。

来源：Del Jones, "Hot Asset in Corpo-rate: Anthropology Degrees," *USA Today*, February 18, 1999, p. B1.

美国人类学家在学术机构工作，有 2 200 人则在产业界供职。"但是这个比例一直在变化，可能有越来越多的应用人类学家。"她说（转引自 Weise, 1999）。商业公司雇用人类学家获取对顾客更好的理解，并发现那些工程师和营销商可能从未想到过的新产品和新市场（见本章"趣味阅读"）。加利福尼亚州门洛帕克（Menlo Park）未来研究所所长安德里亚·萨弗利（Andrea Saveri）认为，传统的市场调查严重受制于其问答形式。"在调查中，你告诉报道人如何

理解我们自己

如果我们感觉生病了，在病痛被贴上标签（诊断）之后通常会感觉好些。在当代社会，经常是医生提供给我们这样一个标签——并且还有能治愈或者缓解病痛的药物。在其他情境中，一个萨满或者巫术-宗教专家会提供诊断和治疗计划。我们生活在一个多种可供选择的医疗保健体系共存的世界中，它们彼此之间有时候相互冲突，有时候又相互补充。以前没有人能够在保健体系上有这么宽泛的选择。在寻求健康和存活的时候，人们可能很自然地依赖替代体系——为一个问题选择针灸，为另一个问题选择脊柱按摩疗法，为第三种问题选择药物，为第四种选择心理疗法，为第五种选择精神治疗。回想一下你在上一年选用过的替代治疗体系。

回答，并且没有给他们留出任何其他答案的余地"（转引自 Weise，1999）。她认为民族志比调查更准确和有效，因此她雇用人类学家来考察技术所产生的后果（引自 Weise, 1999）。

在商界，人类学的关键特征包括：（1）民族志和观察作为收集数据的方式；（2）跨文化的专家；（3）对文化多样性的关注。当企业想知道为什么有些国家的生产力比我们的更高（或更低）的时候，就会引入跨文化视角（Ferraro，2006）。生产力不同的原因是文化的、社会的和经济的。要找出这些原因，人类学家必须将注意力集中于生产的组织的关键特征上。工作场所的民族志研究可以发现微妙但重要的差异，这种研究是对在自然（工作场所）场景中的工人和管理者的近距离观察。

职业生涯与人类学

很多大学生发现人类学很有趣并考虑将之作为专业，但是他们的父母或朋友可能会问如下问题使他们觉得沮丧："以人类学为专业你能找到什么样的工作？"要回答这个问题的第一步是考虑一个更大的问题："大学的任何专业能帮你找到什么工作？"答案是："如果没有足够的努力、思考和计划，都没有什么用。"对密歇根大学文学院研究生的一项调查显示，很少人的工作与他们的专业直接相关。医学、法学和很多其他专业需要高级学位。虽然很多大学提供工程学、商学、会计和社会工作专业的学士学位，但是要获得这些领域的工作通常需要硕士学位。人类学者也一样，需要高级职位，一般是博士学位，才能在学术机构、博物馆或者应用人类学领域找到有效益的工作。

宽泛的大学教育，包括人类学专业，可以成为在很多领域取得成功的极好基础。密歇根大学很多计划从事医学、公共卫生或者牙医的本科生选择以人类学和动物学为共同专业。近期一项关于女性高级管理人的调查表明，她们中的大多数人不是商学专业，而是社会科学或人文学科专业，只是在毕业后才学习商学，获得商业管理的硕士学位。这些高级管理人觉得大学广博的教育对她们的商界职业大有助益。人类学专业的学生继续到医学院、法学院和商学院学习，并在很多职业中获得成功，而这些职业往往与人类学几乎没有明显的关系。

人类学提供了广博的知识和对世界的概观，这对于很多工作都是有用的。比如，如果一个人类学专业的学生兼有商学硕士学位，那将是对从事国际商务工作的极好准备。但是，找工作的人总是必须让雇主相信自己有特殊和有价值的"一套技能"。

广博是人类学的标志。人类学家从生物、文化、社会和语言角度，在时间和空间、发达国家和发展中国家、简单场景和复杂场景中研究人。体质人类学家教导关于时空中的人类生物性的知识，包括我们的起源和进化。大多数大学开设文化人类学课程，包括文化比较，以及集中讨论世界上某个特殊地区，如拉丁美洲、亚洲和美洲印第安地区。在这类课程中获得的地理区域知识在很多工作中是有用的。人类学的比较观，对第三世界的长期关注和对多样生活方式的推崇结合起来为跨国工作提供了极好的基础（参见Omohundro，2001）。

即使在北美工作，对文化的关注也是有价值的。我们每天都得面对文化差异和社会问题，其解决有赖于多元文化观点——一种识别和协调族际差异的能力。政府、学校和私人公司总会遇到来自不同的社会阶级、族群和部落背景的人们。若对这个有史以来族群最丰富的世界一部分中的社会差异有更好的了解，那么医生、律师、社会工作者、警察、法官、教师和学生将都能更好地做好自己的工作。

对于现代国家中很多社会群体的传统和信仰的了解在规划和实施影响这些群体的项目时是很重要的。对社会背景和文化类别的关注有助于确保目标族群、社区和街坊的福利。有计划的社会变迁的经验——无论是北美的社区组织还是海外的经济发展——表明在一项工程或政策实施之前应该进行适当的社会研究。当本地人想要变迁，而且变迁与他们的生活方式和传统契合时，变迁将更成功、更有益，而且更物有所值。这将是对真正的社会问题的不仅更人性化而且更经济的解决方式。

有人类学背景的人在很多领域表现出色。而且，即使所做的工作与人类学只有一点点或没有形式和明显意义上的关系，人类学在我们与人共事时总是有用的。对我们大多数人来说，这意味着我们每天的生活。

第 3 章

体质人类学和考古学中的伦理与方法

- 伦理
- 方法
- 调查与发掘

伦理

　　科学处于社会之中，同时还处于法律、价值观念和伦理的范畴中。人类学家不会仅仅因为某些事物恰巧对科学有益或是有价值才去研究它们。人类学家越来越意识到他们的研究工作必须在伦理和法律的范畴内才能开展。人类学家尤其是不在本国或是在非本土文化的环境中工作时都会遇到一些与自己的伦理或价值观念明显不同的问题。

　　人类学家经常在自己的国家之外做研究。体质人类学家和考古学家时常会与国际性的研究小组一起合作。这些小组有着来自不同国家的研究人员，包括**东道国**——进行研究的所在地。在**古人类学**（paleoanthropology，也被称作人类古生物学）的研究中——即通过化石证据来研究人类进化的学科——和他们在法医人类学研究中一样，体质人类学家和考古学家也常常在一起工作。尽管体质人类学家对人类骨骼比较感兴趣而考古学家的注意力在古器物上，但是这并不影响他们在一起进行合作，因为他们都试图在他们所考察的遗迹中推断出物质和文化特性间的关系。我们很多有关早期人类演化的知识都来源于在非洲的考察。在非洲，国际性的合作也是非常普遍的（参见 Dalton，2006）。

　　国际合作使体质人类学家和考古学家面临着不同的民族和文化方式，不同的价值体系和不同的伦理规范及法律准则。在这种情景下，美国人类学协会建议人类学家遵循其《伦理守则》。人类学家需要向东道国的官员和同事告知其研究的目的、基金来源，以及有可能得出的研究结果，这样才能获得东道国的研究许可和帮助。他们还需就研究所产生的资料的分析地点和储存地点进行协商——在东道国还是在人类学家的所在国——以及就研究时间的长短进行协商。诸如：人类骨骼、古器物和血样标本之类的研究资料到底应归属于谁？对于这些资料的使用应制定哪些限制标准？

　　对于人类学家来说，作为访客，他们与他们进行研究的东道国及地区建立和维持适当的关系是至关重要的。人类学家的首要伦理要求体现在他们所研究的人、物种和研究资料上。尽管对于非人类的灵长类动物来说，它们无法通过了解情况来表达是否赞成的意见，灵长类学家仍然要设法保证他们的研究不会对这些动物造成任何危害。政府机构或是非政府组织（NGO）有责任为这些灵长类动物提供保护。如果是这样的情况的话，人类学家就应取得他们的许可和知情同意（informed consent）才能进行研究（知情同意是指人们在详细地被告知了此项研究的目的、性质、程序和对自身所造成的潜在影响之后同意参与此项研究）。

　　对于活着的人来说，知情同意是必需的——例如，如果要取得血液或尿液之类的生物样本，研究主体必须被告知样本将如何收集、使用和鉴别，以及对他们潜在的代价和好处都是什么。只要是提供了数据或信息，拥有被研究的材料，或者其利益有可能被研究影响到的人都必须征得他们的知情同意。

　　美国人类学协会的《伦理守则》中规定人类学家不允许非道德地利用个人、团体、动物的或文化的、生物的资料。他们应当对与他们一起工作的人们心存感激，还应以适当的方式来回报这些人们。例如，对于在其他国家工作的北美人类学家们来说，以下几种方式都是值得提倡的：（1）制定研究计划和申请研究基金时应将东道国的同事考虑进去；（2）无论是在田野工作之前、之中还是之后都应与东道国的同事和他们的工作机构建立真诚的合作关系；（3）在发表的著作和论文研究成果中应提及东道国的同事；（4）应确保对东道国的同事有所"回报"。比如，允许留在东道国一些研究器材和研究技术，或是为东道国的同事提供资金援助以便他们进行研究，参加国际会议或访问国外机构，特别是访问他们那些国际合作者工作的地方。

　　相对于文化人类学家来说，体质人类学家更经常与考古学家在同一研究小组共同工作。这些小组有东道国的合作伙伴；更典型的是，还包括学生——研究生与本科生。在长期合作的领域内训练学生是使未来的田野工作者能够继续有机会跟随当前研究者进行田野工作的一种方法。

方法

在体质人类学和考古学中都有各种本学科专门的研究兴趣、课题和研究方法（由于篇幅有限，本文只是涵盖了其中一部分）。不要忘记体质人类学家和考古学家经常在一起合作。在人类演化的研究中，体质人类学家偏重于化石遗迹——以及从化石中得到的有关古人类生物学的信息。考古学家则偏重于古器物——以及从古器物中得到的有关过去文化的信息。但是这并不影响他们在一起进行合作，因为他们都试图在他们所考察的遗迹中推断出物质和文化特性间的关系。那么，体质人类学家们和考古学家们又都是采用哪些研究方法和技术呢？

 ## 多学科的进路

研究不同领域的科学家们，比方说研究土壤科学和**古生物学**（paleontology，即通过化石证据来研究古生命的学科）的科学家，会使用不同的技术与体质人类学家和考古学家在发现了化石和/或古器物的遗址一起进行研究。**孢粉学**（palynology），即通过对这些现场花粉的采样来研究古代植物的学科，可以用来推断这个遗址在当时所处的环境。体质人类学家和考古学家也会寻求物理学家和化学家有关年代测定技术的帮助。体质人类学家还创造了一个被称为**生物考古学**的分支专业，通过在特定的考古现场考察人类骨架来补充完善古代的生活情景，以此重构古人的身体特征、健康状况和饮食习惯（参见 Larsen, 2000）。有关古人社会地位的证据可以在一些遗留下来的实物资料内找到——像骨头、宝石和房屋。人在生命期间，其骨骼生长和身高都会受到饮食习惯的影响。除了遗传因素外，长得高的人通常都会比长得矮的人要吃得好。考古现场上骨头化学成分的差异也能帮助区分哪些是有特权的贵族，而哪些又是平民百姓。体质人类学家、考古学家和他们的工作伙伴通过分析人类、植物和动物的残骸以及像陶器、瓦片、模具和金属这些古器物（即制造品）来重新构建古生物学和古人的生活方式。

体质人类学家和考古学家既运用低科技也运用高科技的工具和方法。他们在发掘现场会使用一些小型的手持工具。在现场的照片、地图、绘图和测量记录以及所有的发现都是和现场结合成一体的。这些数据都被记录在笔记本和电脑中。对于更复杂的技术的运用，像古代运河体系的考古现场就需要从空中定位和绘出轮廓了。航空照片（在飞机中拍摄的）和卫星映像就属于被用于定位现场的遥感形式。例如，由科罗拉多大学和美国国家航空航天局（NASA）的考古学家们在哥斯达黎加研究的被埋藏的古代阡陌小径就只能在卫星映像中看到，而人的肉眼是无法观测到的。这些小径被厚达六英尺的火山灰、沉积物和植被所覆盖埋藏。阡陌小径的首次映像是在 1984 年由 NASA 的航行器使用人类看不见的电磁波频率工具拍摄下来的，有些小径距今已有 2 500 年的历史。2001 年，一颗商业卫星又拍摄了这些被掩埋的小径的映像，这些小径在映像中呈现为窄窄的红色线条，由此可以看出覆盖在小径上的浓密的植被。根据阿雷纳火山地层学（地质沉积物的层数）可以测定出这些小径距今的时间。阿雷纳火山在过去的 4 000 年里爆发次数已达 10 次。

大约 4 000 年前，在阿雷纳周边，人们建立了小村庄繁衍生息，大约在 500 年前他们经历了西班牙的统治。村民们在火山爆发时逃离村庄，等到火山平息下来再返回村庄继续在肥沃的火山土壤上耕种玉米和大豆。据研究小组负责人，科罗拉多大学的佩森·塞茨（Payson Sheets）所说，"他们居住在一片广袤的地区，没有冲突、掠夺和严重的疾病……依靠着丰富的自然资源和稳固的文化传统，他们过着舒适的生活"（转引自 Scott，2002）。

在阡陌小径的发掘现场还出土了石器工具、陶器和古代房屋的地板。这些小径曾经从墓地通向一处泉水和采石场，那些建房所用的石头就是在这里开采的。2002 年，由塞茨带领的田野工作小组的一个首要的工作目标就是搞清楚古人在这个墓地所进行的活动。尸体被埋放在墓地的石头棺材里。埋葬的陶器、餐具还有烹饪用的石头都表明了古人曾有很长一段时间在这里驻扎、烹饪、举办盛宴（Scott, 2002）。

人类学家同地质学家、地理学家和其他的科学家们一起工作，通过卫星映像来发现古代的阡陌小径、道路、运河和灌溉体系，而且还有，比方说，洪水暴发或是森林采伐的方式和地点。之后这些发现结果又都可以在地面上继续进行考察。人类学家利用卫星映像首先进行识别，然后再回到地面上对那些森林砍伐特别严重的地区和那些人类与生物多样性，包括非人类的灵长类动物，遭到威胁的地区进行调查（Green and Sussman 1990；Kottak,1999b；Kottak, Gezon and Green,1994）。

 # 灵长类学

与民族志研究者类似，灵长类学家密切观察灵长类动物的群体，也就是非人类的动物。一些对灵长类动物的行为的研究是在动物园（比如，de Waal, 2000）和通过实验（比如，Harlow, 1966）进行观察的，但是意义最重大的研究，即对野生猿类、猴子和狐猴的研究，却是在自然环境中完成的。作为人类学专业的学生，你也许会被布置一份去动物园观察灵长类动物的作业。尽量不要去观察夜行性灵长类动物，它们很有可能在你去动物园的时候还在呼呼大睡。当然如果你去纽约布鲁克斯动物园的夜行性动物馆就不会遇到这种情况了，那里的动物都被照明设备搞得把白天和黑夜颠倒过来了。一些灵长类学家研究了野生状态下的夜行性灵长类动物，比如眼镜猴、枭猴和马达加斯加的指狐猴。但是大部分的灵长类动物，像我们人类一样，都是在白天比较活跃（*昼出动物*），所以也就比较容易对它们进行研究。对人类来说，研究栖于陆地上的物种比研究栖于树林中的物种要容易得多。在马达加斯加，我曾跟在迅速穿梭在树林中的狐猴后面，从山上一路狂奔下来。在大学期间，我犯了个错误，不该在纽约中央公园的动物园里研究行动迟缓的懒猴。这种懒猴属于原猴亚目或是类似于狐猴的动物。它们捕捉昆虫时一动不动，接着就是突然将落在附近的臭虫诱捕到手。除非在笼子里有虫子，否则观察这种行动迟缓的懒猴（就像观察南美洲的树懒一样，但树懒不是灵长类动物）就和观察一个鸡蛋没有太大的区别。

自 20 世纪 50 年代，灵长类学家开始把他们的观察地点从动物园移到了自然环境中，对猿类（黑猩猩、大猩猩、猩猩和长臂猿）和狐猴（比如马达加斯加大狐猴、马达加斯加狐猴和尾部有环纹的狐猴）进行了无数次的研究。**栖于树林中的**灵长类动物（即大部分时间都是在树上度过的动物——比如，吼猴和长臂猿）比较难以被看到和跟踪，但是它们的明显特征就是总是发出很吵闹的声音。它们的交流体系，包括吼叫和叫喊，都可以用来做研究，从中发现它们是怎样进行交流的。研究灵长类动物的群居体系和行为，包括它们的交配方式、喂养幼崽以及联络和分散居住的方式，都能帮助我们提出有关行为的假定，即这些行为是否由我们人类与我们的近亲——乃至我们的原始祖先所共同具备。

与民族志研究者一样，灵长类学家也必须与他们所研究的个体建立良好的关系（"友好"的工作关系）。由于非人类灵长类动物无法使用语言交流，因此建立良好的关系需要去慢慢地适应，也就是动物得去适应研究者。随着时间的推移去识别和观察动物。通常情况下，初出茅庐的研究者会加入一个跟踪研究的小组，这个小组已经花费了几年甚至几十年在跟踪观察一组猴子或是猿猴。识别动物，密切关注它们的行为以及与它们之间的交往对于了解灵长类动物的行为和群体组织都是非常必要的。在固定的一段时间里跟踪某类动物，并将它们每段时期的行为和交往系统地拍摄或是记录下来。研究者也可重点观察固定的场景，例如，一棵树或是一处水源，灵长类动物在特定的时期会在那里聚集。研究者也可在特定的时期任意地选择个体和／或地点进行研究。

尽管智人不像其他大多数灵长类动物，既不是"受到威胁"也不是"濒于灭绝"的物种，但是仍有很多人生活在贫困和人口过剩的地区。人类活动对稀缺资源（如森林）的压力也对栖息在一起的灵长类动物和其他动物构成了威胁。人类捕猎或购买灵长类动物作为食物和他们所认为的药物。人类还在灵长类动物曾经繁衍不息的森林栖息地上开垦土地和修筑公路。森林砍伐成了灵长类动物所面临的主要威胁。许多文化人类学家研究的是那些对灵长类动物造成威胁的人群。灵长类学家和他们在同一地区展开研究，但主要关注的是非人类的灵长类动物的精确的栖息地、生活需求和行为模式。文化人类学家和体质人类学家与环保组织和政府机构一起工作，为保护森林和保护在森林里栖息的动物们出谋献策，但在同时也照顾到了人类的基本需求。

 ## 人体测量学

体质人类学家运用各种技术来研究人类的营养、成长和发展。**人体测量学**（anthropometry）测量人类的身体部位和体形，包括测量骨骼部分（即**骨测量法**）。人体测量学既可以进行活体测量，也可以测量考古现场发现的骨骨遗骸。身体的质量和成分可以用来检测出活着的人体内的营养状况。身体质量是通过身高和体重计算出来的。**身体质量指数**是用体重公斤数除以身高米数的平方（kg/m^2）得出的数字。如果一个成年人的身体质量指数高于 30，则被认为是体重超标，但如果是低于 18，则是体重不达标或是营养不良。测定身体成分时，皮下（置于皮下的）脂肪是通过皮肤褶皱厚度（需用弯脚规测量）和身体围度估算出的。再拿这些数值和人体测量学标准（Frisancho，1990）进行比较。对于具有特定性别和年龄的小组，数值在第 85 个百分点之上被认为是过度肥胖；数值在第 15 个百分点以下则被认为是过度消瘦。

被称为热量计的仪器是用来测量静息代谢率的，它是根据个体处于静止状态 30 分钟时所消耗的氧气量以及制造出二氧化碳的量得出的数据。这个仪器能计算出静止状态时身体最少的能量需求（卡路里）。根据人日常静止和活动时所消耗的卡路里，科学家们可以断定这些条件是否有利于增加或减少体重。静息代谢率的测量也揭示了在多大范围内，体重的增减可以反映出新陈代谢与饮食模式的相对关系。

了解现代人类如何适应环境（如对冷暖的适应）和如何消耗能量（如新陈代谢所消耗的能量），对于理解人类的进化是很有帮助的。例如，在原始人类的进化过程中大脑变得越来越大。现代人类的大脑仅占人体体重的 5%，但是大脑活动却消耗了静息代谢率所耗能量的 20%。在人类进化过程中，拥有大尺寸头脑的适应性优点应该要比能量的高消耗更重要。然而，活动的增加也对供应人体及人脑生长变得十分必要。

骨生物学

体质人类学的核心领域是骨生物学（或称**骨骼生物学**）——将骨骼作为生物组织进行研究，包括研究骨骼的遗传因子，细胞结构，生长、发育和衰退，以及运动模式（**生物力学**）（Katzenberg and Saunders，2000）。在骨生物学中，骨学研究骨骼变异及引起其变异的生物和社会原因。骨学家研究像现代和古代人口的身高这些变异因数（White and Folkens，2000）。了解了骨架的结构和功能才能对化石残骸做出阐明。古病理学是研究考古现场出土的人类骨架中的疾病与外伤痕迹的学科。在骨头中也能发现患癌的证据。比如，乳腺癌就在骨头内扩散（转移），造成骨头和头颅穿孔或病理转变。一些传染疾病（如梅毒、肺结核），还有外伤和营养不良（如佝偻病、维生素 D 缺乏可导致骨头变形），也都能在骨头中留下痕迹。

在第 2 章所探讨的法医人类学中，体质人类学家和考古学家在法律范围内通力合作，协助验尸官、验尸员和法律执行部门还原、分析识别人类的遗骸，并判断死亡原因（Nafte, 2000；Prag and Neave, 1997）。例如，当发现一具不知名骨骸时，警察和特拉华州验尸官办公室就会给特拉华大学的体质人类学家凯伦·罗森伯格打电话，请她来帮忙识别尸体。通过检测骨骸，罗森伯格就能判断出这个人的一些特征，比如身高、年龄和性别。凯伦谈道："警察总是希望得知一个不明身份的人的种族。但是种族的范畴有些是属于文化范围内的，而且任何时候都不属于生物'种类'。最近，我对一具骨骸做识别时，开始觉得他是高加索裔，但在后来的检测中又认为他可能是非洲裔美国人。事实上，确定他身份之后才发现他其实是西班牙裔。"（Rosenberg, 转引自 Moncure, 1998）

 ## 分子人类学

分子人类学引入遗传分析（DNA 排列顺序）来揭示进化关系。通过分子的对比就可以推断出现物种间的进化距离以及最近共同祖先的生存时期。分子研究还被用来推算和测定现代人类的起源时间以及分析现代人类与已灭亡人类群体间的关系，如距今 28 万~13 万年间繁衍生息在欧洲的尼安德特人。

1997 年，研究者从尼安德特人的骨骸中提取了 DNA。这具骨骸是于 1856 年首次在德国的尼安德河谷被发现的。这是首次获取现代前人类的 DNA。DNA 提取自上臂骨头（肱骨），在与现代人类的 DNA 进行比较时被发现有 27 处不同的地方；相比来说，现代人类的 DNA 之间只有 5 到 8 处不同的地方。

分子人类学家分析了古人类与现代人类以及其他物种间的关系。众所周知，例如，人类与黑猩猩的 DNA 超过 98% 都有共通性。分子人类学家还重现了人类迁移和定居的波动和模式。**单倍群**是属于同一生物血统（即有血缘关系的大家族），拥有一组特定的遗传特性。北美土著人主要有四组单倍群，这些单倍群与东亚地区也有关联。分子人类学家能够给出答案的众多问题包括：在北美或太平洋地区，人类定居时期 DNA 排列顺序是怎样被用于发现迁移轨迹的？

对于非人类灵长类动物来说，分子人类学家将 DNA 排列顺序用于识别其起源和推算在灵长类动物聚居地内它们的血族关系和近交程度。之后文中还会提到分子人类学家将"遗传时钟"用于估算物种（如人类、黑猩猩和大猩猩——生活在距今 800 万 ~500 万年前）的和不同人类群体（如尼安德特人和现代人类）的分化年代（最近共同祖先的生存时期）。

 # 古人类学

古人类学（paleoanthropology）通过化石证据来研究早期的原始人类。化石是古动物或植物的遗体（如骨骼）、遗迹或印痕（如脚印）。通常，由来自不同背景和学术领域的科学家、学生和当地工作者共同参与古人类学的研究。这些小组成员包括体质人类学家、考古学家、孢粉学家、地质学家、古生态学家、物理学家和化学家。他们的共同目标就是测定和重现早期原始人类的结构、行为和所处的生态环境。地质学家和孢粉学家会介入早期调查——也许要用到遥感技术——来寻找早期原始人类有可能居住的地址。孢粉学家帮助寻找含有动物遗骸的化石层，这些动物能被测定出其生存年代，而且还在不同时期与原始人类共同存在。保存好的动物遗骸意味着有可能还会有同样被保存下来的人类化石。有时候用最精确和直接的（放射性的）方法也无法测定出在某个遗址发现的人类化石和器物的年代。在这种情况下，将在这个遗址发现的动物遗骸同在其他遗址发现的相似而年代又比较确定的动物遗骸进行对比，就有可能推断出那些与其相关的动物化石、原始人类化石和器物的年代了（Gugliotta，2005）。

一旦确定了考古现场，大量的调查工作就开始了。考古学家负责搜寻原始人类的遗迹——骨骼或使用工具。只有原始人类会将岩石做成工具和从很远的地方搬运岩石残块（Watzman，2006）。一些早期原始人类遗址上布满了上千件工具。如果一个地点为原始人类遗址，那么更多的工作就要在这里集中进行。经费由私人捐助和政府资助。研究工程通常由一名考古学家或是体质人类学家牵头负责。田野工作人员将继续进行考察,绘制现场地图并开始在土壤里仔细查找被腐蚀的骨骸和器物。另外,工作人员还会对花粉和土壤进行采样以备生态分析之用,及对岩石进行采样以备各种年代测定技术之用。分析工作在实验室中进行,标本将在实验室里进行清洁、分类、标注以及识别。

对动物栖息地(如森林,林地,或是开阔的田野)的描述有助于重现早期原始人类居住地的生态环境。花粉标本有助于发现原始人类的饮食习惯。岩石沉积物或是其他的地质标本体现了岩石沉积时期的气候状况。有时候化石嵌在岩石内,因此拔取时要特别小心。化石一旦被取出和清洁后,就要被保存在模具里进行更广泛的研究。

 # 调查与发掘

考古学家和古人类学家总是跨时空地进行研究并通力合作。很明显,考古学家、古人类学家和古生物学家将地方和区域观点结合起来。最普遍的地方方法就是发掘,或是在考古现场进行层层挖掘。区域方法包括遥感,例如,之前所讲的从太空中发现哥斯达黎加古阡陌小径以及之后在地面上进行的系统调查。考古学家认为每个考古现场并非都是孤立和互不相干的,而是属于更大的(区域)社会系统中的一部分,比如向同一首领进贡的那些村落,或者是为每年的仪式而聚集在某个特定地点的采集者们。

我们先来分析一下考古学家根据古代社会的遗存物研究古代人类行为模式时所采用的一些主要技术。考古学家从挖掘的坑中、考古现场和区域里发掘这些遗存物,并将过去不同社会单位的数据信息整合在一起,包括家庭、小部落、村落和区域。

 ## 系统调查

考古学家和古人类学家有两个基本的田野工作策略:**系统调查**(systematic

survey）和发掘。系统调查通过在一个大区域内收集有关定居模式的信息提供区域观点。定居模式是指在一个特定的区域内遗址的分布情况。区域调查通过以下几个问题重新构建了定居模式：遗址是在哪儿发现的？遗址有多大？遗址上有什么样的房屋？这些遗址距今已有多少年？理论上，系统调查包括走遍整个调查地区并记录下所有遗址的位置和大小。调查人员从遗址地表上发现的古器物可以推断出每个遗址的年代。但是并非每次调查都能涵盖整个地区。地面表层也许无法穿透（比如有浓密的丛林），或是调查地区的某些部分难以接近。土地所有者也许不允许在此进行调查。调查人员这时就不得不依赖遥感技术来测定遗址的位置和绘制地图了。

根据区域数据信息，科学家就可以回答出有关生活在一个特定地区的史前社会的很多问题了。考古学家根据定居模式来推断当时的人口数量和社会复杂程度。对于采集者和耕种者来说，他们大都居住在小的营地里或是部落里，他们的房屋也几乎是没有区别的。这些遗址相当均匀地分布在区域内。随着社会复杂性的增加，定居模式也变得越来越复杂。人口数量也在增加。诸如贸易和战争这些社会因素在居住地点（在山顶、水路和贸易路线上）的选择中起着越来越重要的作用。在复杂社会中，居住等级现象出现了。某些遗址会比其他的要大，而且房屋建筑也有很大的不同。有着专门建筑（上层人士的居住地、寺庙、行政办公楼、会议地点）的大的遗址通常都被认为是这个地区的中心，并控制着那些房屋没有太多区别的较小遗址。

 ## 发掘

考古学家还通过发掘遗址来搜集有关历史的信息。在**发掘**（excavation）过程中，科学家们通过挖掘地层——由沉积岩石的分层形成的遗址来发现遗迹。这些岩石的分层被用来确定挖掘中出土物的相对时间顺序。这个相对年代表是建立在重叠原理的基础上的：在一组沉积岩中，最底下的岩石是最早沉积下来的。之上的每层岩石都比它下面的岩石时间要晚。因此，在同一组沉积岩中从较下岩石层中出土的古器物和化石要比上面出土的年代更久远。这种出土物的相对时间顺序排列是考古学、古人类学和古生物学研究的核心领域。

趣味阅读 评估人们合作原因的新方法

当人们在做游戏时，科学家们通过使用一种检测神经系统活动的新方法，发现合作可以在人脑里引发愉悦感。人类学家詹姆斯·芮苓和其他5位科学家对一组年轻女性在做一个试验游戏"囚徒的困境"时的大脑活动做了监视。她们在追逐金钱利益时也在选择不同的战略，自我贪婪还是与他人合作。研究人员发现选择与他人合作会刺激到大脑的某些区域，这些区域与愉悦感和追求奖励的行为相联系——也是对甜点、靓照、金钱和可卡因有反应的相同区域（Angier, 2002; Rilling et al., 2002）。书的另一位著者格雷戈里·S. 伯恩斯说："在某种程度上，这说明了我们都期望与他人合作。"（转引自 Angier, 2002）

研究人员分析了 36 位 20 岁至 60 岁的女性。为什么选择女性呢？先前的一些研究发现男人之间比女人之间更乐于合作，而另外一些研究所得出的结果却正好相反。芮苓和他的同事们不愿意将这些更乐于合作和更不愿意合作的组合掺合在一起，所以他们就将他们的试验限定在同一性别里，以便对于可能出现的合作倾向上的差异进行控制。选择女性而不是男性也是随机的。

在试验中，两名女性将提前互相见个面。然后一名女性就被放进扫描仪内，而另外一名女性仍留在扫描仪房间外。两人通过电脑交流，大概玩 20 轮游戏。在每轮游戏中，她们都会按下一个按钮，来表明她会"合作"还是"背叛"。她的选择会出现在对方的屏幕上。每轮游戏之后都会有现金奖励。如果一方选择背叛而另一方选择的是合作，那么背叛方就会赢得 3 美元，合作方则什么都没有。如果双方都是选择的合作，那么每人赢得 2 美元。如果双方选的都是背叛，那么每人赢得 1 美元。如果双方从开始到最后都是选择合作，每人可以拿到 40 美元，比起双方都选背叛拿到 20 美元，会是比较有利的策略。

如果其中一方心存贪婪之念，那她的风险就是合作战略瓦解，双方最后都赢不到钱。大部分的时候，女性都会合作的。甚至偶尔选择背叛也不会击破双方的联盟，尽管之后曾经"被出卖过"的对方会有些怀疑。由于仍有人选择背叛，每次试验参与者平均拿到的奖金为 30 美元。

扫描结果显示人脑有两大区域对合作产生了积极的反应。两处区域都是神经细胞的密集区，这些神经细胞对多巴胺有强烈反应。多巴胺是人脑中的化学物质，与人的上瘾行为有关。一个区域是位于中脑的前腹纹状体，就在脊髓正上方。实验证明当电极通过此区域时，老鼠会反复地按压笼杆以激发这些电极。很显然，老鼠很喜欢得到这样的快感，以至于它们宁愿饿死也不愿停止按压笼杆（参见 Angier, 2002）。

另外一处受到合作激活的大脑区域是前额脑区底部，就在双目上方。除了是奖励处理系统的一部分，这个区域还控制着神经脉冲。据芮苓所说，"每轮游戏，都会面临着选择背叛而获得更多奖励的诱惑，选择合作就需要控制冲动"（转引自 Angier, 2002）。

在一些情况下，扫描仪内的女性使用电脑并且知道这只是一台机器。但在其他的一些测试中，她们使用电脑时却认为这是一个人。当女性知道她们是在和电脑打交道时，她们的奖励环路就大大减少了敏感度。如果认为是与人在打交道，则不仅仅能赢取现金，也会使她们得到满足。另外，当女性之后被要求总结自己在游戏时的感受时，她们经常会表示与他人合作时感觉很好，也会对她们的游戏伙伴有种同志情谊。

假设，在某种程度上，与他人合作的欲望是人类天生具有的，并被我们的神经环路不断强化，那它的起因又是什么呢？人类学家通常会推断，我们的祖先在捕获大型猎物、分享食物和进行其他社会活动时，包括抚养孩子，都会协力合作，无私地帮助他人。也就是这种有帮助他人和与他人共同分享的精神倾向给了我们祖先生存下来的优势。研究人员也无须研究"为什么我们不能好好地相处"了，反之，是要研究我们为什么能相处得如此之好。

来源：Information from N.Angier, "Why We're So Nice: We're Wired to Cooperate," *New York Times*,July 23,2002. http://www.nytimes.com/2002/07/23/health/psychology/23COOP.html.;J.K.Rilling et al., "A Neural Basis for Social Cooperation," *Neuron* 35:395-405; J.K.Rilling, personal communication.

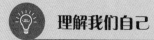

理解我们自己

　　相对于我们的灵长类亲缘动物来说，人类确实更具有社会性。即使是和我们最相近的黑猩猩也不会像我们那样去合作。显然，猿类也不会同我们一样期望合作和帮助他人（见本章"趣味阅读"）。我们从来不会知道引起人类社会性的所有原因，但是其中有些原因基于人类的解剖结构——从大脑到骨盆。比如女性骨盆的演化就基于以下这些事实：（1）人类是直立行走的；（2）婴儿出生时大脑尺寸大；（3）婴儿都是通过很复杂的产道才生出来的。

　　这些就是灵长类动物和人类在解剖结构和分娩过程中存在的极其明显的差异。非人类灵长类动物并不像人一样是两足动物，它们的大脑都很小，产道也没有那么复杂，而且刚出生的幼崽也比较独立。由于在出生时，婴儿在母亲的产道内必须拐上几个弯，导致他们的脑袋和肩膀这两处身体的最大部位，始终要与产道最宽的部分相符合。猴子和猿类就不存在这样的问题。不像我们人类，灵长类动物的产道形状是相对顺直的。

　　此外，灵长类动物是面向前生出来的，这样母崽就能抓住幼崽，甚至能直接拽过来喂奶了。而人类是面向后出生的，远离母体，所以母亲就无法在生产时进行自我帮助。有他人（比如接生婆）帮助生产可以降低婴儿和产妇的死亡风险。

　　助产在人类社会几乎是普遍存在的现象。凯伦·罗森伯格和温达·特沃森（Rosenberg and Wenda Trevathan, 2001）在书中写道，很久以前，人类生产时就希望能让给予帮助的亲人在自己身边。根据对原始人类骨盆开放大小和婴儿头颅尺寸的研究，罗森伯格和特沃森（Rosenberg and Wenda Trevathan, 2001）在书中总结道，这种助产现象可以追溯到几百万年前。非人类灵长类动物的母崽在生产时都会与外界隔离，生产过程中自己给自己接生。人类并非如此——还是具备社会性。接生婆、产科医师，新生儿派对——所有这些都是人类有着社会性的表现。而这种社会性有着其极深的进化根源。

由于考古学记录和化石资料十分丰富，而且发掘工作需要耗费大量的劳动力和金钱，因此如果没有合理的原因是不会对遗址进行挖掘的。挖掘考古现场是因为这些遗址有被破坏的危险或是因为在这些遗址中可以找到特定的研究问题的答案。在本书第 2 章中谈到的文化资源管理（CRM）主要是对遭到现代发展威胁的考古现场进行保护。很多国家都要求在施工之前进行考古影响研究。如果一个遗址遭到破坏而开发工程又无法停止，文化资源管理考古学家们就被召来进行抢救性发掘。发掘遗址的另外一个原因是在这些遗址中可以找到特定的研究问题的答案。例如，一位研究农业起源的考古学家不会去挖掘一个很大、戒备森严而又有着很多房屋，但是历史年代却在首个农业社会之后的山顶城市。相反，他宁愿去找一个在农田上，或是靠近农田和水源的小型部落遗址。这样的遗址可能是农业社会在那个地区第一次出现的早期居住地点。

在发掘遗址之前需要绘制地图和搜集地表物品，这样研究人员才能判断出挖掘的确切地点。在特定遗址上搜集地面物品类似于在一个更大的区域内进行区域调查。先用方格网来代表和细分这个遗址。接下来，在实际的遗址上划分出同方格网一样大小的物品搜集单位。这个方格网可以让研究人员记录下在遗址里发现的每个古器物、化石和遗迹的准确位置。通过对遗址地表物的研究，考古学家可以直接对那些最能给他们的研究提供信息的遗址区域进行发掘。一旦区域选定，挖掘工作就开始了，每个器物或遗迹的位置要从三个方面做好记录。

挖掘也可能是随意进行的。这种情况下，从地表开始，每次从发掘单位挖出相同量的土［通常是 4 英尺至 8 英尺（1.2 米至 2.4 米）深］。这种挖掘是快捷的挖土方法，因为在同一深度的所有东西一次就被挖了出来。这种发掘方式通常被用于探坑挖掘。探坑是用来探查遗址沉积物的深度和初步测定遗址年代的坑位。

需要耗费更多劳动和更精确的发掘方法是按照地层学一次只挖掘一层。对每个堆积层分别进行研究，这些堆积层在颜色和结构上都有所不同。这种技术提供了更多有关古器物、化石或遗迹的背景信息，因为科学家们工作步伐减缓了，而且研究到了有用的堆积层。特定的 4 英尺（即 1.2 米）标准层里可能包含了一组房屋地板，而且每块地板都带有古器物。如果这些沉积物是按随意标准挖掘上来的，那么出土的器物就都混合在一起了。但是如果是根据自然地层学挖掘的，每个房屋地板是分别挖出来的，那么得出的结果就会更加详细。考古学家的工作程序就是在对下一个地层进行挖掘之前，将所有的器物从每个房屋地板上取走装袋。

任何发掘都能获得各式各样的遗存物，像陶器、石头器物（石头的）、人或动物的骨头和植物遗存。这类遗存物可能尺寸小，而且残缺不全。为了增加发现小的遗存物的可能性，土壤要用筛子过滤。为了能发现很小的遗存物，比如鱼骨头和碳化的植物遗存，考古学家会使用漂浮法这种技术。用水和非常细密的网线对土壤采样进行分类，当土壤被水溶解后，碳化的植物遗存就漂浮在水面上了。鱼骨头和其他更重的一些遗存物就沉到了水底。漂浮法需要大量的时间和劳动。这就使得这种方法不适合用于所有从遗址中挖掘出的土壤。漂浮的采样是从有限数量的沉积物中取得的，比如从房屋地板、垃圾坑和炉膛里。

第
4
章

进化论与遗传学

- 进化论
- 遗传学
- 生化或分子遗传学
- 遗传进化中的种群遗传与机制
- 现代综合进化论

进化论

与其他动物相比,人类有独特多变的方式——文化的和生物的——来适应环境压力。举例说明人类的文化适应:我们操控自己的人工制品和行为作为对环境条件的回应。现代的北美人在冬季打开温控器或者搬到佛罗里达。我们打开消防水管、游泳或者驾驶空调车从纽约到缅因州去躲避夏季的酷热。虽然这种对于文化的依赖在人类进化的过程中增加了,但是人也没有停止生物上的适应。与其他物种一样,人类以遗传方面的适应回应环境力量,个体面对压力则报以体质上的回应。因此,当我们在正午的烈日之下,会自发地出汗,冷却皮肤并降低皮下血管的温度。

现在我们可以开始更细致地探查决定人类生物适应、变异和变化的原理。

18 世纪,很多学者对生物多样性、人类起源以及我们在动植物分类中的位置产生兴趣。其实,普遍被接受的物种起源的解释来自《创世记》——《圣经》开篇:上帝在 6 天的造物中创造了所有生命。根据**神创论**,生物的异同源于创世之时。生命形式的特征被视为不可改变的;它们不可能变化。通过基于《圣经》系谱的计算,《圣经》学者詹姆斯·乌什尔(James Ussher)和约翰·莱特福德(John Lightfood)甚至将创世追溯到一个具体的时间:公元前 4004 年,10 月 23 日,上午 9 点。

卡尔·林奈(Carolus Linnaeus,1707—1778)创制了动植物的首个综合且依然具有影响力的分类法或分类学。他根据生命形式在生理特征上的异同将之归类。他用一些性状诸如脊柱的存在来区分脊椎动物和无脊椎动物,用乳腺的存在来区分哺乳动物和鸟类。林奈将生命形式之间的差异视为造物主有序规划的一部分。他认为,生物异同在创世之时就已确定而且未变过。

18 世纪和 19 世纪化石的发现对神创论提出了质疑。化石表明曾经存在过不同的生命。如果所有的生命起源于同一时间,为什么有些古代物种不见了呢？为什么现在的动植物没有在化石中被发现呢？一种集合了神创论和灾变论的改良解释取代了原先的学说。据此观点，火、洪水等灾难，包括涉及诺亚方舟的《圣经》中的大洪水（biblical flood），摧毁了古代物种。在每次毁灭性的事件之后，上帝重新创造，就形成了现今的物种。持灾变论的人如何解释化石和现代动物之间某些明显的相似呢？他们论证说有些古代物种得以在一些孤立的区域存活下来了。例如，在大洪水之后，被救到诺亚方舟上的动物的后裔向全世界扩散。

 理论与事实

神创论和灾变论的替代是变种说（trans-formism），也称进化论。进化论者相信物种由其他物种经过漫长和渐进的变种过程而来，或者是其改进的后代。查尔斯·达尔文是最有名的进化论者。但是，他受到包括其祖父在内的早期学者的影响。在 1794 年出版的《动物生物学》（*Zoonomia*）一书中，伊拉斯谟·达尔文（Erasmus Darwin）已经提出所有动物物种有共同祖先。

查尔斯·达尔文也受到地质学之父查尔斯·莱尔爵士（Sir Charles Lyell）的影响。在达尔文乘"贝格尔"号舰到南美洲旅行期间，他研读了莱尔的力作《地质学原理》（*Principles of Geology*）（Lyell, 1837/1969），由此接触到了莱尔的**均变论**（uniformitarianism）。均变论声称现在是过去的钥匙。对过去事件的解释应该在今天仍在起作用的一般力量的长期运作中寻找。所以，自然力量（降雨、土壤沉积、地震和火山活动）逐渐建构和修饰了山脉之类的地理特征。地球结构经自然力量持续数百万年的作用而逐渐变化（参见 Weiner, 1994）。

均变论是进化理论的必要元件。它使人对地球只有 6 000 年历史产生强烈怀疑。诸如雨和风之类的一般力量要制造重大的地理变化将会需要花费长得多的时间。这个更长的时间跨度对于化石发现所揭示的生物变化也是足够的。达尔文将均变论和长期变化的观点应用于生物。他主张所有的生命形式在根本上是相关的（ultimately related），而且物种的数量随时间而增加（更多关于科学、进化和神创论，参见 Futuyma, 1995; Gould, 1999; Wilson, 2002）。

查尔斯·达尔文为理解进化论提供了一个理论框架。他将自然选择作为一种可以解释物种起源、生物多样性和相关生命形式之间的相似的强大进化机制。达尔文提出了严格意义上的进化理论（the theory of evolution）。理论是系统表达（通过从已知事实的推理）的用于解释某事的一整套观点。理论的主要价值在于促进新的理解。理论指示可能为新的研究所证实的样式、关联和关系。进化的事实（fact）（已经出现的进化）更早为人所知，比如伊拉斯谟•达尔文。经自然选择（进化如何出现）的进化理论是其主要贡献。实际上，自然选择不是达尔文独一无二的发现。博物学家阿尔弗莱德•拉塞尔•华莱士经过独立研究也得出了一个类似的结论（Shermer, 2002）。1858 年，在伦敦林奈学会（Linnaean Society）联名发表的文章中，达尔文和华莱士将他们的发现公之于众。达尔文的专著《物种起源》（*On the Origin of Species*）（Darwin, 1859/1958）提供了更为详尽的记录。

自然选择（natural selection）指的是最适于在既定环境中生存和繁殖的形式比同一种群中的其他形式更大量存活和繁殖的过程。自然选择不仅仅是适者生存，也是分化的**繁殖成活**（differential reproductive success）。自然选择是导致结果的自然过程。自然选择在种群成员之间为战略性资源（那些生活所必需的）如食物和空间而竞争的时候运作。还有寻找配偶的问题。你可以赢得食物和空间的竞争，但是没有配偶使得你将来在该物种中没有影响力。自然选择要在一个特定的种群中起作用，这个种群内部必须有**变异**（variety），而这的确一直存在。

长颈鹿的脖子可以说明自然选择是如何对一个种群内部的变异起作用的。在任何长颈鹿群中，在脖子的长度上总是存在变异。当食物充足的时候，这些动物为自己觅食不成问题。但是当战略性资源有压力的时候，可食用的树叶不如平常充足，脖子更长的长颈鹿就有优势。它们可以从更高的树枝上采食。如果这种觅食优势使长脖子的长颈鹿比短脖子的长颈鹿在存活和繁殖中哪怕更有效一点，长脖子的长颈鹿也会比短脖子的长颈鹿向未来的世代传递更多自己的遗传物质。

对此（达尔文主义）另一种不正确的解释是**获得性状**（acquired characteristics）的遗传。那种观点认为在每一代，个体的长颈鹿都将脖子伸长一点以便触及更高。这种拉伸不知怎么地就改善了遗传物质。经过数代的拉伸，每一代长颈鹿毕生获得的脖子长度的增幅积累起来，平均的脖子长度

趣味阅读 智慧设计论与进化论

　　一位联邦区法官于2005年12月20日规定，以后将禁止"智慧设计论"（intelligent design，ID）在宾夕法尼亚州的一所公立学区的生物课上被提及。多佛学区委员会（Dover Area School Board）成员在要求生物课程中提及地球上的生命由不明智慧设计者创造这一理念的时候已经违反了宪法。当事人被要求在生物课上阅读一份声明，宣称进化是一种理论，而非事实；进化的证据不足；学校图书馆中一本书（用教堂基金购买）里面写的智慧设计论提供了一个可供选择的解释。根据法官（一位由乔治•W.布什任命的共和党人）的看法，那份声明意味着对宗教的认可。它也许会通过提供一种宗教的替代性伪科学理论而引起学生对一个被普遍接受的科学理论的质疑（参见《纽约时报》，2005，A版第32页）。

　　多佛学区委员会2004年10月采用的这一政策，被认为是全美国同类政策的首创。他们的律师辩称，学区委员会成员是在寻求通过让学生接触进化经自然选择而发生的达尔文理论之外的其他可能来促进科学教育。智慧设计论的支持者认为进化论不能充分解释复杂的生命形态。反对者则声称智慧设计论是世俗的神创论再包装，法庭已经宣判不能再在公立学校教授这一理念了。宾夕法尼亚法官们达成一致：委员会宣称的世俗目标是其真实意图——在公共学校推动宗教——的托辞。

　　智慧设计论的拥护者自此被多佛学区委员会罢免了。新委员会计划将智慧设计论从自然课中撤销，但是有兴趣的同学可以在选修的比较宗教学课程上学习这一理论。法官裁定，智慧设计论不属于科学课程，因为它是"一种宗教观点，仅仅是一种重新标注的神创论而不是一种科学的理论"（《纽约时报》，2005，A版第32页）。

　　智慧设计论坚持生命形态太复杂而不可能是经自然过程形成的，必定是由更高级的智慧所创造。智慧设计论的支持者如德布斯基（William A. Dembski）最基本的主张是"存在不能用无方向性的自然力量充分解释的自然系统，而且显现特征的发现主要归因于智慧"（Demski，2004）。智慧的来源从未被正式认定，但是鉴于设计的自然性被否定了，其超自然性似乎将成为猜想。法官宣判，因为将智慧设计论添加进科学课程，多佛学区委员会违背宪法，支持提出了"一种特殊的基督教说法"的宗教观点（《纽约时报》，2005，A版第32页）。其他几个州也做了在生物课上教授智慧设计论的尝试，结果不一且激发了持续的法律挑战。智慧设计论在堪萨斯州获得了最大成功，那里的州教育委员会已经修改了科学的定义使之不再仅限于自然解释。这为智慧设计论和其他神创论形式开辟了道路。

宾夕法尼亚诉讼案彻底考察了智慧设计论是科学的主张。经过 6 周以数小时的专家作证为特征的审讯，这个主张被拒斥了。法官发现智慧设计论作出了无法被验证或证伪的断言，违反了科学的基本原则。智慧设计论在科学界也未被接受。它缺少研究和验证程序且不为同行评议的研究所支持（《纽约时报》，2005）。

进化论作为一种科学理论（文中已界定）是现代生物学和人类学的核心组织原则。进化也是一个事实。毫无疑问生物进化已经出现且仍在出现。生物学中存在争议的是关于这个过程的细节的问题以及不同进化机制的相对重要性问题。"有液态水的地球已经有 36 亿年历史是一个事实。细胞生物已经存在了约占这整个历史的一半的时间，以及有组织的多细胞生物的出现至少已有 8 亿年之久，这是一个事实。现在地球上主要的生命形态完全不是以前所呈现的，这是另一个事实。2.5 亿年前没有鸟类和哺乳动物。过去的主要生命形态已经不存在了，也是一个事实。以前有恐龙……现在没有了。所有的生命形态源于以前的生命形态是一个事实。因此，所有现在的生命形态是从不同的祖代的生命形态之上出现的。鸟类源于非鸟类，人类源于非人类。没有人可以自以为对自然世界有任何理解却否认这些事实，就如同她或他不能否认地球是圆的，且绕轴自转，绕太阳公转一样。"（Lewontin，1981，转引自Moran, 1993）

就像我们在第 1 章中看到的那样，科学的一个重要特征是知识的暂时性与不确定性，这也是科学试图改进的。在致力于完善理论和解释的时候，科学家力争客观公正（努力减少科学家自身包括其个人信仰和行为的影响）。科学有很多局限而且不是我们拥有的理解的唯一方式。当然，宗教研究是通向理解的另一途径。但是客观与公正的目标的确有助于将科学与那些更有偏向性的、更死板的和更教条的方法区分开来。

就增加了。这不是进化论起作用的方式。若果真如此，举重运动员将会生出肌肉特别发达的孩子。承诺一分耕耘一分收获的训练适用于个体的体质发展，而不适用于种群。相反，进化论是作为自然选择利用已经出现在群体中的变异的过程发挥作用的。这才是长颈鹿获得它们脖子长度的方式。

经自然选择的进化持续至今。例如，人类群体对于疾病有不同的抵抗力，就像我们在下文中将看到的关于**镰状细胞性贫血**（sickle-cell anemia）的讨论。近来自然选择的一个经典例子是**白桦尺蛾**（peppered moth），白桦尺蛾既可能是浅色也可能是深色（但是不管在何种情况下都有黑色的斑点，这也是"peppered"即胡椒这名字的由来）。这个物种的改变说明了经过被称为**工业黑化**（industrial melanism）发生的近期的自然选择（在我们的工业时代）。英国的工业革命使环境变得有利于深色白桦尺蛾（有更多黑色素的）而不是从前有优势的浅色白桦尺蛾。19世纪，工业污染加重；煤烟覆盖了建筑和树木，将之变成更深的颜色。早先有代表性的浅色白桦尺蛾，在乌黑的建筑和树木的背景中特别显眼。这种浅色白桦尺蛾很容易被它们的捕食者发现。经过突变（见下文），有着颜色更深的表现型的新的白桦尺蛾变异受到偏爱。因为这种深色的白桦尺蛾更适合——更难被发觉——污染的环境，它们比其他浅色白桦尺蛾更大量地存活和繁殖。我们看到由于它们融入环境的颜色中以躲避捕食者的能力，自然选择也许在污染的环境中偏爱深色白桦尺蛾而在无污染或轻污染的环境中偏爱浅色白桦尺蛾。

进化理论是用于解释的。回忆第1章中说的科学的目标是通过解释增进理解：说明事物（或事物的类）如何以及为什么被了解（例如：物种内部的变异、物种的地理分布、化石记录）取决于其他事物。解释有赖于**关联**（associations）和理论。关联是两个变量之间可被观察到的关系，如长颈鹿脖子的长度与其后代的数量之间，或者工业污染的扩散与深色白桦尺蛾出现的频率增加之间。理论更一般化，显示或暗示关联并尝试解释关联。事物或事件（如长颈鹿的长脖子）若说明一个一般性的准则或关联，比如适应优势的概念，它就被解释了。一个科学命题（例如：进化出现是因为种群内变异而产生的分化的繁殖成活）的真实性经反复观察得到证实（见上文中"趣味阅读"关于智慧设计论与进化论之间区别的讨论）。

遗传学

查尔斯·达尔文认识到自然选择要起作用，种群内必须有变异经受选择。记录和解释人类的变异——人类的生物多样性——是人类学的关注点之一。达尔文之后出现的遗传学，帮助我们理解生物变异的原因。现在我们知道 DNA（deoxyribonucleic acid, 脱氧核糖核酸）分子构成基因和染色体，是最基本的遗传单位。DNA 中的生化变异（突变）提供了自然选择可以操作的大部分变异。通过有性生殖，每一代父方和母方的遗传性状的重组导致了从父母双方得到的遗传单位的新排列。这种遗传再结合也增加了自然选择可以运行的变异。

孟德尔遗传学（Mendelian genetics）研究了染色体在不同世代间传递基因的方式。**生化遗传学**（biochemical genetics）考察 DNA 中的结构、功能和变化。**种群遗传学**（population genetics）探索繁殖种群中的自然选择和其他遗传变异、稳定性和变化的原因。

 孟德尔实验

1856 年，在一个修道院的花园中，奥地利的天主教神甫格雷戈尔·孟德尔开始了一系列揭示遗传学基本原理的实验。孟德尔研究了豌豆的 7 对相对性状的遗传。对每一个性状而言，只有两种形态。例如，植物或者是高的 [6~7 英尺（1.8~2.1 米）]，或者是矮的 [9~18 英寸（23~46 厘米）]，没有中间形态。成熟的种子可能是圆滑的，或者是皱缩的。豌豆可能是黄的或者绿的，也没有中间状态。

孟德尔开始实验的时候，关于遗传最流行的信念之一是"染缸"理论（paint-pot theory）。根据此理论，父母的性状在孩子身上的混合就如两种颜料在颜料桶中混合一样。这些孩子因此是他们父母独一无二的混合，当他们结婚生育的时候，他们的性状将会不可避免地与其配偶的性状相混合。但是，遗传的主流理念也认识到父母一方的性状间或淹没另一方的性状。当与父亲相比孩子们看起来更像母亲的时候，人们可能会说她的"血"比他的强。间或也有"返祖"（throwback），即一个孩子是他或她祖父母之一的翻版或者拥有作为整个系谱特征的特别的下巴或鼻子。

通过豌豆实验，孟德尔发现遗传是通过**离散微粒或单位**（discrete particles or units）实现的。虽然性状可能在一代消失，但是其原初形态会在下一代重新出现。例如，孟德尔将纯的高植株和矮植株进行杂交。它们的后代都是高的。这是第一个子代（filial），标示为F1。然后，孟德尔在第一个子代进行杂交，得到第二个子代F2（图4.1）[1]。在这一代中，矮植株又出现了。在F2代中成千上万的植株中，大约每有三株高的植株，就有一株矮的植株。

F1代杂交体特征	F2代（由F1代杂交得到）杂交体特征	
	显性特征	隐性特征
光滑的种子形状	圆滑　＋　3	皱缩　：　1
黄色种子	黄　＋　3	绿　：　1
灰色种衣	灰　＋　3	白　：　1
饱满的豆荚	饱满　＋　3	皱缩　：　1
绿豆荚	绿　＋　3	黄　：　1
沿枝干分布	沿枝干分布　＋　3	长在顶端　：　1
高植株	高　＋　3	矮　：　3
	后代显性特征与隐性特征比率为3:1。	

图4.1　孟德尔的第二组豌豆实验
主导色被显现，除非相反的状况发生。

从其他6对性状的相似结果，孟德尔总结说，虽然在**杂种**（hybird）或者混合的个体中，一种显性形态可以掩盖另一种形态，而受抑制的性状［**隐性的**（recessive）］并没有被摧毁；它甚至没有改变。因为遗传性状是作为离散单位继承的，所以隐性性状会在后代中以未改变的形态再次出现。

孟德尔描述的这些基本的遗传单位是位于**染色体**（chromosomes）上的因子（现在称为基因或者等位基因）。染色体是成对（对应）排列的。人有46个染色体，

---

[1]由于英文原版书为彩色印刷，中译本单色印刷，一些图片中的颜色区分在本书图中不能充分体现，但为便于理解及呈现原书风貌未做删除，请结合正文阅读。——译者注

排列为 23 对，每对中的一个来自父方，一个来自母方。

简单起见，一个染色体可以描画成一个有多个位点的表面（见图 4.2），每一个位点用一个小写字母标示。每一个位点是一个基因（如图 4.2 中的 b）。每一个基因全部或部分地决定一种特定的生物性状，如某人的血型是 A、B 还是 O。等位基因（如图 4.2 中的 b^1 和 b^2）是一个既定基因生化上的不同形态。在人类中，A 型、B 型、AB 型和 O 型血体现了特定基因等位的不同组合。

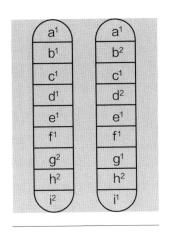

图 4.2 正常染色体对的简化呈现
字母代表基因；加了上标数字的代表等位基因。

在孟德尔实验中，7 对相对性状由 7 对不同染色体上的基因决定（原文的确如此，不过这是错误的）。决定高度的基因出现在 7 对中的一对里。当孟德尔将纯的高植株和矮植株进行杂交以制造 F1 代的时候，每一个后代都从父母一方得到了高的等位基因（T）而从另外一方得到了矮的等位基因（t）。这些后代在高度方面是混合的或者是**杂合的**（heterozygous）；每一个都含有那个基因的不同的等位基因。相反，它们的亲代是**纯合的**（homozygous），含有那个基因的相同的等位基因（见 Hartl and Jones, 2002）。

在接下来的一代（F2），混合植株相互杂交之后，矮植株以与高植株相比一比三的比率再现。明白矮的总是长出矮的，孟德尔可以预测它们在基因上是纯的。F2 代的另四分之一植株只产出高的。剩下的二分之一像 F1 代一样，是杂合的；当杂交之后，每三株高的对应一株矮的（见图 4.3）。

显性性状制造了**基因型**（genotype）或者遗传构成与**表现型**（phenotype）或者表现出来的体质特征之间的区别。基因型是你

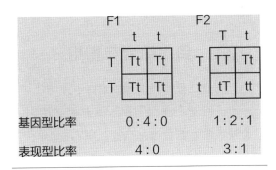

图 4.3 纯合杂交和杂合杂交的庞纳特方格（Punnett Square）
这些方格体现了 F1 代和 F2 代表现型比率是如何形成的。颜色表示基因型。

在基因上到底是什么；表现型是你外在显现得像什么。孟德尔的豌豆有 3 种基因型——TT、Tt 和 tt——但是只有两种表现型——高和矮。由于显性性状，杂合的植株与基因纯的高植株一样是高的。孟德尔的发现如何应用于人类呢？虽然我们的某些遗传性状遵循孟德尔法则，只有两种形态——显性和隐性——其他性状的决定则不同。比如，3 个等位基因决定我们的血型是 A 型、B 型或者 O 型。有两个 O 型等位基因的人是 O 型血。但是，如果他们从父母一方得到一个 A 型或 B 型基因，从另一方得到一个 O 型基因，他们的血型将是 A 型或 B 型。换句话说，A 型和 B 型相对于 O 型都是显性的。A 型和 B 型被称为共显性。如果人们从父母一方继承了 A 型基因而从另一方继承了 B 型基因，则他们的血型将会是 AB 型，这与 A 型、B 型和 O 型在化学上是不同的。

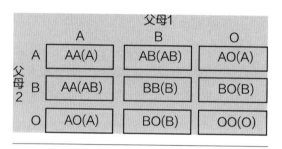

图4.4 A、B、O血型系统中表现型（血型）的决定因素

4种表现型——A型、B型、AB型和O型——由括号和颜色表示。

这 3 个等位基因产生了 4 种表现型——A 型、B 型、AB 型和 O 型——和 6 个基因型——OO、AO、BO、AA、BB 和 AB（图 4.4）。因为 O 型相对于 A 型和 B 型都是隐性的，所以表现型比基因型少。

 ## 自由组合与重组

经过更多的实验，孟德尔还得出了**自由组合**（independent assortment）定律。他发现性状是相互独立地继承的。例如，他将纯的黄色圆形豌豆与纯的绿色皱缩豌豆进行杂交。所有的 F1 代豌豆都是黄色圆形的显性形态。但是当孟德尔在 F1 代之间进行自交以获得 F2 代的时候，4 种表现型都出现了。在原有的黄色圆形和绿色皱缩的基础上又增加了圆形绿色和黄色皱缩。

遗传性状的自由组合与重组提供了任何种群中变异的产生的主要途径之一。**重组**（recombination）在生物进化中很重要，因为它创造了自然选择得以进行的新的类型。

生化或分子遗传学

如果像在孟德尔的实验中那样，同样的遗传性状总是以可预测的比率在代际出现，那么将会延续而不是变化，将不会有进化。各种各样的突变产生了自然选择依赖的变异。自孟德尔时代起，科学家已经了解到突变——构成基因和染色体的 DNA 分子的变化。孟德尔论证变异是经遗传重组产生的。然而，突变作为对于自然选择得以运行的新的生化形态的来源更为重要。

DNA 承担了几件对于生命最基本的事项。DNA 可以自我复制，形成新细胞，代替旧的，并制造生殖细胞或者配子（gamete），以产生新的一代。DNA 的化学结构还指导身体生产蛋白质——酶、抗原、抗体、荷尔蒙等。

DNA 分子是双螺旋结构的（Crick, 1962/1968; Watson, 1970）。想象它是一个小的橡皮梯子，你可以将它扭成螺旋形。它的边缘由 4 个碱基之间的化学键连在一起，4 个碱基是：胸腺嘧啶（T）（thymine）、腺嘌呤（A）（adenine）、胞嘧啶（C）（cytosine）和鸟嘌呤（G）（guanine）。DNA 复制引起了普通的细胞分裂，如图 4.5 所示。

在蛋白质生产中，另一种分子 RNA 将 DNA 的信息从细胞核输送至细胞质（cytoplasm）（外部区域）。RNA 有成对的碱基，其结构与 DNA 相匹配。这使得 RNA 可以携带来自细胞核中的 DNA 的信息以指导细胞质中蛋白质的生产。蛋白质作为氨基酸链，是通过"阅读"一段 RNA 而被建造的。RNA 的碱基用 3 个字母的"词"来称呼，即所谓的三字码（triplets）——比如，AAG（由于 DNA 和 RNA 有 4 个碱基，可以出现在

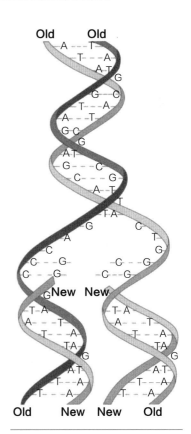

△ 图4.5　DNA示意图

双链DNA分子"解开"，旧链上各自形成新的一股，产生两个分子，并最终成为两个细胞，分别与先前的一样。

"词"中的任何位置,所以有 4×4×4=64 种可能的三字码)。虽然有一些冗余,但是每一个三字码"需要"一种特定的氨基酸;例如,AAA 和 AAG 都需要氨基酸中的赖氨酸。蛋白质是氨基酸以正确序列排列而成的。

因此,蛋白质依照 DNA 发出的指示并在 RNA 的协助下生成。通过这种途径,最基本的遗传物质 DNA,发动和指导制造躯体生长、维护和修复所必需的成百上千的蛋白质。

 ## 细胞分裂

有机体由受精卵(zygote)发育而来,受精卵则由来自父方的精子和来自母方的卵子两个生殖细胞的结合生成。受精卵经**有丝分裂**(mitosis)或者普通的细胞分裂生长很快,这种分裂随有机体生长而持续。细胞分裂过程中的错误可以引起如癌症之类的疾病。

产生生殖细胞的特殊过程称为**减数分裂**(meiosis)。不同于普通的细胞分裂中 1 个细胞分裂为两个,在减数分裂中,1 个细胞分裂为 4 个。每一个持有原细胞遗传物质的一半。在人类减数分裂中,各自带有 23 条染色体的 4 个细胞,是从原先带有 23 对染色体的一个细胞分裂而来。

通过卵子受精,父方的 23 条染色体与母方的 23 条相结合,并在每一代重造了这些染色体。但是,染色体分离是独立的,所以一个孩子的基因型是 4 位祖父母 DNA 的随机组合。可以想象,祖父母之一对孩子的遗传贡献甚小。染色体的自由组合是变异的主要来源,因为父母的基因型可以有 2^{23} 或者 800 多万种不同的组合方式。

 ## 交换

变异的另一个来源是交换。在受精之前,减数分裂早期,精子或卵子形成的时候,成对的染色体在自我复制的时候暂时相互交缠。当这样做的时候,它们相互交换 DNA 片段(见图 4.6)。交换(crossovers)是同源染色体通过断裂和重组交换片段的场所。

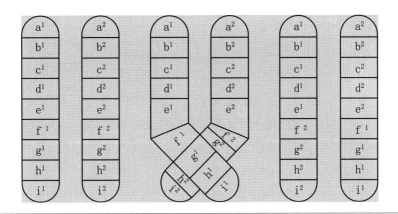

∧ 图4.6　交　换

　　在减数分裂的第一个阶段，同源染色体在自我复制的时候相互交缠。此时，它们往往像图表所示的那样交换DNA长度。这被称为交换。注意原来染色体对的较低的部分现在不同了。每一个染色体因而在化学性上已经不同于原来染色体对中的任何一个了。

　　由于交换，每一个新的染色体都部分地与原来的那一对中的两个不同。当一个人产生生殖细胞的时候，假设用从父方得到的同源染色体的相应部分代替从母方得到的染色体的一部分，交换部分地与孟德尔的自由组合定律相悖，并且生成了后代可以获得的新的遗传物质的结合。因为任何染色体对都可能出现交换，所以它是变异的一个重要来源。

 ## 突变

　　突变是自然选择依赖和起作用的变异的最重要来源。最简单的突变是三字码中的一个碱基被另一个所代替。这被称为**碱基置换突变**（base substitution mutation）。如果这种突变出现在一个生殖细胞中并与另一个生殖细胞在一个受精卵中结合，那么新的有机体的每一个细胞中都将携带这种突变。因为 DNA 引导蛋白质生成，一种不同于非突变亲代生产的蛋白质可能出现在子代。只要新的碱基编码成不同的氨基酸，子代的蛋白质生成就会与亲代的不同。因为同样的氨基酸可以有一个以上的三字码编码，所以一个碱基置换突变不总是产生新的蛋白质。但是，与下文描述的遗传性疾病镰状细胞性贫血相关的异常蛋白质正是由这种正常人和该病患者之间的一个单一碱基之间的差异引起的。

另一种形式的突变是**染色体重排**（chromosomal rearrangement）。染色体片段可能分离、转向然后重新连接，或者移动到该染色体的其他位置。这可能在有丝分裂期间出现在生殖细胞或者受精卵或生长的有机体中。重排中的染色体不匹配可能导致物种形成（新物种的形成）。科学家经常发现生活在重叠区域的独立但是近亲的物种由于染色体重排后不再相匹配而彼此间不能交配。受精卵中的染色体重排可能导致先天异常。癌细胞经历了大规模的染色体重排。染色体也可能合并。约 600 万年前，当人类祖先与黑猩猩的祖先分离的时候，人类两个祖先的染色体在人类支系中合并到一起。人类有 23 对染色体，而黑猩猩有 24 对。

突变的比率是变化的，但是就碱基置换突变而言，可能的平均突变概率是每一代每个 DNA 碱基有 10^{-9} 次突变。这意味着每个生殖细胞大约会出现 3 个突变（Strachan and Read，2004）。很多遗传学家相信多数突变是中性的，既不赋予优势，也没有坏处。其他人主张多数突变是有害的而且会被清除，因为它们背离了经过数代选择的类型。但是，若选择力量影响到了一个种群的变迁，基因库中的突变可能获得一种他们在旧的环境中缺乏的适应性优势。

进化有赖于突变作为遗传变异的主要来源，而遗传变异是自然选择可以发挥作用的原材料（交换、自由组合以及染色体重排是其他来源）。基因和染色体的变更可能导致全新类型的、能显示新的选择优势的有机体。如果有环境变化，那么突变产生的变体尤为有意义。它们可能被证明拥有在旧环境中缺乏的优势。以下要考察的决定镰状细胞性贫血的等位基因的传播，提供了一个例子。

 遗传进化中的种群遗传与机制

种群遗传学研究多数繁殖正常发生的稳定而变化着的种群（参见 Gillespie，2004；Hartl，2000）。**基因库**（gene pool）一词代表一个繁殖种群中的所有等位基因、基因、染色体和基因型——可以获得遗传物质的"池子"。当种群遗传学家使用进化这个术语时，他们脑海中有比先前给的定义 ["经过数代改良的世系"（descent with modification over the generations）] 更具体的定义。

在遗传学中，**遗传进化**（genetic evolution）被定义为基因频率的变化，也就是一个繁殖种群世世代代的等位基因出现的概率。任何有助于此变化的因素都可以被视为遗传进化的机制。这些机制包括自然选择、突变（已经考察过了）、随机遗传漂变以及基因流（参见 Mayr，2001）。

 ## 自然选择

自然选择（natural selection）依然是（遗传）进化的最好解释。通过自然选择理解进化有必要区分基因型和**表现型**（phenotype）。基因型指的就是遗传因素——基因和染色体。表现型——有机体显而易见的生物特征——在特定的环境力量的影响下经过数年而形成（同卵双胞胎有完全一样的基因型，但是他们实际的生物性，即他们的表现型或许会因为不同的成长环境造成变异而不同）。而且，因为显性性状，基因型不同的个体可能有完全一样的表现型（如孟德尔的高豌豆植株）。自然选择只对表现型起作用——对外显的而不是隐藏的。例如，一个有害的基因如果有有利的显性性状掩盖的话就不能被从基因库中清除出去。

表现型不仅包括外在的体态，还包括内部器官、组织、细胞、生理过程和系统。很多对事物、疾病、热、冷、阳光和其他环境因素的生物反应不是自动的、遗传程式化的回应，而是多年暴露于特定环境压力的结果。人类生物性不是从出生就定型的，而是相当具有**可塑性**（plasticity）。也就是说，由于受到我们成长过程中体验到的环境力量如饮食和海拔的影响，它是可变的（参见 Bogin, 2001）。

环境作用于基因型以构建表现型，而某些表现型在一些环境中比另一些表现型表现更好。但是，要记住有利的表现型可以由不同的基因型产生。因为自然选择只对外显的基因起作用，适应不良的隐性性状只有以纯合形态出现的时候才能被清除。当杂合形态带有适应不良的隐性性状时，它被有利的显性性状所掩盖。在有机体及其环境之间完善最适者的过程是渐进的。

定向选择

经过几代的选择，基因频率将会变化。经自然选择的适应已经出现。一旦这种情况发生，那些被证明是那个环境中最**适应的**（adaptive，自然选择所偏爱的）性状将世世代代一次又一次地被选择。有了这种**定向选择**（directional selection），或者长期选择同样的性状，适应不良的隐性等位基因将被从基因库中清除出去。只要环境力量保持原样，定向选择就会持续下去。但是，当环境变化了，新的选择力量就会开始起作用，偏爱不同的表现型。这种情况在一个种群的一部分拓殖新的环境的时候也会发生。选择在变化了的或者新的环境中继续直到达到新的平衡。然后会有定向选择直到环境变化或者移民再次发生。经过数百万年，这样一个成功适应一系列环境的过程导致了生物改良和分化。自然选择的过程带来了今天世界上可见的一系列动植物形态。

选择只作用于种群中呈现出来的性状。可能出现一个有利的突变，但是一个种群通常并不会因为这一个突变是需要的或想要的而发展出新的基因型或表现型。很多物种灭绝了是因为它们没有变化得足以适应环境的变化。

使有机体能够承受环境压力的遗传潜力的程度也是有差异的。有些物种适应小范围的环境。它们在环境波动的影响下尤为危险。其他生物［其中包括人类（homo sapiens）］能够承受更多的环境变化，因为他们的遗传潜力允许更多的适应可能。人类通过改善生物反应和习得行为迅速适应变迁的状况。我们无须推迟适应，直到一种有利的突变出现。

性选择

在一个繁殖种群中，选择也通过竞争配偶起作用。雄性可能公开为雌性而竞争，雌性也可能因为更理想的性状而选择特定的雄性作为伴侣。显然，这种性状随物种不同而不同。熟悉的例子包括鸟类的颜色，雄鸟，如红雀，倾向于比雌鸟的颜色更鲜艳。多彩的雄鸟因为更受雌鸟青睐而具有选择优势。由于雌鸟选择颜色艳丽的雄性为伴，经过数代，负责颜色的等位基因就在物种中建立起来了。基于求偶的不同成果，**性选择**（sexual selection）这个术语指代一个性别的某些性状因为在赢得配偶中表现出优势而被选择的一个过程。

稳定化选择

我们已经看到自然选择通过定向选择——偏爱一种性状或等位基因超过另一种——减少了种群内的变异。选择力量也能通过稳定化选择（stabilizing selection）来保持变异，它支持一种**平衡多态性**（balanced polymorphism），其中的一个基因的两个或以上等位基因出现的概率世世代代保持恒定不变。这或许是因为它们产生的表现型是中性的，被选择力量或者同样所支持或者同样被反对。有时一种特定力量支持（或反对）一个等位基因而另一个不同的但同样有效的力量支持（或反对）另一个等位基因。

一个经过充分研究关于平衡多态性的例子包括两个等位基因 Hb^A 和 Hb^S，它们影响人类血红蛋白（Hb）中 β 品系的产生。血红蛋白位于我们的血红细胞上，借助循环系统从肺部输送氧气到身体的其他部位。制造正常的血红蛋白的等位基因是 Hb^A，另一个等位基因 Hb^S 制造不同的血红蛋白。Hb^S 纯合的人会患镰状细胞性贫血。这种贫血患者的，血红细胞形如月牙或镰刀，且经常与致命的疾病相关。这种情况阻碍了血液储存氧的能力。它通过阻塞小的血管而增加了心脏负担。

知道了这种致命疾病与 Hb^S 相关之后，遗传学家发现非洲、印度和地中海的某些人群有非常高的 Hb^S 概率。在一些西非人群中，概率大约为 20%。研究者最终发现由于选择力量在一定的环境中支持杂合子超过纯合子，所以 Hb^A 和 Hb^S 都被保留下来。

最初，科学家们讶异于若多数 Hb^S 纯合子在达到繁殖年龄之前已经死去，为什么有害的等位基因没有被清除，为什么其概率如此之高。答案在于杂合子的适应性更强。只有 Hb^S 纯合的人才会死于镰状细胞性贫血。杂合者，若有的话，也只会有轻微的贫血。但是另一方面，虽然 Hb^A 纯合者不会患贫血，但是他们更易患疟疾，这是一种在热带地区至今仍在现代人（homo sapiens）中肆虐的致命疾病。

含有一个镰状细胞等位基因和一个正常的等位基因的杂合子，在疟疾环境中是最适应的表现型。杂合子有疟原虫不能在其中生长的足够的异常血红蛋白，因而能免患疟疾。他们也有足够的正常血红蛋白来抵御镰状细胞性贫血。Hb^S在这些人群中被保留下来是因为杂合子与其他表现型的人相比存活和繁殖的数量更大。

镰状细胞等位基因的例子证明了通过自然选择的进化的相对性：适应与适应度与特定的环境有关。性状不是对所有的时间和空间都适应或者适应不良。即使是有害的等位基因，如果杂合子有优势的话也会被选择。而且，随着环境的变化，支持的表现型和基因出现的概率也可能发生变化。在没有疟疾的环境中，正常血红蛋白的纯合子比杂合子的繁殖更为有效。没有疟疾，Hb^S出现的概率就会下降，因为Hb^S纯合子无法与其他类型在存活和繁衍方面抗衡。这在西非地区已经发生，那里的疟疾因为排水工程和杀虫剂而减少。不利于Hb^S的选择也在美国的西非后裔中出现了。

理解我们自己

"嘿，都是因为基因。"你上一次听到类似论调是在什么时候？我们惯常使用关于遗传决定的预设来解释，如为什么高的父母生高的孩子或者为什么肥胖在家族中流行。但是，这个命题到底有多正确呢？我们的基因在多大程度上影响我们的身体？我们躯体性状的一些遗传原因是明了的。这适用于A、B、O血型系统，也适用于其他血液因素，如我们是Rh阳性还是阴性抑或我们是不是镰细胞携带者。但是其他躯体性状的遗传根源却不是那么清晰。比如，你能从两边将舌头卷起来吗？有人能，有人永远不能，有人实践之前从不认为他们可以。一个明显的遗传限制被证明是可塑的。

人类生物性是可塑的，但只是在某种程度上。如果你生而为O型血，则你将带着它度完余生。这同样适用于有害基因引起的失常，如引起血友病（通过X染色体传递）和镰状细胞性贫血的有害基因。但是，若没有遗传的解决方式，仍然有可能有文化的解决方式。现在现代医学能够有效治疗多种本来更具生命威胁的遗传失常。我们很幸运，经文化的可塑性介入补充了人类生物的可塑性。

随机遗传漂变

遗传进化的第二个机制是**随机遗传漂变**（random genetis drift）。这是等位基因频率的变化，是偶然性而非自然选择的结果。要理解其中原因，可以将等位基因的分选比作一个游戏。有一个袋子，内装 12 颗弹球，6 颗红色，6 颗蓝色。按照统计学，你抽到 3 颗红色和 3 颗蓝色的概率比抽到 4 颗同一颜色、2 颗另一颜色的概率低。第二步是你以第一步抽到弹球的比率为基础在一个新袋子中装入 12 颗弹球。假设你抽到 4 颗红色和 2 颗蓝色：新的袋子里将有 8 颗红色的和 4 颗蓝色的。第三步是从新袋子中抽取 6 颗弹球。你在第三步抽到蓝色的概率比在第一步时低，而全部抽到红色的可能性增加了。如果你真的全部抽了红色，那么下一个袋子（第四步）中将只有红色弹球了。

这个游戏与经过数代起作用的随机遗传漂变类似。蓝色弹球完全是因为偶然而不见了。等位基因也一样，它们可能因为偶然而不是劣势而消失。丢失的等位基因只有通过突变才能在基因库中重现。

虽然遗传漂变可以在任何种群中起作用，无论是大的还是小的，但是由漂变产生的**固定**（fixation）在小的种群中更迅速。固定指的是蓝色弹球整体被红色弹球取代——或者，以人类为例，蓝色眼睛被棕色眼睛取代。人系的历史以一系列由遗传漂变引起的小的种群、迁徙和固定为特征。不认识到遗传漂变的重要性，我们就无法理解人类起源、人类遗传变异以及其他大量人类学议题。

 ## 基因流

遗传进化的第三种机制是**基因流**（gene flow），即同一物种内部不同种群间遗传物质的交换（图 4.7）。基因流和突变一样，通过为自然选择提供其赖以运行的变异而与其协力发挥作用。**基因流**（gene flow）可能包含同一物种原先分离的种群之间的直接自交（例如：美国的欧洲人、非洲人和美洲土著），或者也可能是间接的。

思考一下假设，在世界的某个地方生活着某个物种的 6 个本土种群。P_1 是最西边的种群。与 P_1 交配的 P_2 位于东部 50 英里处。P_2 也与位于 P_2 以东

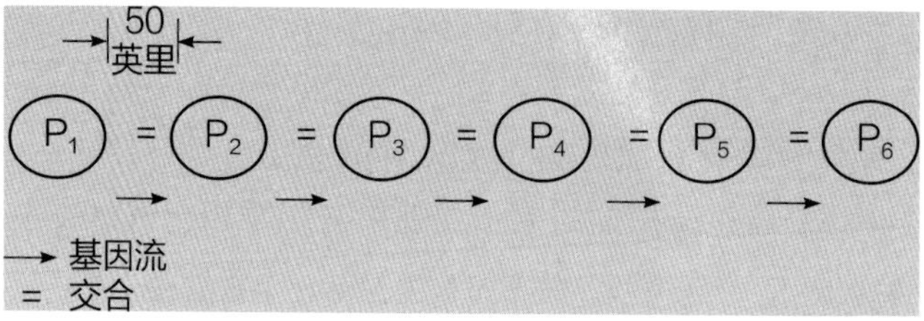

图4.7　地方种群之间的基因流

P₁~P₆是同一物种的6个当地种群。每一个种群只与相邻种群交合（＝）。虽然P₆从未与P₁相交，它们却通过基因流而关联。随着从一个相邻种群到下一个种群的传递，原来存在于P₁中的遗传物质会最终到达P₆，反之亦然。在许多物种中，地方种群的分布比此处描述的通过基因流关联的250英里的范围更大。

50英里的P₃交配。假设各种群和且只和邻近种群相交配。距离P₁250英里的P₆与P₁之间不直接交配，但是它通过最终将所有6个种群联系起来的交配链条而与P₁相关。

进一步假设P₁中存在一些在所在环境下不具备特殊优势的等位基因。由于基因流动，这个等位基因可能传给P₂，再经P₂传给P₃，依此类推，直至最终传到P₆。在P₆中或者在途中，这个等位基因可能会遇到一个它确实具有选择优势的环境。若这种情况出现，则它可以像新的突变一样，作为原材料服务于自然选择的操作。

即使选择在等位基因上没有起作用，它仍可以通过基因流传播。从长远看，自然选择对种群中的变异起作用，无论其来源是什么。选择和Hbˢ等位基因协力使Hbˢ在中非传播。Hbˢ在非洲的频率反映出的不仅是疟疾的强度，也反映出基因流的持续时间长度（Livingstone, 1969）。

基因流在物种起源的研究中很重要。一个**物种**（species）是相互有关系的有机体群体，其成员间可以交配生育出能够存活和继续生育的后代。一个物种经过一段时间要能够自我繁殖。我们知道马和驴属于不同的物种，因为它们的后代无法经受长期繁衍的考验。一匹马和一头驴或许可以生育一头骡子，但是骡子是没有生育能力的。狮与虎的后代也是如此。基因流倾向于阻碍物种形成（新的物种的形成），除非同物种的子群体脱离出去足够长的时间。

当基因流受阻且孤立的子群存留下来时，新的物种就有可能出现。设想P₃和P₄之间出现了环境障碍，所以相互之间不能再交配了。假以时日，由于隔离的结果，P₁、P₂和P₃成为与其隔离的那些种群无法交配的种群，物种形成就会出现。

现代综合进化论

时下被接受的关于进化的观点是"现代综合进化论"（modern synthesis）。指的是通过自然选择的达尔文进化理论和孟德尔遗传发现的综合或结合。现代综合进化论也解释了孟德尔不能解释的多因子性状或者复杂性状遗传（例如：高度）。根据现代综合进化论，物种形成（新的物种的形成）出现在生殖上相互隔离的时候。遗传进化如何导致或不导致新物种呢？

微观进化（microevolution）指的是一个种群或物种经过一两代、两三代或很多代之后出现的遗传改变，但是没有物种形成。**宏观进化**（macroevolution）指的是一个种群或物种大规模的、更具影响的改变，通常经过一段更长的时间，并引起物种形成。事实上，宏观进化被定义为物种形成，一个祖先物种分化为两个（或更多）后裔物种。多数生物学家预设物种是随着孤立的种群内连续相继的突变积累而逐渐形成的，所以最终种群间由于差异太大而不能交配。但是微观进化转变成宏观进化所需要的时间和代数的浮动范围很大。

现在神创论者有时会用对微观进化和宏观进化之间差异的误解来评论进化。他们可能会说他们接受微观进化，如物种大小和颜色的改变或者经实验或研究证明的诸如镰状细胞等位基因的性状。他们声称，恰恰相反，宏观进化，不能被证明，而只是从化石记录来推测。但是要注意，宏观进化这个术语并没有隐含任何程度的表现型差异。简单的染色体重排就足够将区域上交叉且是近亲的两个物种分离开来。它们属于不同的物种并不是因为空间上的隔离，而是因为不能杂交。虽然这些生殖上隔离的物种之间的表现型差异是不可见的，但是这是一个宏观进化而非微观进化的例子。

夸大微观进化和宏观进化之间的差异是不正确地暗示存在两种根本不同的进化过程。科学家不认为存在这种差异：微观进化和宏观进化以同样的方式发生、为的是同样的理由，反映的是本章讨论的遗传进化的机制。现代综合进化论认识到微观进化过程足以用来解释宏观进化。

间断平衡论

查尔斯·达尔文将物种视为是以一种渐进和有序的方式，经过一段时间，从其他物种中产生的。微观进化的改变经过数代的积累会最终产生宏观进化。换句话说，基因库中的细微变化，经过一代又一代的积累，在数万年之后，将实现重大的改变，包括物种形成。

间断平衡论（punctuated equilibrium）的进化模式（参见 Eldredge, 1985; Gould, 2002）指出了一个事实，即长时间的物种改变停滞期（稳定）可能被进化跳跃打断（中断）。这种明显跳跃的原因之一（化石记录所揭示的）可能是一种关系很近的物种侵入一个近亲物种的灭绝后的空间。例如，一个海洋物种在浅水域干涸之后可能灭绝，而关系很近的物种则在更深的水域存活下来。随后，当海水重新进入干涸的浅水域，存活下来的物种会将其领域延伸至该区域。障碍解除之后的另一个可能是，一个群体或许会取代而不是继承相关的群体，因为它有一种使其更适宜它们现在共享的环境。

当出现突然的环境变化时，除了这种灭绝和替代，另一种可能是进化的步伐加快了。一些非常显著的突变或遗传改变的结合或许会使一个迅速变化的物种在新的和非常不同的小环境中的生存成为可能。很多科学家相信我们人科祖先的进化有超过一次类似进化跳跃的印记。

虽然物种可能从急剧的环境变化中幸存，但是更常见的命运还是灭绝。地球已经见证了几次大灭绝——世界范围的灾难影响多个物种。最大的一次划分了"古生代生物"（古生代）和"中生代生物"（中生代）。这次大灭绝出现在 2.45 亿年之前，其时，整个地球估计 500 万个物种（多数是无脊椎动物）之中的 450 万个都灭绝了。第二次大的灭绝出现在约 6 500 万年前，这次灭绝摧毁了恐龙。恐龙灭绝的解释之一是由中生代末期巨大的陨石引起的大量且长期持续的气体云和灰尘云。云层阻挡了太阳辐射并由此阻碍了光合作用，最终摧毁了多数植物以及以这些植物为生的一系列动物。

从化石记录中，我们得知存在进化改变更剧烈的时期。在中生代末期，与恐龙灭绝相伴随的是哺乳动物和鸟类的物种形成和迅速扩散。物种形成是对多种因素的回应，包括环境改变的比率、地理障碍出现和消失的速度、与其他物种竞争的程度以及群体适应反应的有效性。

人类的变异与适应

- 种族：生物学一个不光彩的概念

- 人类的生物适应

种族：生物学一个不光彩的概念

当今北美的人类生物多样性之丰富引人注目。这里（本章和本书中）的介绍展现的只是世界生物变异的一小部分。更多的例证来自你自己的经历。环顾教室、商场或者电影院，你必然会看到祖先曾生活在各大陆的人们。第一批（土著）美洲人穿过了曾连接西伯利亚和北美洲的陆桥。随后的移民，也许包括你的父母或祖父母，他们的旅途可能跨越大海，或者越过南部国家的国土。他们的到来有很多理由：有些是自愿的，而有些则是戴着镣铐到达的。当今世界的移民规模如此之大以至于成百上千的人们已经习惯于跨越国境或者在远离他们祖父母的家乡的地方生活。人们现在每天遇到的是多样的人，他们的生物特征反映的是对更大范围环境的适应而不限于他们现在居住的环境。体质差异对于任何人来说都是显然的。人类学的任务在于解释它们。

历史上，科学家研究人类生物多样性的进路有两条：（1）种族分类（现在很大程度上已经被弃之不用）；（2）现今的解释方法，聚焦于理解具体的差异。首先我们将思考**种族分类**（racial classification）的问题［（据称）是在共同祖先的基础上将人类划归分立的类别的尝试］，然后我们将提供一些对人类生物多样性具体方面的解释。生物差异对我们所有人而言是真实的、重要的和显而易见的。很多现代科学家发现为这种多样性寻求解释是最富成效的，而不是试图将人们归入不同的被称为种族的类别中。当然，人类群体的确在生物上不同——例如，在遗传属性上。但是通常我们观察到的是渐进的而不是突兀的相邻群体间基因频率的改变。这种渐进的遗传漂移被称为**渐变群**（clines），这与分立种族或隔离种族不相容。

到底什么是种族呢？理论上，一个生物种族是地理上相互隔绝的同一物种的分支。同一物种的这种**亚种**之间可以杂交，但是由于地理上的隔绝它们实际上不这样做。有些生物学家也用"种族"指代"**品种**"（breeds），就像狗或者玫瑰的品种一样。如此，牛头犬和吉娃娃就是狗的不同种族。这种家养的"种族"已经由人类培养了很多代。人类（智人）缺少这种种族，因为人类群体间的隔绝程度不足以发展成这种离散群体。人类也没有经历过被控制的繁殖，而各种各样的狗和玫瑰就是这样被创造的。

种族原本被期望反映共享的遗传物质（从共同的祖先处继承得到），但是早期的学者却用**表现型性状**（通常是肤色）指代种族分类。表现型指的是有机体的明显性状，解剖学和生理学将其称为"**表征生物性**"（manifest biology）。人类展现出了数百种明显的（可被发觉的）躯体性状，从肤色、**发型**（hair form）、眼睛颜色和面部特征（可见的）到血型、色盲和酶的生产（通过检测变得明显）。

基于表现型的种族分类提出了一个问题，即决定哪些性状是主要的。种族应该由身高、体重、体型、面部特征、牙齿、颅型还是肤色界定？和他们的同胞们一样，早期的欧洲和美国科学家都将肤色放在首位。很多学校和百科全书仍在宣称存在三大种族：白色人种、黑色人种和黄色人种。这种过于简单的分类与 19 世纪末 20 世纪初殖民时期的对种族的政治利用相一致。这种三分法将欧洲白人与非洲、亚洲和美洲土著等主体清晰地分隔开来（见本章"趣味阅读"中美国人类学协会关于"种族"的声明）。第二次世界大战之后，殖民帝国开始瓦解，科学家开始质疑已经建立起来的种族类别。

 ## 种族不是生物区别

抛开历史和政治，"基于颜色"的种族标签有一个明显的问题，那就是这些术语没有准确地描述肤色。"白色人种"与其说是白色的，不如说是粉色的、米色的或者棕黄色的。"黑色人种"是各种渐变的棕色，而"黄色人种"则是棕黄色或者米色。这些术语也被一些听起来更科学的近义词所美化：高加索人种、尼格罗人种和蒙古人种。

三分法的另一个问题是很多人群不合乎三个"大种族"的任何一种的标准。例如，波利尼西亚人应该被置于何处？波利尼西亚是南太平洋上一个由岛屿组成的三角地带，北边是夏威夷，东边是复活节岛，西南是新西兰。波利尼西亚人的"古铜色"肤色是与高加索人种还是与蒙古人种相关呢？有些科学家认识到了这个问题，将原有的三分法加以扩展，将波利尼西亚"种族"纳入其中。美洲印第安人也提出了相似的问题，他们是红色的还是黄色的？有些科学家在大的种族群体中增加了第五个"种族"——"红色人种"，或者说美洲印第安人。

南部印度的很多人有着深色皮肤，但是由于他们的高加索人种的面部特征和发型，科学家不愿将他们与"黑色"的非洲人归为一类。有人因此为这部分人创立了一个独立的种族。澳大利亚土著是人类历史上最隔绝的大陆上的狩猎采集居民，他们怎样归类呢？按照肤色，人们可能将澳大利亚土著与热带非洲人归于一个种族。但是发色（浅色或淡红色）及面部特征上与欧洲人的相似又使某些科学家将他们归于高加索人种。但是没有证据证明与亚洲人相比，澳大利亚人在遗传学或者历史上与这些人群更接近。认识到这个问题，科学家经常将澳大利亚土著作为一个独立的种族。

最后，想一想非洲南部喀拉哈里沙漠（Kalahari Desert）的桑人（"布须曼人"）。科学家已经知道他们的肤色在棕色与黄色之间变化。有些科学家认为桑人的皮肤是"黄色"的，将他们与亚洲人归为一类。理论上，同一种族的人之间拥有更近的共同祖先，但是没有证据表明桑人和亚洲人之间有共同的近祖。更合理一点的是有些学者将桑人归入开普人（来自好望角），开普人被视为有别于居住在热带非洲的其他人群。

当单一性状被作为种族分类的基础的时候，类似的问题就会出现。利用面部特征、身高、体重或者其他任何表现型性状进行种族分类的尝试都充斥着困难。以上尼罗河区乌干达和苏丹的土著河畔**尼洛特人**（Nilotes）为例：尼洛特人一般很高而且有狭长的鼻子，有些斯堪的纳维亚人也很高且拥有相似的鼻子，考虑到他们祖居地的距离，将他们归为同一种族的成员没有意义。没有理由假设尼洛特人和斯堪的纳维亚人之间的关系比他们各自与更矮的、鼻子不同的但是更近的人群关系更近。

若将躯体性状的结合作为种族分类的基础是否会更好？这将能避免上文中提及的一些问题，但是其他问题又会随之出现。首先，肤色、身材、颅型和面部特征（鼻型、眼睛的形状、嘴唇厚度）不能协调统一。比如，有深色皮肤的人可能高或矮并有从直到非常卷曲不等的头发。深色头发的人可能有浅色或深色的皮肤，还有各种各样的颅型、面部特征、身体尺寸和身体形状。综合起来的数量是巨大的，而遗传（相对于环境）对这种在表现型性状上的影响程度经常是不清楚的。

以下是对以表现型作为种族分类基础的最终异议。作为种族基础的表现型特征被期望体现共享且经过很长时间保持不变的遗传物质。但是表现型异同不必然拥有遗传基础。由于影响个体成长发育的环境的变化，人群的表现型特征可能改变，却不伴有任何遗传改变。下面将介绍几个例子。在20世纪早期，人类学家弗朗兹·博厄斯（Franz Boas，1940/1966）描述了移民到北美的欧洲人孩子的颅型变化（例如：偏向更圆的头）。颅型变化的理由不在于基因的改变，因为欧洲移民倾向于内部通婚。而且，他们的孩子有些是在欧洲出生的，只是在美国长大。环境中或饮食中的某些东西造成了这种改变。现在我们知道因为饮食差异经过几代产生的平均身高、体重的变化很常见，而且可能与种族或遗传无关。

解释肤色

传统的种族分类假设生物特征由遗传决定而且是长期稳定的（不可变的）。我们现在知道生物相似不必然表明有共同的近祖。例如，深的肤色可以因为某些共同祖先之外的原因而为热带非洲人和澳大利亚土著所共有。从生物学上界定种族是不可能的。但是，科学家仍然在解释人类肤色变异及其他很多人类生物多样性的表现方面取得了很多进步。我们现在从分类转到解释（explanation），自然选择在其中扮演了重要角色。

正如查尔斯·达尔文和阿尔弗莱德·拉塞尔·华莱士所认识的那样，自然选择是一个过程，就是既定环境下，最适于生存和繁殖的生命形态能够存活并繁育后代。经过很多年，不太适应的有机体灭绝了，有利的类型通过繁衍更多的后代存活下来。自然选择在制造肤色变异中的角色将说明关于人类生物多样性的解释方法。正如，我们将要在本章稍后所看到的，人类生物变异的很多其他方面都已经被赋予了比较性的解释。

肤色是一种复杂的生物性状，那意味着它受数个基因影响，只是到底有多少还不知道。**黑色素**（melanin），人类肤色的首要决定因素，是表皮或者外部皮肤层的特殊细胞产生的一种化学物质。深色皮肤的人的黑色素细胞比浅色皮肤的人产生更多的黑色素颗粒。通过过滤来自太阳的紫外线，黑色素提供了保护以抵御包括晒伤和皮肤癌在内的多种不适。

在 16 世纪之前，世界上大多数深色皮肤的人居住在热带，从赤道向南北延伸约 23 度、北回归线和南回归线之间的区域。深肤色与热带居住之间的关联存在于整个旧大陆，在这里人类和他们的祖先已经生活了数百万年。非洲肤色最深的人群的进化不是在潮湿多雨的赤道雨林，而是在充满阳光的开阔草原，或者稀树大草原。

在热带之外，肤色倾向于浅一些。比如向非洲北部移动，有一个从深棕色到中等棕色的渐变。平均肤色随着向中东、南欧、中欧和北欧推移继续变浅。热带南部的肤色也更浅。在美洲则相反，热带居民没有很深的肤色。情况如此是因为美洲土著的肤色比较浅的亚洲祖先在新大陆定居的时间相对晚近，大约可追溯至不超过 2 万年前。

除了移民，我们还能如何解释肤色的地理分布呢？自然选择提供了一个答案。在热带，太阳紫外线很强烈。那里的无保护的人类面临严重晒伤的威胁，而严重晒伤会增加疾病的易感性。这给予了浅色皮肤的热带居民（除非他们待在户内或者使用文化产品如雨伞或防晒霜来遮挡阳光）以选择劣势（例如：生存和繁殖方面更不成功）。晒伤还损害了身体排汗的能力。考虑到热带的炎热，这成为浅肤色会破坏人类在赤道气候下生活和工作的能力的第二个原因。在热带拥有浅肤色的第三个劣势是曝露于紫外线可能引起皮肤癌（Blum, 1961）。

影响肤色的地理分布的第四个因素是身体里产生的维生素 D。卢米斯（W. F. Loomis, 1967）关注紫外线在刺激人体维生素 D 生产中的作用。没有衣物的人体在接触到充足的阳光的时候可以自己产生维生素 D。但是在阴冷的环境中，人们在全年的大部分时间需要穿衣服（如北欧，那里进化出了非常浅的肤色），着装阻碍了身体的维生素 D 生产。维生素 D 缺乏减少了肠中钙的吸收，一种被称为**佝偻病**（rickets）的营养性疾病就可能出现，它会使骨骼变

趣味阅读 美国人类学协会关于"种族"的声明

由于公众对"种族"意义的疑惑,关于"种族"间主要生物差异的论调继续被提出。源于以前美国人类学协会(AAA)旨在告知(address)公众关于种族和智慧的误解的行动,一份明确的关于生物和种族政治的AAA声明的必要性是显然的,那将能提供信息并具有教育意义。

1998年5月,以下这份声明被执行委员会采纳,它是以人类学协会组委会的代表们起草的草案为基础的。协会相信这份声明代表了多数人类学家的思考和学术立场。

在美国,学者和普通公众都已经习惯了将种族视为人类物种基于可见的体质差异的自然和隔离的划分。随着本世纪科学知识的大扩张,我们已经明白人类并不是被明确、清晰地划分的、生物上不同的群体。

来自遗传分析的证据显示多数体质变异,大约94%,存在于所谓的种族内部。惯常的地理"种族"组群之间基因的差异只有约6%。这意味着"种族"内部的差异大于"种族"之间的差异。相邻的种群之间有很多基因和表型(体质的)表现是重叠的。纵观历史,每当不同的群体发生接触的时候,都会交配繁殖。持续地共享遗传物质保持了所有人类作为单一物种。

任何既定性状的跨地理区域的体质变异倾向于逐渐而不是突然出现。因为体质性状是相互独立地遗传的,所以知道一个性状的范围不能预测其他性状的存在。例如,肤色从北方温和地区的浅色到南方热带地区的深色,呈现很大的不同;其程度与鼻型、发质无关。深色皮肤可能与小卷发、大卷发、波浪卷(frizzy or kinky hair or curly or wavy)或者直发相关,所有这些在热带地区的不同的土著民族中都能发现。这些事实表明,任何在人类内建立区分生物种群的界限的尝试都是任意和主观的。

历史研究表明,"种族"观点总是带着比单纯的体质差异更多的含义。实际上,人类物种的体质差异没有意义,除非人类将社会意义加诸其上。现在很多领域的学者主张的"种族",在美国的理解中,是18世纪被发明的,用以指代汇聚在殖民地美国的诸多群体(英国人和其他欧洲移民、被征服的印第安民族以及被带来提供奴隶劳动的非洲人)的一种社会机制。

从一开始,"种族"这个现代概念就是在仿照"存在之链"(Great Chain of

Being，或众生序列）这个古代定理，该定理将自然类别置于上帝或自然建立的等级秩序之上。因此"种族"是一种分类方式，特定地与殖民情况中的民族相连。它包含一种正在成长的意识形态，设法合理化欧洲人对被征服和受奴役民族的态度和处理。19 世纪奴隶制的拥护者用"种族"使奴隶制的保留合理化。这种意识形态放大了欧洲人、非洲人和印第安人之间的区别，建立起了社会性排他类别的严格等级，划分并支持不平等的等级和地位差异，并提供了不平等是自然的或神授的合理化根据。非裔美国人和印第安人体质性状的差异成为了他们地位差异的标记或象征。

因为他们曾经创建了美国社会，欧裔美国人中的领导者编造了与各"种族"相关的文化/行为特征，将优越的性状与欧洲人相连，而将消极的和劣等的性状与黑人及印第安人相连。无数任意和虚构的关于不同民族的信条被制度化并深深地嵌入美国人的思想中⋯⋯

最终"种族"作为一种关于人类差异的意识形态扩散到世界其他地区。它变成了各地殖民政权划分、排列和控制被殖民民族的策略。但是它不仅限于殖民环境。19 世纪后半叶，它被欧洲人用于相互划分等级以及合理化欧洲民族间的社会、经济和政治不平等。在第二次世界大战期间，希特勒（Adolf Hitler）领导下的纳粹加入了关于"种族"和"种族性"差异的扩大的意识形态之中，并带来了其逻辑结果：消灭了"劣等种族"的 1 100 万人（如犹太人、吉卜赛人、非洲人、同性恋者等）的无法用言语表达的残忍的大屠杀。

"种族"因此发展成为一个世界性观点，一系列扭曲了我们关于人类差异和群体行为的臆断。种族信条构成了关于人类物种多样性、关于人们的能力和行为同质化为"种族性"类别的迷思（myth）。这种迷思在公众脑海中融合了行为和体质特征，阻碍了我们对生物变异和文化行为的理解，暗示两者都是遗传决定的。种族迷思与人类能力或行为的实际之间没有任何关系⋯⋯

我们现在知道人类文化行为是习得的，从出生开始就成为婴儿的环境并且总是经历变化，没有人生来就有内置的文化或语言。我们的性情、天性和性格，不考虑遗传习性，是在我们称之为"文化"的一套意义和价值中形成的⋯⋯

人类学知识的基本信条是所有人都有能力学习任何文化行为。美国的移民经历是这一事实的明证，来自数百种不同语言和文化背景的移民，习得了某种形式的美国文化特征。而且，有各种体质差异的人们学会了文化行为并继续这么做，因为现代交通将数以百万计的移民运往世界各地。

　　人们在既定的社会或文化情境中如何被接受和对待，对于他们在那个社会中如何表现有直接的影响。"种族性"的世界观被用以赋予一些群体终身低下的地位，而其他人则被允许获得特权、权力和财富。美国的悲剧在于，源于这一世界观的政策和实践在欧洲人、美洲印第安人和非洲人的后裔之间构建的不平等太"成功"了。考虑到我们了解正常人在任何文化中实践和运作的能力，我们总结为现今所谓"种族性"群体之间的不平等不是其生物遗传的结果，而是历史和当今社会、经济、教育以及政治状况的产物。

　　注：更多关于人类生物差异的信息，见由美国体质人类学家协会编写和发行的声明（American Journal of Physical Anthropology 101，pp. 569-570）。

软和变形。就女性而言，因为佝偻病引发的盆骨变形会阻碍生育。在北方的冬天，浅肤色通过将几处皮肤直接曝露于太阳光下来最大化紫外线的吸收和维生素 D 的制造。北部地区的选择不利于深肤色，因为黑色素筛阻了紫外线。

　　考虑到维生素 D 的制造，浅色皮肤在多云的北方是优势，但在阳光充足的热带则是劣势。卢米斯指出，在热带，深色皮肤通过筛阻紫外线来保护身体免于过度产生维生素 D。维生素 D 过多可能导致潜在的致命状况［**维生素 D 过多症**（hypervitaminosis D）］，钙沉淀会堵塞软组织。肾脏可能会衰竭。胆结石、关节问题和循环问题是维生素 D 过多症的其他症状。

　　关于肤色的讨论表明被假定为是种族的基础的共同祖先，不是生物相似性的唯一原因。我们看到自然选择为我们理解肤色变异和其他人类生物异同发挥了重大作用。

人类的生物适应

　　本节探讨了另外几个类生物多样性，体现出对环境压力如疾病、饮食和气候的适应。人类遗传适应和特定环境中通过选择作用的进化（基因频率的改变）有充足的证据。例子之一是在疟疾环境下的 Hb^S 杂合子及其传播，这在第 4 章已经讨论过了。在特定环境中，适应和进化在继续。不存在完全或者理想地适应的等位基因，也没有完美的表现型。我们看到即使是造成致命贫血的 Hb^S，其杂合子形态在疟疾环境中也具有选择优势。

而且，曾经适应不良的等位基因在环境转换的时候也可能摆脱其劣势。色盲（对于猎人和森林居民是劣势）和一种形式的遗传决定的糖尿病即是例子。现在的环境，包含医学技术，使有这些状况的人们得以过上非常正常的生活。曾经适应不良的等位基因因此在选择方面变成中性的了。现在已知的人类基因成千上万，几乎每天都能发现新的遗传性状。由于其医学和治疗方面的应用，这些研究倾向于聚焦遗传异常。

基因与疾病

据世界卫生组织（WHO）在瑞士日内瓦发布的《世界健康报告》，热带疾病影响了超过 10% 的世界人口。此类疾病中传播最广的疟疾，每年影响 3.5 亿至 5 亿人（《世界疟疾报》，2005）。血吸虫病，一种水生寄生虫病，影响人数超过两亿。大约 1.2 亿人患有丝虫病，它引起象皮肿——淋巴阻塞导致身体部位肿大，尤其是腿和阴囊（查看世界卫生组织网站：**http://www.who.int/home/**）。

疟疾的威胁已经扩大了。在巴西，相比于 1977 年的 10 万例，1988 年有 56 万例。世界范围内，疟疾病例从 1990 年的 2.7 亿例上升到今天的超过 3.5 亿例。造成这种上升的是寄生虫对治疗疟疾药物的抗药性增强了（《世界疟疾报告》，2005）。但是，亿万人具有遗传抵抗力。镰状细胞血红蛋白是最广为人知的遗传抗疟药（Diamond, 1997）。

微生物是人类主要的甄别者，特别是在现代医学出现之前。有人在遗传上就比其他人对某些疾病更易感，在自然选择的作用下，人类血型的分布持续变化。

约 1 万年前食物生产发生之后，传染病的威胁持续增加并最终成为人类最主要的死因。主要有以下几个原因：食物生产有利于传染病；耕作维持了更大、更密集的人群以及比狩猎、采集更倾向定居的生活方式；人们相互之间以及人与其废弃物之间住得更近，使微生物更易存活和寻找寄主；驯养的动物也将疾病传播给人。

1977 年，最后一例天花被报告，在此之前，天花一直是人类的主要威胁之一以及血型出现频率的决定因素（Diamond, 1990, 1997）。天花病毒是使家养动物如奶牛、绵羊、山羊、马和猪染上瘟疫的痘病毒的一种变体。

在人与动物开始住在一起之后，天花就在人类中出现了。天花流行病在世界历史上扮演了重要角色，经常夺走受影响人群中的四分之一至一半的生命。天花帮助了斯巴达（Sparta）在公元前 430 年击败雅典以及导致了公元 160 年罗马帝国的衰落。

A、B、O 血型是在人类对天花的抵御中形成的。血型是根据血红细胞表面的蛋白质和糖化合物划分的。不同的物质（化合物）将 A 型血和 B 型血区分开来。A 型血细胞触发了 B 型血中抗体的产生，以至于 A 型血细胞在 B 型血中会凝结。不同的物质起到化学密码的作用，它们帮助我们区分我们自己的细胞和侵入的细胞，包括我们应该摧毁的微生物。有些微生物表面物质与 A、B、O 血型的物质相似。我们对近似于我们自己血细胞上物质的物质不产生抗体。我们可以将此视为微生物欺骗寄主的一个聪明的进化把戏，因为我们通常不发展对抗自己的生物化学的抗体。

A 型或 AB 血型的人比 B 型和 O 型的人更易感天花。据推测是因为天花病毒的一种物质酷似 A 型血物质，使病毒得以悄悄通过 A 型血个体的防御。相反，B 型和 O 型个体因为将天花病毒识别为外来物质而对其产生抗体。A 型血和天花易感性之间的关系最早由 A 基因在印度和非洲地区的低频率所启发，在这些地区天花曾是地方性疾病。1965—1966 年一种剧毒的天花流行期间，在印度乡村完成的一项比较研究为证实这种关系做出了很大贡献。沃吉尔和查克拉瓦蒂博士（Drs. F. Vogel and M. R. Chakravartti）分析了天花感染者及其未染上天花的兄弟姐妹的血液样本（Diamond, 1990）。研究者发现 415 名受感染的儿童从未接种过天花疫苗，其中只有 8 名受感染的儿童有未受感染（也没有接种疫苗）的兄弟姐妹。

研究结果一目了然：对天花的易感性随血型不同而不同。在 415 名受感染的儿童中，261 名有 A 等位基因；154 名没有。在他们的 407 名未受感染的兄弟姐妹中，比例相反。只有 80 名有 A 等位基因；327 名没有。研究者估算 A 型或 AB 型的人与 O 型或 B 型的人相比，感染天花的概率要高 7 倍。

理解我们自己

在"9·11"之后的数周和数月内，许多美国人开始担心炭疽——或者更多关注生物恐怖主义。我们知道一般炭疽用西普洛和脱氧土霉素之类的抗生素很容易治疗，但是其他疾病呢？——那些不能治愈的，如禽流感，或者那些不一定能治愈而且不是如对炭疽的治疗一般没有风险的疾病呢？那已经被从自然中根除的致命疾病天花呢？歹徒有没有可能夺取了存放在实验室中的天花样本并将它释放出来形成瘟疫？美国政府开始为可能的天花袭击做准备，计划是增加天花疫苗的供应和可获性。但是谁会接种呢？虽然它是一种非常有效的疫苗，但是已知有天花疫苗接种导致了那些原本也许永远不会接触这种疾病的人死亡。以你现在对血型和天花的了解，你会在接种天花疫苗之前关注个体的 A、B、O 血型吗？哪些接种者风险最高？

在多数人群中，O 等位基因比 A 和 B 加起来还多。A 型在欧洲最常见；B 型频率最高的是亚洲。由于天花曾经在旧大陆广泛传播，我们可能会疑惑为什么自然选择没有完全清除 A 等位基因。答案是这样的：其他疾病"豁免"了 A 型血的人而"降罪"于其他血型的人。

例如，O 型血的人似乎特别易感淋巴腺鼠疫——"黑死病"，它曾夺走了中世纪欧洲三分之一人口的生命。O 型血的人似乎也更可能得霍乱，霍乱在印度致死的人数与天花相当。另外，O 型血可以增强对梅毒的抵抗力。可能源于新大陆的这种性传播疾病的肆虐或许可以解释中美洲和南美洲本土人群高频率的 O 型血。人类血型的分布似乎代表了自然选择效应和许多疾病之间的妥协。

A、B、O 血型和非传染性异常之间的关联也引起了注意。O 型血个体最易感十二指肠溃疡和胃溃疡。A 型血个体最易患胃癌、宫颈癌和子宫肌瘤。但是，因为这些非传染性疾病倾向于出现在生育结束之后，所以它们与适应和经自然选择的进化之间的相关性值得怀疑（也见 Weiss, 1993）。

就无法治愈的疾病而言，遗传抵抗力保持其意义。例如，对 HIV 病毒的易感性存在遗传变异。我们知道感染 HIV 的人发展成艾滋病（AIDS）的风险和疾病进展的比率是不同的。艾滋病在很多非洲国家以及美国、法国和巴西广泛传播。尤其是在非洲，现在工业化国家采用的治疗策略在这里还不能广泛应用，艾滋病的致死率可能最终（让我们希望这不会发生）与过去的天花流行和瘟疫不相上下。如果是这样，艾滋病可能会引起人类基因频率的大变化，这再次说明自然选择的持续作用。

 ## 面部特征

自然选择也对面部特征起作用。例如，长鼻子在干旱地区似乎比较适应（Brace, 1964；Weiner, 1954），因为鼻子里的黏膜和血管会湿润吸入的空气。长鼻子也适应于冷的环境，因为血管使吸入的空气变暖。这是在中央供暖系统发明之前生活在寒冷气候中人们的适应性生物特征。

鼻型与温度的关联被称为"**汤姆森的鼻子法则**"（Thomson's nose rule）（Thomson and Buxton, 1923），这由统计数据显示。在标注那些已经在现居地居住过多代的人群鼻子长度的地理分布时，在年均气温更低的地方，平均鼻子长度倾向于更长。其他面部特征也说明对选择力量的适应。现今人类中，平均牙齿体积最大的是澳大利亚土著中的狩猎者和采集者，考虑到有相当多沙子和细石的饮食，大牙齿对于他们来说有选择优势。牙齿小的人——若假牙和没有沙子的食物难以获得——不能像有更多大牙齿的人那样有效地自己觅食（参见 Brace, 2000）。

 ## 身材与体格

某些体格对于特定的环境有适应优势。1847 年，德国生物学家伯格曼（Karl Christian Bergmann）观察到在恒温动物的同一物种中，更小的个体在温暖的气候中更经常见到，而质量更大的动物则在更寒冷的区域被发现。体重和温度的关系被归纳为"**伯格曼氏法则**"（Bergmann's rule）：体型相似的两个个体中更小的那个单位体重拥有更多表面积。因此，散热更为有效（热量损失出现在身体表面——皮肤出汗）。平均身体大小趋向于在寒冷地区变大而在炎热地区变小，因为大的身体能比小的身体更好地保持热量。更精确一些，在一个本土居民的大样本中，年均气温每下降 1 华氏度，平均成年男性的体重就增加 0.66 磅（0.3 千克）（Roberts ,1953；Steegman, 1975）。生活在炎热气候中的"俾格米人"（Pygmies）和桑人，平均体重只有 90 磅（约 40.8 千克），佐证了这种关系。

　　体型差异也体现出通过自然选择对温度的适应。兽类和鸟类中温度和体型之间的关系最早是在 1877 年由动物学家 J.A. 阿伦（J. A. Allen）认识到的。阿伦定律（Allen rule）指出，身体突出部位——耳朵、尾巴、喙、手指、脚趾、四肢等——的相对大小随温度而增加。在人类中，有长的手指和足趾的苗条身体在热带气候中有优势。这类身体增加了相对质量的表面积，使更加高效的散热成为可能。在适应寒冷的爱斯基摩人中，可以发现相反的表现型。短小的四肢和矮壮的身体用来保存热量。与温暖地区的人群相比，寒冷地区的人群倾向于拥有更大的胸腔和更短的手臂（Roberts, 1953）。

　　关于气候和身体大小、形状之间适应关系的探讨说明自然选择可能用不同的方式达到同样的效果。生活在炎热地区的东非尼洛特人，有着高挑和流线形的身体、很长的手足，增加了相对质量的表面积，因而将散热最大化（说明了阿伦定律）。"俾格米人"身体尺寸的减小也实现了同样的结果（说明了阿伦定律）。类似地，北欧人的高大身材和爱斯基摩人结实矮壮的身材都服务于热量保存。

　　同样，人类群体运用不同的但同样有效的生物方式适应于高海拔相关的环境压力。与住在平原的人们相比，安第斯人通过发展出一种使每个血红细胞携带更多氧的能力来适应稀薄的空气。有更多血红蛋白运输氧制衡了缺氧的影响。相反，中国的西藏人通过比住在海平面的人每分钟呼吸更多次来增加氧的吸入。而且，他们在肺中从吸入的空气中合成了大量的一氧化氮。一氧化氮起到了增加血管内径的作用，所以西藏人用增加血液流动弥补了血液中的低氧容量。相比之下，埃塞俄比亚高地人不用这些机制。与生活在海平面的民族相比，他们没有呼吸更快、更有效地合成一氧化氮或者更高的血红蛋白数目。使埃塞俄比亚人得以在高海拔地区生存的生物机制还有待探索。

 ## 乳糖耐受

　　许多生物性状说明人类适应性不只是在单一的遗传控制之下。这些性状的遗传决定可能相似，但是未被证实，或者几种基因共同影响所讨论的性状。有时，有遗传成分的作用，但是性状也对成长中遭遇的压力作出反应。当适应改变在个体的一生中出现的时候，我们会谈及**表现型适应**（phenotypical adaptation）。表现型适应成为可能，是由于生物可塑性——改变以回应我们成长中遇到的环境的能力（Bogin, 2001；Frisancho, 1993）。回想第 1 章中关于对高海拔的生理适应的讨论。

基因和表现型适应合力制造了人类群体消化大量奶的生化差异。当其他物质缺乏，而牛奶可得的情况下，例如当下的奶制品发达社会，可以消化奶就是一种适应优势。所有的奶，无论它有多酸，都含有一种叫作**乳糖**的复糖。奶的消化依靠一种叫作**乳糖酶**的酶，它在小肠中活动。除了人类和他们的一些宠物之外的所有哺乳动物，在断奶之后就停止产生乳糖酶，以至于这些动物不能继续消化奶。

乳糖酶的产生和容忍奶的能力随人群而变化。大约 90% 的北欧人及其后裔是乳糖耐受的；他们可以毫不困难地消化好几杯奶。类似地，两个非洲民族，东非卢旺达和布隆迪的图西人（Tutsi）和西非尼日利亚的富拉尼人（Fulani）中大约 80% 的人能产生乳糖酶并很容易地消化奶。这些族群传统上都是牧民。但是，非牧民，如尼日利亚的约鲁巴人（Yoruba）、乌干达的巴干达人（Baganda）、日本人和其他亚洲人、爱斯基摩人、南美洲印第安人和很多以色列人就不能消化乳糖酶（Kretchmer, 1972/1975）。

但是人类消化奶的能力差异似乎只是程度上的不同，有些人群能耐受一点或者完全不能耐受奶，但是其他人可以代谢更多的量。研究表明那些从无奶或低奶饮食转换为高奶饮食的人，提高了乳糖耐受力。我们可以总结说，单一的遗传性状无法解释消化奶的能力。乳糖耐受力似乎是人类生物性既受基因也受表现型对环境条件适应控制的诸多方面之一。

我们看到人类生物性即使没有遗传变化也在不断变化。本章我们已经思考了人类生物上适应其环境的方式，以及这类适应对人类生物多样性的影响。现代生物人类学寻求解释人类生物变异的具体方面。解释框架包含同样在其他生命形态中控制适应、变异和进化的机制——选择、突变、随机遗传漂变、基因流和可塑性（Futuyma, 1998；Mayr, 2001）。

第
6
章

最早的农民

新石器时代

距今 1.5 万年，在有人类居住的地方，随着大型猎物的逐渐消失，人类不得不开始寻找新的食物来源。人类的注意力发生了转移，人类对食物的选择从体型庞大但繁殖周期较长的动物（比如猛犸象），转移到了一些繁殖速度快、数量多的物种上，比如鱼、软体动物和野兔（Hayden, 1981）。

例如，日本东京湾附近新田（Nittano）遗址（Akazawa, 1980）的考古发现，就为我们提供了大量的证据，证明了人类觅食范围之广。在距今 6 000 年至 5 000 年前，新田被绳文文化（Jomon culture）的成员多次占据，绳文文化在日本境内有 3 万处遗址。绳文人猎食的动物种类就很多，有鹿、野猪、熊和羚羊。他们还吃鱼、贝壳类动物和一部分植物。绳文文明的遗址已经出土了大量的动植物化石，其中包括多达 300 种的贝类，180 种可食用的植物，包括各种浆果、坚果和薯类植物（Akazawa and Aikens, 1986）。

在后冰河世纪的世界中，早期的食物生产实验是最重要的广谱资源利用形式。到距今 1 万年前，一场重大的经济转型在中东地区（土耳其、伊拉克、伊朗、叙利亚、约旦和以色列地区）开始。人类开始介入动植物的繁殖过程。结果是，中东人成为了地球上第一批农民和牧民（Moore,1985）。人类不再只是简单地收获大自然的慷慨馈赠，而是开始培育自己的食物，并且尝试着根据自己的口味改变食物的生物性质。到距今 1 万年，驯养的动物和自己种植的食物成为中东人食谱的重要组成部分。再到距今 7 500 年，大多数中东人开始放弃狩猎，转向农业，从事种植和饲养经济，食物种类减少了很多，开始集中于少数几个物种。他们逐渐变成农民和牧民。

弗兰内里（Kent Flannery, 1969）指出，中东人从狩猎经济转向农牧业的过程经历了好几个阶段（表6.1）。距今 1.2 万～1 万年前是半游牧半采集时期，这是狩猎和杂食的晚期。在这之后出现了第一批种植作物（小麦和大麦）和驯养动物（山羊和绵羊）。接下来是早期的旱作农业（小麦和大麦）以及羊的驯养（距今1万～7 500年前）。旱作农业没有灌溉，作物完全依靠降雨获取水分。此时期驯养的羊（caprine，来自拉丁语capra）包括山羊和绵羊。

表 6.1　中东地区从狩猎向食物生产过渡的阶段

阶段	时间
国家的产生（苏美尔人）	距今 5 500 年前
食物生产逐渐专业化	距今 7 500 ～ 5 500 年前
早期的旱作农业和羊的驯养	距今 1 万～ 7 500 年前
半游牧半采集（比如纳图夫文化）	距今 1.2 万～ 1 万年前

在食物生产的专业化时期（距今7 500～5 500年前），人类的食谱里加进了新的作物，与此同时，小麦和大麦的产量也得到了大幅度的提高。牛和猪也被驯化在家里饲养。到了5 500年前，农业扩展到了整个底格里斯河和幼发拉底河流域，在那里，早期的美索不达米亚人已经住进了城墙高耸的城镇，其中一些地方发展成了大都市。由于冶金技术出现，车轮开始被采用。经过了200万年的石器时代，智人进入了铜器时代。

考古学家柴尔德（V. Gordon Childe, 1951）用新石器时代革命来指称食物生产——包括种植作物和饲养动物的产生和影响。新石器（即新石器时代）的意思是打磨的石头工具。然而，新石器时代的主要意义在于一种全新的经济方式的出现，而不仅仅是制造工具的技术。我们现在说新石器，意思是人类历史的第一个文明阶段，在这个阶段，食物耕作和动物饲养开始出现。基于食物生产的新石器经济极大地改变了人类的生活方式。此外，社会和文化变迁的进程也得到了显著的推进。

 # 中东地区最早的农民和牧民

中东地处四种地理环境的交界处，就在这个特殊的地方，人类首先开始了食物生产。根据海拔高低，首先是高原（5 000英尺或1 500米），然后是丘陵，再往下是山麓草原（稀树大草原）以及底格里斯河和幼发拉底河冲积形成的荒漠（海拔 100 至 500 英尺，或者是 30 至 50 米）。那里的**丘陵地带**（Hilly Flanks）属于亚热带森林区，沿着两条大河向北延伸。

曾经有人认为，食物生产起源于冲积荒漠中的绿洲地区（冲积地形意味着河流和小溪能带来丰富的土壤和肥料）。就在这片贫瘠的土地上，后来孕育出了美索不达米亚文明。今天，虽然我们知道地球上的第一个文明起源于这个地区，但是对于这块冲积荒漠来说，（距今 7 000 年才出现的）灌溉却是一个必需的前提条件。种植食物和饲养动物最初是在雨量充沛，而不是干旱缺水的地方出现的。

考古学家罗布特·J. 布雷德伍德（Robert J. Braidwood, 1975）认为，食物生产最先出现于丘陵或亚热带森林地带，这些区域生长着大量的野生小麦和大麦。1948 年，一个由布雷德伍德领导的研究小组来到位于丘陵地带的贾莫（Jarmo）开展考古挖掘工作，距今 9 000 ～ 8 500 年，这里生活着一群以种植食物为生的古人。但是，我们现在知道，在丘陵的附近区域，存在一些比贾莫年代更为久远的村落，也是以种植食物为生，阿里库什（Ali Kosh）即为一例，位于今天伊朗南部扎格罗斯山（Zagros mountains）的山脚。早在9 000 年前，阿里库什村的村民就已经开始放牧山羊，种植多种野生植物，到年底或来年开春收割（Hole, Flannery and Neely，1969）。

气候变化对于食物生产的起源也有影响（Smith, 1995）。冰河时期结束后，气候差异显现，地域之间的气候变化加大。路易斯·宾福德（Lewis Binford, 1968）指出，在中东的某些地方（比如丘陵地带），环境类型极其丰富，当地人甚至开始在一个狭小的区域定居。宾福德的主要证据是分布广泛的纳图夫文化（Natufian culture，距今 1.25 万～ 1.05 万年）。**纳图夫人**（Natufians）的食物种类繁多，他们到野外采集各种谷物，猎杀瞪羚，经常在一个地方一住就是一年。他们之所以能够在一个（早期的）村庄里住这么长时间，原因在于当时的中东地区物产丰富，往往村子附近的食物就够吃 6 个月之久。

唐纳德·亨利（Donald Henry, 1989，1995）发现，在纳图夫文化之前，地球的气候曾经发生了一次巨大的变化，气候更加暖和，空气的湿度变大。

野生大麦和小麦开始向海拔更高的地方蔓延，这样，人类采集食物的范围跟着扩大，采集时间和季节也加长了。春季可以在海拔低的地方收割麦子，夏季就到山腰寻找食物，到了秋季，就爬到更高的地方去寻找吃的东西。纳图夫人在选择定居点的时候，往往选在三个海拔高度的中间地带，这样可以方便到不同的高度去采集食物。

大约在1.1万年前，气候又发生了一次大的变化，变得更加干旱，于是，这种方便的生活方式遭到了破坏。许多野生的谷物大批枯萎，采集食物的区域大幅度缩小。那个时候，纳图夫人居住的村庄就只能选择有稳定水源的地方。随着人口规模的扩大，为了保持和提高现有的生产率，一些纳图夫人开始尝试把野生的谷类植物移植到水源充足的地方种植，就这样，人类开始生产食物。

在许多学者看来，最有可能采用新生产生活方式（比如生产食物）的，是那些难以为继原有生产生活方式的人（Binford, 1968; Flannery, 1973; Wenke, 1996）。因此，在古代中东地区，只有那些住在远离食物充足地区的人，才会迫于生计去尝试采用新的生产生活策略。在气候变干燥之后，情况更是如此。最近一些考古学的发现支持这个假设的解释，即食物生产起源于荒芜的边缘地区，比如位于山脚的干旱草原，而不是气候环境优越、食物充足的地方，比如山腰和丘陵。

即使到了现代社会，中东地区的山腰和丘陵依然物产丰富，一个人用新石器时代的劳动工具，只要一个小时就可以毫不费力地采集一公斤的野生小麦（Harlan and Zohary, 1966）。在野生食物充裕的情况下，人们没有理由去尝试耕种作物。野生小麦生长快，成熟期短，收割季节长达3个星期。根据弗兰内里（Flannery）的说法，在这3个星期里，一个经验丰富的家庭能够采集到1 000公斤谷物，足够吃上一整年，还绰绰有余。但是，采集了这么多食物，得找个地方储存起来，所以他们不能再到处迁徙，过以前那种游牧生活了，因为他们得看着自己的食物，不能跑远了。

所以，在古代中东，定居的村落先于农牧业出现。纳图夫人和其他在丘陵地带生活的部族没有其他选择，只能在野生谷物大量生长的地方附近建造村落。他们需要找一个地方来存储食物。此外，收割之后留下的麦秸还可以用来喂养羊群。在野麦生长的地方，还有其他一些动植物，是人类的主要食物来源，这也是促使人类选择在这种地方建造村庄定居下来的一个原因。于是，这些原本在丘陵地带寻找食物的人就开始造房子、建谷仓，还修了炉灶来加工食物。

纳图夫人居住地的遗址发掘表明，这些村落常年有人居住，其建筑结构牢固，还有一些装置明显是用来加工和存储野麦的。在现在叙利亚境内一个叫做阿布胡利亚（Abu Hureyra）的遗址就是其中之一，这个村落最初是纳图夫人建造的，时间大约是在距今 1.1 万～ 1.05 万年。之后被遗弃，到了距今 9 500 ～ 8 000 年，又有一群生产食物的农民住进了这个村子。考古学家在阿布胡利亚村发现了许多文物，其中有纳图夫文化遗留下来的磨石、野生谷物和 5 000 块瞪羚的骨头，这大约占该遗址所有骨骼的 80%（Jolly and White, 1995）。

在农牧业出现之前，丘陵地带的人口密度最高。渐渐地，过剩的人口开始向四周扩散。到了新的居住地后，这些移民试图保持原有的采集生活方式。但是，食物变少了，他们不得不开始寻找和尝试新的生存策略。最终，人口压力和资源的减少迫使居住在自然条件较差的边缘地区的人开始生产食物，他们是最早的农牧民（Binford, 1968; Flannery, 1969）。早期的耕作主要是想在自然环境相对较差的地区培育大麦和小麦，使之能和丘陵地带的野生麦子一样高产。

与世界上其他孕育了食物生产的地方一样，千百年来，中东地区一直是一种*垂直的经济体系*（vertical economy），散布在不同的海拔高度（其他例子还有秘鲁和**美索阿美利加**——即今天的中美洲，包括墨西哥、危地马拉和伯利兹）。垂直经济体系的好处在于，尽管在空间距离上挨得很近，但自然环境相差悬殊，无论是海拔高度、降雨量，还是整体的气候条件和植被种类，差异都很明显。如此多样的自然环境集中出现在相对狭小的地理空间里，为古代人类的生存创造了良好的条件，他们可以在不同的季节采集不同的食物。

在古代中东地区，早期半游牧的部落为了追捕猎物，在不同的地理区域里来回迁徙。冬季，他们在山脚下的草原捕猎，因为那里在冬天只下雨，不下雪，充沛的雨水孕育了肥沃的草料，为许多动物提供了过冬的食物（实际上，直到今天，人们还把羊群赶到很高的山上去放牧）。冬天结束以后，山脚的草枯萎了，随着高处的积雪开始融化，动物逐渐往丘陵和高原迁徙。草料长到了海拔更高的地方，猎人也跟着往高处迁移，一边捕猎，一边收割成熟的谷物。羊群跟在人们的身后，收割留下的麦秸是它们的美食。

中东地区四种不同的自然环境，也是紧紧相邻，靠贸易彼此联系。不同的区域出产不同的物种。用来粘镰刀的沥青是从山脚下的草原取来的。铜和绿松石则出自高原山地。这些环境各异的地区之间的联系主要通过以下两个途径建立起来：人类的季节性迁徙和部落之间的贸易。

人类、动物和各种物品在不同区域之间的流动，加上生产效率提高导致的人口增加，是食物生产的先决条件。沟通和交流有利于物种的传播、扩散，新的种子被带到了新的环境。基因突变、重组，加上人工筛选，新的小麦和大麦品种不断增加。其中一些新品种更加适应草原的环境，最后，适应了冲积平原的土壤和气候，脱离了原先的野生环境。

 ## 基因变化与驯养

野生植物和驯养的作物之间最大的区别是什么？区别在于，种植的作物，籽粒更加饱满，茎叶更加粗壮。与野生植物相比，种植的作物单位产量更高。此外，种植的作物不再按照原有的方式进行繁殖和传播。比如，人类种植的大豆在成熟时，豆荚是紧闭的，不像野生的大豆，一旦成熟，豆荚就爆裂，把种子弹到周围的土壤里。原因在于，种植的谷物纤维组织更加坚实，能够把种子紧紧地固定在茎秆上。

人类种植的作物，包括大麦、小麦和其他谷类，种子都长在茎叶的顶端（图 6.1）。种子密密麻麻地附着在茎秆的四周，沉甸甸的麦穗长满了整棵作物。野生麦子的很脆弱，每个茎秆上又生发出很多更细小的分枝，每个分枝上长一颗谷粒，一到成熟季节，种子就脱落，掉进土壤里。它们就是这样传播、繁衍下一代的。这种脆弱的茎秆结构给人类造成了很多麻烦。试想，当你去收割这些谷物时，却发现种子要么撒落在泥土里，要么被风吹得不见踪影，你会是什么样的心情？

在极度干旱的季节里，野生的大麦和小麦
在短短的 3 天时间里就全部成熟，茎秆断裂，种
子脱落（Flannery，1973）。对那些把种子埋在地
里，等了大半年，盼望着丰收的人来说，这种脆
弱的茎秆更是让人恨得咬牙切齿。但幸运的是，
有些品种的茎秆相对来说更加坚韧一些。人们就
把这部分品种的种子保留下来，来年开春播到地
里去进行人工种植。

野生谷物的另一个问题是，可食用的部分
包裹在一层坚硬的谷壳里，用石磨很难碾碎这层
外壳。人们必须先把种子放到火上烤一段时间，
让谷壳变脆，然后才能把这层外壳剥下来。好在
有一些品种的麦类作物种壳很脆。于是，人类就
把它们的种子保存起来（在自然条件下，如果不
用特殊的方法加以储存，这些种子可能会提前发
芽），因为这些品种加工起来更加方便。

人类还对动物的某些特征进行人工筛选
（Smith，1995）。人类把绵羊驯化到家里进行饲

图6.1　一株大麦或小麦的枝叶
　　在野生环境下，茎秆会随着整
个麦穗的脱离而一一解体。而人工
种植的麦类作物，茎秆与茎秆之间
的接合处（枝节）比较坚实，不会
散架。野生的谷物种壳很硬，人工
种植的则又脆又软，易于去除。那
么，这里出现一个问题：在人工种
植之前，人们是怎么去除那些坚硬
的壳，获取里面的粮食的呢？

养，过了一段时间，一些新的优良品种开始出现。野生绵羊身上没有厚厚的
羊毛，人们得以穿上羊绒衣服受益于人工驯养。你们可能想象不到，用羊绒
做的衣服可以抵御极端的高温天气。生长在炎热环境里的绵羊，其体表皮肤
温度要远远低于羊毛表面的温度。浑身长毛的绵羊可以在炎热、干旱的冲积
平原里生存下来，它们的野生祖先却不行。

野生动物和人工饲养的动物有什么区别？植物在经过人工种植之后颗粒
变得更大，而动物的体型反而变小了，原因可能是，个头小的动物更容易控
制。中东地区的一些考古遗址出土了大量家养山羊的羊角，我们可以看出其
大小的变化。由于缺乏骨头化石的证据，其他一些体征的改变没有保留下来，
但是，我们可以从羊角形状大小的变化来推测其他体征的变化。

我们已经知道，在中东地区，绵羊和山羊是第一批被驯养的动物。之后，

牛、猪等其他动物也陆续被人类驯化。人工驯养是一个不断完善的过程，人类根据自己的喜好和需要来影响、改进动植物的一些特征——今天，人类依然通过生物工程来从事同样的活动。就这样，在不同地区、不同时间，各种动物陆陆续续地被加以驯化和饲养。稍后我们将在"新石器时代的理论解释"部分对影响动物驯化的因素进行探讨。

 ## 食物生产与国家

从游牧采集到人工种植食物的过程进展得极为缓慢。如何种植食物和饲养家畜的知识并没有让古代的中东人在很短的时间里转变为全职的农民和牧人。一开始，人工种植和饲养的动植物只占到全部食物的很少一部分。人类依然像往常一样，采集各种果实、谷物，捕捉蜗牛和昆虫来作为食物。

随着时间的流逝，古代中东人的经济结构专业化程度越来越高，人工种植的食物和人工饲养的家畜所占的比重越来越高。原先处于边缘地带的地方成了新的经济中心，在这些地方，人口越来越多。有一部分人回到了丘陵地带，也在那里发展精耕细作的农牧业。人工种植的作物产量开始超过野生的谷物。所以，在丘陵地带，农业也逐渐取代游牧和采集，成为整个经济的支柱。

农业经济不断向更为干旱的地方扩张。到 7 000 年前，出现了简单的灌溉系统，人们利用一些简单的工具和方法在山脚下发掘泉水。到 6 000 年前，灌溉技术得到了进一步发展，美索不达米亚平原南部干旱贫瘠的低地也可以用来发展农业。在底格里斯河和幼发拉底河冲积而成的荒漠平原上，一个基于灌溉和贸易的新的经济模式出现了，由此催生了一个全新的社会结构。这就是国家（state），一个由中央集权政府统治的，贫富悬殊和社会阶级分化非常明显的社会和政治体制。我们将在下一章讨论国家的形成过程。

现在，我们已经明白，为什么早期的农民既不生活在（5 500 年前左右出现国家的美索不达米亚）冲积平原上，也不生活在（野生动植物丰富的）丘陵地带。食物生产产生于相对贫瘠的边缘地带，比如山脚草原，早期的农民就在这里进行人工实验，试图复制丘陵地带茂密的谷物。野生谷物的种子被带到了新的环境，在自然环境和人工选择的双重干预下，新品种不断涌现。谷类的种子被带到其生长环境之外的地方，是区域之间迁徙和交换体系的一个组成部分，在游牧和采集时期，这种交流体系就已经在中东地区形成了。食物生产的起源还受到人口压力的影响——人口规模的增加是人类几千年来过游牧和采集生活积累的结果。

 # 旧大陆其他的食物生产者

地球上至少有 7 个地方独立地发展出了食物生产的技术和方法。我们将在本章后面的内容中看到，美洲有 3 处，另外 4 处位于旧大陆（the Old World），其中就包括古代中东地区的早期农民和牧人。每一处地方都独立地发展出了人工驯化和饲养动植物的方法，尽管驯化和饲养动植物的种类有所差异。

此外，食物生产技术还从中东地区向四周传播，本章稍后将有更详细的介绍。这种扩散是通过贸易、交换、动植物的传播、产品和信息的交流，以及人类的迁徙实现的。从地理方位上看，向西往北非传播，包括埃及的尼罗河谷地，还有欧洲地区（Price, 2000）。此外，还往东向印度和巴基斯坦扩散。在埃及，中东农业技术的传入还孕育了举世闻名的法老文明（pharaonic civilization）。

 ## 非洲的新石器文明

埃及南部的考古发掘出土了大量文物，证明该地区在新石器时代就发展出了相当复杂的经济和社会体制，而且有证据表明，该地区的文明很可能是独立发展出来，而不是从中东地区传入的。位于撒哈拉沙漠东部和埃及南部地区的纳塔（Nabta Playa）是一个低洼盆地，在有历史记载以前，每年的夏天都沉浸在汪洋大水之下。在长达几千年的时间里，当地人一直把这个季节性湖泊作为一些集体仪式性活动的场所（Wendorf and Schild, 2000）。早在

1.2 万前年，纳塔盆地就留下了人类活动的踪迹。那个时候，每年夏天的雨季逐渐北移，给该地带来充沛的降雨，地面野草丛生，森林和灌木遍地，空气里弥漫着厚厚的雾气，瞪羚三三两两散步在灌木丛中，当然，人类也身处其中。纳塔盆地最早（距今 11 000 ～ 9 300 年）的一个人类定居点，是一些牧人临时搭建的营地，他们在牧草肥沃时把饲养的牛赶到这里放牧（注意，这里说的牛可能是当地人自己独立驯化的）。根据温多尔夫和希尔德（Wendorf and Schild, 2000）的研究，纳塔可能是人类学家所说的"非洲早期养牛场"（African cattle complex，在这种牧场里，牛是一种经济工具，养牛是为了挤奶和取血，而不是为了杀了吃肉，当然，祭祀就另当别论了）的最早证据。人类只在某个固定的季节到纳塔盆地活动，他们大部分时间生活在尼罗河沿岸或者南边水源更加充沛的地方。夏季才会到纳塔盆地，秋天又回到原先居住的地方。

到了距今 9 000 年，人类开始常年在纳塔盆地居住。为了在这个沙漠地区生存下去，他们挖掘了很大、很深的井来取水，居住的村落有严密的组织结构，一座座小草棚排成一条直线。一些植物纤维化石告诉我们，他们采集高粱、黍米、豆类植物（豌豆和大豆）、一些植物的块茎和水果作为食物。这些都是野生的植物，可见这个部落的经济还没有完全进入新石器时代。到了 8 800 年前左右，这些古人开始制作陶器，这可能是埃及最早的陶器。距今 8 100 年，驯养后的绵羊和山羊从中东传到了这个地方。

大约距今 7 500 年，一场大旱迫使另外一群人搬到了纳塔盆地。这些新来的居民带来了更加复杂的社会制度和仪式体系。他们宰杀牛的幼崽，用来祭祀神灵，之后埋葬在一个结构复杂、装饰考究的石屋里，石屋用黏土画上白色的纹路，盖有屋顶，上面再铺上一层粗糙的石片。他们用不规则的石块堆砌了一堵墙。这些人还造出了埃及最早的天文测量装置——一个"日历圈"，用来记载每年夏至的时间。纳塔盆地一度成为该地区的宗教仪式中心：不同部落的人定期或不定期聚集在这里，举行宗教仪式，或者举行聚会。在非洲做过研究的民族志研究者十分熟悉这类集会点及其宗教、政治和社会功能。现在看来，对于史前埃及南部地区的牧民来说，纳塔就是类似的集会中心。它成为这种集会中心的时间大约是在距今 8 100 ～ 7 600 年，其间，每逢夏季天气湿润的时候，不同部落的人就自发聚集到纳塔，举行宗教仪式或者进行其他集体活动。

人们通常在季节（一般是夏季）湖的北岸集会，当人群散去时，地上留下了各种残骸，其中就有数不清的牛骨。在非洲的其他一些新石器遗址（Edwards, 2004）看不到如此多的牛骨，甚至几乎见不到。这说明，在那些地方，牛都是用来挤奶和取血的，人们不会把牛杀掉吃肉。但是，纳塔遗址出土了大量的牛骨，这说明当地人经常在特定的季节大量宰杀牛牲，用于祭祀和宗教仪式。在现代非洲，牛是财富和权力的象征，人们平时一般不会把牛杀掉，除非碰上重大的宗教典礼或集体节日。

还有一些证据可以表明，纳塔曾经是该地区举行宗教典礼的中心场所，比如湖的北岸耸立着 9 块巨大的石柱。其造型和建筑时间（大约在距今7 500 ～ 5 500 年）与西欧同时期（新石器时代晚期或者青铜时代早期）建造的巨型石柱类似。

建造如此巨大的石柱，并将其摆放成某个特定的形状，需要各方通力协作，并且要耗费大量的人力和物力。这说明，那个时候已经出现了某种形式（宗教或者世俗）的权力机构，来管理、调度人力和各种资源。在纳塔发现的各种遗迹告诉我们，新石器时代的非洲人非常注重宗教仪式，其社会结构也相当复杂。

欧洲和亚洲的新石器时代

大约在 8 000 年前，生活在欧洲地中海沿岸（即希腊、意大利和法国等地）的古代人开始放弃狩猎和采集，转向用农牧业来养活自己，他们种植和饲养的动植物品种，都是从外地传进来的。到了 7 000 年前，希腊和意大利出现了永久性的定居村落。再过 1 000 年，到了距今 6 000 年左右，农民建立的村落扩展到了更大的范围，向东远至今天的俄罗斯，向西到了今天的法国北部（见 Bogaard, 2004）。一个偶然的机会，我们发现了其中一个来自这些新石器村落的人。1991 年，登山者在意大利的阿尔卑斯山上发现了奥茨冰人，他就来自一个种植大麦和小麦、饲养绵羊和山羊的新石器农民村落。

以驯化和饲养动植物为主要特征的新石器经济很快就传遍了整个欧亚大

陆。考古学研究证实，早在 8 000 年前，巴基斯坦地区就开始饲养山羊、绵羊、牛，并且还种植大麦和小麦（Meadow, 1991）。在该国的印度河河谷，古代城市（Harappa 和 Mohenjo-daro）很早就出现了，在时间上，只比美索不达米亚平原的第一个城邦—国家稍晚一些。印度河河谷的农业和国家的形成，在很大程度上受到中东地区的影响。

中国也是世界上最先发展出农业生产的地区之一，那里主要种植黍米和水稻。黍米是一种高大、果实粗糙的谷类植物，现在中国北方地区还在种植。今天，这种谷物养活了世界三分之一的人口，但在北美，人们只用它来喂鸟。到了距今 7 500 年，中国黄河沿岸的北方地区出现了另外两种黍米。黍米的种植和培育养活了大量的人口，村落如星星般遍布各处，最终孕育出了商朝文明。商朝以灌溉农业为基础，存在于大约 3 600 ～ 3 100 年前（见第 7 章）。早在 7 000 年前，古代中国北方地区已经开始在家里饲养各种动物，其中有狗和猪，还有可能包括牛、山羊和绵羊（Chang, 1977）。

中国考古学家的一些最新发现告诉我们，早在距今约 8 400 年，中国南方的长江流域就已经开始种植水稻（Smith, 1995）。还有其他一些地方也发现了早期种植水稻的证据，比如大约 7 000 年前的河姆渡遗址，以及南方的洞庭湖地区。河姆渡人吃的水稻既有野生的，也有自己种植的，他们还饲养各种动物，包括水牛、狗和猪。此外，他们还外出打猎（Jolly and White, 1995）。

现在看来，中国似乎独立发展出了两种不同的食物生产方式，各自所处的气候环境截然不同，种植的作物种类也不一样。南方地区是稻作农业，需要肥沃的土壤和充沛的水源。南方的冬天相对来说比较温和，温度不至于很低，夏季雨量充沛。相反，北方地区冬天气候严寒，夏季的降雨也没有固定的规律，作物生长得不到可靠的灌溉保障。这是一片一望无际的大草原和温带森林相结合的平原地带。到距今 7 500 年，这两个地区的食物产量已经能够给大量永久性定居的村庄提供食物了。考古发现表明，中国人的祖先已经发展出了高超的建筑技巧。他们住的房子结构复杂，功能齐全，使用的陶器质量上乘，装饰精美，死去的人还有大量的陪葬品。

在泰国中部的农诺塔（Non Nok Tha），5 000 年前烧制的陶器里留有水稻（稻壳和米粒）的痕迹（Solheim, 1972/1976）。出土的动物尸骨残骸告诉我们，农诺塔人还饲养（看上去好像驼背的）瘤牛，与今天印度人饲养的瘤牛十分相像。农诺塔地区种植水稻的时间与巴基斯坦的印度河流域和邻近的印度西部地区十分接近。

我们发现，世界上至少有七个不同的地方独立地发展出了食物生产技术。这七个地区的位置分别是：中东、中国的华北和江南地区、撒哈拉以南地区、中美洲、安第斯山的中南部地区，以及北美洲的东部。这些地区在不同的时期驯化和种植不同的作物（表 6.2）。有些谷类植物，比如黍米和水稻，出现在不止一个地区。中国和非洲都有野生黍米，后来经过人工种植，成为人类的一个主要食物来源，墨西哥也有野生黍米，但当地人没有把它作为主食来加以种植。只生长在西非的非洲水稻和中国的水稻同属一个类属。人工饲养的猪，还可能包括牛，同时在中东、中国和撒哈拉以南地区出现。独立发展出驯化和饲养狗的技术似乎是一个全球性的现象，包括西半球。下面，我们来讨论一下美洲的考古谱系。

表 6.2　独立发展出食物生产技术的七个区域

世界区域	种植和饲养的动植物的主要种类	最早时间［距今（年）］
中东	小麦、大麦、绵羊、山羊、牛、猪	10 000
中国江南地区（长江流域）	水稻、水牛、狗、猪	8 500～6 500
中国华北地区（黄河流域）	黍米、狗、猪、鸡	7 500
撒哈拉以南地区	高粱、珍珠稷、非洲水稻	4 000
中美洲	玉米、大豆、南瓜、狗、火鸡	4 700
安第斯山中南部	马铃薯、奎奴亚藜、大豆，骆驼科哺乳动物（美洲驼、羊驼）、豚鼠	4 500
北美洲东部	藜、三裂叶葵（marsh elder）、向日葵、南瓜	4 500

来源：根据 B. D. Smith《农业的出现》（New York: Scientific American Library, W. H. Freeman, 1995）一书中提供的数据整理而成。

最早的美洲农民

当然，人类最早不是起源于西半球。考古研究从未发现有化石证明穴居人或早期的人类产生于北美洲或者南美洲。美洲人的定居点是现代智人的一项重大成就之一。这个地方不断发展，人口规模持续增加，区域范围也不断扩张，这在很大程度上代表了人类进化的总体进程。

 ## 美洲最早的移民

最先迁移到美洲定居的是亚洲人。他们是北美印第安人的祖先。他们经过白令海峡的大陆架进入北美洲，在冰河时期，横跨北美洲和西伯利亚之间的白令陆桥几次被冰川覆盖。现在，白令地区被海水淹没，在以前，它是一块绵延数百公里的干旱大陆，当冰川覆盖时，就露出海面。

北美印第安人的祖先生活在几千年前的白令陆桥地区，当时谁也没有意识到，他们在一个新大陆开拓殖民地。他们只是为了追捕大型猎物，年复一年，几代人带着帐篷，随着猎物缓慢地向东迁徙，浑身长满厚毛的猛犸象和其他一些以苔藓为生的动物，都是他们捕杀的目标。其他猎人是从海上进入北美洲的，以捕猎海洋动物为生。

对于这些移民来说，这是一个真正意义上的"新大陆"，如同几千年后欧洲航海者再次发现美洲时的感受一样。北美洲物产丰富，简直就是一个人间天堂，尤其是大型的猎物，到处都是，以前从来没有人类踏足过这片乐土。一开始，人们结队而行，跟着猎物往南走。那个时候，现在的加拿大地区大部分还覆盖在冰川下面，尽管如此，人类还是设法穿越了这片土地，深入到了今天的美国地区。一代又一代，追随着猎物，人类的足迹踏遍了整个大陆未被冰川覆盖的地方。还有一部分人沿着太平洋的海岸线往南迁移。

在北美绵延起伏的大草原上，早期的美洲印第安人（即古印第安人）捕食各种动物，包括野马、骆驼、野牛、美洲象、猛犸和巨型树懒。距今 1.2 万～1 万年，在美洲中央大草原、西边邻近地区和今天的美国东部地区，古印第安人发展出了著名的**克洛维斯文明**（the Clovis tradition），以一种加工石头的复杂技术为标志，他们把石头打磨成尖锐的形状，绑在长矛的顶端（见图 6.2）。考古学家在美国本土的 48 个州都找到了这种克洛维斯文明遗留下来的石头长矛（Green, 2006）。

　　克洛维斯人不是最早的美洲居民。智利中南部更古老的考古遗址蒙特维德（Monte Verde），在时间上可以追溯到距今 13.5 万年（Green, 2006）。这个发现，加上其他一些考古学证据告诉我们，人类最早到达（南）美洲的时间可能是在距今 1.8 万年。一些人类学家指出，基于 DNA 分析得出的解剖学证据告诉我们，在古代美洲生活的人类不属于一个单倍群（haplogroup）。所谓单倍群，就是具有相同基因，但性状有所变异的族系部落。来自世界各地的早期拓殖者（colonists，人类学家坚信，至少多达四到五个不同的部族）在不同的时间，沿着不同的路线进入美洲，他们体态各异，基因成分也不一样，今天，支持这种猜测的考古证据还在不断出土，相关的讨论也在继续（参见 Bonnichsen and Schneider, 2000）。

图6.2　克洛维斯人的矛头

　　大约在距今 1.2 万～1.1 万年，北美洲平原上的古印第安人将这种矛头系于矛上。同时代的南美洲有这种遗址吗？

食物生产的基础

　　大型猎物种类繁多，数量充裕，猎人每天忙得不亦乐乎，采集者也开始成群结队，向各个角落蔓延。在迁徙的过程中，这些早期的美洲人慢慢学会适应各种不同的气候环境。几千年以后，他们的后代各自独立地发展出了食物生产技术，然后在农业和贸易的基础上，在墨西哥和秘鲁建立了各自的国家。与中东地区相比，新大陆开始生产食物要晚三四千年，国家的出现也差不多晚了同样的时间。

　　在食物生产方面，新旧大陆一个最大的区别在对动物的驯化和饲养上：对于旧大陆来说，驯养动物的意义要远远大于新大陆。早期美洲人追捕的大型动物，要么由于过度捕杀而灭绝，要么体型过大、性格暴烈，难以驯养。在新大陆，人类驯养的体型最大的动物是骆驼，大约是在距今 4 500 年的秘鲁。早期的秘鲁人和玻利维亚人吃骆驼肉，把它们用绳索套住，作为载重的运输工具（Flannery, Marcus and Reynolds, 1989）。他们还饲养骆驼的近亲——羊驼，取其身上的毛皮来御寒。秘鲁人的食谱里还包括了一些其他动物蛋白，比如豚鼠和鸭子。

 理解我们自己

　　在早期的食物生产方面，旧大陆和美洲新世界有着明显的差异，这种差异能够帮助我们了解它们后来的历史发展脉络。在中东，驯化和饲养动物是发展食物生产的一个重要组成部分。在旧大陆的大部分地区，包括中东、非洲、欧洲和亚洲，食物生产是动物和植物共同发展、繁荣。美洲的情况则不同，那里虽然也有野生的牛、马、猪和骆驼，但在人类开始自己生产粮食之前很久，这些动物就都灭绝了，其中的原因，既有人类过度捕杀的因素，也有气候变化的影响。在中东地区，农业和畜牧业是相辅相成的。地里的作物收割之后留下的秸秆可以用来喂养牲畜。还可以直接用地里的作物来饲养绵羊、山羊、牛、猪、马和鸭子。牲畜可以直接用来作为载重的运输工具，还可以绑在其他交通工具上，比如用来拉雪橇和带轮子的各种车辆。

　　旧大陆普遍使用各种带轮子的车辆，比如牛车、战车和马车，这些用牲畜作为动力的工具极大地促进了各个地区内部和彼此之间的贸易交换和沟通。交通工具的发展最终导致了"地理大发现时代"的到来，欧洲人发现美洲在很大程度上得益于此。美洲的早期农民也毫不费力地就发明了车轮，但由于找不到合适的动物来拉，车辆在他们那里只是一种玩具，有时候他们把轮子绑在小动物身上，作为一种消遣和娱乐。在（极少种植粮食的）北极地区，狗确实被当作一种交通工具，用来拉雪橇，但是在载重和力气上，像狗和火鸡这样的小动物怎么能和马、驴和牛之类的大型动物比呢？美洲缺乏牲畜这个情况，绝不是一种为了考试而去死记硬背的死板知识。它是世界历史发展的一个关键因素，可以帮助我们理解，为什么大洋两岸的社会走上了不同的发展道路。

火鸡是在中美洲和北美洲南部的部落驯养成功的。在美国南部的低洼地带，人类驯养了一种鸭子。狗是唯一一种在整个美洲都被驯养的动物。在孕育出食物生产技术的地方，没有出现牛、绵羊或者山羊的驯养情况。结果是，与中东、欧洲、亚洲和非洲地区不一样，美洲没有出现畜牧业，也没有发展出牧民和农民之间的人际关系。新大陆的作物种类与旧大陆不一样，尽管在营养成分上类似。

今天人类的三种**主食**（caloric staples, 碳水化合物的主要来源），是由美洲本地的农民培育出来的。比如，最先在墨西哥高地培育出来的**玉米**（maize），成了中美洲地区的主要食物，后来传到秘鲁的沿海地区。另外两种主食是植物的块茎：（"爱尔兰"）白薯（由安第斯山脉的人培育）和木薯（最初出现在南美洲的低洼平原）。除了这三种主食，新大陆还出现了其他种类的食物，人类的食谱变得越来越丰富。比如，大豆和南瓜富含人类必需的植物蛋白、维生素和矿物质。那个时候，中美洲地区的主要食物，就是玉米、大豆和南瓜。

美洲有三个地区独立地发展出了食物生产技术：中美洲、北美洲东部和安第斯山中南部地区。关于中美洲的情况，我们将在下一小节进行讨论。大约在距今 4 500 年，北美洲东部地区的土著就开始种植藜（goosefoot）、接骨木、向日葵和一种当地特产的南瓜。打猎和采集是食物的主要来源，除此之外，当地人还把上述作物的果实作为补充。但是，它们在人类食谱上的地位从来没有像玉米、大麦、水稻、黍米、木薯和土豆那样重要。后来，玉米传到了今天的美国境内，东部和东南部地区都有种植。对于北美土著来说，玉米产量稳定，易于种植，是一种主要的食物来源。在今天的秘鲁和玻利维亚地区，人类在距今 5 000 ～ 4 000 年就培育出了多达 6 种动植物，主要分布在安第斯山脉中南部的高地和盆地里。这 6 种动植物分别是：土豆、奎奴亚藜（一种谷物）、大豆、骆驼、羊驼和豚鼠（Smith, 1995）。

 ## 墨西哥高地的早期农耕

在种植和食用玉米、大豆和南瓜之前，墨西哥高地的古人以打猎和采集野生果实为生。在墨西哥城四周的盆地里，考古学家发现了大量猛犸象骨头残骸，上面布满了尖锐的刺孔，应该是人类捕杀时用长矛戳的，这些遗骸最早可以追溯到 1.1 万年前。但是，小型动物的重要性远比大型动物要大得多，谷物、豆类作物、水果和野生植物的叶子也比大型动物重要。

在墨西哥南部高原的**瓦哈卡山谷**（Valley of Oaxaca）里，大约在距今 1 万～4 000 年，当地的土著主要以某些特定种类动物（鹿、野兔）和植物（仙人掌的叶子和果实、豆类灌木，尤其是牧豆树）为主食（Flannery, 1986）。秋冬两季，这些瓦哈卡山谷的早期居民一般都四处分散，各自打猎和采集野外的果实。到了春天和夏天，他们就聚集起来，一起收割在这两个季节成熟的食物。仙人掌的果实在春天成熟。由于夏季的降雨会让果实烂掉，加上其他动物（鸟、蝙蝠和一些啮齿类动物）的争抢，收获仙人掌是一件很辛苦的工作，劳动强度高，需要的人手多。牧豆树的果实在 6 月成熟，也需要高强度的密集劳动。

到了秋天，他们就去采集一种叫作墨西哥**蜀黍**（teocentli, or teosinte）的野草，这种植物是玉米的祖先。大约在距今 7 000～4 000 年的某段时间里，墨西哥蜀黍的基因发生了一系列改变，就像更早一些时候中东地区的大麦和小麦一样。经过基因演变之后，墨西哥蜀黍的性征发生了很多变化：穗变大了，每个穗上结的种子更多，每株蜀黍长的穗的数量也增加了（Flannery, 1973）。这种变化的结果是，人类开始更多地采集蜀黍，并尝试着自己种植这种作物。

可以肯定的是，在人类开始种植之前，野生蜀黍的基因就已经开始出现上述变化。但是，由于蜀黍对其生长环境适应得很好，所以，这种变异并没有给它带来很多优势，也没有促使它向四周扩散。等到当地人开始大量采集野生蜀黍之后，人类就成了促成其选择性发展的媒介。当地部落一年四季在各个地区之间不停迁徙，在这个过程中，蜀黍被带到了与其习性并不相符的地方。

此外，在采集过程中，人类会选择那些茎秆比较粗壮，棒子坚实的蜀黍，把它们带回自己的驻地。只有那些较为粗壮坚实的，在采集和运输过程才不会散架。就这样，蜀黍开始依靠人类传宗接代，因为它自己缺乏播撒种子的手段——没有又脆又有弹性的茎秆或者果壳。如果说选择粗壮的茎秆是无心插柳的话，那么对柔软荚壳的选择则是有意栽花。同样，人类还有目的地选择那些穗大、每穗玉米颗粒多、每株穗多的蜀黍。

到最后，人类干脆自己在山谷河床的冲积平原里种植蜀黍。以前人类就在这些地方采集牧豆。到距今 4 000 年，人类培育出了一种玉米，产量比野生牧豆还要高。从那以后，人们就开始把牧豆树砍掉，把地腾出来，用来种玉米。

农业生产促使人口大量增加，人类的适应性扩张（adaptive radiation）辐射到了整个中美洲。然而，这种扩张的过程相对来说进展得还是很缓慢。在中东地区，从人类开始人工种植和饲养动植物，到国家出现，中间隔了好几千年。中美洲的情况也是这样。

从早期农耕到国家

再往后，食物生产孕育出了早期的农耕村落。一个村落社群会在某个固定的永久性村庄里一住就是一整年。在中美洲，这种村庄最早出现的时间大约是在距今 3 500 年，分别在两个地方。一个是墨西哥湾、墨西哥沿太平洋海岸和危地马拉沿岸的潮湿洼地。在这里，人类既种植玉米，也会到外面去打猎和采集野生的果实。

还有一个地方是墨西哥境内的高原地区。南部的瓦哈卡山谷冬天不会出现霜冻天气，只要借助原始的简单灌溉，人类就可以在这里种植玉米，所以，就出现了永久性的定居村落。这里地下水丰富，而且靠近地表，只要稍加挖掘，就能在玉米地里找到水源。人类用陶罐从凿出来的井里打水浇灌庄稼，这种灌溉技术被称为**陶罐灌溉**（pot irrigation）。在中美洲，出现了第一个可以常年种植庄稼的耕地，原因主要是当地有稳定的降水，陶罐灌溉便利发达，或者是由于位于河床的低洼地带土壤潮湿。

之后，玉米的种植面积逐渐扩大，导致这种作物的基因进一步发生改变，产量越来越高，可以养活的人口也越来越多，于是，耕作的技术也越来越精细。精耕细作促使人类开始改进灌溉技术。再往后，人类培育出了更加优良的品种，生长周期更短，产量更高，这就扩大了适合玉米生长的范围。人口规模的扩大和灌溉技术的发展反过来又促进了玉米的传播。就这样，中美洲的人类开始放弃狩猎和采集，转向精耕细作的农耕生活，这为国家的出现奠定了基础，尽管在时间上要比中东晚 3 000 年左右。

解释新石器时代

前面我们已经详细地介绍了新石器经济的情况,从独立起源于世界 7 个地区,到逐渐向其他地方扩展,这个过程到底受到哪些因素的影响?我们将在本节讨论这个问题 [此处的讨论主要是基于贾雷德·戴蒙德(Jared Diamond)那本影响广泛的著作《枪炮、细菌和钢铁:人类社会的命运》(Guns, Germs and Steel: The Fates of Human Societies)(1997)中的观察,尤其是该书的第 8 章到第 10 章]。

人类的行为现代性是何时出现的?关于这个问题人们有各种不同的观点。10 万年前,还是更久?是在解剖学意义上的现代人类出现之后吗?或者更晚一些,在旧石器时代(Upper Paleolithic)之前或其间?不管是哪种情况,人类改变基本的生计模式,从狩猎和采集到人工生产食物,这个过程都经历了成千上万年。

人工饲养和种植动植物的起源和扩散必须具备几个基本的条件和要素。大多数野生动植物,尤其是动物,都是很难驯化的,特别是那些对人类来说有价值的物种。所以,在可供选择的大约 148 种大型动物里,人类只驯化了 14 种。而在已知的 20 万种植物里,只有 12 种成为人类耕种的主要作物,另外还有 4 种作为辅助食物。这 12 种食物分别是:小麦、玉米、水稻、大麦、高粱、大豆、马铃薯、木薯、红薯、甘蔗、甜菜和香蕉。食物生产首先是在一个特定的时间,出现在一个特定的地点——大约是距今 1 万年,在中东。

饲养和种植食物是在一系列因素和资源都满足的情况下才出现的,以前没有类似的条件。发展成熟的新石器经济要求人类首先要定居下来。只有那些有着丰富的食物可供捕杀和采集的地方,人类才会对它产生兴趣,从而吸引他们定居下来,就像古代的纳图夫人那样,并且开始尝试着驯化一些动植物。中东的新月沃土地区就具备这样的条件,加上湿润的地中海气候,共同孕育和发展出了新石器经济。当地生长着一些可以自我授粉的植物,比如大麦,这种植物最容易被驯化,因为几乎不需要任何基因上的改变,就可以拿来种植。我们知道,早在开始种植食物之前,纳图夫人就已经开始在新月沃土地区定居了。野外到处都是可以食用的谷类植物,收割之后留下的秸秆又吸引了大量的动物，他们就靠这些谷类和动物生活。后来，随着气候的改变、人口的增加，纳图夫人逐渐向周边地区迁徙，为了生存，他们开始自己种植食物［在中美洲，野生玉米要经过一系列基因变异才能被人类种植，所以驯化的时间要更长一些。此外，缺乏可以驯养的动物（除了狗和火鸡）也延缓了食物生产出现的时间，定居也受到了一定程度的影响，所以，成熟的新石器经济在中美洲出现的时间要晚很多］。

与地球上其他地方相比，新月沃土是面积最大的地中海气候地区，物种也最为丰富。正如我们在前文看到的那样，这是一个垂直经济体系，**多种微环境**（micro environments）集中在一个相对狭小的区域内。复杂的地形，加上丰富的物种，都聚集在一个有限的区域里，带来的一个结果是：植物种类繁多，动物遍地都是，有山羊、绵羊、野猪，还有牛。早期的农民渐渐地种植了好几种植物：两种小麦、一种大麦、豌豆、大豆、**三角豆**（chickpeas，或者 garbanzo beans）。在中美洲，人类的主食是玉米（碳水化合物的主要来源），除此之外还吃南瓜和大豆（摄取植物蛋白）；而在中东地区，人类主要靠大麦和小麦摄取热量，另外还吃富含植物蛋白的扁豆、豌豆和三角豆。

人类学家曾经错误地认为，一旦积累了足够的知识，掌握各种动植物的习性和它们的繁殖规律，人类就会很自然地开始种植和饲养动植物。现在，他们认识到，早期的猎人和采集者拥有丰富的物种知识，对各种动植物的生育习惯也很了解，但是，光有这些还不够，还需要一些其他的诱因。只有可供饲养的动植物达到一个特定的数量，人类才能在此基础上发展出一个成熟的新石器经济体系。世界上其他地方，比如北美地区（在中美洲的北边）独立地发展出了农牧业技术，但可供种植和饲养的动植物种类太少，不足以支撑一个成熟的新石器经济。除了南瓜、向日葵、**菊草**（sumpweed）和藜麦这些早期种植的作物之外，美洲的古人还需要用打猎和采集来补充日常所需的食物。在玉米从中美洲传入以前，今天美国的东部、东南部和南部地区都没有发展出成熟的新石器经济体系和定居生活，这在时间上，距离美国东部地区种植第一种作物已经过去 3 000 多年了。

到这里，我们已经明白，有没有可供驯化的物种在很大程度上决定了东半球和西半球的不同发展轨迹，即中美洲从未出现类似于欧洲和非洲发展出来的混合经济模式。从全世界来看，人类一共成功驯化了 14 种大型（体重超过 100 磅）动物，其中 13 种来自欧亚大陆，只有一种（美洲驼）来自南美洲。古代墨西哥人驯化了狗和火鸡，还发明了玩具车轮，但他们没有绵羊、山羊和猪，也缺乏大型的家畜（比如牛和马）来拉有轮子的车辆。现在我们只能猜测，如果中美洲拥有类似于旧大陆那样丰富的物种，可供驯化的动植物种类再多一点，那么常年在一个固定地方定居的生活方式和成熟的新石器经济体系或许会在中美洲出现得更早一些。当然，如果是这样的话，中美洲的古人肯定是非常欢迎的。后来，五大家畜（奶牛、绵羊、山羊、猪和马）被引进到非洲和美洲，并且迅速得到了推广。

我们已经看到，光有关于物种及其生育模式的丰富知识是不足以推动农业的出现和发展的。同样，光知道有些动物可以驯化，当做宠物来饲养，也不足以导致畜牧业的产生。有些植物（比如那些可以自我授粉的一年生植物）的驯化难度较低，动物也一样，有些比其他物种更容易驯化。牛、狗和猪就非常容易驯化，正是由于这个缘故，世界许多地方都独立地发展出了驯化和饲养这几种动物的技术。

思考一下，为什么绝大多数的大型动物（148 种中的 134 种）没有被人类驯化。有些过于挑食（比如澳大利亚的考拉熊）；有些则一旦被关在栅栏里就失去繁殖的能力（比如驼马）。有些动物脾气暴躁，难以管教（比如灰熊）；还有一些则很容易受惊（比如鹿和瞪羚）。

也许，影响人类驯化动物的关键因素是动物的社会结构。最容易驯化的动物一般都过群居生活，其社会结构往往等级森严。这些动物习惯于被主宰，性情温和，很容易接受人类的指挥和管理。群居动物比独来独往的动物更容易驯化。后者只有猫和雪貂接受了人类的改造，但是，直到今天，人们还在怀疑这些动物是不是已经被完全驯化（所以才有这样的说法：就像饲养一大群猫一样难管）。最后一个因素，是这种动物是不是习惯于和其他种类的动物和睦共处。有强烈占有欲和排他性的动物（比如犀牛和非洲羚羊）就很难圈养，而那些与其他物种共享领土的动物则比较容易驯化。

 ## 地理与食物生产的传播

戴蒙德（Jared Diamond, 1997）令人信服地指出，旧大陆的地理环境极大地促进了作物、牲畜、技术（比如车辆）和信息（比如文字）的传播。在欧亚大陆，大多数作物都只需驯化一次，然后向东西两个方向分别扩散。中东地区首先驯化和种植的食物传到了埃及、北非、欧洲、印度，最后到达中国（当然，我们已经知道，中国有自己独特的农作物）。相反，在美洲，农业生产技术的扩散则要少很多。有一些作物，比如大豆和辣椒被驯化了两次，首先是在中美洲，然后是在南美洲。

欧亚大陆在东西走向上有很大延伸空间，非洲和南北美洲在这方面则相对要小很多，后三者是在南北走向上扩展。这一点很重要，因为东西经度走向上即使绵延数千公里，气候变化幅度也不是很大，南北纬度的改变则会造成巨大的气候差异。在欧亚大陆，由于日照时间长短相同，四季更替也基本类似，所以动植物在东西走向上迁移相对来说要容易一些，南北走向上则要困难一些。巨大的气候差异阻碍了物种的南北传播。例如，在美洲，尽管凉爽的墨西哥高原和南美高原之间的距离只有 1 200 公里，但是，两者之间隔着一个平坦湿热的热带雨林，这里的物种远比高原要丰富得多。这种地理障碍使得（中美洲和南美洲的）新石器社会相互隔绝，各自独立发展，不像欧亚大陆可以相互沟通交流。实际上，在哥伦布发现新大陆之前，只有玉米传播到了整个美洲大陆。而玉米传到今天的美国则花了 3 000 多年的时间，之后，当地的新石器经济才得以最终建立起来。他们的生活基础在于可以种植一种新型的玉米，这种玉米能够更好地适应当地寒冷的气候，要求的日照时间也较短一些。

在旧大陆，中东的农作物向非洲传播最后也受到气候差异的阻拦。一部分热带作物向非洲的东西方向扩散，但由于气候障碍的存在，没有到达非洲南部。高大的山脉和广阔的沙漠造成的地理和气候障碍一次又一次地降低了农作物扩散的速度。举例来说，在今天的美国地区，东南部的农业耕种技术向西南部传播就遭到了得克萨斯州以及南部平原干燥气候的阻挠。

本节讨论了是什么因素促进或者阻碍新石器经济向世界各地扩散。古代中东地区同时具备了几个条件，从而率先开启了人类从事农牧业生产的新篇章。之后，食物生产迅速向欧亚大陆的其他地方扩散，原因是欧亚大陆虽然幅员辽阔，但是各地的气候条件十分相近。在美洲，食物生产出现得相对较晚，扩散的速度也要慢一些，与欧亚大陆比起来，没有那么成功，原因在于，气候和地理环境的南北差异太大。另外一个阻碍美洲向新石器经济过渡的因素是，那里缺乏可供驯化的大型动物。综上所述，影响食物生产的起源和传播有很多种因素，包括气候条件、经济适应能力、人口规模以及物种的特性。

 # 代价与收益

食物生产给人类带来的，既有好处，也有不利影响。好处在于，大量的新发现和新发明不断涌现。人类学会了纺织、制陶、烧砖，还能制造拱形的石门、把金属熔化铸造成各种形状的器物。陆上和海上的贸易以及商业开始出现。到了距今 5 500 年，中东人就已经发明了城市，街上到处人头攒动，有集市、寺庙、宫殿和大小街道，到处都是生机勃勃的景象。他们还发展出了雕刻、壁画、文字、度量衡、数学以及全新的政治和社会组织结构（Jolly and White，1995）。

食物生产提高了经济产出，催生了新的社会、科学和技术创新的形式，所以，从进化的角度来看，这是一种发展和进步。然而，这种新的经济形式也带来了一些意想不到的困难和不好的东西。比如，与狩猎和采集相比，农民的劳动强度要大很多——辛辛苦苦早出晚归，可以吃的食物反而比原来更少。猎人和采集者拥有大量的闲暇时间，有学者把那个时候的生活称为“原初丰裕社会”（Sahlins，1972）。直到现在，非洲的一些原始部落还保留着这种生计模式，人类学家对他们开展过很多研究。在非洲南部的喀拉哈里沙漠生活着一个部落，在这个群体里，只有一部分人外出打猎和采集食物，而且也不是每天都要去，一周大约劳动 20 个小时，得到的食物就够整个部落的人吃了。他们有明确的劳动分工，女人采集果实，成年男性去打猎。孩子和老人不用劳动，靠成年人供养。此外，人们还可以早早退休，不参加劳动，他们也从不强迫孩子参加劳动。

有了农业生产，食物产出更加稳定、可靠，但是人类付出的劳动强度却大了许多。牲畜、地里的庄稼和灌溉系统都需要人去照顾。除草需要长时间的弯腰劳动，经常一干就是连续好几个小时。人类不需要为了找个地方存放长颈鹿和瞪羚而担心，但是牲畜就需要畜栏和猪圈来关养。贸易让男人，有时候甚至包括女人背井离乡、四处奔波，把生活的负担交给了留守的家人。出于多方面的原因，农民的生育率会比猎人或者采集者高许多。孩子越多，抚养的负担也越重，但在另一方面，多一个人就多一双手，孩子也可以参加劳动，相比之下，在猎人和采集者看来，孩子就大可不必太多参与。孩子可以分担很多地里的农活和牲畜的放养。食物生产导致劳动分工变得更加复杂，于是，孩子和老人也必须参加劳动，承担一定的任务。

此外，公共卫生水平不断下降。与狩猎和采集时期的食谱相比，人类农业时代吃的东西品种少，营养价值低，而且更不健康，以前吃的都是高蛋白、低脂肪、低热量的食物。过渡到农业生产之后，整个人口的体质都变弱了，没有以前健康。传染病、蛋白质摄入不足和牙齿疾病不断增加（Cohen and Armelagos, 1984）。而且，食物生产还增加了人类接触各种病菌的可能性。

与过着半游牧生活的猎人和采集者相比，农民一般都长期生活在一个固定的地方。人口密度的增加导致疾病的发生和传播概率也相应提高。我们在第 4 章已经看到，疟疾和镰状细胞性贫血是在食物生产出现之后开始流行起来的。聚居，尤其是人口更加集中的城市生活，是传染病的温床。人们互相为邻，加上动物，每天都会产生大量的垃圾和排泄物，这也是公共卫生水平恶化的一个影响因素（Diamond, 1997）。与农民、牧民和生活在城市里的人相比，猎人和采集者生病的概率更小，承受的压力更少，摄取的营养却更多。

食物生产和国家的出现还带来了其他一些弊端和压力。社会不平等和贫困不断加剧。原先的平均主义最终被精心设计的社会分层结构所取代。各种资源不再是共享的了，在狩猎和采集社会，每个人都有权利享用大自然的恩赐。私有制和产权出现了，并且迅速扩散到各个角落。人类不但发明了奴隶制，还人为地制造出各种形式的压迫。到处都是犯罪和战争，死亡人数不断上升。

随着食物生产的出现和发展，人类破坏环境的速度也在加快。今天，自然环境遭到了大规模的破坏，空气和水都受到了严重的污染，森林面积越来越少，这些问题，早在人类开始从事食物生产的那一刻起就已经注定了。食物生产导致人口规模的扩大，人一多，就需要更多的土地来生产食物，于是，古代中东人就开始砍伐森林，把森林变成耕地。即使在今天，参天大树在农民眼里只不过是一棵巨大的野草，必须砍掉，为种植农作物腾出土地。前面，我们已经看到，为了种植玉米，中美洲瓦哈卡山谷的早期农民就开始砍伐豆科灌木。

很多农民和牧人干脆放火烧掉森林、灌木丛和草原。农民放火是为了去除杂草，剩下的草木灰还可以用来做肥料。牧民烧草原，是为了让草长出更嫩一点的绿芽，好让牲畜长得更快一些。但是，这种做法对环境的破坏很大，还会污染空气。制造金属工具的过程，包括熔化和其他一些化学处理，也会造成环境污染。现代工业会产生大量有害的废料，同样，早期的化学加工也会对环境造成不好的副作用，比如空气、土壤和水都受到了污染。随着灌溉，土壤里逐渐积累了各种污染物：盐碱、化学物质和有害的微生物。在旧石器时代，这些根本就不会成为一个问题，现在却开始危及整个人类的生命。诚然，食物生产的确给人类带来了很多好处，但我们为此付出的代价也是不容忽视的。表 6.3 概括了食物生产的利弊。可以看到，我们不能盲目乐观，认为食物生产、国家和其他一些所谓的发展就是一种进步。

表 6.3 食物生产的利与弊（与狩猎和采集时期相比）

利大于弊，还是弊大于利？	
利	**弊**
新发现和新发明	劳动强度增加
全新的社会、政治、科学和技术创新形式（比如纺织、制陶、烧砖、冶金）	饮食营养下降
	抚养孩子的负担加重
伟大的纪念性建筑、拱形石门、雕塑	赋税和兵役
	公共卫生水平下降（例如接触病菌的可能增加，包括传染病病菌）
文字	蛋白质摄入不足，牙病增加
数学、度量衡	压力加大
贸易和集市	社会不平等和贫困
都市生活	奴隶和其他形式的压迫
经济产出增加	犯罪、战争增加，导致死亡人数上升
食物产量更加稳定	环境日益恶化（比如空气和水污染、破坏森林等）

第

7

章

最早的城市和国家

国家的起源

随着食物生产经济的传播以及产量的提高，酋邦以至国家在世界上许多地方出现了。所谓**国家**（state），实际上就是一种社会和政治组织形式，一般会有一个正式的中央政府，社会划分成若干阶级。美索不达米亚平原最早的国家出现在 5 500 年前，而在中美洲，这个时间推迟了 3 000 多年。酋邦是国家的早期形式，酋长拥有很多特权，但是，和国家不一样的是，酋邦没有明显的阶层分化。7 000 年前（中东地区）和 3 200 年前（中美洲），出现了考古学家所谓的精英阶层，这意味着，酋邦或者国家已经形成。

酋邦和国家是怎么产生的？背后的原因又是什么？与狩猎和采集时期相比，农业生产能够养活更多的人，人口密集程度也越来越高。此外，随着粮食生产的不断扩散和发展，社会分工和经济分工变得越来越复杂。人口增加、经济规模的扩大和经济活动类型的多样化，自然要求一个政治权威或者管理系统来承担处理、协调各种问题的责任。人类学家找到了国家产生的原因，并且对几个国家的兴起过程进行了重新解释。系统的视角认识到国家的产生总是多重因素的结果，当然，不同因素的作用有大有小，通常有一个主因。其中一些因素不断反复出现，但是，没有哪一个因素是一直存在的。换句话说，国家形成具有一般化的而非普遍的原因。

而且，由于国家的产生需要好几个世纪，无时不在经历这种过程的人们很少能够感知到长期的变化。后代们发现他们已经依赖于这种经过数代才形成的政府了。

水利系统

有学者指出，促使国家出现的一个可能的原因，是管理和调控水利灌溉体系，以满足发展农业的需要（Wittfogel, 1957）。在一些干旱地区，例如古代的埃及和美索不达米亚平原，人类发展出国家这种组织机构，来管理与灌溉、排水和防洪相关的水利事务。然而，灌溉工业既非国家兴起的充分条件也非必要条件。也就是说，许多同样具备水利灌溉系统的地区没有出现国家这种制度形式，也有一些地方虽然没有水利灌溉系统，但却发展出了国家。

但是，以水利灌溉为基础的农业生产对于国家的形成具有非常重要的作用。在干旱地区，水利建设可以增加粮食的产量。兴修水利工程需要大量的劳动力，而有了水源保证的农业又养活了更多的人，所以说，水利工程促进了人口的增长。这就形成了一种循环，水利工程促进人口规模的扩大，人口增加提供了更多的劳动力，从而扩大了兴修水利的规模。水利灌溉系统的不断扩大增加了人口的规模和密度。这造成人与人之间的矛盾增加，争夺水源和浇灌农田引发的冲突也越来越多。政府机构的出现既有可能是为了管理农业生产，也有可能是出于协调上述冲突和矛盾的需要。

大型水利工程的出现为城市提供了基础，并成为其生存不可或缺的必备条件。管理者的职责是动员劳动力去维护和修理水利工程，从而保护整个农业经济体系。这些事关生死存亡的职能提高和巩固了国家机构的权威。所以说，水利工程系统的发展可以（比如美索不达米亚平原、埃及以及墨西哥河谷）激发国家的出现，但这不是一种必然的关系。

 ## 长途贸易路线

另一种理论认为，国家源于区域性贸易网络的战略性据点，包括物资供应或者交易的地点，比如长途商队的必经之地；以及威胁或阻碍各个贸易中心进行交换的据点，比如隘口或者河谷峡地。同样，这些因素也只是一个前提基础，并不是充分且必要条件。在一些国家（包括美索不达米亚平原和中美洲地区）的形成过程中，长途贸易的影响和作用是十分关键的。后来，所有国家都发展出了类似的贸易网络，但是，这种贸易网络很可能是在国家形成之后，而不是之前出现的。此外，其他地区也出现了长途贸易体系，比如巴布亚新几内亚，但却没有发展出国家。

人口、战争和环境边界

卡内罗（Robert Careiro, 1970）提出了一个广受关注的理论，这一理论认为，没有哪一个因素可以单独起作用，相反，是三个因素加在一起孕育出了国家（我们把包含多个解释因素或变量的理论叫做多变量理论）。卡内罗认为，不管在哪个地区，或者什么时间，只要同时存在环境边界（或者资源集中）、人口增长和战争，国家就会出现。环境边界既可以是看得见摸得着的地理标志，也可以是无形的社会界线。地理边界很好理解，比如一个小岛、干旱的荒漠、河流冲积形成的平原、沙漠中的绿洲，以及遍布溪流的河谷。社会边界指的是周边的部落阻止其他部落向外扩张，禁止人口流动，霸占各种资源的情况。当出现一些战略性的关键资源向一个地方集中的情况，那么即使人口可以自由迁徙，实际效果和设置环境边界也没什么区别。

秦鲁沿海是世界上最干旱的地区之一，在那里，环境边界、战争和人口增长这 3 个因素之间的互动和关系表现得极为典型。在该地区，粮食生产最早出现在一些有泉水的山谷地区。这些山谷的东边是安第斯山脉，西邻太平洋，南北都是干旱的沙漠。粮食生产的出现激发了人口迅速增长（见图 7.1）。村庄的规模越来越大。于是，人类开始向外迁徙，新的村落不断涌现。人口和村庄的增加造成了土地的紧张。村落之间的争斗开始出现并不断升级，人们经常能看到一个村庄被洗劫一空。

随着时间的推移，每个山谷都出现了人口压力和土地紧张的情况。由于每个村庄都划定了自己的边界，所以当一个村落征服另一个村落的时候，输的一方就要屈从于赢的一方——没有其他地方可去。只有在同意每年向新主人进贡的前提下，村民才能保留原本属于自己的土地。除了上交贡品，战败方还要维持自己的生存，为了做到这一点，只有增加劳动时间和强度，采用新的生产技术来提高土地产量。通过这些方法，战败方的村民在保证进贡的前提下，还满足了自己的生存需要。人们还通过灌溉和修筑梯田大量开辟新的耕地。

安第斯山地区的早期居民之所以勤奋劳动，并不是出于自愿选择。他们是情非得已，被迫缴纳地租，接受其他部落的统治，还要更加辛勤地劳作，想方设法提高粮食产量。这种趋势一旦建立，就一发不可收拾，加速发展。

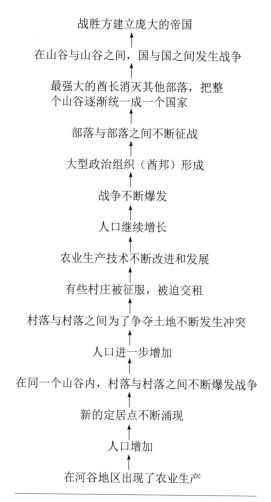

战胜方建立庞大的帝国

↑

在山谷与山谷之间，国与国之间发生战争

↑

最强大的酋长消灭其他部落，把整
个山谷逐渐统一成一个国家

↑

部落与部落之间不断征战

↑

大型政治组织（酋邦）形成

↑

战争不断爆发

↑

人口继续增长

↑

农业生产技术不断改进和发展

↑

有些村庄被征服，被迫交租

↑

村落与村落之间为了争夺土地不断发生冲突

↑

人口进一步增加

↑

在同一个山谷内，村落与村落之间不断爆发战争

↑

新的定居点不断涌现

↑

人口增加

↑

在河谷地区出现了农业生产

图7.1　卡内罗关于国家产生的多变量理论模型：以秘鲁太平洋沿岸地区为例

在这个异常干旱的地区，只有狭长的河谷地带有水源（资源集中），食物生产就出现在这些地方。农业生产导致人口规模的增加。人口增长的结果是土地压力变大，于是战争就爆发了，一些村落战胜了其他村落。地理环境的边界使得失败者无处可去，只能向新主人进贡，以保留耕种原有土地的权利。随着人口进一步增加，战争频发，这个过程不断加速，农业生产技术得到了发展和进步。最终，首邦、国家和帝国先后产生。

人口持续增长，战争越来越频繁，最后，村落与村落之间结成联盟，形成了酋邦。在同一个山谷里，当一个部落征服了另一个部落，第一个国家就出现了（Carneiro, 1990）。最后，山谷与山谷之间也开始打仗。战胜者把战败者吞并，纳入自己的国家，随着规模的不断扩大，**帝国**（empires）出现了：制度更加完善，领土面积更大，几乎无所不包。最后，国家从太平洋沿岸扩张到了内陆高原。到了16世纪，南美洲人在安第斯高原建立了印加帝国（Inca），以库斯科（Cuzco）为首都，这是南美热带雨林里最强大的帝国之一。

卡内罗的理论非常有用，但是，同样，人口密度与国家组织之间的关联是一般的而非普遍的。国家的确倾向于拥有大的人口规模和高的人口密度（Stevenson, 1968）。然而，在巴布亚新几内亚这个环境相对封闭的地区，人口增长和战争并没有导致国家的出现。在当地的一些山谷，社会和地理边界与许多国家十分相像。战争也时常发生，但是，我们没有看到国家的出现。所以，卡内罗的理论只考虑了其中一个重要因素，不能用来解释所有国家形成的原因。

早期的国家在不同的地方独立出

现，原因也各不相同。在每个地方，不同的前提因素（通常是几个类似的因素共同作用）互相影响，重重叠加，最终形成放大效应。要想解释一个地区为什么会形成国家，我们必须具体分析该地区的资源获取方式发生了哪些细微的改变，此外，他们面临的控制和管理问题又有什么变化，这些都是促成社会分化和国家机器形成的重要因素。我们还必须记住，粮食生产并不一定会导致酋邦和国家的产生。人类学家发现并分析了，为什么很多部落一直沿用新石器时代的经济方式，没有发展出国家或者酋邦。同样，也有一些酋邦维续自己的组织结构，没有发展成国家，就像有些猎人和采集者在知道可以用人工手段来生产粮食后却没有采纳一样。还记得上一章讨论的内容吗？在北美洲东部地区，因为农业产出的粮食（比如向日葵、蜀黍）不够吃，早期的粮食生产者不得不同时外出捕猎和采集野外的果实。

 # 国家的属性

特定的属性将国家与早期的社会形式区别开来：

1. 国家控制着一个有着具体边界的领土，比如尼罗河谷或者墨西哥河谷。这种领土一般较大，家族部落或者村落控制的领土面积一般要小很多。早期的国家通常带有很强的扩张欲望，它们是各个酋邦之间相互竞争的产物，最强大的酋邦征服了其他部落，把自己的规则推广到被征服的部落，并且想方设法维护自己的统治，因此，领土扩张一般是通过武力征服的形式实现的。

2. 早期的国家拥有发达的农业经济，人口稠密，一般都生活在城市里。此外，早期的国家通常还会建设一套水利灌溉系统，来支撑农业生产。

3. 早期的国家通过收租和税赋来积累资源，以供养成百上千的专家。这些国家有统治者和一支强大的军队，对劳动力实行严格的管制。

4. 国家内部存在明显的社会分化。早期的国家已经出现从事非农生产的人口，其中包括为数不多的贵族精英，此外还有工匠、官员、神职人员和其他有一技之长的专家。大多数人都是平民。奴隶和战俘是社会的最底层。统治者集个人魅力、宗教权威、经济控制力和军事指挥权于一身，以此维持自己的统治。

　　5. 早期的国家会组织人力和物力建造公共设施和一些纪念性的雄伟建筑，包括寺庙、宫殿和仓库。

　　6. 早期的国家发展出了各种记录手段，一般以文字的形式出现（Fagan，1996）。

中东地区国家的形成

　　在上一章，我们看到，在古代的中东地区，1万多年以前就出现了粮食生产。再往后发展，原本大量出产野生大麦和小麦的丘陵地区慢慢地落在后面，周边一些地区，比如高山草原后来居上，不但最先发展出了人工种植粮食的技术，在人口规模上也超过了丘陵地带。到距今 6 000 年前，**美索不达米亚平原**（Mesopotamia）南部的冲积平原在人口规模的增长上处在第一位（美索不达米亚平原指的是底格里斯河和幼发拉底河之间的区域，也就是今天伊拉克的南部和伊朗的西南部地区）。这些大量增加的人口靠河谷地区精耕细作的农业和水利灌溉系统来养活自己。到了 5 500 年前，小城镇发展成了大都市（Gates，2003）。最早的城邦-国家是（位于今天伊拉克南部的）苏美尔（Sumer）和（位于今天伊朗西南部的）伊勒姆（Elam），分别以乌鲁克（Uruk，或 Warka）和苏萨（Susa）为首都。

城市生活

　　世界上第一个**市镇**（town）出现在中东地区，时间大约是距今 1 万年前。年复一年，在好几代人的时间里，人类造房子都是用黏土砖，倒了就在原地重盖。日积月累，地上隆起了一个大土墩。这样的大土墩在中东地区和亚洲有成百上千个，现在只发掘了少数一部分。这些已经发掘出来的遗址出土了大量的证据，表明这些地方在古代曾经有人类聚居，街道、各种建筑、阳台、院落、水井，以及其他人类活动留下的痕迹，到处都是。

迄今为止，我们知道的最早的城镇是耶利哥城（Jericho），位于今天的以色列境内，低于海平面，具体位置在死海西北部几英里开外的一个水源充足的绿洲。对考古发掘最底下（也是最古老）一层的分析发现，在距今 1.1 万年前，纳图夫人就在耶利哥城定居。从那以后，一直到圣经时代（biblical times）"约书亚攻陷耶利哥城，城墙倒塌，不攻自破"，纳图夫人都在这个地方居住（Laughlin, 2006）。

在纳图夫人到来之后，迄今为止人类所知的最早的城镇出现了。这是一个没有规划，人口密集的定居点，大约有 2 000 人，都住在圆形的房子里。当时，制陶技术还没有出现，耶利哥城四周矗立着坚固的城墙，中间耸立着一座高大的塔楼。最初建造城墙可能是为了防洪，不是为了防御。大约在距今 9 000 年前，耶利哥城被遗弃，不久之后又得到了重建。新主人住在方形的房子里，地面用泥灰抹得很平整。他们把死去的亲人埋在房子底下，其他考古遗址也发现类似的现象，比如土耳其的卡塔于育克（见下文）。制陶技术在 8 000 年前传到了耶利哥城（Gowlett, 1993）。

距今 9 500～7 000 年前，中东地区出现了长途贸易，各种商品的交换十分频繁，尤其是一种叫做黑曜石的火山玻璃，受到了各个部落的青睐，这种玻璃石可以用来制作工具和装饰品。得益于这种长途贸易，土耳其安那托利亚（Anatolia）的卡塔于育克（Çatal Hüyük）逐渐兴旺起来，从一个驿站发展成了一个繁荣的城镇。在一个高达 65 英尺的充满草茎的土堆里，考古学家发现了这个距今 9 000 年的古镇的遗迹，这或许是新石器时代最大的人类定居点。卡塔于育克位于一条小河的岸边，河水冲积带来的泥土给庄稼提供了肥沃的土壤，到处都是郁郁葱葱的青草，引得各种动物流连忘返，到了 7 000 年前，人类开始用绳索套住一些温顺的动物，让它们来替人类运水。在这片 32 英亩（12.9 公顷）的土地上，曾经生活着将近 1 万人，用来居住的房子是用黏土砖砌成的，密封性很好，四面没有门窗，人们一般都从屋顶进出。

在一堵防御用的高墙的保护下，卡塔于育克逐渐繁荣起来，最繁华的时间是在距今 8 000～7 000 年前。用黏土砖砌成的房子一般都很小，很少大过美国农村的一间普通卧室，但是功能很齐全，通常宗教仪式和日常生活在不

理解我们自己

　　这本书的读者，也就是你们，都生活在一个由国家组织起来的社会里。理解自身的意思是说，我们要意识到，与旧石器时代的祖先以及稍晚一点的猎人和采集者相比，我们现在的生活已经发生了翻天覆地的变化，而这些变化在很大程度上是由国家这个组织制度造成的。在前一章，我们已经看到，与狩猎和采集社会相比，新石器时代的农业生产对人类的劳动强度提出了更高的要求。同样，与国家相伴随而来的社会和政治体系也对普通老百姓提出了很多苛刻的要求。各地的博物馆向人们展示了早期的国家在艺术、建筑、文学和科技等方面取得的伟大成就。和我们现在生活的社会一样，古代的苏美尔（在美索不达米亚平原）、埃及、墨西哥和秘鲁也都发展出了高度发达的社会分工，数学家、艺术家、建筑学家、天文学家、神职人员和统治者，应有尽有，但是，普通老百姓的生活却越来越艰辛，他们每天早出晚归，辛勤劳作，为地主、各类专家和精英种植粮食。与猎人和采集者不一样的是，生活在国家里的老百姓会碰上专横跋扈的主人和暴君。在古代的一些国家，贵族会强制征用老百姓作为苦力去修建寺庙、金字塔和各种大型的纪念性建筑。在每个国家，老百姓都必须交税；在很多国家，公民还必须履行服兵役和徭役的义务。

　　我们也生活在一个由国家组织起来的社会里，那么现在和过去相比，有什么差异和相同之处呢？普通老百姓也许不用再受征兵和徭役之苦，但我们每一个人都必须交税，上缴的税款就被用于战争和其他公共设施的建设。我们的社会依然存在明显的社会分化。一旦有了钱、出了名或者掌握了某种权力，人们就开始颐指气使、神情傲慢起来。与猎人和采集者相比，现在的大多数人劳动强度都提高了，并且，工作不是为了自己，大多数情况下是为了老板。奇怪的是，文明程度的提高并没有增加人们的闲暇时间。对小部分人来说，闲暇时间确实是比以前更多了，但对于大多数人而言，增加的只是工作和责任。而造成这一切结果的，不是人类的本性，而是国家。

同的区域进行。房间的墙壁上都画着某个神灵的符号，一般都画在北面、东面和西面的墙上，从未发现南面的墙会画类似的符码。南边一般是用来做饭和从事其他家务劳动的。

用来举行宗教仪式的地方都配有各种装饰：壁画、雕刻过的牛头骨、牛角以及牛和羊的立体模型。壁画上描绘的是各种姿态的人围着牛奔跑、跳舞，有时候还朝着牛扔石块。秃鹫从天而降，来吃无头死尸。有一个门廊的雕塑上刻画着人类的手臂上画满了各种花纹，在手臂的上面是被制成标本的牛角。这些图案和搭配让人想起了旧石器时代的洞穴壁画。卡塔于育克城里的房子没有门窗，进出都要经过屋顶，房子里面十分低矮，人在里面无法直立，只能趴在地上爬着移动，这有点像山洞里的生活。越往城镇中心走，各种艺术作品就越丰富。整个城镇的宗教仪式似乎都围绕着下面几个主题进行：动物、危险、死亡，以及该地在狩猎和采集时期遗留下来的一些东西。

每座房子的地下都埋葬着死去的亲人，最多的有三代人，常见的是两代人。在其中一间房子里，考古学家发现了 17 具尸体的遗骸，大多数是孩子。在送走两到三代亲人之后，房子就被烧毁了。再往上，就是精美的艺术品，还有一层新的建筑遗留下来的废墟。

虽然都住在同一个城镇里，但卡塔于育克城里的居民一般以家庭为单位，独立生活，没有宗教权威或者政治领袖干预他们的自由。这个城镇没有发展成一个具有中央集权组织的城市。卡塔于育克城没有神职精英，也缺乏政治领袖，贸易和生产都自由发展，不受任何管制（Fagan, 1996）。没有集体层面的粮食储存和加工方式，这些都在小范围内，以家庭为单位进行（DeMarco, 1997）。

 精英阶层

人类开始制造第一个陶罐的时间大约是在距今 8 000 年前，地点是在中东的耶利哥城（Jericho）。在此之前，新石器时代被称作前陶器（prepottery）的新石器时期。到了距今 7 000 年前，制陶技术已经传遍了整个中东地区。考古学家可以根据陶器的外形、完整程度、花纹的风格和质地（用哪种黏土烧制而成的）来判断其历史年代。如果在不同的地方发现一种风格一致的陶器，那么就说明这些地方曾经有过贸易上的往来，或者在历史上的某个时期，这些地方曾经结成一个联盟。

叙利亚北部山区的哈拉夫（Halafian）文化遗址出土了一种早期的陶器，风格独特，传播范围广泛。哈拉夫文化（距今 7 500 ~ 6 500 年）指出产一种精美的陶器样式的文化。此外，它也指贵族精英和酋邦起源和萌发的时期。哈拉夫风格的陶器数量很少，意味着这是一种奢侈品，只有拥有特殊社会地位的人才能享用。

到距今 7 000 年前，酋邦开始在中东地区出现。伊拉克南部重要城市乌尔（Ur）附近发现了一个小型考古遗址，名为乌拜德（el-Ubaid），那里出土了一种风格独特的陶器，后来，考古学家把这个位于美索不达米亚平原南部地区的独特陶器文化称为乌拜德时期（the Ubaid Period，距今 7 000 ~ 6 000 年）。此外，考古学家还在美索不达米亚平原的其他一些城市，比如乌尔、乌鲁克（Uruk）和埃利都（Eridu），发现了类似的陶器。乌拜德陶器代表酋邦发展到了高级阶段，也许还意味着早期的国家已经出现。这种陶器在很短的时间里就传到了很远的地方，比早期的如哈拉夫文化陶器，传得还要远。

 ## 社会等级和酋邦

对于考古学家来说，确认早期的国家是否存在是一件很容易的事。只要存在国家组织，一般就会有大型的纪念性建筑、中央仓库、水利灌溉系统和文字或者绘画记载。在中美洲，用考古证据来证明酋邦的存在也比较容易。古代墨西哥的酋邦遗留下来很多东西，比如石器、寺庙建筑和巨大的奥尔梅克雕刻头像（Olmec heads）。古代中美洲人还喜欢为贵族打制耐用的装饰品和珍贵的珠宝，有些在酋长及其家人死后作为陪葬品被一起埋在地下。相比之下，中东的早期酋长则对这些表面的装饰物显得不那么在乎，这使得从考古学上证明其存在变得更加困难（Flannery, 1999）。

根据一个社会的地位分化等级，人类学家弗雷德（Morton Fried, 1960）把人类社会分为 3 种类型：**平均主义**（egalitarian society）、等级制和分层制社会（见表 7.1）。主张人人平等的社会没有地位分化，除了一些自然的区分变量，比如年龄、性别、个人能力、禀赋和成就，狩猎和采集社会是最典型的例子。成年男性、年长的妇女、天赋异常的音乐家和宗教仪式主持者会受到特别的尊敬，有些是凭取得的成就，有些则根据知识的渊博程度，当然，这也会根据部落的不同而有所差别。在这种平均主义社会里，地位差异不是世袭的。一个人想受到其他人的尊敬，要通过自己的努力，仅仅靠父母是做不到的。

表 7.1　平均主义社会、等级制社会和分层制社会

地位分化的类型	地位的特征	典型的生计模式	典型的社会组织类型	例子
平均主义	地位区分不是世袭的。所有的地位获得都是基于年龄、性别、个人能力、禀赋和成就	狩猎和采集	家族和部族	因纽特人，多布桑人（非洲土著），亚诺玛米人（Yanomami）
等级制	地位是靠世袭获得的，从最高层（酋长）到最底层，依照顺序划分	小规模的粮食种植、游牧，加上部分狩猎和采集	酋邦和部分部族	太平洋北岸的北美土著人 [比如赛利希族（Salish）和夸克特尔人（Kwakiutl）]，纳齐兹人（Natchez），哈拉夫和乌拜德时期的政体，奥尔梅克人
分层制	地位是靠世袭获得的，贵族和平民之间存在严格的阶级界线	农牧业	国家	特奥蒂瓦坎人（Teotihuacan），乌鲁克时期的国家，印加人，中国的商朝，罗马帝国，美国和英国

相反，**等级制社会**（ranked society）的地位不平等是靠世袭实现的。但是，它们没有贵族和平民之间的社会分层（基于财富和权力，把整个社会区分出明显的社会层级——即阶层）。在等级制社会，划分身份和地位的依据是与酋长血缘关系的亲疏远近。与酋长的血缘关系越近，社会地位就越高，相反，社会地位则越低。但是，地位等级的划分没有连续性，许多个体和家族

往往都处在同一个社会等级上，结果是，为了争夺各种地位和领导权，人与人之间不断地进行明争暗斗。

并不是所有的等级制社会都是酋邦。卡内罗（Robert Carneiro, 1991）把等级制社会分为两种类型，只有第二种才是酋邦。第一种类型以太平洋西北部地区的北美印第安人为典型，个体之间的地位差异是靠世袭和遗传因素确定的，但是，村民与村民之间是互相独立的，也不存在等级区分。第二种类型的典型例子是哥伦比亚的考卡人（Cauca）和美国东部的纳齐兹人。这些部族最终演变成酋邦，村落与村落之间，同一个村落内部的个体与个体之间地位都是不一样的。大村欺负小村，小村被迫交出自主权，接受大村的统治。根据弗兰内里的说法（Kent Flannery, 1999），只有拥有失去自主权的村落的等级制社会才能被称为酋邦。在酋邦里，不平等无处不在，个体与个体之间，村落与村落之间，都存在地位上的差异。

在美索不达米亚平原、中美洲和秘鲁，酋邦是**原生国家**（primary states，所谓原生国家，指的是那些独立发展出国家的社会，在和其他国家相遇之后发展出来的不算——参见 Wright, 1994）的前身。原始国家的出现是各个酋邦相互竞争的产物，某个部落征服了其他部落，把战败方纳入自己的政治统治，于是国家就出现了（Flannery, 1995）。

考古学证据表明，中美洲的酋邦最早可以追溯到 3 000 年前。中美洲的贵族喜欢炫耀，到处张扬自己的奢华和财富，这给今天的考古学留下了大量的证据，使得证明中美洲存在酋邦变得相对容易得多。贵族家庭会把婴儿的头挤变形，然后再埋在地里，随葬品很多，包括一些带有特殊意义的符号和其他贵重物品，比如翡翠和绿松石。葬礼也严格区分等级，有些坟墓随葬品很多，有些少一些，有的则干脆什么都没有（Flannery, 1999）。

在古代的中东地区，早期国家出现的时间大约是在距今 6 000 ～ 5 500年前。早期的等级制社会，包括酋邦，出现时间要更早一些，大概再往前推1 500 年左右。中东地区的考古学发现表明，7 300 年前，该地区就已经出现了酋邦，贵族用各种带有异域风情的物品来展示自己的地位；此外，部落与部落之间经常爆发战争，突然袭击和强盗式的抢劫时有发生，政治环境极度动荡。这些部落包括伊拉克北部的哈拉夫文化以及南部的乌拜德文化，随着时间的推移，两个部落都向北迁徙。

和中美洲类似，古代中东地区的酋邦也有大型的墓地，酋长家族的主要成员都埋葬在一起，墓地里堆放着大量的随葬品：各种器皿、雕塑品、项链、品质优良的陶器等。贵族家庭早夭的孩子也享受类似的待遇。一个名叫 Tell es-Sawwan 的古代村落遗址出土了大量儿童坟墓，从随葬品（雕塑）可以清楚地看出墓主生前的地位：有六座的，有三座的，有一座的，还有的一座都没有。这种地位身份上的等级次序是等级制社会的典型特征（Flannery, 1999）。

这些墓葬让弗兰内里（Flannery, 1999）坚信，中东地区早在 7 000 年前就存在社会地位的世袭做法。但是，还有很多疑问没有得到解答：大村的领袖是否会把自己的权威强加到附近小村的头上？有没有一些村庄被迫放弃自主权，接受大村领袖的统治，从而使得简单的等级制社会转变成酋邦呢？考古学家发现了一个令人激动的线索：当地有一条水渠，同时为好几个村庄提供灌溉水源，这可以证明存在某种政治组织，把周围几个村落都联合起来。这意味着，当因取水发生冲突时，村民可以有办法解决彼此之间存在的矛盾，比如请一个有威望的领袖出面协调。在美索不达米亚平原的北部地区，哈拉夫文化晚期就已经出现了类似的跨村庄联盟（Flannery, 1999）。此外，还有一个证据可以证明有些村庄放弃了自主权：有些地方出现了附属的卫星村（two-tier），一个大村庄的周围散落着若干个小村庄，那些拥有公共建筑的大村庄周围小村庄数量更多。在哈拉夫文化时期，美索不达米亚平原的北部地区出现了类似的布局模式（Watson, 1983）。

民族志对考古发现的解释和佐证

在发掘遗址的过程中，考古学家是怎么知道自己发现的是一个酋邦，或者形式更为简单的社会呢？坟墓里的随葬品和房屋的结构能够提供部分线索。此外，考古学家还可以借助民族志资料来了解过去的历史。

所以，为了根据考古证据推断古代中东地区是否存在酋邦，弗兰内里（Flannery, 1999）把目光转向了更为晚近一些的民族志学者对该地的酋邦所做的研究。其中有一个研究案例，描述的是伊朗境内一个人口约 1.6 万人的游牧部落，名叫巴塞利（Basseri）（Barth, 1964）。这个部落拥有一大片肥沃的草原，酋长的一部分家族还拥有几个以农耕为生的村落，甚至还在城市里购置房产。领导巴塞利的是一个酋长，在"混战时期"（periods of confusion），他打败自己的兄弟、堂兄弟、叔伯和侄子，坐上了酋长的宝座（Barth,1964）。全世界的酋邦普遍存在这种近亲之间的政治斗争。

弗兰内里（Flannery, 1999）把巴塞利作为一个民族志的参照体系，认为古代中东地区的酋邦也存在类似的特点。这个由几千人组成的古代政治联盟很可能实行世袭制的贵族统治，但没有设立首都。此外，也没有宫殿和寺庙，疆土的边界十分模糊。人们都住在帐篷里，这几乎不可能给考古学家留下任何证据。但是，通过与巴塞利的比较，我们就可以扩大视野，在城市里寻找是否存在一些酋长建造的房产。

根据巴斯（Barth, 1964）的研究，巴塞利酋长的房子很大，主要用来招待来访的客人。酋长会给手下的得力干将许多赏赐，当然，这不是白给的，手下必须回报他。酋长家族的男性近亲几乎可以享受与他同等的特权。通过类比，弗兰内里（Flannery, 1999）认为，除了寻找某间造型独特的房子，考古学家还应该把注意力放在酋长家族其他成员居住的房子里，这样才能进一步证明古代中东地区存在酋邦的可能性。这些房子应该足够宽敞，可以用来招待许多登门造访的宾客（也许，应该有一个面积很大的客厅）。另外，厨房和仓库也应该很大，招待这么多的客人需要很多食物，酒足饭饱之后，还要给每位客人一些小礼物，这些都必须事先准备好，存放在仓库里备用。事实证明，符合这些条件的史前房屋确实存在，考古学家已经发现了相关的证据（Jasim，1985）。

根据卡内罗的研究（Robert Carneiro, 1991），烧杀抢劫是酋邦的一个典型特征。墨西哥和秘鲁的早期酋邦遗留下来大量的艺术作品，其中许多题材表现的就是这种野蛮的杀戮行径：敌人的尸体、被大卸八块的战俘、砍下来作为战利品的头颅（Marcus, 1992）。中东地区的酋邦文化没有类似的艺术作品。但是，他们居住的地方确实存在高耸的城墙，墙外是护城河，墙头耸立着更高的瞭望塔，这和中美洲十分相像。抵御外族入侵的一个办法是政治结盟。

即使构筑了大量的防御工事，也通过与其他部落结盟来增强自己的实力，但史前时代的酋邦还是经常遭到突袭，被洗劫一空。有考古学证据表明，在哈拉夫文化和乌拜德时期，一些属于部落领袖的大型房屋曾经遭到抢劫，之后被焚毁。乌拜德时代晚期的高拉丘（Tepe Gawra）就是一个例证（Tobler, 1950）。这个防御坚固的城镇坐落在一个高出地面的土冈上，里面耸立着一个很高的瞭望塔。城里最大的一间房子里有一个院子，符合弗兰内里（Flannery, 1999）描述的宽敞的客厅的条件，这应该是一个酋长的家，这个客厅就是用来招待手下和远方来客的。此外，房子里还有一间很大的厨房。

在同一条街道上还发现了另外一间规模稍小一点的房子，这符合之前的推断：考古学家应该在酋长住处的附近寻找其他贵族居住的房子。这个小城曾经受到外族入侵，部分建筑被烧毁。在废墟里，考古学家至少发现了四个受害者，一个还是婴儿，其他三个也都是十几岁的小孩。毁坏程度最严重的是那间带有院子的房子，这证实，一般来说，外族入侵的主要抢劫对象是酋长家族。

根据这些线索——同时包括考古学和民族志的证据——我们可以推断，在距今 7 300 ～ 5 800 年前，中东地区存在酋邦，而且部落之间经常爆发战争，用突袭的方式消灭敌人是常用的策略。

 ## 高级酋邦

在叙利亚北部靠近伊朗边界的地区，考古学家发现了一个古代定居点，它曾经是一条重要长途贸易路线上的一个驿站。这个名叫特尔•哈姆卡尔（Tell Hamoukar）的大型遗址的历史可以追溯到 5 500 年前（Wilford, 2000）。遗址出土的证据表明，除了美索不达米亚南部著名的城邦-国家（伊拉克南部），中东地区的北部也独立地发展出了高级酋邦制度（Wilford, 2000）。

在特尔•哈姆卡尔，迄今为止发掘出来的最古老的土层里含有一些人类村落的残迹，最早可以追溯到 6 000 年以前。到了 5 700 年前，这个地方就已经是人头攒动，热闹非凡，面积大约是 32 英亩，四周筑有防御用的城墙，高 10 英尺（3 米），宽 13 英尺（3.9 米）。遗址出土了大量精美的陶器，还有大型的炉灶，这表明，这里曾经进行过大规模的宴请。此外，还出土了大量炊事活动的碎片，有蒸煮罐、动物的骨头、小麦、大麦，以及用来烘烤面食和酿造美酒的燕麦。考古学家吉布森（McGuire Gibson）参与了这个遗址的发掘，他认为，如此大规模的食物准备证明，这是一个等级制社会，贵族精英掌控着人力和各种资源（Wilford，2000）。最有可能的情况是，人们正在酋长的家里招待客人（前文已有相关论述）。

支持该部落存在等级制度的证据还有很多，比如用来装食物的容器和其他物品上盖有各类印章。有些印章很小，图案也很简单，或者仅仅只是两道交叉的划痕。也有一些印记很大，图案很精美，这些珍贵的容器很可能就是给高层领袖用的。吉布森怀疑，刻有隐喻性图案的大一点的印章很可能就代表了那些拥有更高权威地位的贵族。小一点的、图案简单的印章则是地位较低的人用的（Wilford，2000）。

 ## 国家的兴起

那个时候（5 700 年前），在美索不达米亚平原的南部地区，人口迅速增加，水利灌溉系统提高了粮食产量，导致社会结构进一步发生了剧烈的变迁，这是北部地区所没有的。有了水利灌溉系统，乌拜德部落开始沿着幼发拉底河逐渐向外扩张。贸易和旅行的范围也在逐渐扩大，在当时，水路运输是最便捷的交通方式。诸如硬木和石头等当地缺乏的原材料通过水路运到了南部低洼平原。新的定居点不断被开辟出来，人口密度持续增加。后来，社会和经济沟通网络把河流上下游（南北部）的各个部落紧密联系在一起。人类继续向北开辟定居点，开始扩展到今天的叙利亚。社会分化也随之加剧。神职人员、政治领袖、制陶工匠和其他专家不断涌现。大量的农民和牧民养活了这些非粮食生产者（Gilmore-Lehne，2000）。

经济开始由中央政府来调控。村庄发展成了城市，其中一些由当地的贵族领导。在乌拜德文明之后是乌鲁克时期（距今 6 000 ～ 5 200 年），它的名称就来自位于特尔·哈姆卡尔以南 400 英里的一个著名的城邦-国家（见表 7.2）。乌鲁克时期确立了美索不达米亚平原"文明的摇篮"的地位（参见Pollock，1999）。

表 7.2　中东地区国家形成的历史阶段

时间（距今年代）	时期	年代
3 000～2 539 年	新巴比伦王朝	铁器时代
3 600～3 000 年	卡西特王朝	
4 000～3 600 年	旧巴比伦王朝	铜器时代
4 150～4 000 年	乌尔第三王朝	
4 350～4 150 年	阿卡德王朝	
4 600～4 350 年	第三王朝早期	
4 750～4 600 年	第二王朝早期	
5 000～4 750 年	第一王朝早期	
5 200～5 000 年	杰姆代特奈斯尔文明	
6 000～5 200 年	乌鲁克文明	铜石并用时代
7 500～6 000 年	乌拜德文化（美索不达米亚平原南部） 哈拉夫文化（美索不达米亚平原北部）	
10 000～7 000 年		新石器时代

　　长期以来，乌鲁克文明与特尔·哈姆卡尔几乎毫不相干，直到 5 200 年前，乌鲁克发展出制陶技术。在向北扩张的过程中，美索不达米亚平原南部地区的部落发展出了高级酋邦制度，但这还不是严格意义上的国家。文字起源于美索不达米亚平原南部的苏美尔文明，一个不争的事实说明，当地发展出了一个更加发达、由国家控制的社会组织形式。据一些学者推测，很可能就是管理中央经济的需要促使了文字的产生。

　　文字最早是用来记录账目的，这反映了贸易昌盛，交易频繁。国家的统治者、贵族、神职人员和商人是文字的最早受益者。文字传到埃及大约是在 5 200 年前，很可能就是从美索不达米亚平原传过去的。早期的文字都是象形文字，比如，画上一匹马就代表实际的马。

　　早期的书记官用铁棍在砖头上镌刻各种符号。这种方式使得砖面上的文字符号呈现 V 形凹槽（wedge-shaped），所以被称为楔形文字（cuneiform，这个词来自拉丁语，意思是楔形物体）。美索不达米亚平原南部的苏美尔文明和北部的阿卡德文明（Akkadian）使用的都是楔形文字（Gowlett，1993）。

文字和寺庙在美索不达米亚平原的经济体系中发挥着非常重要的作用。在文字被发明以后，5 600 年前的历史就有关于寺庙从事经济活动的记载。没有文字，国家也能照样发展。但是，文字可以促进信息的储存和传播。现在我们知道，美索不达米亚平原的神职人员也从事各种经济活动，他们饲养牧群、耕种土地、制造各种商品，把劳动产品拿到市场上与他人交换。寺庙的管理者控制着草料和牧场的分配，他们饲养牛和驴，用来耕地和运输货物。随着经济规模的扩大，贸易、手工业制造和谷物的存储都改为统一管理。寺庙还生产各种肉类、奶制品、农作物、鱼类、布匹、工具和其他可以用来买卖的物品。陶匠、打铁匠、纺织工、雕刻家和其他手艺人都喜欢买寺庙生产的东西。

在**冶金术**（metallurgy，指的是对各种金属性质的知识，包括提炼、加工和打造各种金属器具）发明之前，人们用捶打的方法把生铜打造成各种工具。如果捶打的时间过于长久，铜就变得又硬又脆，很容易断裂。但是，如果用火一加热（煅烧），铜就会立即变得又软又韧。这种锻造铜器的方法就是早期的冶金术。冶金术发展的一个关键阶段是**熔炼**（smelting）的发现。所谓熔炼，就是把矿石用高温加热，从中提炼出所需的金属。与天然铜相比，矿石的分布更为广泛。在早先时候，由于稀缺和少见，含金属的矿石是一种奢侈的贵重商品，是人们争相购买的对象（Gowlett, 1993）。

熔炼金属矿石的技术是在什么时间被发现的，具体过程怎样，这些我们现在都无从知道。直到距今 5 000 年前，冶金术得到了飞速发展。当人类开始把砷或者锡和纯铜合在一起（两种合金都叫做铜），制成各种工具，铜器时代就到来了。之后，这种合金的加工技术变得越来越普遍，金属的使用方法也得到极广的应用。和纯铜相比，合金铜的熔点更低，因此更易于铸造。早期的磨具都是用石头做成的，石块被镌刻成各种形状，然后把熔化的铜水倒进去，等冷却之后就成了人类想要的样子。考古学家在美索不达米亚平原北部地区发现了一把用这种方法铸造的铜斧，时间可以追溯到 5 000 年前。之后，其他金属也被广泛使用。到了距今 4 500 年前，黄金制品开始出现，考古学家在乌尔的一处皇家陵墓里发现了这类东西。

铁矿石的分布比铜矿要广得多。铁矿石只需简单熔化，就可以直接用于铸造，无须添加其他化合物（比如锡和砷）来制造合金（比如铜）。一旦人类掌握了用高温熔化铁矿的技术，铁器时代就开始了。在旧大陆，3 200 年前以后，铁器的使用迅速扩散开来。一开始，铁和黄金一样珍贵，后来随着产量的提高，价格也跌得很快（Gowlett, 1993）。

在美索不达米亚平原，基于手工业生产、贸易和密集型农业生产的经济体系刺激了人口增长，也加速了城市化的进程。苏美尔文明的城市城墙高耸，以防外敌入侵，四周则是大片的农田。在距今 4 800 年前，乌鲁克是美索不达米亚平原上最大的城市，人口大约有 5 万。人口的持续增长导致水源越来越紧张，于是各个部落和国家之间开始为了争夺水源而不断发生战争。人们纷纷躲进戒备森严的城市寻求保护（Adams, 1981），每当有邻居或者外敌入侵，整个城市就进入紧急状态，奋力抵御外来的威胁。

到了 4 600 年前，世俗的权力机构取代寺庙接手国家的统治。军事指挥处慢慢地变成了君主政体。这种变化体现在建筑上，就是宏伟的宫殿和奢华的皇家陵寝开始出现。皇族开始招募士兵，并提供盔甲、战车和其他金属制造的武器。在乌尔城，考古学家发现了一个距今 4 600 年的皇家陵墓，出土的文物向我们展示了独裁者的奢靡：除了全副武装的士兵，陪葬的还有驾驭战车的武官，以及女侍从。为了让他们陪伴君王去极乐世界，这些随从在国葬的时候被杀死。

农业生产变得越来越精细，各种新式工具的出现提高了劳动生产率，粮食产量得到进一步的提高，这使得固定面积的土地可以养活的人口也得到了提升。人口压力导致社会出现各种形式的分层。土地开始成为一种稀缺的私有财产，买卖土地现象开始出现。一部分人积累起来大量的地产和财富，从而脱离平民阶层，进入更高的社会阶层。他们搬到城里定居，开始成为社会的精英，而小佃农和奴隶则继续留在农村辛苦劳作。到了 4 600 年前，美索不达米亚平原形成了界限分明的社会结构，社会分层十分复杂，分为贵族、平民和奴隶。

 # 其他早期国家

在印度和巴基斯坦的西北部地区，印度河流域孕育出了早期的国家，名叫印度河谷国（又叫哈拉帕国，Harappan），国内有两个主要的大城市，分别是哈拉帕和摩亨约－达罗（Mohenjo-daro）。（孕育出早期国家的世界四大流域是：美索不达米亚平原的底格里斯河和幼发拉底河，埃及的尼罗河，印度和巴基斯坦的印度河，以及中国华北地区的黄河。）哈拉帕国大约形成于 4 600 年前，来自美索不达米亚平原的贸易商队和文字到达印度河，或许在某种程度上加速了该地区国家的形成。哈拉帕国的遗址位于今天巴基斯坦的旁遮普省（Punjab Province），它被认为是整个印度河文明的一个组成部分。在鼎盛时期，印度河谷国下辖 1 000 多个城市、城镇和村落，国土绵延 72.5 万平方公里。这个国家的繁荣时期介于距今 4 600～3 900 年。它具备典型国家的各种特征：完善的城市规划、复杂的社会分层体系，以及简单的文字记载（至今仍未被破解）。哈拉帕人有统一的度量衡，每个城市都经过了精心的设计和规划，居民区都配备有污水处理系统。他们还发展出了精致的手工业，其中有一件艺术品，是一辆陶制的小车，体现了相当高的工艺水平（Meadow and Kenoyer, 2000）。

因为战争的原因，印度河谷国大约在 3 900 年前就消失了。原本人口密集的城市渐渐衰落。考古学家在摩亨约 - 达罗城的一些街道下面发现了大规模屠杀留下的遗骸。哈拉帕城没有被遗弃，一小部分人口继续居住在这座曾经红极一时的大都市里（Meadow and Kenoyer, 2000）。（更多关于哈拉帕考古研究项目的信息，请访问 http://www.harappa.com）

中国最早形成于 3 700 多年前的商朝。它位于中国华北平原的黄河流域，那里的主食是小麦，而不是水稻。这个国家的特征也很典型：繁荣的都市生活、美轮美奂的宫殿建筑（民用房屋也很壮观）、把活人作为随葬品、社会阶层分化十分明显。贵族的墓地都配有大量装饰用的石器，包括翡翠珠宝等贵重物品。商朝人掌握了冶炼铜的技术，并发展出了一套复杂完善的文字。一旦发生战争，他们会使用战车，并把战俘带回驻地作为奴隶（Gowlett, 1993）。

与美索不达米亚平原和中国的黄河流域一样，早期国家中的大多数都对冶金技术产生了严重的依赖。在泰国北部地区的农诺塔，6 000 年前就出现了加工金属的技术。在秘鲁境内的安第斯山地区，锻造金属的技术出现得稍微晚了一些，大约是在距今 4 000 年前。安第斯山的古代居民大都擅长加工铜器和黄金制品。他们的制陶技术也很先进。他们的艺术、手工业和农业生产技术与发展到顶峰时期的美索不达米亚平原不相上下，我们将在介绍完非洲国家的情况之后再来讨论这个问题。注意：中美洲和安第斯山地区的国家发展都被西班牙殖民者的到来所打断。公元 1519 年，墨西哥的阿兹特克王朝被消灭，秘鲁的印加王朝则在公元 1532 年灭亡。

 ## 非洲国家

作为古代文明的一个主要发祥地，位于非洲北部的埃及是世界上最早发展出国家的地区之一（Morkot, 2005）。埃及文明的影响随着尼罗河向南扩散，波及了今天的苏丹。在非洲，撒哈拉沙漠以南地区也见证了一系列国家的出现（Hooker, 1996），限于篇幅，我们这里只能介绍其中的一小部分。

与上面介绍过的地区一样，在非洲，冶金技术（尤其是铁器和黄金制品）对早期国家的形成具有举足轻重的作用（Connah，2004）。大约 2 000 年以前，熔化铁矿石的方法迅速传遍了整个非洲大陆。许多讲班图语（Bantu，非洲使用人数最多的一种语言）的部落到处迁徙，在很大程度上对熔铁技术的传播起到了很好的促进作用。班图语部落的迁徙，开始于 2 100 年前，他们从非洲中北部地区出发，足迹遍及整个大陆，一直持续了 1 000 多年。他们向南走到了刚果河流域的热带雨林，向东进入非洲高原。除了传播语言和锻造铁器的技术，他们还给各地带去了农业生产技术，尤其是一些高产作物（比如土豆、香蕉和车前草）的种植技术。

班图语部落大迁徙所取得的最辉煌的成就，就是温能木塔帕（Mwenemutapa）帝国。温能木塔帕帝国的祖先是向东迁徙的一个班图语部落，他们把制铁技术和农业生产方法带到了津巴布韦，这是一个位于赞比西河南部地区的国家，坐落于今天津巴布韦国境内。这个地区盛产黄金，温能木塔帕人大量采挖金矿，把挖出来的金子和从印度洋上岸的 Sofala 人交换自己所需的物品，这样的活动开始于公元 1000 年。在商业和贸易的基础上，温能木塔帕人建立了一个强大的国家。第一个统一的中央政府叫作津巴布韦王（Great Zimbabwe，津巴布韦的意思是"石窟"，因为该国的首都四周都是巨大的石块垒成的城墙），出现时间大约是公元 1300 年。到了公元 1500 年，无论是军事实力还是经济控制力，津巴布韦王都名副其实地统治着整个赞比西河流域，首都也成了整个温能木塔帕帝国的中心。

同样是在贸易的促进和刺激下，非洲的另一个地区，也就是西非的荒漠草原，或者叫撒哈拉沙漠以南地区，也发展出了早期的国家。距今 2 600 年前，西非的荒漠草原就出现了以农业生产为基础的城镇。其中一个名叫

Kumbi Saleh 的城镇后来发展成了古加纳王国的首都。西非地区盛产各种资源、黄金、贵金属、铁矿和其他各种资源储量都很丰富，在公元 750 年以后，当地人带着驼队穿过撒哈拉沙漠，把这些资源运往北非、埃及和中东地区进行交易。西非荒漠草原上的城市是跨撒哈拉沙漠贸易（交易的商品种类繁多，比如用黄金交换盐巴）的起点和终点。这里出现了好几个国家：加纳、马里、桑海（Songhay）、卡内姆－博尔努（Kanem-Bornu），这些国家被统称为萨赫勒王国（Sahelian Kingdoms），其中，加纳的历史最为悠久。到了距今 1 000 年前，加纳的经济异常繁荣，跨撒哈拉沙漠的贸易给这个国家带来了巨大的财富，以此为基础，加纳开始不断扩张，征服了当地所有酋邦，逼迫他们进贡，这样，一个强大的帝国逐渐建立了起来。

在萨赫勒以南，植被茂盛的地区也发展出了国家。公元 1000—1500 年，当地的农业村落开始逐渐联合起来，最终发展成为中央集权的国家。其中领土面积最大、存在时间最长的，是贝宁（Benin）王国，在现在的尼日利亚南部。贝宁王国在 15 世纪发展到鼎盛时期，以艺术创造力闻名于世，表现于各种赤土陶器、铁制品和黄铜雕塑上。贝宁的艺术是非洲艺术传统中影响最为深远的分支之一。

 # 古中美洲国家的形成

在上一章，我们一起探讨了中东地区和中美洲分别独立发展出来的农业生产技术。在国家形成过程这个问题上，这两个地区也具有很多类似之处，它们都是始于等级制社会和酋邦，最终发展出成熟的国家和帝国。

西半球最早的仪式性建筑（寺庙）的建造者，是中美洲（从墨西哥到危地马拉）的酋邦。这些部落相互之间都有贸易往来，交换的物品种类繁多，有黑曜石、贝壳、玉石以及陶器。

 ## 早期酋邦和精英

距今 3 200 ～ 2 500 年，奥尔梅克人（Olmec）在墨西哥湾南部地区建造了一系列仪式性建筑。我们现在已经确定了其中两个地点（一共三个）的位置，每个祭祀中心都属于不同的时代。在这两个地方，泥石堆成的土墩围成一个大广场，主要用于举行宗教仪式。这种建筑表明，奥尔梅克人的酋长可以指挥大量的劳动力来修建这种大型的土墩。他们还擅长雕刻，给我们留下了大量石像，也许，这些石像的原型，就是他们的酋长或者祖先。

考古研究还发现了其他一些证据，表明奥尔梅克人与中美洲其他地区的部落，比如墨西哥南部高原上的瓦哈卡人，保持着密切的贸易往来。到了距今 3 000 年前，在瓦哈卡部落，一个统治精英阶层出现了。那个时候，瓦哈卡人和奥尔梅克人交换的，都是些供贵族使用的物品。瓦哈卡贵族身上普遍佩戴着海边地区传过来的贝壳类饰物。作为交换，奥尔梅克人得到的是瓦哈卡部落手艺人做的镜子和玉器。自从建立了酋邦之后，瓦哈卡人就大兴水利工程，建造了大量的水渠和水井；其他手工业也得到了极大的发展，磁铁磨成的镜子出口各地，而且他们在很早的时候就会烧制砖头，用石灰粉刷墙壁，泥瓦匠队伍庞大，建筑技术十分发达。在这个地区，奥尔梅克人建立了酋邦，他们在河边筑堤防洪，然后开辟农田，还建造了大量巨型土墩和石像。

奥尔梅克人以善于雕刻巨型石头人像著称，但是，墨西哥境内的其他部落也培育出了大量技艺高超的艺术家和建筑工匠，他们用泥砖和石灰造出了大量石头建筑，都朝向东偏北八度。

在距今 3 200～3 000 年的这段时间里，墨西哥地区经历了剧烈的社会变迁。几乎所有部落之间都开始进行贸易往来。一些中心大城市相互竞争，聚集了大量人口和劳动力，农业生产越来越精细化，城市与城市之间贸易往来频繁，除了交换商品，还互相借鉴各种思想，包括艺术创作的题材和风格。考古学家现在认为，导致如此剧烈的社会变迁的，是越来越激烈的竞争，而不是一个部落战胜其他部落，掌握了至高无上的权力。在距今 3 000 年前，墨西哥的景象应该是这样的：25 个或更多的部落中心在地理位置上相距很远，彼此独立自治，根据当地的自然环境各自发展生产；它们互相之间有着频繁而充分的交流，且彼此竞争，一旦有地方出现了新的创意和技术，其他地方就纷纷效仿（Flannery and Marcus, 2000）。

曾经有人认为，单个部落也可以发展成一个国家。现在，考古学家告诉

趣味阅读 伪考古学（Pseudo-Archaeology）

史前历史的研究激发了大量流行文化的创作活动，电影、电视节目和各种考古题材的书籍到处都是。在这些虚构的作品里，人类学家（以及当地的土著人）通常都是与自己的同类格格不入的怪人。与琼斯（Indiana Jones）不一样的是，（不管是默默无闻的，还是享誉世界的）考古学家的生活没有那么刺激，他们不用时刻与邪恶势力做斗争，不会面对纳粹的追击，不用挥舞长鞭，或者去抢救文物。他们不用去突袭失落的诺亚方舟，或者为了一个古老的神圣使命而不断冒险，相反，他们的工作有点枯燥，主要是通过分析一些物质遗骸，来重现古人的生活，从而理解人类的文化和行为方式。

流行文化中一些非虚构的作品对史前文明的描述也是不可靠的。通过各种书籍和大众媒体，我们接触到了许多大众作家的思想，比如赫耶达（Thor Heyerdahl）和冯丹尼肯（Erich von Daniken）。赫耶达是一位传播论者，坚信一个地区的进步和发展肯定要建立在借鉴世界上其他地区文明成果的基础之上。冯丹尼肯更是把传播论演绎到了极致，他认为，人类文明所取得的每一个重大成就，都是借鉴外星人文明成果的结果，历史上，这些外星人曾经多次造访地球。在人类文明的创造性这个问题上，赫耶达和冯丹尼肯（以及一些科幻作家）似乎都认同这样一个观点，即古代人类文明的每一次重大进展，都是外星人入侵或者干预的结果，不是该地区的地球人自己努力取得的成就。

例如，在《拉族人的远征》（*The Ra Expeditions*，Heyerdahl, 1971）一书中，赫耶达把自己描绘成一个周游世界的探险者，他乘坐草纸做的航船从地中海出发，穿越大西洋，到达加勒比海，这次旅行让他得出了这样一个结论：古代埃及人很可能已经发现了新大陆（用于航行的船是比照古代埃及人的航船建造的，不同的是，赫耶达和他的船员在船上装备了无线电通信设备和罐头食品）。赫耶达宣称，如果古代人确实跨越大西洋，到达了新大陆，那么美洲的文明就一定受到了旧大陆的影响。

那么，赫耶达的观点是否有科学依据呢？即使古代人确实想办法到达了新大陆，那么他们也无法把美洲的土著组织起来，建立国家，因为当时的新大陆还不具备农业生产和建立国家的条件。5 000年前，当古代埃及人已经建立起强大的国家，派出探险队探索未知世界的时候，墨西哥人还处于原始的狩猎和采集时期。中美洲从狩猎和采集社会过渡到农业生产是一个渐进的过程，大量考古发现证明了这一点，比如瓦哈卡部落和墨西哥河谷遗址。如果外来的因素确实起到了重大的促进作用，那么这些因素就应该会在这些考古遗迹上体现出来。

大约在 2 000 年前，与美索不达米亚平原和埃及的国家类似的政治组织开始在墨西哥高原出现，随后又衰亡。这个时间距离埃及文明的鼎盛时期已经过去了 1 000 多年，大约是在距今 3 600 ～ 3 400 年。如果中美洲文明的兴衰受到了埃及或者旧大陆其他国家的影响，那么这种影响就应该出现在埃及帝国的繁荣时代，而不是 1 500 年之后。

大量的考古学证据表明，中东地区、中美洲和秘鲁都经过漫长的历史过程，逐渐发展出了人工生产粮食的技术，并且孕育出了早期的国家。这些证据有力地反驳了传播论，在人类文明，包括农业和国家是如何产生的这个问题上，给出了一个不同的解释。也就是说，与传播论相反，考古学和人类学的研究认为，古代美洲所经历的社会变迁、技术进步和文明的倒退，都是当地原住民自己的活动和思想带来的结果。

迄今为止，还没有发现可以证明旧大陆在欧洲大探索时代（开始于 15 世纪晚期）之前就到达新大陆的证据。皮扎罗（Francisco Pizzaro）在 1532 年征服了秘鲁的印加王国，11 年之前，也就是 1521 年，中美洲的另一个国家，阿兹特克国的首都特诺奇蒂特兰（Tenochtitlan）在西班牙人入侵时被攻陷（对于欧洲和美洲原住民的这段接触，我们有大量的考古证据和历史记载）。

冯丹尼肯在其题为《诸神的战车》(*The Chariots of the Gods*, 1971) 一书中指出，地球人的文明进步是在外星人的帮助下取得的，探索发现频道的有些节目也会表达类似的观点，但是，考古学证据又一次对这种论调发出质疑。中东地区、中美洲和秘鲁出土了大量的考古证据，经过学界的认真分析，得出了一系列明确的结论。驯化和饲养动植物、国家以及城市生活都不是什么很了不起的发明，人类根本不需要借助外太空文明的帮助，就可以自己发展出来。这些都是一个漫长、渐进的过程，是很普通的因素一点点积累起来导致的结果。在经历了几千年的有序发展之后，人类文明才演变成今天这个样子，不是像科幻电影里描绘的那样，一个来自金牛座的外星人，慷慨地把文明的密码交给一个印加部落的酋长，于是，人类文明在短时间内得到了飞速发展。

顺便说一下，这并不是要否认如下观点，即除了地球之外，宇宙里还存在其他智慧生命，其文明程度和技术水平或许高于或许低于人类，甚至，一个偶然的机会，外星人发现了地球这个银河系里相对孤立的星球，并且可能真的造访过我们。但是，就算外星人确实来过地球，考古学发掘得到的证据也表示，外星人的指挥官也会发出不要干涉落后文明发展的命令。迄今为止，没有可靠的科学证据可以证明，人类文明曾经经历了一个快速发展的阶段，如果外星人确实干涉过地球的发展，那么，我们应该可以看到这样一个文明爆发时期。但是，很遗憾，我们没有发现相关的证据。如果存在这样的证据，那么这些证据会是什么呢？

我们，国家是部落相互吞并的产物，一个强大的部落不断征服其他弱小部落，随着领土面积越来越大、臣民和资源越来越多，该部落不断调整自己的组织结构，从而慢慢发展成国家的形态。战争和人口流动（不断有新的臣民归顺）是国家形成的两个关键因素。

许多酋邦都拥有稠密的人口、发达的农业和等级分明的居住结构：小农庄、村落甚至是城镇。这些要素加在一起，为更加复杂的社会组织结构提供了基础。政治领袖开始出现，军事战绩（屠杀、抢劫其他部落）不断巩固他们的地位。这样的人物往往能吸引众多追随者，他们对自己的领袖忠心耿耿、死心塌地。战争给领袖提供了扩大领土、增加臣民的机会。一个接一个的胜仗使得国家的人口更加密集，领土面积越来越大。与酋邦不一样的是，国家可以扩张领土，充实劳动力，并且保护自己的领土和臣民。国家拥有军队，可以发动战争，建立政治机构，颁布法律制度，这些都是一种威慑，必要时还可以随时调用。

从墨西哥河谷到危地马拉，酋邦遍地开花，盛极一时，奥尔梅克人和瓦哈卡人只是其中两个较为引人注目的典型部落。瓦哈卡后来发展成了国家，时间上与墨西哥河谷地区的**特奥蒂瓦坎国**（Teotihuacan）并列。随着时间的推移，瓦哈卡国和墨西哥高原上的其他地区开始超过奥尔梅克部落和中美洲的整个低洼平原。到距今 2 500 年前，瓦哈卡地区的萨巴特克国（Zapotec）发展出了一种独特的艺术风格，在其首都蒙特·阿尔班（Monte Alban）得到了最完整的表现。萨巴特克国存在了大约 2 000 年，直到西班牙人入侵，攻陷了整个墨西哥（参见 Blanton, 1999; Marcus and Flannery, 1996）。

在整个部落走向衰落的过程中，奥尔梅克人的贵族阶层四处流散，迁徙到了整个中美洲。到了公元 1 年，墨西哥河谷，也就是今天墨西哥城所在的位置，开始强盛起来，在整个中美洲早期国家的形成过程中鹤立鸡群。在这个疆域辽阔的河谷地区，特奥蒂瓦坎古国建立并逐渐兴旺发达起来，时间大约是在距今 1 900 ～ 1 300 年前。

墨西哥河谷地区的早期国家

墨西哥河谷是一个四周被群山围绕的大盆地。那里到处覆盖着肥沃的火山土，但降水不规律。从气候条件上看，河谷的北部地区，也就是墨西哥城和特奥蒂瓦坎古国出现的地方，比南部地区要更干旱。茂密的森林限制了农业的发展，直到生长期较短的玉米被培育出来之后，农业才得到大规模的发展。到了距今 2 500 年前，绝大部分人口都住在气候更加温暖湿润的南部地区，在这里，充沛的降雨使得农业生产成为可能。在距今 2 500 年前后，新的玉米品种和小规模的灌溉系统开始出现。人口开始增加，并且逐渐向北迁移。

到公元 1 年，特奥蒂瓦坎已经成为一个拥有 1 万人口的城镇。它管辖着大约几千平方公里的土地，总人口超过 5 万人（Parson, 1974）。特奥蒂瓦坎的兴盛离不开农业生产的支持。源源不断的泉水使得当地人可以灌溉大片冲积平原。农业人口为规模日益增大的城市人口提供粮食。

在那个时候，居住结构已经出现了明显的分化。不同的社区都带有不同的等级，不同等级的社区在规模、功能和建筑类型上也都不一样。等级最高的社区是政治和宗教中心。最底层的是农村。这样一个三级居住结构（首都、小型城市和农村）给考古学提供了充分的证据，据此我们就可以推断当地国家的组织结构（Wright and Johnson, 1975）。

伴随着国家组织形成的，还有大规模的灌溉体系、地位分化和复杂的建筑。特奥蒂瓦坎古国的鼎盛时期是在公元 100 年至 700 年。这是一个经过精心设计的城市，整个城区被划分成一个个规则的方格，中心是太阳神庙金字塔（the Pyramid of the Sun）。到了公元 500 年，人口规模达到了 13 万人，远远超过了古罗马帝国。劳动分工相当复杂，除了农民，还有手工艺者、商人、政治管理者、宗教神职人员以及军人。

公元 700 年之后，特奥蒂瓦坎古国开始衰落，人口规模和领土面积不断缩小，权力也逐渐丧失。到公元 900 年，人口规模缩减到了 3 万人。公元 900—1200 年期间，也就是托尔特克人（Toltec）时期，特奥蒂瓦坎古国分崩离析，人口也开始往四处迁徙，整个河谷地区出现了许多规模不等的小城市和小镇。人们还纷纷离开墨西哥河谷，搬到其他地区的大城市生活，比如图拉（Tula）——托尔特克的首都，当然，他们只能住在边缘地区。

到 1200—1520 年，人口逐渐回迁到墨西哥河谷，包括新的移民（比如阿兹特克人的祖先），城市也重新发展起来。在阿兹特克人统治时期（1325—1520 年），墨西哥河谷出现了好几个大型城市，其中最大的一个是首都，叫特诺奇提特兰（Tenochtitlan），无论在规模还是发达程度上，都超过了鼎盛时期的特奥蒂瓦坎。人口超过 1 万人的城镇多达十几个。人口规模的增长在很大程度上得益于农业技术的发展和进步，尤其是在河谷的南部地区，人们把沼泽和湖泊的水抽干，开辟成农田（Parsons, 1976）。

促使墨西哥河谷重新繁荣的另一个因素是贸易。当地的手工业生产出了大量的产品，各种交易市场十分兴旺。主要的集市都集中在湖边，因为这里水路运输方便，商人用独木舟载着东西到市场上就可以交换自己所需的东西。阿兹特克的首都特诺奇提特兰坐落在湖中的一个岛上，这里生产的奢侈品无论在价值还是工艺上，都远远超过陶器、用藤条编织的篮子和纺织品。制造奢侈品的手艺人，比如石匠、用羽毛编织东西的手工业者（feather worker）和金银匠，在阿兹特克国里拥有极为特殊的社会地位。对于阿兹特克国首都来说，制造并出口奢侈品，是整个经济体系很重要的一个组成部分（Hassig, 1985; Santley, 1985）。

 # 国家衰亡的原因

作为一种政治组织，国家有时候很脆弱，很容易就会解体，沿着原有的一些边界（比如区域性政治组织）分裂成最初的状态，一开始，国家就是这些独立的实体联合起来发展而成的。很多因素会对国家的经济和政治完整性构成威胁。外敌入侵、大规模的传染病、饥荒或者长时间的干旱，都会破坏原有的平衡，引起剧烈的波动。国家会破坏环境，从而带来沉重的经济代价。例如，农民和熔炼工都会砍伐森林。时间长了，就会造成沙漠化和水土流失。过度开垦也会造成土地肥力下降，无法继续耕种。

如果说国家的兴起是灌溉等因素作用的结果，那么这些因素的破坏和消失是不是也可以解释国家的衰亡呢？的确，水利灌溉是把双刃剑，既能带来好处，也会造成弊端。在古代的美索不达米亚平原，灌溉用的水源来自底格里斯河和幼发拉底河。随着时间的推移，泥沙越积越多，河床开始高出两岸的冲积平原。人们修建了大量的水渠，利用重力把河里的水引到农田灌溉庄稼。随着水分的蒸发，原本溶解在水里的矿物质开始在土壤里慢慢沉淀，最终使农田变成了盐碱地，不再适合庄稼生长。

举个例子，Mashkan-shapir 是一个位于美索不达米亚平原上的古代城市，距底格里斯河 20 英里，当地人修建了一个复杂的水利系统，从底格里斯河取水。仅仅过了 20 年，这个城市就被遗弃了。现在看来，土地的盐碱化似乎是这个城市走向衰亡的一个主要原因（请登录 http://www.learner.org/exhibits/collapse/mesopotamis.html，访问 Annenberg/CPB Exhibits 2000）。

玛雅文明的衰亡

公元 900 年左右，玛雅文明发展到了巅峰，之后，在很短的时间里，突然从地球上消失了，这个问题引起学界的长期争论，几代学者都为之倾注了大量的心血。古代玛雅文明始于公元 300 年前后，于公元 900 年前后消亡，其间经历了 600 多年的时间，它包括若干个互相竞争的国家，在地理位置上，涵盖了今天的墨西哥、洪都拉斯、萨尔瓦多、危地马拉和伯利兹的大部分地区。玛雅文明以各种仪式性建筑（神庙和金字塔）、历法、数学和象形文字闻名于世。

考古学家在洪都拉斯西部地区的科潘（Copán）发现了相关的线索。这是皇族所在的地方，是玛雅王国东南部地区最大的城市，面积 11.7 公顷。整个遗址坐落在一个人工修建的梯形平台上，站在上面可以俯视科潘河。金字塔上留下了大量的镌刻文字，记录了当时统治者的加冕典礼、家族历史以及一些大型战役。玛雅人以国王的名号和他们登基的时间来记录金字塔的年代。其中一个金字塔的建造初衷是用于国王的加冕典礼，但整个工程仅完成了一面。根据一份残缺文本的记载，这个金字塔的建造时间是公元 822 年。这是科潘时间最晚的一座仪式性建筑。大约在公元 830 年，整个城市被遗弃。

科潘城的衰落有环境因素的缘故，包括人口压力和过度开垦导致的水土流失和土壤肥力下降。过度开垦的结果是砍伐森林和水土流失。这在位于山坡上的农宅遗址体现得尤为明显——过度开垦导致水土流失。这种情况早在公元 750 年就已经出现——一直持续到土地无法耕种，最终被遗弃，其中一部分村庄被埋在泥石流下面。桑德斯（William Sanders, 1972, 1973）把整个玛雅文明的衰亡归因于过度垦殖所导致的环境恶化。

粮食供应不足和营养不良在科潘遗址有很明显的表现，80% 的出土尸骨患有缺铁性贫血。其中一具尸体的贫血十分严重，足以引发死亡。甚至连贵族都缺乏营养。其中有一个头骨，根据牙齿上的雕刻和装饰性异形（cosmetic deformation），我们判断这是一个贵族，他 / 她也患有贫血：脑后的海绵体透露出他 / 她的健康状况（Annenberg/CPB Exhibits, 2000）。

促使国家产生的有很多种因素，同样，国家的衰亡也是多个因素共同作用的结果。玛雅古国并不像我们之前想象的那么强大；其实，它很脆弱，随时可能分崩离析。战争越来越频繁，政治斗争也愈演愈烈，这些都给玛雅古国的历届王朝和政府带来很多不稳定的因素。现在，考古学家主要强调战争因素的作用，认为玛雅古国衰亡主要是战争导致的。象形文字记载了玛雅的许多城市，战争频频爆发，此起彼伏。考古学家发现，就在玛雅王国崩溃之前的一段时间，防御工事（比如护城河、壕沟、城墙以及栅栏）明显加强，人口也大规模地往一些易守难攻的地方迁移。考古学家发现了战争留下的一些证据：烧毁的房屋、长矛投掷形成的小洞穴，还有一些在战争中丧生的尸体。有些城市被遗弃，城里的居民逃进了森林，住在一些简易的茅屋里（例如，科潘就在公元 822 年被遗弃）。现在，考古学家认为，导致玛雅文明走向衰亡、城市遭到遗弃的，还有社会、政治和军事动乱等方面的原因，与自然环境恶化相比，这些因素同样，甚至更为重要（Marcus，私下交流）。

在此之前，考古学家倾向于从自然环境因素的角度，比如气候变化、植被破坏和人口压力等等，来解释国家的起源和衰亡（参见 Weiss, 2005）。现在，考古学家对这个问题有了更加全面的理解，除了自然环境条件，还注意到了社会和政治因素，原因是，我们找到了可供参考的文字材料。玛雅人的文字记录了王朝之间为了地位和权力彼此竞争，乃至发生军事冲突。事实上，对于古代的酋邦和国家来说，成也战争，败也战争。那么，战争在我们现代社会又扮演着一个什么样的角色呢？

第 8 章

文　　化

- 文化是什么
- 文化与个体：能动与实践
- 文化变迁的机制
- 全球化

文化是什么

文化的概念一直以来都是人类学的基础。一个世纪以前，英国人类学家爱德华·泰勒就在《原始文化》（*Primitive Culture*）一书中提出，文化——人类行为和思想的系统——服从自然法则，并因此可以被科学地研究。泰勒对文化的定义也提供了对人类学主题的概观，并被广泛引用："文化……是一个复杂的整体，包含了知识、信仰、艺术、道德、法律、习俗以及作为社会成员的人习得的任何其他能力和习惯"（Tylor，1871/1958，p.1）。泰勒的文化定义中最为关键的一点是"作为社会成员的人所习得"，他所以关注的并非人们通过生物遗传获得的特征，而是在特定的社会成长中获得的各种文化属性，因为人们在社会中处于一个特定的文化传统中。**濡化**（enculturation）是孩子学习文化的过程。

 ## 文化是习得的

孩子们之所以可以轻松地吸收任何文化传统，依靠的是人类独一无二的复杂的学习能力。其他动物可能会从经验中学习，比如它们如果发现火会伤害到自己便会躲避。社会性的动物也从其群体成员那里学习。举例来说，狼会从周围的狼群学习狩猎技巧。这种社会性学习在我们最近的动物亲戚猴子和猿类种群里尤其重要。但是我们自己的文化学习却依赖人类独特的使用**象征**（symbols）符号的能力，这些符号与所表示或指代的事物没有必然或天然的联系。

在文化习得的基础上，人们也会创造、记忆，并且处理思想。他们把握并应用特殊的象征意义系统。人类学家克利福德·格尔茨（Clifford Geertz）把文化定义为文化学习和象征基础上的概念的集合。文化的特点表现为一系列"电脑工程师称之为程序的对行为的管理控制机制，包括计划、方法、规则、指令"（Geertz，1973，p.44）。人们通过在特定的传统中涵化而吸收这些程序，并且逐渐把之前建立的意义和象征系统内化，用以定义自己的世界、表达感情和做出判断。这一系统有助于指导人们一生的行为和感觉。

每个人都会立即开始通过经历一个有意识和无意识学习以及同他人互动的过程来使其内化，或者通过濡化的过程将其整合到一个文化传统中。有时候，文化被直接传授，父母教育自己的孩子在他人送礼物给他们或者提供帮助的时候要说"谢谢"。

观察也可以传递文化。孩子们常常很关心周围的事物。他们会修正自己的行为并不只是因为其他人告诉他们应该这么做，也因为他们会进行观察，并且对文化中判断好坏的标准有了更多的了解。此外，文化在无意识状态下也会得到吸收。北美人获得的关于谈话双方应保持多远的距离的文化认知（见"趣味阅读"），并不是通过直接告诉对方多远的距离比较合适，而是通过持续不断地观察、体验以及有意识和无意识地改变自身行为的过程实现的。没有人告诉拉丁人要比北美人站得距离更近，这一点是作为文化传统的一部分而被习得的。

人类学家同意这种看法，即文化学习在人类群体里是独一无二的，并且所有人类都具有文化。此外，人类学家也接受19世纪的著名观点："人类心智上的一致性"。这意味着，尽管个体在情感、智力倾向和能力上千差万别，但所有人类群体都具有同等的文化能力。无论基因或者外貌，人们都可以习得任何文化传统。

为了理解这一观点，不妨想想，当代的美国人和加拿大人都是来自世界各地的移民交叉通婚的后代。我们的祖先在生物性上是多样的，生活在不同的国家和大陆，拥有百千种文化传统。然而，早期殖民者、后期的移民还有他们的后代们都成为美国和加拿大生活方式的积极参与者。所有人现在都分享着同一种民族文化。

 ## 文化是共享的

文化并非个体本身的属性，而是个体作为群体成员的属性。文化在社会中才得以传递。难道我们不是从观察、听说以及同周围其他许多人的互动中学习我们的文化吗？分享共同的信仰、价值观、回忆和期望把成长在同一文化中的人们联系起来。通过为我们提供了共同的经验，濡化过程把人们统一起来。

今日的父母都是昨日的儿女。这些人如果是在北美长大，便会从代际中获得某种价值观和信仰。从自己的父母那里接受濡化过程的父母们又变成了下一代子女濡化的媒介。尽管文化经常变化，这种基本的信仰、价值观、世界观和子女教养实践却是长久不变的。不妨举一个发生在美国的简单例子，解释关于长期共享的濡化过程。小时候，如果我们不好好吃饭，父母就会让我们联想一下国外生活的那些忍饥挨饿的孩子们，就像祖父母们那些早一代的人们做的那样。当然这些原来贫困的国家也会不断发展（印度、孟加拉国、埃塞俄比亚、索马里、卢旺达——你家里用来作对比的是哪个国家？）。尽管如此，美国文化总是不断地传播这样的说法，通过把盘子里的甘蓝或花椰菜吃个精光，我们就能表明自己比那些生活在贫穷或饱受战争蹂躏的国家中的饥饿的孩子们运气好很多。

尽管一种美国特色的观点认为，人们应该"自己做决定"以及有"坚持自己观点的权利"，基本上我们所想到的都不是原创或者唯一的。我们与众多人共享观点和信仰。这种共享的文化背景是很有影响力的。举例来说，对于那些在社会、经济和文化上与我们相似的人们，我们很可能同意他们的观点或者感到与之交往更为舒服。这就是为什么美国人到了国外都更愿意与美国人彼此来往，就像法国人和英国殖民者在其海外殖民地的做法一样。长着同样羽毛的鸟儿常常聚集在一起，对于人来说，文化就是人类的羽毛。

 ## 文化是象征的

象征思想对人类和文化学习都是独特而重要的。人类学家怀特（Leslie White）把文化定义为：依靠象征符号……文化由工具、器物、器具、衣服、装饰物、风俗习惯、公共机构、信仰、仪式、游戏、艺术作品、语言等组成（White，1959，p.3）。

怀特认为，文化起源于我们祖先获得了使用象征符号的能力，也就是说，发明或者赋予一种物品或事件某种意义，并且相应地掌握和欣赏这种意义的能力（White，1959，p.3）。

象征是某种口头或非口头的事物，在特定语言或文化中，用来表示另外的某个事物。象征及其指代物之间没有明显的、天然的或者必然的联系。对于一只吠叫的动物，把它称之为 dog 还是 chien、hund、mbwa（分别是法语、德语和班图语对"狗"的叫法）一样都不是天然具有什么联系。语言是智人拥有的独特财产。没有其他动物创造了接近语言复杂性的事物。

象征通常是语言的。但是也有非语言形式的象征符号，例如旗帜代表我们的国家，金双拱代表麦当劳汉堡连锁店。圣水是罗马天主教中很有力量的符号。正如对所有符号一样，符号本身（水）与所代表的（神圣）事物之间的联系是武断的并且是传统上设定的。水本身并不比牛奶、血或者其他天然的液体更加神圣。也并非圣水在化学成分上与普通的水有何差异，圣水作为罗马天主教内部的象征，是国际文化系统的一部分。自然的事物被人们强行同天主教中特定的意义相联系，在学习基础上分享共同的信仰和经验，并在代与代之间传递。

成百上千年来，人类共享这种文化赖以存在的能力。人们拥有这些能力，是为了能够不断学习，以象征的方式思考、控制语言，并使用工具和其他文化产品，以组织自己的生活并协调周围环境。当代所有人类群体都有能力使用象征符号，并因此创造和维持自己的文化。我们的近亲，如黑猩猩和大猩猩，具有初步的文化能力。然而，没有其他动物建立起与智人程度相当的文化能力，如学习、交流和储存、加工和使用信息。

 ## 文化与自然

文化可以处理我们与其他动物都具有的自然生物需求，并教会我们如何以特定的方式表达这些需求。人一定要吃饭，但是文化会告诉我们吃什么、何时吃还有怎么吃。许多文化中人们的主餐是在中午，但是大多数北美人喜欢大型的晚餐。英国人早餐吃鱼，北美人更喜欢吃热蛋糕和冷的谷类食物。巴西人会

理解我们自己

　　美国人有时候在理解文化的力量上存在困难，因为美国文化更强调个人观念。美国人喜欢说，每个人在一些方面都是独一无二的、特别的。在美国文化里，个人主义本身就是一个独特的、共享的价值观，是文化的属性之一。个人主义通过我们日常生活中的大量评论和场景而传递。比如，看一小时早间电视节目，如《今日秀》(Today Show)。数一下有多少故事是有关个人的，尤其是个人的成就。与那些主要讲述群体成就的故事数量比较一下。从日间电视节目中最近的罗杰尔先生（儿童电视节目《芝麻街》的主持人）到"现实生活"中的父母、祖父母和老师，我们的濡化媒介们都坚持我们是"特别的人"。也就是说，我们的宗旨是，个人第一，集体第二。这与本章讨论的文化正好相反。毫无疑问，我们都具有自身特点，因为我们都是不同的个体，但是我们也具有其他与此不同的特征，因为我们是群体的成员。

在浓咖啡中添加热牛奶，北美人则把冷牛奶倒入比较淡的咖啡中。美国中西部人下午5点或6点吃饭，西班牙人则是在晚上10点。

　　文化上的习惯、观念和创造对"人类本性"的塑造是多向的。人们必须从身体中清除粪便等废物。但是一些文化教导人们应该蹲下排便，而另外一些则认为应坐下来完成。在上代人及以前的包括巴黎在内的法国城市中，男人在街头小便池中小便是种习俗，这种小便池几乎没有什么遮蔽，可以说是公共场合，但他们似乎没有觉得尴尬和不好意思。我们的"盥洗室"习惯，包括粪便处理、洗浴和刷牙，都是文化传统的一部分，这些把自然的事实转化成了文化的习俗。

　　我们的文化和文化变迁影响着我们感知自然、人类本性以及所谓"天生具有"的方式。通过科学、发明和发现，文化进步已经克服了众多"自然的"限制。我们预防并治疗疾病，例如脑灰质炎和天花，这些疾病曾击垮我们的祖先。我们利用伟哥来重获和提升性能力。通过克隆技术，科学家们改变了我们思考有关人类的生物性身份和生命本身的意义的方式。当然，文化并没有让我们彻底摆脱自然的威胁。飓风、洪水、地震和其他自然力量不断地挑战我们试图通过建筑、发展和扩张而改变环境的渴望。你还能想到自然袭击人类及其创造物的其他方式吗？

 ## 文化是涵盖一切的

对于人类学家来说，文化包含比优雅、品位、哲学、教育和对美好艺术的赞赏要多得多的内容。并不是只有大学生，而是所有人都是"文化"人。最有趣也是最重要的文化力量是影响着人们日常生活的，尤其是那些影响孩子的濡化过程的文化。文化，按照人类学的定义，包含着那些有时被严肃的研究认为是微不足道或者没有价值的特征，例如"大众"文化。想要理解当代的美国文化，必然要思考电视、快餐店、运动和游戏。作为一种文化展演方式，摇滚明星可能同交响乐指挥一样有意思，漫画书可能同图书奖获得者一样意义重大。

 ## 文化是整合的

文化并非习俗和信仰的偶然集合。文化是整合在一起的模式化的系统。如果系统的某部分改变（例如经济），其他部分也会相应变化。例如，在20世纪50年代，大多数美国妇女都会把自己的一生安排成家庭主妇和母亲角色。但是，今天大多数在大学就读的女性都期待毕业后获得一份薪水不错的工作。

经济变迁的社会反映是什么？答案是关于婚姻、家庭和孩子的态度和行为都已经发生了变化。晚婚、"同居"和离婚变得越来越普遍。美国女性的初婚平均年龄从1955年的20岁提升到了2003年的25岁。男性则从23岁提升到了27岁（U.S. Census Bureau, 2003）。目前美国人的离婚数量超过1970年的400万对的4倍，达到2004年的2 200万对（Statistical Abstract of the United States, 2006）。工作与婚姻和家庭责任产生竞争，并减少了人们在养育子女上所花费的时间。

文化的整合并非仅仅通过主要的经济行为和相关的社会模式，还有一系列价值观、思想、象征和判断。文化培养个体成员，使得他们能够共享一些人格特点。一系列中心特点或者核心价值观（core values）（关键的、基础的或者中心的价值观）将每个文化整合在一起，并由此区分出文化的不同。例如，工作伦理和个人主义是几代以来整合美国文化的核心价值观。不同类型的主流价值观影响着其他文化的模式。

 ## 文化可以是适应的也可以是适应不良的

如同我们在第 1 章中看到的，人类处理环境压力时有生物和文化两种方式。除了我们生物学意义上的适应，我们也会谈到"文化的适应工具"，包含了习惯的行为和手段。尽管人类从生物性角度也处于不断适应的阶段，依赖社会和文化意义的适应性随着人类进化而不断增强。

在有关人类文化行为的适应性特点的讨论中，我们应认识到，对个体有利不一定对群体有利。有时候，适应性行为提供了对特定个体的短期收益，却可能损害环境并威胁群体的长期生存。经济增长可能使某些人获益，但是也会耗尽整个社会或后代所需的资源（Bennett，1969，p.19）。除了文化在人类进化中的适应性的重要作用之外，文化特性、模式和发明也可能是适应不良的，威胁群体的持续存在（生存和繁殖）。空调帮助我们对抗炎热，就像火鹤皮毛保护我们抵御寒冷一样。汽车使我们可以轻松过着往返于家里与工作地点的生活。但是这种"有益的"技术所产生的副产品却制造出新的问题。化学物质的排放加重了空气污染、破坏臭氧层，导致全球变暖。许多文化模式，例如过度消费和污染从长远来看都是适应不良的。

 # 文化与个体：能动与实践

几代人类学家都曾讨论过"系统"与"个人"或"个体"两方面的关系。"系统"可以指多种概念，包括文化、社会、社会关系和社会结构。个体的人总是系统的建构者和创造者。但是，生活在系统中的人类也受到系统的规范以及其他个体的行为的约束（至少是在某种程度上）。文化规则为人们提供了做什么和如何做的指导，但是人们并不总是生搬硬套。人们会灵活而有创造

趣味阅读 触摸、情感、爱和性

比较美国和巴西或者事实上任何拉美国家，我们都能看到惊人的文化差异，一个文化倾向于避免身体接触和情感的表达，而另一个则完全相反。

"别碰我。""把你的手拿开。"这些话在北美一点都不少见，但是它们实际上在巴西这个西半球第二大人口大国基本听不到。巴西人喜欢比北美人更多的身体接触（亲吻）。世界上的文化在有关情感的表达和个人空间问题上有着巨大的观念差异。当北美人谈话、走路和跳舞时，他们与他人保持一定距离，即所谓个人空间。巴西人的身体距离则较近，并且认为距离太远是冷淡的标志。当一个巴西人同一个北美人交谈时，通常会往前走近，同时北美人则"本能地"往后退。在这些身体动作中，无论是巴西人还是北美人，都不是说要特意表示友好或者不友好。双方都仅仅是在实践自己多年生活在特定文化传统中形成的文化习惯。因为关于恰当社会空间的看法不一，国际会议场所如联合国的鸡尾酒会有点像精心准备的昆虫交配仪式，来自不同文化的外交官们时而前进、时而后退、时而避让。

关于巴西和美国的文化差异的一个很明显的例子是关于亲吻、拥抱和触碰。巴西的中产阶级教育他们的孩子——包括男孩和女孩——亲吻（脸颊，二至三次，来来去去）每个见到的成年亲属。在巴西，人们有很大的扩大家庭，这意味着可能有上百个亲戚。女性在一生中都在不断亲吻他人。她们会亲吻男性和女性亲属、朋友、朋友的亲属、亲属的朋友、朋友的朋友，以及如果看起来比较合适的话，还有更多随机认识的人。男性一直在亲吻女性亲属和朋友。直到他们的青春期，男孩也在亲吻成年的男性亲属。巴西男人欢迎他人的典型方式是热情的握手和传统的男性拥抱（abraço）。关系越亲密，拥抱越紧，拥抱的时间越长。这些做法也可以用于兄弟、表兄弟、叔侄和朋友。许多巴西男人一生都会亲吻他们的父亲和叔叔。会不会是因为对同性恋的恐惧（害怕同性恋）阻止了美国男人对其他男人表达自己的感情？美国女人是否比男人更可能相互表达感情呢？

性地运用自己的文化，而不是盲目遵从。人类不是被动地注定要像被编好程序的机器人一样遵守文化传统。相反，他们会以不同的方式学习、解释和运用相同的规范，或者会有意强调那些符合自己兴趣的不同规范。文化是竞争性的：社会上不同的群体不断地相互竞争，决定哪一方的思想、价值观、目像其他曾经在拉丁文化中生活过一段时间的北美人一样，当我回到美国之后，我开始怀念那不计其数的亲吻和握手。在巴西生活了几个月后，我发现北美人有点冷淡。许多巴西人也有同感。我曾听到过意大利裔美国人在描述其他背景的美国人时表达过类似的体会。

问题：民族中心主义倾向于把自己的文化看做优等的文化，并且把自己的文化价值观用于评判其他文化的人们的行为和信仰。你是否在表达感情的问题上存在民族中心主义立场呢？

根据临床心理学家克利米克（David E.Klimek）的说法，他曾经写过美国的亲密关系和婚姻的文章，"在美国社会，如果我们超出了简单的触碰，我们的行为就会带上一些性的含义"（引自 Slade，1984）。北美人用性来解读男女之间的感情。爱和感情被认为是把婚姻双方结合在一起的基础，两者最终混合成为性。当一位妻子要求丈夫"带点感情"，她或许在表示，或者丈夫会认为她指的是——性。

北美人对爱、感情和性缺乏清晰的界定在情人节这天表现得很明显。情人节过去一直都仅仅是情人的节日。情人节礼物过去只是送给妻子、丈夫、女朋友和男朋友的。现在，经过贺卡制造工业多年的推动之后，人们也送礼物给母亲、父亲、儿子、女儿、叔叔和阿姨。也就是说，性与非性的感情界限变得模糊。在巴西，情人节是非常特殊的，而母亲、父亲和孩子们都分别有自己的节日。

当然，在一段美好的婚姻中，爱与情感是伴随着性存在的。然而，情感并不一定就意味着性。巴西文化表明，在没有性关系（或者对不恰当性关系的恐惧）的情况下也可以有热烈的亲吻、拥抱和接触。在巴西文化里，身体表达能够帮助巩固许多种亲密的个人关系，这些关系一点都不含性的成分。

的和信仰获胜。甚至普通的符号也可能会对同一文化中的不同个体和群体具有完全不同的意义。麦当劳的金色拱门标志可能会让一个人馋得流口水，而另外一些人却会发动素食主义的抗议。挥舞同样的旗帜可能表示支持，也可能是反对某次战争。

即使在该做和不该做之间达成了一致，人们也并不总是像自己的文化指向的或他人所期待的那样做。许多规则都曾被违反，一些则是经常性的（例如汽车限速）。一些人类学家发现，区别理想文化和现实文化是有必要的。理想文化包括人们口中所说的自己应该做的和确实做的事情。现实文化指的是他们实际的行为，如人类学家观察到的。

文化既是公共的，又是个体的，既在世界中也在人们的思想中。人类学家不仅对公共的可收集到的行为感兴趣，也对个体如何思考、感觉和行动感兴趣。个体与文化的关联是因为，人类的社会生活是个体把公共的（例如文化的）信息的含义加以内化的过程。继而，只有在群体中，人们才可以通过把私人（并且常常是分歧的）理解转化为公共表达而影响文化（D'Andrade，1984）。

在传统意义上，文化一直都被看作是代代相传的社会黏合剂，通过人们的共同历史而把人们凝聚在一起，而不像现在这样，文化被认为是事物不断被创造或者再造的过程。那种把文化看作一个实体而不是一个过程的趋势正在发生改变。当代人类学家强调日常的行为、实践或抵抗如何制造和再造文化（Gupta，Ferguson 主编，1997b）。能动指的是个体在形成和转变文化特性中所采取的行动，包括单独的和群体性的。

文化研究中被称为实践理论（Ortner，1984）的观点认为，社会或文化中的个体有多种动机和目的，以及不同程度的权力和影响。这种对比可能同性别、年龄、民族、阶层和其他社会分类体系相关联。实践理论主要关注，这种多种形式的个体如何——通过他们的正常和超常的行为和实践——成功地影响、创造和转变其所生活的世界。实践理论认为，在文化（系统）和个体之间存在互惠关系。系统塑造了个体体验和回应外部事件的方式，但是个体也在社会功能和变迁中发挥积极的作用。实践理论认为，文化和社会体系既对个体有约束和形塑，也具有一定的灵活性和可变性。

 ## 文化的层次

当今世界不同层次的文化之间的差异显得越来越重要，如国家的、国际和亚文化的。**国家文化**（national culture）指的是同一国家内的民众共享的信仰、习得的行为模式、价值观和制度。**国际文化**（international culture）是超越并横跨国家边界的文化传统。因为文化是通过习得而不是遗传获得，所以文化特征可以通过一个与另一个群体之间的采借或者扩散传播。

由于存在文化的采借、殖民主义、移民和跨国组织，许多文化特点和模式成为世界范围内存在的文化特征。例如，在不同国家，罗马天主教得以透过其教会的传播拥有共同的信仰、象征符号、宗教经验和价值观。当代美国、加拿大、英国和澳大利亚共有的文化特点是他们从其共同的语言和文化上的祖先英国那里传承而来。世界杯业已成为国际性的文化事件，世界上许多国家的人们都了解足球、踢足球并且关注足球。

文化也可以小于国家的范围（参见 Jenks，2004）。尽管生活在同一国家的人们享有一个国家的文化传统，然而所有文化都具有多样性。文化内部的不同个体、家庭、社区、地区、阶层和其他群体都具有不同的习得文化的经验，以及不同的共享文化。**亚文化**（subcultures）指的是同一个复杂社会中的特定群体相联系的具有不同象征基础的模式和传统。在大型国家如美国或加拿大，亚文化会产生于不同地区、种族、语言、阶层和宗教。犹太人、浸信会基督徒、罗马天主教徒的宗教背景构成了这些人不同的亚文化差异。即使是拥有同一种国家文化，美国北部和南部的居民也在其信仰、价值观和习俗行为等方面存在差异，主要是地区差异的结果。同在加拿大，存在说法语和说英语的不同的加拿大人。意大利裔美国人具有同爱尔兰裔、波兰裔和非裔美国人不同的道德传统。表 8.1 以体育运动和食物为例，列举国际文化、国家文化和亚文化的差异。足球和篮球是国际性的体育运动。大脚怪卡车挑战赛（Monster-truck rally）是一种源自意大利的类似木球的运动，在意大利裔美国人的居住区附近仍然有人玩。

表 8.1　文化的层次，来自体育运动和食物的例子

文化的层次	体育运动的例子	食物的例子
国际的	足球、篮球	比萨
国家的	大脚怪卡车挑战赛	苹果派
亚文化	地掷球	Big Joe 猪肉烧烤（南卡罗来纳）

现在的许多人类学家不愿意用亚文化这一词汇。他们感觉"sub-"的前缀很无礼，因为它似乎隐含有"低级"的意思。"亚文化"可能因此被认为是"少于"或者甚至劣于统治的、精英的或者国家文化。在上文对文化层次的探讨中，我并没有这些隐含意义。我想说的只是国家内部可能包含许多不同文化界定的群体。如之前所说，文化是竞争性的。各种群体都会在同其他群体或者作为整体的国家相比较过程中，努力促进自我实践、价值观和信仰的正确性和价值。

民族中心主义、文化相对论和人权

民族中心主义是把自己的文化看作高级的文化，并倾向于利用自己的文化价值观来评判其他文化中成长的人们的行为和信仰。我们总是无时无刻地听到民族中心主义的言论。它本身具有文化普遍性，而且有助于社会凝聚力，亦即同一个文化传统的人们的价值观和集体感。世界上每个角落的人们都会认为自己所熟悉的解释、观点和习俗是真实的、正确的、恰当的和符合道德的。他们认为与自己不同的行为是怪异的、不道德的或者野蛮的。人类学著作中的部落名称常来自土著如何称呼人类。"你们被称为什么人？"人类学家这样问。"Mugmug。"报道人回答。Mugmug可能翻译过来与people是同义词，但它或许也是本土人称呼自己的仅有词汇。其他的部落被看做是不完全的人。相邻群体的那些不完全意义上的人不属于Mugmug，而是被赋予了不同的名字，象征其劣势的人性。临近的部落或许会由于他们的习俗和偏好而遭到嘲笑和侮辱。他们或许会因为被看成是食人族、小偷或者不掩埋死者的人而遭到严厉的指责。

与民族中心主义相对的是**文化相对论**（cultural relativism），这种观点认为一种文化中的行为不应由另一文化的标准来评判。这种立场也可能造成问题。极端的文化相对论认为世上没有高级的、国际性的或者普遍的道德，所有文化中的道德和伦理规范都应受到同等的尊重。于是，在这种极端相对主义论调里，纳粹德国可能会与雅典希腊一样，被认为不需要接受审判。

当今世界，人权倡导者在挑战文化相对论的许多原则。举例而言，非洲和中东的某些文化有改变女性生殖器官的习俗。**阴蒂切除术**（clitoridectomy）

是切除女孩的阴蒂。阴部扣锁法（infibulation）指的是把阴道外的阴唇缝合以压缩阴道的扩张。所有这些手术都降低了女性的性快感，并且一些文化认为，这么做会减少通奸的可能性。在一些社会中，这两种手术或者其中之一一直都是传统，但是这种行为的主要结果就是女性阴道毁损（FGM），因此遭到了人权倡导者，尤其是妇女权利群体的反对。以上得出的观点是，传统侵害了基本的人权：对人的身体和性征的摆布和侵犯。尽管这些实践在特定的地区还继续存在，但是因为这一问题已经引起了世界范围内的关注，同时性别角色发生了改变，所以已经日渐减少。一些非洲国家已经禁止或者不鼓励这种手术，西方国家接受来自这些文化的移民时也采取同样举措。类似的问题也发生在割包皮手术和其他男性生殖器手术上。像美国进行的此类常规手术一样，在没有获得本人同意的情况下割掉男婴的包皮是否正确？像在非洲和澳大利亚某些地区的传统里存在的情况，要求成年男子实行集体割包皮手术来符合文化传统是不是合适的？

一些人可能会认为相对论的问题可以通过区分方法论上的相对论与道德相对论而得到解决。在人类学中，文化相对论并不是一种道德立场，而是一个方法论观点。它认为：为了完整地理解另一个文化，你必须尝试发现这一文化里的人们如何看待事物。是什么激发他们——他们在想什么——什么时候来做这些事情？这样的观点并不排除做出道德判断或采取行动。当面对纳粹的残暴时，方法论上的相对论必然有着道德的义务去停止进行人类学研究，并采取干预行动。在 FGM 例子中，只能从参与其中的人们的观点去看问题才能理解实践的动机。理解之后，人们便会接着面对是否干预进行阻止的伦理问题。我们应该也认识到，生活在同一社会中的不同人们和群体——例如，男人和女人、老人和年轻人、权力大的人和权力小的人——他们对于何为正确、必要和道德的看法是非常不同的。

人权（human rights）的观点涉及的是正义和道德的领域，超出并高于特定的国家、文化和宗教。人权通常被看作个体被赋予的权利，其中包括言论自由、信仰宗教而不受迫害，和不被杀害、伤害、奴役或者在没有被起诉的情况下监禁的权利。这些权利并非特定政府制定并强制实施的普通法律。人权被看成是不可夺取的（国家不能剥夺或者终止）和国际性的（大于并高于个体性的国家和文化）。有 4 份联合国文件详述了几乎所有人权，且已经被国际社会所承认，它们分别是《联合国宪章》《世界人权宣言》《经济、社会和文化权利国际公约》《公民和政治权利国际公约》。

伴随着人权运动的进行，一种对保护文化权利的需求逐渐兴起。不同于人权，文化权利并不是指向个人，而是群体，例如宗教群体、少数族群和原住民。**文化权利**（cultural rights）包括群体保护自身文化的能力、以其祖先的方式养育孩子的权利、延续其语言的能力，以及不被其所处国家剥夺经济基础的权利（Greaves，1995）。许多国家都签署了公约，承认国家内的文化弱势群体的相关权利，例如自我决定权、家园规则，以及实践群体的宗教、文化和语言的权利。土著知识产权法（IPR）的概念被提出，试图保护每个社会的文化基础——它的信仰和原则。IPR 作为文化权利，允许土著群体控制谁可以知道和使用他们的集体知识和其运用。大量传统文化知识都有商业价值。包括民族医学（传统医学知识和技术）、化妆品、植物培养、食物、民俗、艺术、手工艺、歌曲、舞蹈、服饰和仪式。根据 IPR 概念，特定群体可以决定本土知识和其产品是否使用和分配，以及获得补偿的程度。

文化权利的观点是同文化相对论相关联的，后者曾在前面探讨过。要是文化权利妨碍了人权该怎么办呢？我认为人类学的主要工作是展现准确的文化现象的理由和解释。人类学家并不是必须赞同如杀婴、食人和折磨人肉体的习俗，才能记录它们的存在和决定它们导致的结果以及隐含其中的动机。但是，每个人类学家都可以选择某个具体的田野调查地点。一些人类学家选择不研究某个特定文化，因为他们提前发现或者在田野调查初期发现了一些他们认为在道德伦理上不可以接受的实践行为。人类学家尊重人类多样性。大多数民族志试图在评价其他文化时客观、准确和敏感。然而，客观性、敏感性和跨文化的视角并不意味着人类学家不得不忽视国际社会对正义和道德的标准。你怎么认为呢？

 # 文化变迁的机制

文化为何变迁又如何变迁？文化变迁的一种方式是**传播**（diffusion），或者文化之间采借文化特征。这种信息和产品的交换贯穿着人类的历史，因为文化从未被真正隔离过。相邻群体的接触总是存在并扩展到更广阔的地区（Boas，1940/1966）。在两种文化有贸易往来，通婚或者一方向另一方发动战争的情况下，传播直接发生。在一个文化抑制另一个并把它的习俗强加给被支配的群体时，传播则是强加的。在文化特质从 A 群体经由 B 群体到 C 群体，在 A 和 C 之间不是第一手的接触的情况下，传播则是间接的。在这种例子里，B 群体可能是生意人或商人，他们把商品从多个地方运送到新的市场。或者 B 群体可能是在地理位置上正好坐落于 A 和 C 之间，这样它从 A 处获得的文化最终都会传到 C，或者反之。在当今的世界，大量跨国传播则主要是由于大众媒体的发展和高级信息技术。

涵化（acculturation），作为第二种文化变迁机制，是文化特征的交换及群体不断直接接触的结果。任何一个或两个群体的文化可能都会因为这种接触而变化（Redfield，Linton and Herskovits，1936）。发生涵化的情况下，文化的某些部分变化了，但是群体本身仍然保持其独特性。在不断接触的条件下，文化可能相互交换并结合事物、食谱、音乐、舞蹈、服饰、工具、技术和语言。

涵化的一个例子便是**混杂语言**（pidgin），一种混合的语言，它的出现是为了方便相互联系的不同社会之间的交流。这通常在贸易或殖民的情况下出现。例如，混杂的英语是英语的简化形式。它结合了英语语法和本地语言的语法。混杂英语最早出现于中国港口的通商中。类似的混杂英语在巴布亚新几内亚和西非都有出现。

独立发明（independent invention）——人类创新的过程，有创造力地发现问题的解决办法——是文化变迁的第三种机制。面临可比较的问题和挑战，不同社会的人们却以相似的方式展开创新和变迁，这也是文化一般性存在的证据之一。一个例子是农业在中东和墨西哥的独立创造。人类历史进程中，主要创新已经在更早的那些创新的基础上得以传播。主要的创新如农业，常常引发一系列连续的、相关联的变迁。这些经济变革也会反映在社会和文化领域。因此，在墨西哥和中东，农业导致了许多社会、政治和法律变迁，包括财产观念和财富、阶层和权力的区别。

全球化

全球化（globalization）概念涵盖一系列进程，包含传播和涵化、促进世界上的变迁，而在这个世界里的国家和人们越来越相互联系并互相依赖。推动这种联系的是经济和政治力量，相伴随的则是现代运输和通信系统。全球化的力量包含了国际商业、交通和旅行、跨国移民、媒体和多种高科技信息的传播（参见 Appadurai, ed., 2001）。在苏联解体为止的冷战期间，国家之间联合的基础是政治、意识形态和军事。那之后，跨国公约的焦点转移到贸易和经济主题。新经济联合体已经建立，通过 NAFTA（北美自由贸易协定）、GATT（关贸公约）和 EU（欧盟）。

远距离的交流比以往任何时候都简单、快捷和廉价，并已扩展到边缘地区。大众媒体有助于推动消费文化的全球传播，激励其参与到世界货币经济体系中。在国家和跨越边界中，媒体传播关于恐吓、服务、权力、机构和生活方式的大量信息。移民会跨越国家传递信息和资源，因为他们保持着同家乡的联系（通过电话、传真、电子邮件、探访、寄钱）。在某种意义上，这些人过着多地点的生活——同时生活在不同地域和文化中。他们学习扮演多种社会角色并根据情况而改变行为和身份（参见 Cresswell, 2006）。

当地人必须越来越多地面对更为庞大的体系产生的力量，这些体系可以是地区性的、国家的，也可以是世界性的。大量外国媒介和机构现在已经侵入世界各地人们的生活。恐怖主义成为全球性的威胁。旅游业成为世界排名第一的行业（参见 Holden, 2005）。经济发展机构和媒体推广着这样的观念，即应该为了更多现金而工作，而不是主要为了生存。原住民和传统文化发明出多种策略以应对他们自治权、身份和生计面临的威胁。新形式的政治运动和文化表达从地方、区域、国家和国际文化力量中浮现出来（参见 Ong and Collier, eds., 2005）。

第
9
章

民族与种族

- 族群与族性
- 种族
- 种族的社会建构
- 分层与"智力"
- 族群、民族与国族
- 和平共存
- 族群冲突的根源

族群与族性

从上一章中我们了解到文化是习得的、共享的、象征的、整合的和适应的及适应不良的。现在我们要思考的是文化与民族的关系。民族是社会或国家之中建立在文化相似性和差异性基础上的群体。相似性是针对同一族群成员而言；差异性存在于不同群体之间。族群必然要面对国家或地区的其他族群，因此族群关系在国家或地区研究中极为重要（表 9.1 列出了美国的族群，2004 年数据）。

表 9.1　美国的种族 / 民族识别，2004 年（如普查所示）

身份名称	人数（百万）	百分比
西班牙裔	41.3	14.1
亚裔	12.1	4.1
两种及以上种族 / 民族	3.9	1.3
太平洋岛民	0.4	0.1
美洲印第安人	2.2	0.8
黑人	36.0	12.2
白人	197.8	67.4
总人口	293.7	100.0

来源：2005 年美国普查档案。

同任何文化一样，同一**族群**（ethnic group）成员共享特定的信仰、价值观、习惯、习俗和标准，因为他们背景相同。他们认为自己在文化上是不同的、独特的。这种独特性可能来自语言、宗教、历史经历、地理隔离、亲属关系或者"种族"（参见 Spichard，2004）。族群的标志可以包含名称、相信有同样的继嗣、团结感和特定地域联系，而且这个群体不一定居住在该地域

（Ryan，1990，pp.xiii,xiv）。

根据弗雷德里克·巴斯的观点（Fredrik Barth，1969），只要当人们声称自己具有特定的民族认同，并且被其他人认定时，就可以说该族群是存在的。**族性**（ethnicity）指的是认同某个族群，认为自己是其中一员，并因为这种归属关系而对一些特定的其他群体具有排他性。但是民族问题也可以非常复杂。比如，非裔美国人去加纳强化或者重新表明自己的民族身份，却可能不为许多加纳人所接受。民族感情和与此有关的行为在不同族群、国家和时期内有不同的强度。民族认同的重要性程度的变化可能反映出政治变迁或者个人生活周期变化（年轻人放弃或老年人重申某种民族背景）。

在上一章里，我们提到文化具有不同的层次，文化之下的群体（包括国家中的族群）共享的经验和文化习得的经验也有差异。文化差异同民族、阶层、地区或宗教都有关联。个体常常具有不止一个群体认同。人们可能忠实于（依照环境情况）他们的邻居、学校、城镇、州或省、地区、国家、大陆、宗教、族群或兴趣团体（Ryan，1990，p.xxii）。在美国或加拿大这样的复杂社会，人们不断在协调自己的社会认同。所有人都"戴着不同帽子"，有时扮演的是这个形象，有时又是另外一种。

在日常交谈中，我们听到地位（status）这个词好像被用作威望（prestige）的同义词。"她得到很高的地位"这样的话，意思是她获得很高的声望，人们尊敬她。在社会科学家们眼里，这不是"地位"的最初含义，他们眼里的"地位"一词更为中立——在任何立场上，无论威望如何，均指某人在社会中占据的位置。这样，**地位**（status）包含了人们在社会中占据的多种位置。父母是一种社会地位，教授、学生、工人、民主党人、卖鞋的售货员、无家可归的人、工人领袖、族群成员，以及其他都是一种社会地位。人们总是拥有多个地位（例如，西班牙人、天主教徒、婴儿、兄弟）。我们所占据的地位中，在特定环境下某个特定身份是主要的，例如在家中是儿子或女儿，在教室里则是学生。

一些是**先赋地位**（ascribed status）：人们很少或者无法选择不去拥有。年龄是一种，我们无法选择没有年龄。种族和性别通常也是，人们生来便是特定群体的成员，并终生保持这种身份。相反，我们获得的身份并不是自动的。他们经过机遇、行动、努力、天赋或技艺，或者产生积极作用或者有消极影响（图 9.1）。**获致地位**（achieved statuses）的例子包括医师、参议员、被定罪的重犯、售货员、工会成员、父亲和大学生。

 ## 地位流变

　　有时候，地位，尤其是先赋地位，是互斥的。比如我们很难弥合黑人和白人、男人和女人之间的距离。有时拥有一个新地位或者加入某个群体需要一个转变过程，也就是获得一个新的压倒性的基本身份，例如成为一个"重生"的基督徒。

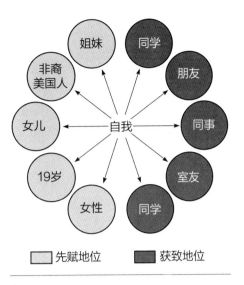

︽ 图9.1　社会地位
　　这幅图中的人，即"我"拥有许多社会地位。浅色圆圈指代的是先赋地位；深色圆圈指代的是获致地位。

　　虽然有些地位并不相互排斥，但可能具有场景特点。人们可以同时是黑人和西班牙裔人或者既是母亲也是参议员。某些情境下会使用第一个身份，其他环境下使用第二种。我们把这称为**社会认同的情境协商**（situational negotiation of social identity）。如果族群认同是灵活并且场景化的，那么族群可以是一种获致地位（Leman，2001）。

　　例如，西班牙裔人可能会随着与自我身份的协调而变换文化层次（转变民族归属）。"西班牙裔人"主要是一种语言基础上的民族分类，可以包括白人、黑人和"种族上"混血的说西班牙语的人和他们认同这一民族的后代。（西班牙裔人也有"美洲原住民"，甚至"亚洲人"）"西班牙裔人"是美国发展最快的族群，凝聚了来自众多不同地域的人，例如波多黎各、墨西哥、古巴、萨尔瓦多、危地马拉、多米尼加共和国和中美、南美以及加勒比海地区使用西班牙语的国家。"拉美裔"是一个更大的类别，可以包括巴西人（说葡萄牙语）。表 9.2 是 2002 年西班牙裔 / 拉美裔美国人的来源国家。

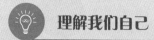

理解我们自己

　　我们如何决定我们是谁（什么样的人），他人是谁？人们用什么样的身份提示和线索来理解他们面对的对象，以及如何在社会情景中应对？人类适应的灵活性部分在于我们具备转变地位、根据场景变化我们自称的身份的能力。我们所占据的许多社会地位，也就是我们头上戴着的"帽子"依赖情境而定。人们可以同时是黑人和西班牙裔，或者既是父亲也是个棒球手。人们在特定场景下会声称并感知某种身份，在另外的场景又会是另一身份。在非裔美国人中，一位"西班牙裔"棒球运动员可能也是黑人；而在西班牙裔中，则当然是西班牙裔。当声称或感觉到的身份依照观众的不同而变化，这被称为社会身份的情境协调。举例来说，同一个人可能会根据情境不同而表明如下身份："我是吉米的父亲。""我是你的老板。""我是非裔美国人。""我是你的教授。"

　　我们在下一章中将会看到，说话方式的变化，同动作一样，依赖观众的不同而定。在面对面的相遇时，其他人能看到我们是谁。他们可能期待我们以某种方式思考和行动，这是基于他们对我们身份的判断以及他们对这种身份的人该如何行动的刻板印象。尽管我们不知道他们关注哪些身份（例如种族、年龄或性别），在面对面的情境下很难匿名或者成为另一个人。这就是面具和服饰产生的原因。

　　但是我们并不是只有面对面的互动。我们打电话、写信或者比以往任何时候都更频繁地使用网络。虚拟空间的交流正在改变身份和自我的意识。虚拟世界例如电脑角色扮演游戏，都是把我们扩展成为多种形式的网络社会互动的方式（Escobar，1994）。人们用不同的"把手"（虚拟空间中的众多名字），选择并变换他们的身份。人们可能操控（"作假"）他们的年龄和性别，并创造自己的网络幻想。当然还是有一些微妙的线索可以在其言谈中表露出来。"花花公子"的问候说明这个人是男性。语言（例如外语）背景和阶层（教育）地位可能在网络交谈中表现得比较明显。在心理学中，多重人格被视为异常，但在人类学中，多重身份实在太平常不过了。

表 9.2　美国的西班牙裔、拉美裔，2002 年

族源	百分比
西班牙裔美国人	66.9
波多黎各	8.6
古巴	3.7
中美洲和南美洲	14.3
其他西班牙裔 / 拉美裔族源	6.5
总数	100.0

来　源：R. R. Ramirez and G. P. de la Cruz，"The Hispanic Population in the United States，"Current Population Reports，2003，P20-545.U.S. Census Bureau.

墨西哥裔美国人、古巴裔美国人和波多黎各人或许会动员起来共同推进普遍意义上的西班牙裔问题（例如，反对"唯独英语"法案），但在其他情况下又表现为三个分离的利益群体。古巴裔美国人人均收入比墨西哥裔美国人和波多黎各人高，他们的阶级利益和选举模式也不同。古巴人常投票给共和党，但是波多黎各和墨西哥裔更倾向于民主党。在美国生活很多代的墨西哥裔完全不同于新来的西班牙裔移民，例如来自中美的移民。许多美国人（尤其是英语流利者）在一些情况下会声称自己是西班牙裔民族，但在另外一些时候又强调自己一般意义上的"美国人"身份。

在许多社会中，先赋地位同社会政治等级地位有关联。这种群体被称为少数群体（minority groups），在社会中处于从属地位。比起多数群体（地位较高、处于支配或控制地位），他们处于弱势并很难获得资源。通常族群都是少数群体。族群如果被认为具有生物性基础（共有"血缘"或基因的独有特征），便被称为**种族**（race）。针对这种群体的歧视被称为**种族主义**（racism）（Cohen，1998；Kuper，2005；Montagu，1997；Scupin，2003；Shanklin，1995）。

种族

种族像一般意义上的民族一样，是文化上的分类而非生物表现。也就是说，包括"种族"在内，族群是来源于特定社会中人们感觉到并持续存在的对比，而不是共同基因基础上的科学分类（参见 Wade，2002）。

从生物学上定义人类的种族是不可能的。相反，只有文化意义上的种族构建才是可能的，尽管人们提到"种族"时使用的是生物学术语。大众群体比科学家更普遍地相信人类种族是存在的，并且是重要的。举个例子来说，大多数美国人认为美国人口包括了生物学基础上的许多"种族"。不同种族还贴着多种不同的标签，如"白人""黑人""黄种人""红种人""高加索人种""尼格罗人种""蒙古人种""美洲印第安人""欧美人""非裔美国人""亚裔美国人"和"本土美国人"。

虽然我们频繁听到**民族**（ethnicity）和**种族**（race）这两个词语，但是美国文化好像并没有在这两者之间划定清晰的界线。举例来说，思考一下 1992 年 5 月 29 日《纽约时报》上刊登的文章内容。这篇文章主要讨论了美国的族群构成，（正确地）评论说，西班牙裔人"可以是任何种族"（Barringer，1992，p.A12）。换言之，"西班牙裔人"是一种民族分类，可以跨越不同"种族"之间的界限，例如"黑人"和"白人"。根据另外一篇报道，在洛杉矶 1992 年暴乱期间，"成百上千的西班牙裔居民仅仅因为他们的种族身份就被审问，被调查他们的移民状态"（Mydans，1992a，p.A8）。"种族"一词用在这儿似乎并不合适，因为"西班牙裔人"通常被认为是在语言学基础上被分类的族群（说西班牙语的人），而不是生物基础上的种族。这些洛杉矶居民因为他们说西班牙语而遭到审问，文章实际上是在报道民族歧视而非种族歧视。然而，在缺乏对种族和民族准确区分的情况下，使用族群一词代替种族来描述任何这种社会群体可能更恰当一些，例如非裔美国人、亚裔美国人、爱尔兰裔美国人、英裔美国人或西班牙裔人。

种族的社会建构

种族是被（某个特定文化的成员）假定具有生物学基础的族群，但实际上，种族是社会的构建。我们平常听到的"种族"是文化或者社会意义上的分类，而不是生物学分类。在查尔斯·瓦格利（Charles Wagley）的概念里（Wagley，1959/1968），它们是**社会种族**（social races）（假定具有生物学基础，但实际上是文化上的强制界定而不是以科学定义的群体）。许多美国人错误地认为"白人"和"黑人"具有生物学差异，而且这两个词代表了两种不同的种族。但是就像其他社会中使用的具有种族含义的词语一样，这些标签标记的是文化上的界定，而不是生物基础上的群体。

降格继嗣：美国的种族

种族如何在美国被文化构建起来的？在美国文化中，人在出生时就获得自己的种族身份，但是种族概念并不是基于生物学基础。举个例子，黑人和白人父母生育了"种族混血"的子女，我们知道子女的基因一半来自父亲一半来自母亲，但是美国文化会忽视这种遗传法则，仍然把这个孩子划定为黑人。这种规则是武断的。从基因类型（基因成分）来看，把这个孩子定位为白人也同样符合逻辑。

美国指定种族状态的规则可以更加武断。在一些州，只要被知道某人的祖先里有黑人，无论关系多远，此人都被划为黑人的一员。这就是**继嗣**（descent）原则（它确定血统基础上的社会身份），在当代美国之外的地区比较少见。这被称为**降格继嗣**（hypodescent）（Harris and Kottak，1963）（降格意味着"较低的"），因为它把具有不同群体身份的男女的婚姻或所生的子女自动放在少数群体中。降格继嗣有助于把美国社会划分为在获得财富、权力和声望上不平等的不同群体。

下面这个来自路易斯安那州的例子很好地说明了降格继嗣有多的武断，也表明政府（联邦或者州政府）在法律认可、发明或消除种族/民族上所发挥的作用（Williams，1989）。苏茜·菲普斯（Susie Guillory Phipps）是一个有着"高加索人种"特征的浅肤色女人，有着直直的黑发，但作为成年人她竟然被划为"黑人"。当菲普斯要求一份出生证明复印件时，她的种族被列为"有色人种"。因为她"由白人养大，并两次同白人结婚"，菲普斯开始挑战1970年的路易斯安那州法律。该法律认为，任何人如果至少有三十二分之一的"黑人血统"，在法律上便被认为是黑人。也就是说，只要有一位"黑人"曾曾曾祖父/母提供了这个三十二分之一的分子，便足以使一个人成为黑人。尽管州律师承认菲普斯"看起来像白人"，路易斯安那州政府仍然坚持她的种族划分是正确的（Yetman，1991，pp.3-4）。

菲普斯之类的例子比较罕见，因为"种族"和民族身份通常在出生时便被确定，并一般无法改变。降格继嗣规则对黑人、亚洲人、美国原住民和西班牙裔有不同的影响（参见 Hunter，2005）。协调印第安人或西班牙裔的身份要比黑人身份更容易一些，因为对他们来说，先天归属的身份规则不那么明确，而且其生物上的差异也不那么显著。

一个人的祖先有八分之一（曾祖父母）或者四分之一（祖父母）有"美国原住民"的血统，就满足条件可以被认为是"美国原住民"。究竟是八分之一还是四分之一，得看依照的是联邦法律还是州法律或印第安部落委员会的规定。西班牙裔的孩子可能会（也可能不会，依照情况而定）主张自己的西班牙裔身份。许多具有印第安人或者拉美人祖父母的美国人把自己看作是"白人"，并不认为自己是少数族群。

 ## 人口普查中的种族

美国统计局自从1790年便开始收集种族数据。最初这么做是因为宪法中规定，奴隶被当作五分之三的白人，而印第安人不用上税。美国人口普查中的种族分类包含白人、黑人或尼格罗人、印第安人（美洲原住民）、爱斯基摩人、阿留申人或太平洋岛民和其他。另外有一个单独的问题关于西班牙裔。可查阅图9.2中2000年人口普查的种族分类。

→ 注：第5、6两题均需作答。

5. 此人是西班牙人/西班牙裔/拉丁美洲人？若不是西班牙人/西班牙裔/
拉丁美洲人，请在"不"前面的方框内打"×"。

☐ 不，不是西班牙人/西班牙裔/拉丁美洲人　　☐ 是，波多黎各人
☐ 是，墨西哥人，墨西哥裔美国人，奇卡诺人　☐ 是，古巴人
☐ 是，其他西班牙人/西班牙裔/拉丁美洲人——列出（print）群组 ↘

6. 此人是什么种族的？用在方框内打"×"的方式指示他/她自认的
种族归属。

☐ 白人
☐ 黑人，非裔美国人或尼格罗人
☐ 美洲印第安人或阿拉斯加土著——列出记下的或主要的部落 ↘

☐ 亚洲印第安人　☐ 日本人　　☐ 夏威夷土著
☐ 中国人　　　　☐ 韩国人　　☐ 关岛人或查莫罗人
☐ 菲律宾人　　　☐ 越南人　　☐ 萨摩亚人
☐ 其他亚洲人——列出种族 ↘　☐ 其他太平洋岛民——列出种族 ↘

☐ 其他种族——列出种族 ↘

图9.2　来自2000年人口普查的关于种族和西班牙裔族源的复印件
来源：美国国家统计局，2000 年普查问卷。

社会科学家和一些市民尝试加上"多种族"的统计分类，但遭到了美国有色人种发展协会（NAACP）和全国种族协会（一个西班牙裔权利组织）的反对。种族划分是个政治议题，它涉及获得资源的途径，包括了就业、选区和专门针对少数族群的联邦基金等许多问题。降格继嗣的原则导致所有人口增长都被划归入少数族群。少数族群担心如果他们的人口数量下降，他们的政治力量便会降低。

但是这种状况正在发生改变。美国人口普查中的"其他种族"的选项从1980 年（680 万）至 2000 年（超过 1 500 万）增加了一倍多，这表明人们认为现存分类体系（1997 年 4 月）不严密，并不令人满意。在 2000 年，2.746

亿美国人（2.814 亿总量）认为自己属于一个单一种族，如表 9.3 所示。

表 9.3　美国人声称他们属于同一种族的比例

族源	百分比
白人	75.1
黑人或非裔美国人	12.3
美洲印第安人和阿拉斯加土著	0.9
亚洲人	3.6
夏威夷土著和其他太平洋岛民	0.1
其他种族	5.5

来源：http://www.census.gov/Press-Release/www/2001/cb01cn61.html.

几乎 48% 的西班牙裔被认定为白人，而大约 42% 被划定为"其他种族"。在 2000 年的普查中，2.4% 的美国人（约 680 万人），选择了从未有过的选项，认为自己有不止一个种族身份。大约 6% 的西班牙裔认为自己具有两个或者更多种族身份，高于非西班牙裔的 2%（http://www.census.gov/PressRelease/www/2001/cb01cn61.html）。

跨种族婚姻和子女数量正在增加，而这必将影响到美国传统的种族划分体系。在双亲身边长大的"混血""单种族"或"多种族"的孩子毫无疑问会认同父母任何一方的特定特征。对他们许多人而言，这是一件很麻烦的事情，因为降格继嗣的规则强行指定了他们的种族身份。如果种族身份与性别身份不平行则会尤其显得不和谐，例如一个男孩有白人父亲和黑人母亲，或者一个女孩有白人母亲和黑人父亲。

加拿大的人口普查同美国的普查相比，在对待种族的问题上有什么不同呢？加拿大在人口普查中并不使用"种族"，而是用"显著少数族群"（visible minorities）。加拿大的就业公平法案明确界定此类群体是"原住民之外的人（亦称第一民族，美洲原住民），种族上为非高加索人种或者肤色上非白人"（加拿大统计 2001a）。

加拿大的显著少数族裔人口的增长很稳定。在 1981 年，加拿大有 110 万少数族裔，占总人口的 4.7%，现在则占 13.4%。显著少数族裔人口增长率比加拿大的总人口增长率要高许多。1996 年至 2001 年，加拿大总人口增加了 4%，其中少数族裔人口增加了 25%。如果近来的移民趋势继续下去，到 2016 年，加拿大显著少数族裔人口将占加拿大总人口的五分之一。

 ## 非我族类：日本的种族

美国文化在内部对种族进行社会建构过程中忽视了大量生物、语言和地理来源上的多样性。北美人也忽视了日本内部的多样性，认为日本是一个具有同样的种族、民族、语言和文化的国家，这也是日本人自己向外传达的印象。1986 年，日本时任首相中曾根康弘提出，日本的同质性很强（他认为这种同质性是日本在国际商业中获得成功的原因），而美国则以民族融合为特点，这引发了一次国际上的轩然大波。在描述日本社会时，中曾根康弘用了 "tan' itsuminzoku"，这是日语里暗指单一族群的词语（Robertson，1992）。

日本完全不是中曾根康弘所说的完全一致的国家。日语中的一些方言相互难以听懂。学者估计日本人口的 10% 是多种不同的少数族裔，包括原住民阿伊努人、附属的冲绳人、被驱逐的部落民、异族通婚的子女，和移民而来的民族尤其是韩国人，这些少数族裔人口数量多达 70 万（De Vos, Wetherall and Stearman，1983; Lie，2001）。

珍妮弗·罗伯逊（Jennifer Robertson，1992）采用了艾皮亚（Kwame Anthony Appiah，1990）的一个概念来说明日本人的种族态度，即内在的种族主义（intrinsic racism）——相信（感觉到的）种族差异就已经构成了足够的理由来判断一个人比另一个人差。在日本，受到尊敬的群体是多数群体（纯血统）的日本人，他们被认为共有"同样的血缘"。因此，日裔美国人的照片的标题这样写道："她出生于日本但在夏威夷长大。她的国籍是美国，但是没有其他外国血统流入她的血液。"（Robertson，1992，p.5）诸如降格继嗣之类的规则也在日本实行，但是比美国实行的混血子女自动成为少数族群的成员精确程度低一些。日本的多数民族成员与其他民族（包括欧美人）成员通婚的子女，可能不会被贴上与少数族裔的父 / 母一样的"种族"标签，但是他们仍然会因为非日本人的血统而遭到歧视（De Vos and Wagatsuma，1966）。

种族在日本又是如何在文化上建构出来的呢？（多数的）日本人在与他人的对比参照中界定自身，无论对象是国内的少数族群还是外国人，只要是任何"非我"（not us）的人。"非我"应该以另一种方式存在，我与"非我"是不能同化的。一些文化机制尤其是居住隔离和异族婚姻的禁忌，都用来让少数族裔"待在他们该待的地方"。

日本文化在构建种族过程中认为这是具有生物学根据的，但是没有证据证明的确如此。最好的例子是拥有 400 万之众的部落民（burakumin），他们在日本是被驱逐和歧视的群体。他们有时被用来同印第安的"贱民"相比较。部落民同其他日本人在体质和基因上都没有差异。他们许多人会逃过检查被认定为日本多数族群，并同他们结婚，但是如果部落民的身份暴露，这种欺骗性的婚姻便会以离婚结束（Aoki and Dardess, eds., 1981）。

部落民被认为与多数日本人相分离。因为血统和继嗣（并因此，被假定"血缘"或基因）的原因，部落民被看做是"非我族类"。日本多数族群会防止混血现象，从而尽力保持血统的纯正。部落民会聚居在一些社区（可以是乡村或城市），被称为"buraku"，这也正是其种族标签的来源。和日本多数族群比起来，部落民接受高中和大学教育的可能性较小。若部落民和日本多数族群上同一所学校，他们便面临歧视，多数族裔的孩子和老师可能拒绝同他们一起吃饭，因为部落民被看作是不洁净的。

在申请到大学读书或工作，以及和政府打交道时，日本人必须列出他们的地址，这是家户或家庭注册的一部分。如果这项填写的是 buraku，人们便可能知道此人的社会地位是部落民，许多学校和公司也会因为这些信息而歧视此人（对这些部落民来说，最好的方式是快速迁移，这样 buraku 的地址便最终从注册记录中消失）。日本多数族群也限制"种族"混血，他们会雇用媒人来检查可能配偶的家庭史，尤其要看对方是否有部落民的祖先（De Vos et al., 1983）。

部落民来源于日本历史上的社会分层体系（自德川幕府时期：1603—1868年）。最高的四个等级分类是武士-官员（samurai）、农民、工匠和商人。部落民的祖先低于这一等级。他们作为被驱逐的群体，从事的工作多是比较脏的，例如宰杀动物的屠夫和处理尸体者。相关的工作还包括处理动物产品，如皮革。

比起日本多数民族，部落民更可能从事体力劳动（包括农活），并阶层低下。部落民和其他日本少数群体也更可能从事犯罪、卖淫、娱乐行业和运动的职业（De Vos，et al.，1983）。

同美国的黑人一样，部落民内部也有社会分层。因为国家特定的工作是预留给部落民的，如果经营成功（例如鞋厂主）便可以发财。部落民也可以找到政府当局职员的工作。经济上成功的部落民可以暂时通过旅游摆脱他们的被歧视地位，包括跨国旅游。

日本部落民与美国黑人面临的歧视有惊人的相似性。部落民常居住在乡村，或者所住的街区房屋破烂，卫生条件恶劣。他们很少有获得教育、工作、健康娱乐等服务设施的机会。作为对部落民的政治运动的回应，日本废止了歧视部落民的法律，并且实施相关措施改善 buraku 的生活条件。然而日本仍然没有像美国那样设定旨在帮助他们公平获得教育和工作机会的平权法案。对非多数族裔日本人的歧视仍然在企业中占据主导地位。一些雇主说，雇用部落民将会给他们的企业带来不洁净的形象，并因此在与其他商业对手的竞争中处于不利地位（De Vos，et al.，1983）。

 ## 表现型与流动性：巴西的种族

世界上还存在比美国和日本使用的方式更为灵活的、排他性较小的构建社会种族的方式。巴西（连同拉丁美洲的其他地区）的种族划分的排他性较小，它允许个人改变自己的种族类别。巴西与美国一样具有奴隶制历史，但是却没有降格继嗣的规则，也没有日本那样的种族厌恶现象。

巴西人所使用的种族类别比美国或日本要多得多，已经报告的有超过 500 个（Harris，1970）。在巴西东北部，我在阿伦贝培发现了 40 个不同的种族词语，而当地只是一个仅有 750 人的小村庄（Kottak，2006）。透过这些分类体系，巴西人认识并试图用这些分类体系表述人口中的体质变化。美国使用的体系只是识别仅仅三或四个种族，这使美国人无法看到许多明显的体质特征的差异。此外，巴西人用来构建社会种族的体系还有其他特别之处。在美国，一个人的种族是先赋地位；自动被降格继嗣规则所确定，而且通常不会改变。

但是在巴西，种族身份更为灵活，更像是一个获致地位。巴西的种族划分更关注**表现型**，这指的是器官的明显特点，它的"生物学上的表现"——生理学和解剖学特征，包括肤色、头发、面部特征和眼睛颜色。巴西人的外在表现和种族标签可能因为环境因素而改变，例如太阳的辐射或者湿气对头发的影响。

随着体质特征的改变（阳光改变肤色、湿气影响发型），种族的名称也会随之改变。进而，种族差异在构建社区生活上可能没有什么意义，因此人们或许会忘记曾用在别人身上的种族名称，有时甚至连自己的也会忘记。在阿伦贝培，我养成习惯在不同的日期询问同一个人有关村里其他人（包括我自己）的种族。在美国，我一直是"白人"或者"欧裔美国人"，但在阿伦贝培，我得到了 branco（"白人"）以外的很多种族名字。我可以是 claro（"浅色人种"），louro（"金发人"），sarará（"浅肤色红头发"），mulato claro（"浅黄褐色"），或者 mulato（"黄褐色"）。这些用于描述我或者其他任何人的种族名称因人而异，每星期都不同，甚至每天都不一样。我最好的报道人是一位有着非常深的肤色的男人，他也总是不断改变表示自己的词语——从 escuro（"深色人种"）到 preto（"黑人"），到 moreno escuro（"浅黑肤色的男人"）。

美国和日本的种族体系是特定文化的创造物，而不是科学或者正确的对人类生物差异的描述。巴西的种族分类也是文化的构建，但是巴西人却发明出描述人类生物多样性的方式，比大多数文化中使用的系统都更详细、更具流动性和灵活性。巴西没有日本的种族厌恶，也没有美国作为先赋地位的继嗣规则（Degler，1970；Harris，1964）。

几个世纪以来，美国和巴西都有混血儿，他们的祖先来自美国本土、欧洲、非洲和亚洲。尽管"种族"在两个国家都有混合，巴西和美国文化却有不同的构建结果。出现这种反差的历史原因主要在于两国定居者的不同特点。美国主要的英国早期定居者都是以女人、男人和家庭的形式到达，但是巴西的葡萄牙殖民者主要是男人，包括商人和探险家。这些葡萄牙男人中很多人同美洲土著妇女结婚，并确定他们"种族混血"的孩子为继承人。与北美的情况类似，巴西的农场主也会与奴隶发生性关系，但巴西的农场主通常会给予因此而生的孩子自由——为了人口和经济原因（有时这些孩子是他们仅有的子女）。主人和奴隶生育的自由的后代成为农场的监工和工头，并逐渐崛起成为巴西经济的中坚力量。他们不被看成奴隶，并被允许加入一种新型的中间分类。因此，巴西没有出现降格继嗣规则以确保白人和黑人的隔离（参见Degler，1970；Harris，1964）。

 # 分层与"智力"

几个世纪以来，当权者不断地利用种族思想证明、解释并保护自己的优势社会地位。处于统治地位的群体断定少数群体是天生的即生物上是低等的。种族思想被用来证明这些人具有社会低等地位，并假定他们存在的缺陷（智力、能力、个性或吸引力上）不可改变并会代代遗传。这种意识形态被用来证明社会分层是不可避免的、持久的和"自然的"，而且是生物基础上而非社会基础上的。因此，德国纳粹借以证明"雅利安人"的优越性，而欧洲殖民者则提出"白人的负担"的说法，南非还曾将种族隔离制度化。一次又一次，为证明对少数族裔和当地人进行剥削的正当性，当权者宣称被压迫的人天生低等。在美国，白人被假定为高等群体的观念是一种标准的种族隔离主义。这种观念认为美国原住民在生物基础上是低等的，而这成为他们屠杀、关押和忽视这些土著民的理由。

然而，人类学家知道，人类群体中的大多数不同的行为都是由文化产生而非生物决定的。大量民族志研究揭示出的文化相似性表明，文化进化能力在所有人类群体中毫无疑问都是相等的。这也清楚表明任何**分层**（stratified）（阶层基础上的划分）社会中的经济、社会和族群的差异反映的是不同的经验和机会而不是基因构成（分层社会是那些不同社会阶层在财富、声望和权力上存在明显差异的社会）。

分层、政治统治、偏见和无知一直都存在着。它们宣传着错误的观念，即不幸和贫穷是因为缺乏能力。有时候天生优越性的学说甚至是由科学家提出来的，但这些人都来自受到优待的社会阶层。一个例子是詹森理论。教育心理学家亚瑟·詹森（Herrnstein，1971；Jensen，1969）提出这一理论，并是其主要倡导者。詹森理论对观察结果的解释是，非裔美国人在智力测验中平均比欧裔美国人表现要差，但是这种论断非常有问题。詹森理论断定黑人从遗传上的表现就是无能的，比不上白人。理查德·赫恩斯坦（Richard Herrnstein）与查尔斯·默里（Charles Murray）在 1994 年出版的《钟曲线》（*The Bell Curve*）一书中也提出了类似观点，下面的批评因此也适用于这本书。

对于上面所说的测验分数的环境角度的解释显然比詹森、赫恩斯坦和默里的基因原则的解释更有说服力（参见 Montagu, ed., 1999）。环境的解释并不否认某些人可能会比其他人聪明。毕竟在任何社会中，因为许多原因，无论基因和环境如何，个体的天赋均有不同。但环境角度的解释明确反对把这些差异推广到所有群体。然而，即便只是谈到个体智力，我们也必须决定哪些能力是智力的正确测量指标。

大多数智力测验题目是接受欧洲和北美教育的人编写的，反映出设计这些测验的人的经验。所以中产和富有阶层孩子的测验成绩更好一点都不奇怪，因为他们更可能与编写测验的人的教育背景和标准相同。大量研究显示，学术能力评估考试（SAT）可以通过训练和复习准备提高成绩。所以，能够负担得起 500 美元或者更多钱在 SAT 考试的复习课程上便能够提高他们子女获得高分的机会。标准大学录取考试类似于传说中测量智能的 IQ 测试。这类考试可能会测量智力，但是也会测量高校教育的类型和质量，以及语言和文化背景，还有考生父母的财富。没有任何测验是不带阶层、民族和文化偏见的。

测验总是在衡量特定学习历史而不是学习的潜力。它们以中产阶层的表现作为标准决定什么年龄下应该了解什么知识。此外，测验通常是由中产阶级的白人操作的，他们给出的教育指导采用的方言或语言并不一定是被测试的孩子熟悉的语言。测验结果在测试对象和测验人员的亚文化、社会经济和语言背景相似的情况下会比较高。

社会、经济和教育环境和测验表现的关系可以通过比较美国黑人和白人而得知。在第一次世界大战初期，大约 100 万美国军队新兵进行了智力测验。来自北部州的黑人比一些来自南部州的白人的平均分高。在当时，北部黑人比许多南部白人接受更好的大众教育。因此，较好的表现便不足为奇了。另一方面，南部白人比南部黑人要好。这也在意料之中，因为南部地区白人和黑人的教育是不平等的。

种族主义者试图忽略北部黑人比南部白人要表现优秀而得出的环境方面的解释，而提出"有选择的移民"这个说法——更聪明的黑人迁移到了北部。然而，这一假设是可以被检验的，并最终证明是错误的。如果更聪明的黑人迁移到了北部，他们的智力优势应该能在他们仍然住在南部时就读的学校记录中看出来，事实却不是如此。进而，在纽约、华盛顿和费城的研究都显示出，随着居住时间增加，测验分数也提升。

与此类似，双胞胎分开养育的研究也说明了环境对完全相同的基因遗传的影响。在一项针对 19 对双胞胎的研究中，IQ 值随学校就读年数而有直接差异。8 对双胞胎有同样数量的学校学习时间，他们的 IQ 的平均差异仅仅是 1.5。学校学习时间平均有 5 年差异，11 对双胞胎有 10 点的差异。在一对实验对象中，一个男孩比他的双胞胎兄弟多接受 14 年的教育，他的 IQ 分数比对方高出 24 点（Bronfenbrenner，1975）。

这些研究和类似的研究以压倒性的证据证明了，测验结果衡量的是教育、社会、经济和文化背景而不是基因决定的智力。在过去 500 年间，欧洲人和他们的后代把他们的政治经济控制扩展到世界上大多数地区。他们殖民并占据了轮船抵达的地方和用武器攻占的地盘。最强大的现代国家的大多数人——位于北美、欧洲和亚洲——都有浅色皮肤。这些目前强大的国家中的一些人错误地断言并相信，他们现实中的优越地位来自天生的生物优越性。然而，所有现代智人看起来都有着类似的学习能力。

我们是在一个特定历史时刻中生活在这个世界，并阐释这个世界。过去的权力中心和人类体质特征的关系远不同于现在。当欧洲人仍然生活在部落社会时，先进的文明已经在中东迅猛发展。当欧洲还在黑暗年代时，文明已经发源于西非、东非海岸、墨西哥和亚洲。在工业革命之前，许多白种欧洲人和美国人的祖先更像前殖民时期的非洲人，而不是现在美国中产阶级的一员。他们如果接受 21 世纪的 IQ 测试，其平均表现将会非常糟糕。

族群、民族与国族

民族（nation）一词曾经是"部落"或"族群"的同义词，今天我们可能会称其为文化共同体。所有这些词汇都被用来指代单独的族群单位，共同生活或处于分离状态，或许共有相同的语言、宗教、历史、领地、祖先或者遗传基因。因此，人们可以同时使用民族、部落或族群来称呼塞内卡人（美洲印第安人）。现在，在我们的日常用语中，"nation"一词最终表示国家，即一个独立的、中央组织政治单位——一个政府。nation 和 state 是同义词。把民族和国家这两个词连在一起就成为民族国家（nation-state），表示一种自治的政治实体，一个"国家"——如美国独立宣言中的名句，"一个国家，不可分割"。"民族"和"国家"可能成为同义词是因为民族自决思想的流行，这种思想认为每个族群的人们都应该有自己的国家（参见 Farnan，2004）。

因为移民、政府、殖民主义等原因，大多数民族国家在民族构成上都具有异质性。在 1971 年世界上的 132 个民族国家中，康纳（Connor，1972）发现仅有 12（9%）个国家只有一个民族，具有高度同质性。在另外 25 个国家（19%），单独某个族群占总人口的比例超过 90%，40% 的国家具有 5 个以上的主要族群。在后来的研究中，尼尔森（Nielsson，1985）发现，164 个国家中仅有 45 个（占 27%）国家的单一族群占总人口的 95% 以上。

国族与想象的共同体

现在具有、希望拥有或者重新获得自治的政治地位（他们自己的国家）的群体被称为**国族**（nationalities）。用本尼迪克特·安德森（Benedict Anderson，1991）的话说，国族是"想象的共同体"。他们的成员并不形成实际上的面对面的社区。他们只能想象自己属于并参与到某个共同群体中。甚至当他们成为民族国家的时候，他们仍然会保留想象的群体状态，因为大多数人之间尽管感受到强烈的感情，但却可能永远不见面（Anderson，1991，pp. 6-10）。

安德森将西欧民族主义追溯到 18 世纪，认为它发源于一些帝国体系，如英格兰、法国、西班牙。他着重强调，语言和印刷在欧洲民族意识的增强中发挥了至关重要的作用。小说和报纸是对群体进行"想象的两种形式"，在 18 世纪达到繁盛（Anderson，1991，pp.24-25）。这类共同体由阅读同样来源的报纸小说并由此见证同样事件的人们组成。

政治的巨变和战争把许多民族划分开来。德国和朝鲜都是战争结束后被人为地根据不同意识形态一分为二。第一次世界大战分裂了库尔德人，他们在任何国家都不占大多数，例如在土耳其、伊朗、伊拉克和叙利亚都是少数族群。

迁移或移民是人们会同属于民族基础上的族群，现在却又生活在不同民族国家中的另一原因。1900 年前后的几十年间，大量的德国人、波兰人和意大利人迁入巴西、加拿大和美国。中国人、塞内加尔人、黎巴嫩人和犹太人也因为移民而遍布世界各地。他们中的一些（例如巴西和美国的德国人后代）已经同化成为后来居住国家的一员，并不再认为是他们最初的想象共同体的一员。这种从一个共同中心或家乡自愿或者非自愿地迁移到各处的分散人口，被称为**散居在外的人**（diasporas）。例如非洲散居在外的人，包含世界范围内非洲人的后代，例如生活在美国、加勒比海和巴西的非裔居民。

在创立多民族国家时，前殖民大国如法国和英国所划定的边界与之前已存在的文化边界不一致。但是殖民制度也帮助创造了新的超越民族的"想象的共同体"。例子之一是黑人文化传统（négritude）的概念（"黑人协会和身份"）。这一概念由来自西非和加勒比海地区说法语的殖民地的深肤色知识分子提出（Günther Schlee，ed.，2002）。

 和平共存

族群多样性既可能带来积极的群体互动和共存，也可能有冲突，下一节会对此进行探讨。在许多国家，多文化群体可以和谐地生活在一起。有三种实现这种和平共存的方式：同化、多元社会和多元文化主义。

同化

　　同化（assimilation）是指当少数族群迁移到另一种文化主导的国家时可能经历的变迁过程。通过同化过程，少数群体会采取后来的文化模式和标准，整合进入主导性文化中，而不再作为分离的文化单位存在。这就是所谓"大熔炉"模式；族群在不断融合进共同的国家这个杂烩的过程中，放弃了自身的文化传统。一些国家如巴西，比其他国家更主张同化。德国人、意大利人、日本人、中东人和东欧人在 19 世纪末期开始移民到巴西。这些移民都被共同的巴西文化所同化，这种文化最初源自葡萄牙人、非洲人和美洲原住民文化。这些移民的后代说国语（葡萄牙语）并参与到国族文化中（第二次世界大战期间，巴西属于盟军，采取了强制同化措施，禁止用葡萄牙语之外的任何语言下命令，尤其是德语）。

 ## 多元社会

　　同化并不是不可避免的，在没有同化的情况下族群之间也可以和谐共存。即使族群间已经相互接触了几十年甚至几代人，仍然可以保持族群差异，而不是被同化。通过对巴基斯坦斯瓦特区的三个族群的研究，弗雷德里克·巴斯（Barth，1958/1968）挑战了旧观念中族群互动总是导致同化的看法，认为族群可以经历几代的接触而不同化，并且和平共存。

　　巴斯（Barth，1958/1968，p.324）把**多元社会**（plural society）定义为这样一个社会：结合了族群差异、生态专门化（也就是说，每个族群占用不同的环境资源）和不同群体经济上的彼此依赖。不妨看看他对中东的描述（20世纪 50 年代）："任何族群的'环境'不仅仅由自然状况决定，也由它所依赖的其他群体的存在和活动决定。每个群体仅仅开发总体环境的一部分，并且留有大部分地区给其他群体开发。"

　　巴斯认为，当群体占据不同的生态小环境时，族群边界会更加稳定和持久。也就是说，他们采用不同的生活方式，并不互相竞争。在理想状态下，他们应该依赖对方的活动并进行交换。在这种情境下，尽管每个群体的特定文化特点可能改变，但是族群多样性能够得到保持。通过把研究关注从特定文化事件和价值观转移到族群间关系，巴斯（Barth，1958/1968，1969）对族群研究做出了重要贡献。

 ## 多元文化主义与族群认同

如果一个国家中，文化多样性被认为是好的和值得选择的，则可被称为**多元文化主义**（multiculturalism）（参见 Kottak and Kozaities，2003）。多元文化模型与同化模型正好相反，在同化模型中少数族裔被认为应当放弃自己的文化传统和价值观，而代之以多数族群的文化。多元主义的文化观点则鼓励各自的族群文化传统实践。在多元文化社会中，个体的社会化不仅表现为处于支配地位的（国家的）文化，还有族群文化。因此，数百万的美国人会同时使用英语和另外一门语言，吃"美国"菜（苹果派、牛排和汉堡包）和"民族"食品，庆祝国家节日（7月4日、感恩节）和民族宗教节日。

在美国和加拿大，多元文化主义越来越重要。这反映出族群数量在近些年正在急剧增加，规模也在迅速扩大。如果这种趋势继续发展下去，美国的族群构成将会发生戏剧性的变化（图9.3）。

由于移民和不均衡的人口增长，在许多城市地区，少数族裔人口数量已经超过白人。例如，2000 年有 8 008 278 人生活在纽约市，27% 是非裔，27% 是西班牙裔，10% 是亚裔，36%

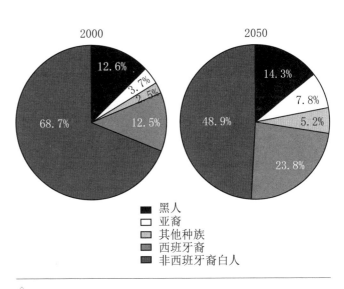

图9.3 美国的族群构成

美国人口中非西班牙裔白人的比例正在降低。右图中预测2050年的数据来自美国人口调查局于2004年4月公布的报告。尤其需要留意美国人口从2000年到2050年间西班牙裔比例的巨大增长。

来源：美国人口调查局，国际数据库，表 094, http://www.census.gov/ipc/www/idbprint.html.

是其他——包括非西班牙裔的白人。洛杉矶（3 694 820 人）总人口的 11% 是非洲裔，47% 是西班牙裔，9% 是亚裔，33% 是其他——包括非西班牙裔的白人（2000 年统计数字，www.census.gov; 又见 Laguerre，2001）。

作为对族群多样化和族群意识的一个回应，许多白人重新表明自己的族群身份（意大利人、阿尔巴尼亚人、塞尔维亚人、立陶宛人等），并加入族群协会（俱乐部、帮会）。这些群体有些是新建立的，有些已经有几十年历史了，尽管他们在 20 世纪 20 年代到 50 年代的同化时期失去了很多成员。

多元文化主义追求的是，人们相互理解和互动，但却不是依靠同质性，而是在尊重差异的条件下。多元文化主义强调族群互动及对国家的贡献，认定每个群体都会为其他群体提供一些东西并向对方学习。

某些力量已经推动北美人远离同化走向了多元文化主义。首先，多元文化主义反映的是目前大规模移民的现实，尤其是从"欠发达国家"流向北美和西欧的"发达"国家。现代移民的全球规模为接受移民的国家带来了不同程度的族群多样性。多元文化主义也与全球化有关：人们使用现代运输手段移民到新的国家，而且他们曾通过国内越来越多的媒体和旅游者了解到有关这些国家的生活方式的信息。

快速的人口增长以及不发达国家就业机会的不足都推动着移民（受教育和未受教育者）的不断增加。随着传统乡村经济的衰落或机械化，失地或失业的农民在迁往城市之后，他们和子女常常找不到工作。随着不发达国家人民获得更好的教育，他们希望能从事技术化程度更高的职业。他们希望共享一种国际性的消费文化，包括各种现代工具如冰箱、电视和手机。

世界上越来越多的人从乡村流向城市，或者进行跨国移民，民族认同正更多地用于构建自助组织，旨在提升群体的经济竞争力（Williams，1989）。人们会因为政治和经济原因而强调族群身份。米歇尔·拉格尔（Michel Laguerre，1984，1998）对美国的海地移民研究显示，他们会不断流动以应对美国社会的歧视结构（这里指的是种族主义，因为海地人多是黑人）。民族性（他们拥有共同的海地克里奥尔语和相同的文化背景）是他们流动的显著基础。海地人的族群特点有助于把他们同非裔美国人和可能会竞争相同资源和认可的其他族群区分开来。

面对全球化浪潮，世界上大多数地区包括整个"民主的西方"都经历着"民族意识的复兴"。一些已经长期定居的族群重新主张自己的特征和权利，例如西班牙的巴斯克人和加泰罗尼亚人，法国的布里多尼人和科西嘉人，英联邦的威尔士人和苏格兰人。美国和加拿大正越来越多元化，关注内部的多样性（参见 Laguerre，1999）。"大熔炉"已经不存在了，更贴切的说法应该是族群"沙拉"（每个成分都保持不同，尽管还是在同一个盘子中，有同样的沙拉酱）。1992 年，纽约市长大卫·丁金斯（David Dinkins）把他的城市比喻为"精美的马赛克"。

 # 族群冲突的根源

一个国家和社会在被认知的文化相似表现为和差异性的基础上形成的民族性，可以表现为和平的文化多元主义，也可能表现为歧视甚至暴力的族群冲突。文化既可以是适应的也可能是适应不良的。人们对文化差异的感知有可能会对社会互动造成灾难性的后果。

族群差异性的根源（以及由此潜在的民族冲突）可能来自政治、经济、宗教、语言、文化或"种族"（参见 Kuper，2005）。族群差异为什么常会引发冲突和暴力？其原因包括由资源分配不均、经济和 / 或政治竞争带来的不公正感，以及对于歧视、偏见、其他威胁或贬低族群价值的表现的回应（Ryan，1990,p.xxvii）。

 ## 偏见与歧视

族群冲突常常是因为出现了对某些族群的偏见（态度和评价）或歧视（行为）。**偏见**（prejudice）指的是因为认为某个群体具有某些行为、价值观、能力或者特点，而贬低（看不起）这一群体。如果人们对这个群体怀有某种刻板印象，并且把这些刻板印象也用于个人身上的时候，人们便是对这一群体产生了偏见（刻板印象是对群体成员的表现持有的某种固执的想法，通常是不好的看法）。怀有偏见的人们认为这些群体中的人会采取他们的刻板印象中的行为，并将大量个体的行为作为这种刻板印象的证据。他们用这些行为来证实对该群体的原来的刻板印象（低评价）是正确的。

歧视（discrimination）指的是伤害到某些群体及其成员的政策和实践。歧视可能是实际上的（实践的，但不是法律许可的），或者权利上的（作为法律的一部分）。实际歧视的例子包括，美国少数族群（比其他美国人）常常在政治和司法体系中遭到更严苛的待遇。这种不平等待遇是不合法的，但却无所不在。美国南部和南非从前的种族隔离政策则是权利上的歧视，尽管这些政策已经被废止了。在这两种体系里，法律规定，黑人和白人有不同的权利和特权。他们的社会交往（"混合"）是法律禁止的。

多元文化主义或许在美国和加拿大不断增长，但偏见与歧视及其可能引发的族群冲突也许会在较长的时期内始终存在。

第
10
章

语言与交流

- 什么是语言
- 非语言交流
- 语言的结构
- 语言、思想和文化
- 社会语言学

什么是语言

语言（language）是我们既可以说（言谈），又可以写（书写）的最基本的交流工具。书写在人类历史中已存在 6 000 年了。语言则更早，起源于几千年前，但是没有人可以说出确切时间。语言像一般意义上的文化一样，并作为它的一部分，通过作为涵化的一部分的习得的方式进行传递。语言的基础是文字和指代的事物之间习得的联系。复杂语言在其他动物的交流系统中并不存在，但是却使人类能够在脑海中唤起精致的图像，谈论过去与未来，同他人分享经验，并从他们的经历中获益。

人类学家将语言置于其所处的社会和文化背景中考察。语言人类学体现出人类学对比较、差异和变迁的特殊兴趣。语言的关键属性是它永远处于变动状态。一些语言人类学家通过比较当代存在的古代语言的变体而重建了古代语言，并且在这一过程中发现历史。其他人研究语言差异以发现多类型文化中的多种世界观和思维模式。社会语言学考察语言在民族国家的多样性，其范围从多语言主义到单个语言的多种方言和形式，以显示言谈如何反映社会差异（Fasold，1990；Labov，1972a，1972b）。语言人类学家也探索语言在殖民中的角色以及在世界经济扩张中发挥的作用（Geis，1987）。

 ## 非语言交流

语言是我们交流的首要工具，但是绝非仅有的手段。当我们传递自身信息给他人，并且接受来自他人的信息，我们就在进行交流。面部表情、身体姿态、手势和动作，即使是无意识情况下也在传递着信息，并已经成为我们交流的一部分。黛柏拉·泰南（Deborah Tannen，1990）研究过美国男性

理解我们自己

　　我们的一些面部表情反映出我们灵长类的遗传。我们也可以在猴子尤其是在猿类中发现类似的表情。面部表情传达出的意义是如何"天然"和普遍的呢？世界范围内，微笑、大笑、皱眉和眼泪都倾向于具有类似的含义，但是文化因素也在其中有所影响。在一些文化中，人们比其他文化中的人较少微笑。在某个特定文化中，男人比女人以及成年人比孩子都更少微笑。一生的微笑和皱眉都会刻画在脸上，笑纹和眉间的皱纹便慢慢出现了。在北美洲，笑纹更多出现在女人脸上。玛格丽特·米德在研究不同文化中的婴儿抚养时关注到了人体动作学。她注意到母亲-孩子之间互动的差异，发现抱孩子、松开孩子以及与孩子玩耍的模式在不同文化间存在差异。在某些文化中，婴儿被抱得更加安全。米德认为，婴幼儿和儿童抚养模式在成年之后的人格形成中发挥重要作用。

和女性的交流风格的差异，她的讨论已经超出语言的范畴。她注意到，美国女孩和妇女倾向于在交谈时互相直视对方，而美国男孩和男性却并非如此。男性更倾向于直视前方，而不是转向同他人做眼神接触，尤其对方是另一个男人并且就坐在旁边时。同样，如果是在群体中交谈，美国男人倾向于放松和四肢伸展的姿势。美国妇女可能会在所有女性的群体中采取类似的放松姿势，但是当她们同男性在一起时，倾向于紧闭四肢并且采取紧张的姿态。

　　身体语言学（kinesics）研究通过身体运动、姿态、手势和面部表情而实现交流。与此相关的是文化在私人空间的差异性的考察，以及在"文化"一章中情感的展现。语言学家不仅研究说了什么，更有如何说的问题，以及传递意义的语言自身拥有的特点。讲话者的热情不仅仅通过语言传达给听众，也通过面部表情、手势以及其他生动的符号。我们利用手势如挥手来表示强调。我们用语言和非语言的方式表达我们的情绪：激动、悲伤、喜悦、悔恨。我们会变换语调或者改变声音的升降或大小。此外，我们还会通过技巧性的停顿甚至沉默来达到交流的目的。一种有效的交流策略是改变音调、音阶和语法形式，例如公布什么（"我是……"），命令性（"向前去……"），和提问（"你是……"）。文化告诉我们，特定态度和风格应该伴随着特定类型的演说方式。如果我们把最喜爱的运动队获胜时的行为、语言和非语言表达放在葬礼上或者谈论某个忧郁话题时，便显得不合时宜了。

文化总是在塑造"天然"上发挥作用。动物通过气味交流，用气味划定边界，这是一种化学的交流形式。现代北美人中，香水、漱口水和除臭剂工业的理念基础在于嗅觉在交流和社会互动中作用重大。但是不同的文化比我们的文化更能够忍受"天然的"气味。从跨文化角度来看，点头并不总是表示同意，头从一边摇至另一边也并不总是代表否定。巴西人用摇动一根手指表示否定。美国人说"啊哈"是赞同，马达加斯加类似的声音却表示否定。美国人用手来指对象；马达加斯加人用嘴唇。"闲逛"模式也多种多样。在外面休息的时候，一些人会坐着或者躺在地上，有人蹲着，还有人会倚靠在树干上。

身体动作也会传达社会差异。低阶层的巴西人，尤其是妇女，同社会地位高的人握手的时候会很无力。在许多文化中，男人比女人的握手更有力。在日本，鞠躬是社会互动中经常出现的动作，但是根据互动对象的社会地位差异，鞠躬也不同。在马达加斯加和波利尼西亚，地位较低的人不能够让自己的头高于地位高的人。一个人靠近年长或者地位高的人时，必须弯曲膝盖并低头表示尊敬。在马达加斯加，当两个人在行走中相遇时，人们总是出于礼貌而这样做。尽管我们的手势、面部表情和身体姿态都来源于灵长类的遗传，并且在猴子和猿类中也能看到类似踪迹，这些表情动作和姿态并没有脱离之前章节中阐述的文化的塑造。语言是高度依赖符号的交流领域，文化在其中发挥最为重要的作用。

语言的结构

对口语的科学研究（描述语言学）包含了几项相互关联的分析领域：**音韵学**、语态学、词汇和句法。**音韵学**（phonology）研究说话的声音，思考在给定的语言中，什么声音存在并意义重要。**语态学**（morphology）研究声音相互结合形成词素的形式——词汇及其有意义的部分。因此，"cats"这一单词可以被分解为两个词素："cat"，一种动物的名称，后缀 -s，表示复数。语言的**词汇**（lexicon）是包含了所有词素及其含义的集合。**句法**（syntax）指的是单词在词组和句子中的安排和顺序。句法问题包括名词通常在动词之前还是之后，或者形容词一般位于所修饰的名词的之前还是之后的问题。

语音

我们可以从电影和电视里，以及实际生活中见到外国人时了解到外国口音和发音错误。我们知道，带有明显法国口音的人发 r 这个音时与美国人不同。但是至少，来自法国的人能区分"craw"和"claw"，而来自日本的人却可能无法办到这一点。r 和 l 的区别表现在英语和法语上，但日语中却没有。在语言学中，我们把 r 和 l 之间的区别作为英语和法语中音素的差异，这些并不存在于日语中；也就是说，r 和 l 是英语和法语中的音素，而非日语音素。**音素**（phoneme）是种声音对比，依据两个音素的发音的不同可区分不同的意义。

我们想要发现某种语言中的音素，可以通过最小对（minimal pairs），这一对词语在许多方面都类似，唯有一个细小的发音不同。这对词的意思完全不同，但是它们在发音上只有一个音的差异。相对应的这两个不同的发音便因此成为这种语言的音素。英语中的一个例子是最小对"pit/bit"。这两个词的区别是一个单音对比，即 /p/ 和 /b/。因此 /p/ 和 /b/ 便成为英语中的音素。另一个例子是 bit 和 beat 的元音差异（见图 10.1）。这种对比可以区分这两个单词，并且这两个元音音素书写为英语的 /I/ 和 /i/。

标准（美国）英语（SE），即电视播音员的"超地域"方言，有大约 35 个音素：至少 11 个元音和 24 个辅音。不同语言的音素的数量不同——从 15 到 60 不等，平均在 30 到 40 之间。音素数量在同种语言的不同方言中也存在差异。例如美国英语中，元音音素在不同方言中具有显著的不同（参见本章的"趣味阅读"）。读者可以读出图 10.1 中的单词，注意（或者请他人注意）是否能区分出每个元音来。大多数美国人无法完全发出这些音。

语音学（phonetics）是对一般意义上的谈话声音的研究，包括人们实际在说的多种语言，比如"趣味阅读"中描述的元音发音的差异。语音学只研究某种语言中重要的声音对比（音素）。英语中，如 /r/ 和 /l/（craw 和 claw），/b/ 和 /v/ 也是音素，例如在最小对 bat 和 vat 中。然而，西班牙语中，[b] 和 [v] 的对比并不能区分含义，因此它们并非音素（我们用中括号表示不是音素的音）。西班牙语使用者一般均用 [b] 来发出单词中字母 b 或者 v 的音。

在任何语言中，某种音素会延伸到语音范围之外。英语中，音素 /p/ 忽略了 pin 中的 [pʰ] 和 spin 中的 [p] 的对比。大多数英语使用者甚至没有注意到其中有音素上的差异：[pʰ] 是送气音，因此 [p] 之后会有喷出的空气；spin 中的 [p] 并非如此（为了看到区别，你可以划根火柴，放在嘴巴正前方，发这两个音时观察火苗情况）。这种

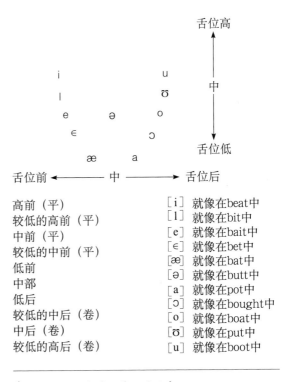

高前（平）	[i] 就像在 beat 中
较低的高前（平）	[ɪ] 就像在 bit 中
中前（平）	[e] 就像在 bait 中
较低的中前（平）	[ɛ] 就像在 bet 中
低前	[æ] 就像在 bat 中
中部	[ə] 就像在 butt 中
低后	[a] 就像在 pot 中
较低的中后（卷）	[ɔ] 就像在 bought 中
中后（卷）	[o] 就像在 boat 中
较低的高后（卷）	[ʊ] 就像在 put 中
	[u] 就像在 boot 中

∧ 图10.1 标准美国英语的元音

音素根据舌头的高度和舌头在口中前、中和后部的位置来表示。音素符号由包含这些音素的英语单词表示；请注意这些英语单词大多数都是最小对。

来源：Adaptation of excerpt and figure 2-1 from Dwight L.Bolinger and Donald A.Sears,Aspects of Language,3rd ed.（New York:Harcourt Brace Jovanovich,1981）.

趣味阅读 中西部人有口音吗？

根据居住地点的不同，美国人对其他地区的谈话具有特定的刻板印象。一些刻板印象在大众媒体中传播，进而比另外一些更普遍。大多数美国人认为他们能模仿"南部口音"。对纽约人（例如 coffee 的发音）和波士顿人（"I pahked the kah in Hahvahd Yahd"）的说话方式，我们也有刻板印象。

但是许多美国人也相信中西部人没有口音。这种观念来自中西部方言不存在许多被歧视的语言变体——这指的是某种说话模式，其他地区的人们会听出来并瞧不起，例如 rlessness 和 dem、dese 和 dere（代替 them、these 和 there）。

实际上，地区模式影响所有美国人说话的方式。中西部人也有可以被听出来的口音。大学里来自其他州的学生很容易听出他们与那些来自本州的同学的说话方式不一样。然而，本州学生很难听得出他们自己的言谈特色，因为他们已经对此习以为常。

中西部人远远不是没有口音，即使是在同一所高中，也体现出语言的变化（参见 Eckert，1989，2000）。进一步说，方言的差异对于那些来自其他地区的人来说一听便知，比如我就是。变化的中西部发音的一个最好例子是元音 /e/，这一元音在词语 ten、rent、French、section、lecture、effects、best 和 test 中都有。在位于东南部的密歇根，也就是我生活和教学的地方，这个元音有 4 种不同发音。说黑人英语的人和来自阿巴契亚地区的移民常把 ten 说成 tin，很像南方人习惯的说法。一些密歇根人的 ten 是标准英语的正确发音。然而，两个其他的发音更为普遍。许多密歇根人

[pʰ] 和 [p] 的对比在某些语言中是音素的，如印地语（在印度使用）。也就是说，存在这样的单词，它们的含义仅仅依靠送气音和没有送气音 [p] 的差别而得以区分。

当地人在发特定的音素时发音也不同，例如在"趣味阅读"中谈到的音素 /e/。这种变调在语言进化中很重要，如果没有发音上的变化，便不可能有语言的变迁。下面社会语言学的部分将会探讨，音素变调及其与社会分化和语言进化的关系。

会念成 tan 或者 tun（好像他们在用重量单位 ton）。

我的学生们常在发音上让我大吃一惊。有一天，我在走廊里遇到了一位在密歇根长大的助教。她非常开心。当我问到为什么时，她回答说："我刚刚得到了最好的一吸（suction）。"

"什么？"我问道。

"我刚刚有一个非常棒的 suction。"她重复了一遍。

"什么？"我仍然不理解。

她最终更准确地说了一遍。"我刚刚有了最好的认可（saction）。"她认为这是 section 一词的更清晰的发音。

另一个人在赞美我，"你今天的演讲取得了很好的交果（效果）（effect）"。在一次测验之后，一个学生痛惜自己没有在测验中尽力（best on the test，"best"被发音为"bust"）。有一次，我的讲座是关于快餐连锁的统一性。有一位学生刚刚去夏威夷度假归来，她告诉我说在那里汉堡的价格比他们在大陆的价格要高。她说是因为 runt 的原因。我很疑惑这个 runt 是什么？那里的麦当劳店的小业主？或许他在电视上做广告："快来吃带 runt 的汉堡吧"。最终，我终于明白，她是在说那些挤满了人的岛屿上的高昂租金（rent）。

 # 语言、思想和文化

著名语言学家乔姆斯基（Noam Chomsky，1955）认为，人类大脑容纳了一套用于组织语言的有限规则，这样所有语言都具有共同的结构基础。乔姆斯基把这套规则称为普遍语法（universal grammar）。人们能够学会外语，并且文字和思想能够从一种语言传递给另一种，这些现象都倾向于支持乔姆斯基的观点，也就是所有人类具有相似的语言能力和思想进程。另一项支持来自克里奥尔语。这种语言由混杂语言发展而来，在涵化过程中形成。不同社会互相接触，因而必须发明出一套交流系统。如"文化"一章中提到，混杂语言是在英语和土著语言基础上，在贸易和殖民主义背景下发展而来，在中国、巴布亚新几内亚和西非都存在这种形式。最终，经过代代人的使用之后，混杂语言发展成为克里奥尔语。这是一些更为成熟的语言，具有高级的语法规则和本土使用者（也就是说，人们在濡化过程中习得这门语言，并把它当作最主要的交流工具）。一些在加勒比海地区生活的群体使用克里奥尔语。嘎勒英语（Gullah），生活在南卡罗来纳和佐治亚州的沿海岛屿的非裔美国人说的一种语言，也是克里奥尔语的一种。至于克里奥尔语的构成是基于普遍语法的说法是因为这类语言具有某些共同的特征。依照语法，所有利用语气词（例如 will、was）实现将来和过去时态的表达，并利用多重否定来表示否定或拒绝（例如 he don't got none）。此外，通过变调而不是改变词序的方式来变成问句。例如，"You're going home for the holidays?"（最后有个声调）而不是"Are you going home for the holidays?"

萨丕尔-沃尔夫假说

除以上学者外，还有其他语言学家和人类学家采用不同的研究方法探讨语言和思想之间的关系。这些研究者并不寻求普遍的语法结构和过程，而是相信不同的语言产生不同的思维方式。这种观点因最著名的早期坚持者爱德华·萨丕尔（1931）和他的学生本杰明·李·沃尔夫（1956），而被称为**萨丕尔-沃尔夫假说**（Sapir-Whorf hypothesis）。萨丕尔和沃尔夫认为，不同语言的语法分类引导他们的使用者依照特定方式进行思考。举例来说，英语中的第三人称单数代词（he、she，him、her，his、hers）区分性别，然而位于缅甸的小部落布朗族却没有这些区分（Burling，1970）。英语里存在性别上的不同，但却没有法语以及其他罗曼语那样具有完全成熟的名词性别和形容词一致体系。萨丕尔-沃尔夫假说由此认为说英语的人会比布朗族更多地注意到性别差异，而比法国人或西班牙人较少地注意到男女性别差异。

英语把时间划分成过去、现在和将来。北美西南部的普韦布洛地区的一种语言——霍皮语却并非这样。相反，霍皮语把当下存在的或者已经存在的（我们用现在和过去时态表示）和那些并不存在或者还未出现的（我们将来的事件，想象和假设事件）区分开来。沃尔夫认为，这种划分导致说霍皮语的人在时间和现实的思考方式上同说英语的人不同。类似的例子来自葡萄牙语，这门语言形成一种将来虚拟语气的动词形式，把不确定性的程度引入到了对将来的讨论中。英语中，我们经常使用将来时态来谈论我们认为将要发生的事情。我们感觉没必要再对"太阳明天将会升起"进行修饰，加上一句"如果它不成为超新星"，我们会毫不犹豫地说"我将会在明年看到你"，即使我们没法保证真的会这样做。葡萄牙语中的将来虚拟语气为未来事件添加了限定，认为将来不可能是确定的。我们把将来表达为当然肯定的做法太根深蒂固了，以至于我们甚至从未思考过这个问题，将来仍然处于假定状态。就像霍皮人不认为有必要区分现在和过去一样，他们认为这两者都是真实的。然而，语言并不会紧紧地束缚住思想，因为文化变迁能促进思想和语言的改变，我们在下一部分中将会看到。

 焦点词汇

　　字汇（或者词汇）是语言的字典，指的是一系列事物、时间和想法的名字。词汇影响观念。因此，爱斯基摩人用许多不同的单词表示不同类型的雪，英语中都称为 snow。大多数说英语的人从未注意到这些雪的类型差异，或许即使有人指出来了，他们恐怕也看不出有什么不同。爱斯基摩人能够认识并分辨出雪的区别，而说英语的人却不能，这是因为我们的语言只为我们提供了一个单词。

　　类似的是，苏丹的努尔人对牛的描述词汇非常精细。爱斯基摩人有多个单词表示雪，努尔人有十多个词表示牛，都因为他们有特殊的历史、经济和环境。当出现了某些方面的需求，说英语者同样可以详细阐述他们表示雪和牛的词汇。例如，滑雪者说得出描述各种各样的雪的词语，而佛罗里达退休老人对此并不清楚。类似的是，得克萨斯农场主表示牛的词汇比纽约市区商店中的售货员要多得多。这种专业化术语和不同术语间的区别，对特定群体尤其重要（那些具有特殊经验或者活动的焦点的人），所以被称为**焦点词汇**（ focal vocabulary ）。

　　词汇是语言范畴中最容易变化的一项。如果有需要，新词和不同词的差别就会出现并传播开来。比方说，上一代人有谁会传真（faxed）或者发送电子邮件（e-mailed）呢？随着这些事务变得普遍而重要，对其命名就变得容易多了。television 变成了 TV，automobile 变成 car，digital Video disc 变成 DVD。

　　语言、文化和思想是相互联系的。然而，与萨丕尔-沃尔夫假说相对立的看法是，或许文化变迁造成语言和思想的变迁，比反过来的说法更合理。不妨思考美国女性和男性之间关于颜色语汇使用上的差异（Lakoff，2004）。在大多数美国男人的词汇中，他们并不清楚 salmon、rust、peach、beige、teal、mauve、cranberry 和 dusky orange 等词语的隐含区别。然而，即使是女人，以上提到的许多词汇在 50 年前的美国女人那里也不多见。这些改变都反映出美国经济、社会和文化的变迁。表示颜色的词汇以及颜色之间的差异随着时尚和化妆品工业的发展而逐渐增多。类似的对比（增长）在美国词汇表也体现在足球、篮球和曲棍球运动的词汇中。体育爱好者中男性居多，他们使用并创造了更多表示所观看比赛的区别的词汇，例如冰球（表 10.1）。因此，文化对比和变迁影响着词汇差异（例如颜色术语学）。**语义学**（semantics）指的是语言的意义系统。

表 10.1　冰球的焦点词汇

行内人对这个项目的主要元素有特殊的术语	
冰球的元素	**行内人的术语**
冰球	饼干
球门 / 球网	管道
受罚席（penalty box）	受罚席（Sin bin）
曲棍	树枝
头盔	水桶
守门员两腿间的空间	五孔

 ## 意义

某种语言的使用者利用一系列术语对他们的经验和感知加以组织或分

类。语言术语和对应的含义（具体意义）在人们感知的意义上有不同。**民族语义学**（ethnosemantics）研究多种语言中的这种分类体系。已经仔细研究过的领域（语言中对一系列相互关联的事物、感觉或者概念的系统命名）包括亲属关系术语学和色彩术语学。我们在研究此类领域的同时，也在考察使用这些术语的人如何感觉并且区分亲属关系或颜色。其他领域还包括民族医药学——一些术语用于表示疾病的原因、症状和治疗（Frake，1961）；民族植物学——植物的本土分类（Berlin，Breedlove and Raven，1974；Carlson and Maffi，2004；Conklin，1954）以及民族天文学（Goodenough，1953）。

人们据以划分世界的标准，也就是他们感觉到并认为有意义或者重要的差异，它们能反映出他们的经验（参见 Bicker, Sllitoe and Pottier, eds., 2004）。人类学家发现，特定词汇领域和术语按照已经决定的顺序进化。例如，在研究 100 多个语言中表示颜色的词汇之后，柏林和凯（Berlin and Kay，1991,1999）发现了 10 个基本色彩术语：白色、黑色、红色、黄色、蓝色、绿色、棕色、粉红色、橘色和紫色（它们几乎都是按照这样的顺序进化）。术语的数量随着文化复杂性而不同。举个极端的例子，巴布亚新几内亚的养殖者和澳大利亚的狩猎采集者只使用两个基本色彩术语，翻译过来便是黑色和白色或者深色和浅色。而另一端是欧洲和亚洲语言，它们拥有所有这些表示颜色的词汇。色彩语义学在具有色料和人工染色的历史的地区最为发达。

 # 社会语言学

没有任何语言是每个人与其他人说话完全一样的统一的体系。语言的外在表现（人们实际上说什么）是社会语言学关心的话题。**社会语言学**（sociolinguistics）考察社会和语言变化的关系，或者把语言放在它所处的社会背景中考察（Eckert and Rickford，eds.，2001）。不同的说话者为何使用同一种语言？语言特征如何同社会分层相联系，这种分层可以包括不同阶层、种族和性别？（Tannen，1990；Tannen, ed.，1993）语言如何用于表达、加强或者抵制权力？（Geis，1987；Thomas，1999）

使用特定语言的人们分享该语言的基本使用规则，语言学家不否认这一点。这种共同的知识是相互理解交流的基础。然而，社会语言学家关注语言随着社会地位和状态的变化而发生系统变化的特征。为了研究变动性，社会语言学家必须进行田野调查。他们必须观察、界定并测量语言在真实世界中的变幻莫测的使用状态。为了表明语言中与社会、经济和政治差异有关的特点，说话者的社会特征也必须被测量并同语言相联系（Fasold，1990；Labov，1997a；Trudgill，2000）。

特定时期语言内部的变化是不断进行的历史变迁的结果。在过去的许多世纪中，语言已经出现了大量的变化，如今同样的驱动力还在不断发挥作用。语言变迁并不是发生在真空环境中，而是在社会里。当出现与社会因素相关联的新的言谈方式，它们继而被模仿并传播。语言就是这样发生变化的。

 ## 语言多样性

下面我们把当代美国作为一个例子详细阐述所有国家都遇到的语言变迁问题。数百万美国人学得的第一门语言并非英语，这揭示出美国具有复杂的民族多样性。西班牙语是最为普遍的。这些人后来大多成为双语者，英语成为其第二语言。大量多语言国家（包括殖民地），人们会在不同场合使用两种语言：比方说一门语言在家中使用，另一种用于工作或者公众场合。

无论是不是双语，我们在不同场景下的说话方式都会不同——会进行**风格变换**（style shifts）（参见 Eckert and Rickford, eds., 2001）。在欧洲某些地方，人们经常变换方言。这种现象被称作是**双言**（diglossia），被应用于同种语言的"高等"和"低等"变体，比如在德语和佛兰德语（比利时人所说的语言）中都存在这种现象。人们在大学里以及正式书写、职场和大众媒体中使用"高等"变体，在家庭成员和朋友之间的日常交谈中使用"低等"变体。

与社会状态一样，地理、文化和社会经济的差异也会影响我们的言语。在美国，许多方言与标准（美国）英语（SE）并存。SE 本身也是种方言，例如它同"BBC 英语"就是不同的，后者是大不列颠地区喜好的方言形式。根据语言现实主义的原理，所有方言作为交流体系都是同样有效的，因为交流是语言的主要任务。我们常倾向于把特定方言想象成比其他方言更为拙劣或者更为有哲理，这种想法是一种社会层面而非语言学的评价。我们把说话的特定模式分成好的或者坏的，这是因为我们认识到这些语言的使用者也遭到等级划分。把 these、them 和 there 说成 dese、dem 和 dere 的人与任何用 d 替换 th 的人的交流也非常顺畅。然而，这种形式的交谈成为了社会低等级的标志物。我们把以上的发音，如 ain't，称为"未接受过教育的谈吐"。使用 dem、dese 和 dere 而造成的不同是被美国人瞧不起的发音之一。

 ## 言谈的性别差异

如果比较男人和女人的言谈，就能够发现他们在音位、语法和词汇上都存在不同，伴随言谈的身体姿态和动作上也存在差异（Baron，1986；Eckert and MaConnell-Ginet，2003；Lakoff，2004；Tannen，1990）。在音位学中，美国妇女在发元音时趋向于更偏外（"rant"或"rint"），而男人在发这些音时倾向于更为偏中（当说到"rent"时会念成"runt"）。依据日本传统文化，日本妇女在公共场合一般会用假高音以表示礼貌。在北美和大不列颠，妇女的言谈与男性相比与标准的方言更为相似。注意表 10.2 中收集的底特律的数据。所有社会阶层中，尤其是工薪阶层，男性更倾向于使用双重否定（例如"我不会什么都不要"）。女性倾向于在"没有教养的谈吐"上更为小心翼翼。这种趋势在美国和英国都有表现。男性可能采取工作阶层语言，因为这使他们更具有阳刚之气。或许女性更多注意媒体，其中多使用标准方言。

表 10.2　多重否定（根据性别和阶级）所占的百分比

	上层中产阶级	下层中产阶级	上层工人阶级	下层工人阶级
女性	6.3	32.4	40.0	90.1
男性	0.0	1.4	35.6	58.9

来源：美国国家统计局，2000 年普查问卷。

依据罗宾·拉科夫（Robin Lakoff，2004）的观点，使用特定词汇和表达方式与传统上女性在美国社会中权力较少存在关联（也见 Coates，1986；Tannen，1990）。例如，Oh dear, Oh fudge 和 Goodness! 同 Hell 和 Damn 比起来无力很多。注意电视直播运动竞赛中不高兴的运动员的嘴唇，例如足球赛。他在说 "Phooey on you" 的可能性是多少？女性比男性更可能使用如下形容词：adorable，charming，sweet，cute，lovely 和 divine。

我们不妨回到之前讨论过的运动和色彩术语，以此举例说明男性和女性在词汇上的差异。男人一般对运动的词汇有更多的了解，区分也更细（如局和分），并尽力更准确地使用这些词汇。相应的，女性受时尚和化妆品产业影响比男性要深，故而使用更多颜色的词汇，并试图比男性在色彩术语使用上更为专业化。因此，当我介绍社会语言学时，为了说明这一点，我把一件褪色的紫色上衣带到了课堂上，举起来后，我请女生大声说出它的颜色。结果很少回答出统一的声音，因为她们试图辨别实际颜色的深浅（紫红色、丁香紫色、薰衣草紫色、紫藤色或是其他紫色）。我接着问男生，他们一致回答是"紫色"。很少有男生在当时的场景下能够分辨紫红色和洋红色或者葡萄紫色和茄紫色。

 ## 语言与地位

敬语（honorifics）是加在人名前使用，以表示"尊敬"他们。这种词汇可能传达或暗含了说话者同被提到的人（"好医生"）或姓名称谓（"邓布利多教授"）之间的地位差异。尽管美国人一般没有其他国家那么正式，美国英语仍有它的敬语，包含如下词汇："Mr." "Mrs." "Ms." "Dr." "Professor" "Dean" "Senator" "Reverend" "Honorable" 和 "President"。通常这些敬词都同姓名连在一起，如"威尔逊博士""布什总统"和"克林顿参议员"，但是有些用来称呼的词并不用他 / 她的名字，例如"博士""总统先生""参议员"和"小姐"。英国人有更为发达的敬语词汇，依据阶层、贵族身份（如 Lord and Lady Trumble）和特定封号［如，爵士头衔 "Sir Elton"（埃尔顿爵士）或 "Dame Maggie"（马吉夫人）］。

日语中有些敬语，其中一些传达的尊敬比其他的要强烈。后缀 "-sama"

理解我们自己

　　性别如何帮助我们理解交流风格上的差异？语言策略的差异和美国男人和女人的行为在著名社会语言学家德博拉·塔恩（Deborah Tannen，1990，1993）撰写的几本书中都有阐述。塔恩（1990）用术语"融洽"和"汇报"两个词来对应女性和男性的语言风格的差异。塔恩说，美国女人的典型特点是使用语言并伴随着身体动作，以建立与他人的融洽的关系和社会联系。而美国男人倾向于作报告，列举一些信息以建立他们在等级中的一席之地，他们也试图决定他们交谈对象的相对级别。

（夹在一个名字后），显示极大的尊敬，用于称呼具有更高社会地位的人，例如首长或者尊敬的师长。女性可以用它向丈夫表达爱意和尊敬。最为普遍的日语敬语是"-san"，附在姓后面，也是表示尊敬，但是比美国英语中的"Mr.""Mrs."或"Ms."要非正式一些。附在名字后面，"-san"表示更熟悉。敬语"-dono"表达的尊敬位于"-san"和"-sama"之间。

　　其他日本敬语不一定是要向称呼的对象表示尊敬。例如"-kun"在称呼中传达熟悉，就像把"-san"用在名字的后面一样。"-kun"后缀也用于年轻或者较低等级的人。老板对职员可能用"-kun"，尤其是女性。这里敬语发挥的作用相反，说话者用该词（就像英语中使用的"boy"或"girl"）来称呼他/她认为较低地位的人。说日语的人会用非常友好和熟悉的后缀"-chan"同那些同龄人或较年轻的人交谈，包括亲密朋友、兄弟和子女（Free Dictionary，2004；Loveday，1986，2001）。

　　亲属称谓也同等级和熟悉程度的顺序有关。"爸爸"更亲切，没有"父亲"那么正式，但是也显示比使用父亲的名字要更尊敬。父母比子女的地位高，一般使用孩子的名字、昵称或者乳名，而不是称呼为"儿子"和"女儿"。美国英语如"bro""man""dude"和"girl"（在一些场合）似乎和日语中非正式/亲切的敬语类似。南方人一直到（有时远超出）特定年龄都会使用

"ma'am"和"sir"，称呼年长或更高地位的女人和男人。

 ## 分层

我们不是在语言学意义上，而是在社会、政治和经济力量的背景下使用和评价言谈。主流美国人会消极地评价低等级群体的言谈，称其为"未受教育的"。这并非因为这些言谈方式本身不好，而是因为它们最终象征着低级地位。例如 r 的发音的变化。在美国的部分地区，r 通常是发音的，而在有些地区却不发音。从起源上看，美国 r 不发音的说话模式是模仿英国的时髦说法。由于被当作声望的标志，r 不发音被许多地区采纳并逐渐成为波士顿和南部的标准。

纽约客（New Yorkers）一词在 18 世纪还发 r 音，到了 19 世纪，人们为了追寻声望而放弃了这一发音。然而，当代纽约客们重新回到了 18 世纪发 r 音的模式。影响并支配语言变迁的并不是中西部 r 的巨大反响，而是社会进化，无论 r 的出现是在"里面"还是"外面"。

针对纽约客 r 音的研究表明了某种音位变迁机制。威廉·拉波夫（William Labov，1972b）把关注点放在了 r 是否在元音之后发音，如 car、card 和 fourth。为了收集这种语言变化与社会阶层的关联的资料，他利用纽约三个大型百货商店雇员的一系列快速相遇过程进行研究，这三个商店的价格和地点吸引着不同的社会经济群体。萨克斯第五大道百货公司（68 个相遇者）满足了高等阶层的购物需求。梅西百货（125 个相遇者）吸引中等层次的消费者，而 S. Klein's（71 个相遇者）则在低层次和工薪阶层的消费者中非常盛行。商店职员的阶层来源也反映了商店顾客的阶层。

已经选定的部门是在大楼第四层，拉波夫走到一层店员那里询问该部门在哪儿。店员回答"四层"之后，拉波夫重复他的问题，用以得到第二次的回应。第二次回答更为正式并且加重了语气，店员大概认为拉波夫没有听清或者没有理解第一次的回答。因此，对拉波夫来说，每个售货员在两个单词中有两个 /r/ 的发音。

拉波夫计算了访谈中至少会发一次 /r/ 音的雇员的百分比。在萨克斯是

62%，在梅西百货是 51%，但是在 S. Klein's 只有 20%。他也发现，当他向更高楼层的员工（更多昂贵的商品售卖的地方）问"这里是几层？"时，他们的 /r/ 音比一层的售货员要更多。

在拉波夫的研究中（见表 10.3），/r/ 音显然同声望有很大关系。当然雇用这些售货员的面试官从未在聘用他们之前计算过 r 音的数量。然而，他们的确是用言谈的评价来判断不同的人在售卖特定种类的商品时的效果。换句话说，他们带有社会语言学的歧视，是用语言特点来决定谁能获得工作。

表 10.3　纽约商场中 r 的发音

商店	遇见次数	发 r 音的百分比
萨克斯第五大道精品百货店	68	62
梅西百货	125	51
S. Klein's	71	20

我们的言谈习惯有助于决定我们是否有就业机会，是否能获得其他物质资源。正因如此，"恰当语言"本身成为策略性资源——通向财富、声望和权力之路（Gal，1989; Thomas and Wareing, eds., 2004）。为进一步说明，许多民族志学者描述了语言能力和讲演能力在政治中的重要性（Beeman，1986; Bloch, ed., 1975; Brenneis，1988;Geis，1987）。罗纳德·里根是公认的"大交流家"，他在 20 世纪 80 年代连任两届美国总统，主导着当时的美国社会。另一个两次当选的总统是比尔·克林顿，尽管他有南方口音，仍然因其在特定场景下的口才而著名（例如电视辩论和市政厅会议）。交流缺陷可能导致了福特、卡特和乔治·布什（老布什）"不可能连任"，他们被认为"不够明智"。

法国人类学家皮埃尔·布迪厄认为语言发挥象征资本的作用，经过适当训练的人可以把它转换为经济和社会资本。方言的价值——在"语言市场"中的地位——依靠它能够在多大程度上帮助个人在劳动力市场中获得想要的职位。相应地，这表明了那些正式机构——教育机构、政府、教会和权威媒体——的合法性。甚至不使用代表威望的方言的人们也接受它的权威性和正确性，它的"象征性统治"（Bourdieu，1982，1984）。因此，语言形式自身不带有权力，却带有它们所象征的群体的权力。然而，正规教育体系（想要证明自身价值）否定语言相对性，而错误地把权威言谈方式说成是天生更好的。低级阶层和弱势群体常感觉到语言的不安全感，这正是这种象征性统治的后果。

第
11
章

生　　计

- 适应策略
- 觅食
- 栽培
- 牧业
- 生产方式
- 经济化与最大化
- 分配与交换
- 夸富宴

适应策略

与狩猎和采集社会（觅食）相比较，食物生产的出现（植物的栽培和动物的驯养）推动了人类生活的重大变化，例如更大的社会和政治系统建立起来并最终导致了国家的出现，文化变迁的速度大大加快。本章提供的是一个基本的框架，这个框架有利于我们理解从狩猎和采集到农业和牧业这一范围内的人类各种各样的适应策略和经济体系。

人类学家叶赫迪·科恩（Yehudi Cohen，1974b）用"适应策略"这一术语来描述一个群体的经济生产体系。科恩认为两个（或更多个）无关联社会的相似性在于它们所拥有的相似的适应策略。例如，适应觅食（狩猎和采集）策略的社会就有着显著的相似性。基于经济和社会特征的相互关系，科恩发展了他的社会类型学，其类型学包括下面 5 种适应策略：觅食、园艺、农业、牧业和工业。工业会在"现代世界体系"这一章节中加以讨论，本章节重点关注的是前面 4 种适应策略。

觅食

1 万年以前，觅食者（也被称为狩猎采集者）存在于世界各地。但是，环境的不同导致了世界上觅食者之间的显著差异。例如，冰河时代生活在欧洲的那些人属于大型动物捕获者。现在生活于北极地区的狩猎者仍然以捕获体型庞大的动物和动物群作为目标。与热带地区的觅食者比起来，他们的饮食中仅有极少量的植物，并且他们的食物很单调。一般来说，当人们从比较冷的地区迁移到比较温暖的地区时，物种的数量就会增加。热带地区的生物多样性极为丰富，那里有多种动植物，而且其中的很多物种一直为人类觅食者所利用。热带地区的觅食者会捕获和采集大量的动植物，这种情况在温带地区也可能存在，例如北太平洋海岸的北美，这里的美洲原住民可以依赖丰富的陆地资源和海洋资源，这些资源包括：鲑鱼及其他鱼类、浆果、野生白山羊、海豹和海洋哺乳类动物。尽管环境的多样性导致了众多差异，但所有的觅食经济还是拥有一个共同的基本特征：人们依赖可能的自然资源而不是通过控制动植物的繁殖来生存。

距今 1.2 万~1 万年，随着中东地区驯养动物（最初是山羊和绵羊）和栽培植物（小麦和大麦）的出现，这种对动植物的控制就出现了。栽培是基于不同的农作物的，例如在随后的 3 000~4 000 年的时间里，玉米、木薯和马铃薯等作物就在北美陆续出现了。这种新的经济在全球获得极快发展。大多数的觅食者最后逐渐变为食物生产者。今天，几乎所有的觅食者会至少在某种程度上依赖食物生产或者食物生产者（Kent，1992）。

在一些特殊环境里，包括一些岛屿和森林，还有一些荒漠地区和寒冷地区，采用简单的技术是无法从事食物生产的，所以这种觅食的生存方式就一直延续到现代。很多地区的觅食者早已接触到食物生产的"观念"，但是他们却从来不采取食物生产的方式，这是因为只要付出少量的劳动，他们自己的经济体系就会提供给他们充足又有营养的食物。一些地区的人们在尝试进行食物生产后放弃了这种生存方式而又转向觅食。在大多数仍然存在狩猎采集者的地区，觅食应该被描述为"晚近的"而不是"当代的"。所有的现代觅食者都生活在民族国家的范围内，在某种程度上他们会依赖政府的救助，并且他们跟邻近的食物生产者、传教士和其他的外来者都有交往。我们不应该认为当代的觅食者处于一种隔离状态，或者将他们看作石器时代遗存下来的原始人。贸易和战争等地区性力量、国家政策和国际政策、世界体系中的政治事件和经济事件都会影响当代的觅食者。

尽管作为一种生计方式，觅食正在消失，但是在非洲两大区域内还是可以明显地看到其晚近的觅食轮廓。一个区域位于南非的喀拉哈里沙漠，这里是桑人（又称布须曼人）的故乡，其中包括多布桑人（参见 Kent，1996；Lee，2003）。非洲另一个主要的觅食地区位于非洲中部和东部的赤道雨林地区，这里是姆布提人（Mbuti）、埃非人（Efe）和其他"俾格米人"的故乡

（Bailey，et al.，1989; Turnbull，1965）。

　　在马达加斯加岛、亚洲的东南部包括马来西亚和菲律宾群岛的一些偏僻森林中，还有远离印度海岸的某些岛屿（Lee and Daly，1999）上，人们仍然从事觅食的生计活动。澳大利亚的土著居民属于晚近最著名的觅食者之一。那些土著澳大利亚人在他们的大陆上已经生活了 5 万多年而没有发展食物生产。

　　西半球也存在着近代觅食者。阿拉斯加州和加拿大的爱斯基摩人或因纽特人，是很著名的狩猎者。现在这些（和其他的）北部的觅食者在生计活动中使用现代化的技术，这些技术包括步枪和雪地摩托（Pelto，1973）。加利福尼亚、俄勒冈、华盛顿、不列颠哥伦比亚和阿拉斯加的土著居民都是狩猎者。对于很多的美洲土著居民来说，捕鱼、狩猎和采集仍然是维持生计（有时候是商业性的）的重要活动。

　　南美南部附近的巴塔哥尼亚也居住着海岸觅食者。居住在阿根廷、巴西南部、乌拉圭和巴拉圭的草原上的是其他的狩猎—采集者。在当代巴拉圭的阿奇人（Aché）那里，尽管觅食仅占了他们生计来源的三分之一，但是他们通常被称为狩猎—采集者。阿奇人也种植作物、畜养动物，并且由于他们居住在教区或者临近教区，他们可以从传教士那里获得食物（Hawkes,O'Connell and Hill 1982; Hill，et al.，1987）。

　　在世界范围内，有的环境具有很多不利于食物生产的因素，觅食就主要存在于这样的环境中（在出现了食物生产、国家、殖民主义或者现代世界体系后，很多觅食者在这些地区避难）。很明显，在北极地区进行栽培是困难的。理查德·李（Richard Lee）所研究过的南非的多布桑人生活的地区被一条宽达 70 千米~200 千米的无水带所环绕，甚至在今天，多布地区也是难以到达的，而且考古学上也没有证据证明在 20 世纪之前，这个地区曾出现过食物生产者（Solway and Lee，1990）。但是，环境对其他适应策略的限制并不是觅食者存在的唯一因素。他们的小生态环境拥有一个共同的特点，即他们的边缘性。他们的环境对于那些拥有其他适应策略的群体来说没有什么吸引力。

即使在接触到栽培者后，一些能够进行栽培的地区仍存留着狩猎者-采集者的生活方式。那些顽强的觅食者，如现今位于加利福尼亚、俄勒冈、华盛顿、不列颠哥伦比亚的土著觅食者，他们并不会转变为食物生产者，因为通过狩猎和采集劳动，他们就可以获得充足的食物来维持生活（见本章最后关于夸富宴的部分）。随着现代世界体系的扩散，觅食者的数量在不断下降。

觅食关联

类型学，如科恩的适应策略理论，是非常有用的，因为它们提出了关联性，即在两个或者更多的变量之间存在着联系或者共变（相关变量是指联系和相互关联在一起的因素，例如食物摄取量和体重的关系，当一个因素增加或者减少的时候，另一个因素也会发生变化）。民族志对数百个社会的研究显示：经济和社会生活两个因素之间存在着很多关联。与每种适应策略相联系（相关）的是一系列特殊的文化特征。但是关联性极少是完美的，很多觅食社会通常缺乏跟觅食相关的文化特征，并且有些觅食社会的特征却在拥有其他适应策略的群体中存在。

然而，觅食的关联性是什么呢？依赖狩猎、采集和捕鱼生存的人们通常生活在以队群关系组织起来的社会中。他们的基本社会单位是队群，队群是一个少于100人的、通过亲属或者婚姻关系构成的小群体。队群的大小在不同的文化中有所差异，而且在特定的文化中，它会随着季节变化而不同。在一些觅食社会中，队群的大小在全年几乎都是相同的，而在另外一些觅食社会中，队群在一年中的某些时间会分成若干部分。家庭会分散到那些更适用于少数人开采的不同地方收集资源。一段时间后，他们会重新聚在一起，共同劳作和举行仪式。

民族志和考古学中有一些关于季节性分离和重新聚集的例子。在南非，很多桑人在旱季时会聚集在水坑周围，在雨季他们会分散开，但是其他的队群在旱季时会分散开（Barnard，1979；Kent，1992）。这反映了环境的多样性。由于缺乏永久性水资源，所以桑人必须分散开并且到处寻找富含水分的植物。在古墨西哥瓦哈卡，约在植物栽培出现前4 000年，觅食者会在夏季聚集为大的队群。他们会共同收获成熟的树荚和掉落下来的水果。接着，在秋天到来的时候，他们会分散成很小的家庭单位去猎鹿，并且收集那些小群体很容易寻找到的草和植物。

觅食生活的一个显著特征是它的移动性。在很多的桑人群体中，如刚果的姆布提，人们在一生中会转换好几次队群成员身份。例如，一个人可能出生在一个他母亲亲属所在的群体中。后来，他的家庭可能会迁移到一个他父亲亲属所在的群体中。因为队群属于外婚制（人们跟他们所属队群之外的人结婚），所以一个人的父母来自两个不同的队群，并且一个人的祖父母可能来自四个队群。人们可以加入任何一个他们拥有亲属或者婚姻关系的队群。一对夫妇可以居住在丈夫的队群，也可以居住在妻子的队群，或者在这两个队群之间转换。

一个人也可以通过虚拟亲属关系（拟亲）来依附于一个队群。虚拟亲属关系是对亲属关系的模仿，例如教父和教子之间的关系。例如，在桑人那里，人名数量是很有限的，拥有相同名字的人存在一种特殊的关系，他们会像兄弟姐妹一样相互对待。在那些与他同名的人的队群中，桑人期望他会享受到如同他真正的兄弟姐妹所在的队群一样的款待。同名的人拥有很强的认同感，他们会使用同名人所属队群的亲属称谓来称呼彼此。那些人回复时就好像是在跟一个真正的亲戚交谈。亲属、婚姻和虚拟亲属允许桑人加入好几个队群，而且流动的觅食者（定期移动）确实经常更换队群。因此，队群的成员每年都有很大变动。

所有的人类社会都具有建立在社会性别基础上的某种劳动分工（更多信息见关于社会性别的章节）。在觅食者那里，男人通常负责狩猎和捕鱼，而女人负责采集和收集，但是在不同的文化中，这些工作的特定性质是不同的。有时候女人的劳动对日常饮食作出大部分贡献，有时候男人的狩猎和捕鱼劳动会占支配地位。在热带和亚热带的觅食者那里，尽管采集的劳动成本要比狩猎和捕鱼的劳动成本高很多，但是采集对日常饮食所作的贡献通常要比狩猎和捕鱼多。

所有觅食者的社会差别是建立在年龄的基础上。作为神话、传奇、故事和传统的捍卫者，老人通常会受到很高的尊敬。年轻人会尊重老人那些关于仪式和实际问题的专门知识。大多数的觅食社会是平等主义的，这意味着声望的差异很小，并且这种差异是建立在年龄和社会性别的基础上。

当我们考虑"人性"这个问题的时候，我们应该记住的是：在人类的大部分历史中，实行平等主义的队群是人类社会生活的基本形式。自人类生活在地球上开始，食物生产仅仅存在了不到 1% 的时间，但是它却导致了社会的巨大变化。现在我们来思考一下食物生产策略的主要经济特征。

 # 栽培

在科恩的类型学里，非工业社会中建立在食物生产基础上的三种适应策略是：园艺、农业和牧业。在非西方文化中，人们进行多种经济活动，在现代国家也是这样。每一种适应策略都对应主要的经济活动。例如牧民会将他们的牲畜的乳、黄油、血液和肉作为主要饮食。但是，通过从事一些栽培活动或者与邻居进行一些交换，牧民会在自己的饮食中增加一些粮食。食物生产者的饮食是建立在驯化物种的基础上的，但是他们也会通过狩猎或采集方式来补充饮食。

 # 园艺

园艺与农业是出现在非工业社会的两种栽培类型。这两种类型与工业国家如美国和加拿大的农业体系不同，因为后两者的农业体系利用的是广阔的土地面积、机器和石化产品。根据科恩的观点，**园艺**（horticulture）是一种不对下面所列出的任何生产要素进行集中利用的栽培方式，这些生产要素包括：土地、劳动力、资金和机器。园艺者利用简单的工具如锄头、点杆等来种植作物。他们的土地并不是永久耕作的，并且他们的土地会在或长或短的时期内处于休耕状态。

园艺经常涉及刀耕火种技术。这里，园艺者通过砍掉或者烧掉林木或灌丛、或放火烧掉小块土地上的杂草等方式来清理土地。这样植被被破坏，害虫被烧死并且灰烬会为土壤提供肥料，之后作物就被种植、管理和收获。园艺者对一小块土地的使用并不是持续的，他们通常仅耕作一年的时间。但是这也取决于土壤的肥沃度和那些与种植的作物争夺营养的杂草。

当土壤的肥力耗尽或者土地上的杂草太多时，园艺者就会弃置这一小块土地并且选择另外一块土地，这样最初的那一小块土地就又变成了森林。在几年之后（不同的社会中，这段时间间隔不一样），栽培者会再回到原先的土地上。园艺又被称作游耕。从一块土地到另一块土地的这种转移并不意味着当土地被弃置后，整个村庄都要迁移。园艺可以支撑大的永久性村庄。例如在南美热带雨林中的魁库鲁人（Kuikuru）那里，一个由 150 人左右组成的村子在同一个地方存在了 90 年（Garneiro，1956）。魁库鲁人的房子很大而且修建得很好，因为修建房子的劳动很繁重，所以魁库鲁人宁可在去田地时走更多的路也不会修建一个新的村庄。他们变换他们的耕地而不是他们的住所。与之相反的是秘鲁的蒙坦纳地区（安第斯山脚），这里居住着一个由大约 30 人组成的村庄（Garneiro，1961/1968）。他们的房子很小并且很简单，因为他们的房子太简单了，所以在一个地方居住几年后，这些人会在新开垦的土地附近新建村庄。即使只要步行半英里就会到达田地，他们还是会选择重建村庄。

理解我们自己

我们如何运用拟亲？虽然我们生在家庭中，但是我们生活中的大部分人却不是亲戚。这是与桑人等以亲属为基础的社会的最大区别。人类存在社交、交友、联盟以及将特别亲近的非亲属转变为更进一步关系——如亲属——的倾向。你有教父教母吗？通常教父教母是父母的亲密朋友，或者就是实质上的亲属，父母觉得他们异常亲近，希望加强这种关系。养父母是成为法定亲属的拟亲。兄弟会和姐妹会中的拟亲包括"兄弟""姐妹"以及家"母"（house "mother"）。教士们被称为"父亲"；修女们被称为"姐妹"。你还能想到哪些拟亲？在我们的社会中，拟亲和桑人的同名体系有哪些相似和差异？

农业

农业（agriculture）是一种比园艺需要更多劳动力的栽培类型，因为农业需要集中和持续利用土地。与农业相关的这种对劳动力的大量需求体现在家畜、灌溉、梯田的普遍使用。

家畜

很多农业生产者会使用牲畜作为生产资料，使用牲畜来运输、将动物作为耕作机器和粪肥来源。在以水稻生产为基础的农业经济中，亚洲的农民通常会使用牛或者/和水牛。在移植水稻前，水稻种植者可能会让牛去践踏那些现成的水淹地，这样可以将水和土壤混在一起。在种植或者移植前，很多农业生产者会在整理土地时使用牲畜来耕地或者犁地。农业生产者通常也收集牲畜的粪便来增加土地的肥力并且提高作物产量。牲畜被套在车上时可以作为运输工具，同时它们也可以作为栽培的工具。

灌溉

园艺者必须等待雨季的到来，但是由于农业生产者可以控制水，所以他们能够提前安排种植。就如菲律宾的那些灌溉专家一样，伊富高人利用从大河、小河、小溪、池塘疏导出来的水来灌溉土地。灌溉使得人们在一块土地上进行年复一年的耕作成为可能。灌溉让土壤变得肥沃，因为被灌溉过的土地是一个由几个物种的动植物、微生物组成的特殊生态系统，它们的废弃物能够使土地变得肥沃。

一块可以灌溉的土地通常是一种能够增值的资本投资。一块土地的收获是需要时间的，只有在经过几年的栽培后，它才会达到高产量。就像其他的灌溉者一样，伊富高人已经在同一块土地上生活了数代。但是包括中东在内的很多农业地区，灌溉水中的盐分会使土地在五六十年后变成不可用的。

梯田

梯田是伊富高人精通的另一项农业技术。他们的家乡有很多被陡坡分割成的小山谷。因为人口密度很大，所以人们需要在山上种植。但是，如果他们仅仅把作物种植在这些陡坡上，在雨季到来时，肥沃的土壤和作物就会被冲刷下来。为了预防这些，伊富高人就自谷底开始切入这些山坡，一层一层地建造了很多梯田。位于梯田上方的小溪可以为梯田提供灌溉水。建造和维护梯田系统所需的劳力非常大。梯田护墙每年都会出现坍塌，所以有些部分需要重建。人们还需要留心那些将水牵引到梯田的渠道。

农业成本和收益

农业需要人力来建设或维护灌溉系统、梯田和其他的作业。人们必须喂养牲畜，给牲畜提供水喝并且照料它们。在投入了充足的劳力和管理的情况下，农业土地每年会有一次或者两次的收获，而且这样的收获会持续数年甚至数代。农业土地的年产量不需要比园艺土地高。在土地面积相同的情况下，园艺者在长期闲置的土地上首次种植作物时，其作物产量可能比农业土地要多。此外，因为农业生产者比园艺者更勤奋，所以相对于劳力投入来说，农业土地的产量也是很低的。农业的主要优势在于每块土地的长期产量是很大的，而且更为稳定。因为单块土地的所有者不会每年都发生变化，所以就没有必要像园艺者那样持有一块未开垦的预留地。这是农业社会的人口密度一般会大于园艺社会的原因。

 ## 栽培连续体

因为非工业经济具有园艺和农业的双重特征，所以在谈论栽培者的时候，将它们置于一个**栽培连续体**（cultivation continuum）中是非常有用的。园艺系统位于这个连续体的一端，以粗放劳动、游耕为特征；农业位于连续体的另一端，以集约劳动、永久种植为特征。

我们之所以要提及连续体，是因为现在存在着处于连续体中间的经济体制，这种体制融合了园艺与农业的特征，它比游耕的园艺经济要集约一些却比农业经济要粗放。 这包括考古发现的从园艺到农业的中间经济，这种中间经济存在于中东、墨西哥和早期食物生产的其他地区。在将一块土地变为休耕地之前，非集约性的园艺者通常只在这块土地上耕作一次，与之不同的是，在放弃土地前，南美的魁库鲁人会种植两次或三次木薯（一种可食块茎）。在巴布亚新几内亚某些人口比较稠密的地区，栽培会更集约。这里的土地可以被利用两年或者三年的时间，然后有一个三到五年的休耕期，然后再被利用。经过几次循环后，这些土地会获得更长时间的闲置期。这种方式被称为"间歇性休耕"（Wolf，1966）。除了巴布亚新几内亚，这种体系也存在于西非和墨西哥高原地区。与简单园艺社会的人口相比，"间歇性休耕"人口要更稠密一些。

园艺与农业的关键区别在于园艺总会有一个休耕期而农业却没有。位于中东和墨西哥的最早的栽培者是园艺者，他们依赖降雨而生存。直到最近，园艺仍然是一些地区的主要栽培方式，这些地区包括非洲、东南亚、太平洋岛屿、墨西哥、中美和南美的热带雨林的部分地区。

 ## 人与环境关系的激化

随着人类对自然控制能力的提高，那些能够用于食物生产的环境在面积上有所扩展。例如加利福尼亚干旱地区的美洲土著居民以前依靠觅食生存，现代灌溉技术的利用将这里的土地变成了肥沃的农业用地。灌溉和梯田使得农民在很多干旱地区和多山地区定居下来。位于干旱地区的许多古代栽培区也奠定了农业基础。劳动强度的增加和土地的永久使用对人口、社会、政治和环境都产生了重大影响。

其结果就是，由于土地的永久利用，集约的耕作者定居下来。那些居住在较大较固定的团体里的人在其他定居者附近居住下来。人口数量和密度的增长加强了个人和群体之间的联系。人们对包括利益冲突在内的人际关系的调整产生了更多需求。经济要供养的人口越多，土地、劳动力和其他资源的利用，通常就会需要更多的调节。

集约农业产生了深刻的环境后果。灌渠和稻田（种植水稻的土地）开始成为有机废物、化学物质（如盐）和病害微生物的聚集地。集约农业的增加通常是以树木和森林的减少为代价的，树木和森林被砍伐掉而代之以田地。伴随森林退化现象的是环境多样性的减少（参见 Srivastava，Smith and Forno，

1999）。农业经济变得日益专业化，它集中生产一种或者几种热量食物如大米，并集中饲养和照料那些有利于发展农业经济的牲畜。因为热带地区的园艺者通常会同时栽培多种植物类型，所以如同热带雨林地区那样，园艺用地往往镜射出植物的多样性特征。农业用地则与此相反，它通过砍伐树木和集中生产几种固定食物的方式减少了生态的多样性。在热带地区（例如印度尼西亚的稻谷生产者）和热带地区之外（例如中东的灌溉农业生产者）的农民那里，这种作物的专业化生产已经成为事实。

　　虽然觅食和园艺在人力控制方面较为不可靠，但是至少在热带地区，与农业生产者的日常饮食相比，觅食者和园艺者的日常饮食通常更为丰富。通过采用可靠的年产量和长期生产这种稳定方式，农业生产者试图减少生产中的风险。与此相反，热带地区的觅食者和园艺者在减少风险时却试图依赖物种的多样性和受益于环境的多样性。农业的策略则是孤注一掷，将赌注下在产量大而可靠的东西上面。当然，即使在农业条件下也存在单一作物歉收而导致饥荒的可能性。在大量的孩子和成人需要食物的情况下，农业策略与此相适应。同样，觅食和园艺与规模较小、较为分散和移动性较强的人群相适应。

　　农业经济也产生了一系列需要解决的管理问题，解决这些问题导致了中央政府的出现。伴随着水资源如何管理这一问题而来的是对如何获得水源和如何分配水源的争论。人口数量在不断增长，人们的居住地在不断靠近，土地的价值在不断增加，所以农业生产者比觅食者和园艺者更容易产生冲突。农业为国家的起源开辟了道路，并且大部分的农业生产者居住在国家中。国家的特征是：它是一个复杂的社会政治体系，它管理着一片领土并且管理有着明显的职业、财富、声望和权力分化的人群。在这样的社会中，栽培者所扮演的角色是分化的、职业专门化的并且紧紧成为一个整体的社会政治体系的一部分。关于食物生产和集约化的社会和政治内涵，下一章"政治制度"会进一步探讨这一内容。

 # 牧业

　　牧民生活在北非、中东、欧洲、亚洲和非洲撒哈拉以南地区，他们的活动主要是驯养牛、绵羊、山羊、骆驼、牦牛之类的家畜。如其他的牧民一样，北非的牧民与他们的畜群构成了一个共生系统（共生是互利群体的必要的相互作用，这里指的是人和动物）。牧民要保护他们的牲畜并且保证牲畜的繁殖，这样他们就可以获得食物和毛皮之类的其他产品。牧群能提供奶制品、肉和血液。一年中频繁的节庆都会杀死一些牲畜，而这使得人们可以经常获得肉食。

　　人们使用家畜的方式有很多种，例如北美大平原上的土著居民养马仅仅是为了骑而不是吃马肉（欧洲人将马再度带到西半球，而美洲本土的马在数千年前就已经灭绝了）。对于大平原上的印第安人来说，马是一种谋生工具，因为他们经济活动的主要目标是捕获野牛，而马是猎捕野牛的生产资料，所以大平原上的印第安人并不是真正的牧民而是狩猎者，像很多农业生产者使用牲畜那样，他们将马作为生产资料。

　　牧民通常会直接将牧群作为食物而不仅仅是生产工具。他们食用牲畜的肉、血液和奶，并利用这些东西制成酸奶、黄油和奶酪。尽管一些牧民比其他牧民更依赖于他们的牧群，但是仅将牲畜作为生活食品也是不可能的，因而很多牧民会通过狩猎、采集、捕鱼、栽培或者交换的方式来补充他们的日常饮食。为了得到一些粮食作物，牧民会跟其他的栽培者交换，或者他们自己从事一些栽培或采集工作。

　　与工业革命之前遍布世界的觅食和栽培不同，牧业几乎完全局限于旧大陆。在欧洲人到来前，美洲唯一的牧民居住在南美的安第斯山地区。他们将美洲驼和羊驼作为食物和毛料，同时也将它们用于农业生产和运输。美国西南部的纳瓦霍人发展了一种基于绵羊的畜牧经济，这种类型的经济是由欧洲人引进北美的。现在西半球主要的畜牧人群是为数众多的纳瓦霍人。

　　与牧业相伴的两种迁移方式是游牧和季节性的迁移放牧。这两种方式都是基于这样的事实：在不同的季节里牧群必须迁移到那些有可用牧场的地

区。在游牧状态下，所有的群体——女人、男人和孩子——全年会随着牲畜迁移。中东和北非地区可以提供很多有关游牧的例子。例如，在伊朗、巴涉利（Basseri）和卡什加（Qashqai）两个族群的游牧路线一般会长达 480 千米。他们每年从海岸出发，然后赶着牲畜到高于海平面 5 400 米的牧地。

在季节性的迁移情况下，群体中的部分成员会随着牧群迁移，但是大部分的人会留在家乡。欧洲和非洲就有这样的例子。在欧洲的阿尔卑斯山地区，夏季时只有牧羊人而不是全村人会随着畜群迁移高原牧场。在乌干达的图阿卡那人那里，男人和孩子会随着牧群迁移遥远的牧场放牧，村子中的大部分人会留在原地并从事一些园艺农业。为保证较长的放牧期，村子通常会位于水源最佳的地方，这也使得村里的人在一年中的大块时间里可以居住在一起。

在每年的迁移过程中，为了获得粮食和其他物品，游牧者需要跟大量的定居人口进行交换。季节性的迁移放牧者不需要通过交换来获得粮食作物。因为仅有部分成员会随着牧群迁移，所以季节性的迁移放牧者可以使村庄连续不变并且种植粮食。表 11.1 概括了叶赫迪·科恩的适应策略的主要特征。

表 11.1　叶赫迪·科恩的适应策略（经济类型）总结

适应策略	也称为	关键特征
觅食	狩猎-采集	流动，利用自然资源
园艺	刀耕火种，游耕，火耕，旱地耕作	休耕期
农业	集约产业	持续用地，密集使用劳动力
牧业	畜牧业	游牧和季节性迁移
工业	工业生产	工厂生产，资本主义，社会主义生产

生产方式

经济（economy）是集生产、分配和消费资源为一体的系统，经济学则是对这个系统的研究。经济学家将目光集中于现代国家和资本主义体系，而人类学家通过资料收集工作，将经济的潜在规则扩展到了非工业经济中。经济人类学通过比较的角度来研究经济（参见 Gudeman, ed., 1989; Sahlins, 2004; Wilk, 1996）。

生产方式（mode of production）就是生产的组织方式，即通过开发人力资源，利用工具、技术、组织和知识这些手段，从自然中获取能源，这个过程中会形成一系列的社会关系（Wolf，1982, p.75）。在资本主义生产方式下，货币用来购买劳动力，处于生产过程中的人与人（老板和工人）之间存在着社会差距。与此相反，在非工业社会里，劳动力通常是不需要购买的，劳动是一个人的社会义务。在以亲属为基础的生产方式下，社会关系网是很宽泛的，生产中的相互帮助是其中的一个体现。

我们刚才所讨论的那些适应策略的代表社会（例如觅食社会）常常拥有相似的生产方式。在一定的适应策略下，生产方式的不同可能会反映出不同社会在环境、目标资源或者文化传统方面的不同（Kelly，1995）。因而，觅食的生产方式是建立在个体基础上还是群体基础上，可能取决于猎物是独居性的还是群居性的。在大量资源成熟并且需要及时收获的情况下，采集群体会聚在一起，尽管这样，与狩猎相比，采集通常还是更具个体性的。捕鱼可以单独进行（冰下捕鱼或者刺鱼），也可以结队进行（就像远洋捕鲸）。

非工业社会的生产

劳动分工与年龄和社会性别存在某种相关，这一经济现象具有文化普遍性，但是在不同的社会中，不同性别和不同年龄段的人所分配到的特定工作是不同的。很多园艺社会将女性作为最主要的生产角色，但是也有很多社会将男性的劳动看作是主要的（要获取更多信息，见"社会性别"章节）。相似地，在牧业者中，男人一般会照料体型大的牲畜，但是在有的文化中，女人从事挤奶工作。在一些栽培社会中需要由群体成员共同完成的工作，在其他的社会中就由小群体完成，或者由个体在较长的时间内完成。

在进行水稻栽培时，马达加斯加岛的贝齐雷欧人有两个团体合作期：水稻移植时期和收获时期。团体的规模随土地的面积而变化。水稻的移植和收获都体现了贝齐雷欧人传统的劳动分工，这种建立在年龄和社会性别基础上的劳动分工为贝齐雷欧人所熟知，并且已传承数代。水稻移植的第一项劳动就是在水稻移植前，年轻的男人赶着牛去踩踏那些现成的水淹地以便将水和土壤混在一起。为了让牛变得疯狂一些以更好地踩踏田地，他们会吆喝、抽打牛。牛会踩碎那些土块，并且它们的践踏会将灌溉水与泥土混在一起，这样可以为女人移植稻秧提供平整的田地。在牛离开田地后，老人们接着参与进来。他们用铁锹拍碎那些牛遗漏的土块，与此同时，土地所有者和其他的成年人会拔出水稻秧苗并把这些秧苗带到田地里。

水稻的收获是在四五个月之后，年轻的男人负责割稻子，年轻的女人负责把割下来的水稻运到田地上面的小块空地上。年龄大一些的女人负责整理和堆积工作。年龄最大的男人和女人站在稻堆上负责踩压工作。三天后，年轻男人会进行稻谷脱粒工作，他们在一块石头上不断地拍打稻梗，接着年老一点的男人用木棍敲打这些稻梗以保证所有的米粒都脱落下来。

稻米栽培中的其他工作大部分由个体所有者和他们的直系亲属来完成。所有的家庭成员都会去地里除草。用铁锹或者犁耕地是男人的工作。单个男子负责修理灌溉和排水系统，还负责修理那些用来分割不同地块的土墙。但是，在其他的农业生产者那里，修理灌溉系统是一项包含团体合作和共同劳动的活动。

 ## 生产资料

比起工业国家来说，非工业社会的劳动者和生产资料之间有着更为密切的关系。**生产资料或者说是生产要素**（means or factors of production），包括土地、劳动力和技术。

土地

对于觅食者来说，人与土地之间的联系没有食物生产者那么持久。尽管很多队群有他们的领地，但是领地的边界通常是没有标记的，而且也没法标记。被跟踪的动物或者被毒箭射中的动物身上所带的猎人的标记，比这只动物最终死在哪里更重要。当一个人出生在队群中或者通过亲戚、婚姻、虚拟亲属这些关系纽带加入队群后，他才能获得使用队群领地的权利。位于南非博茨瓦纳地区的多布桑人妇女的劳动会提供一半以上的食物，她们通常会在特定地区的浆果树采集。但是，当一个妇女更换她的队群时，她就会立即获得一块新的采集区域。

食物生产者在生产资料方面所享有的权利也来自亲属或者婚姻关系，在非工业的食物生产者中，在共享领地和资源的群体中，继嗣群（群体成员认为他们拥有共同的祖先）是很普遍的。如果在园艺这种适应策略下，地产就包括园子和游耕所需的未开垦土地。作为继嗣群的成员，牧民有权使用继嗣群的牲畜来开始他们自己的牧群，他们可以使用牧场、园地和其他的生产资料。

劳动力、工具和专业化

就像土地一样，劳动力也是一种生产资料。在非工业国家，使用土地和劳动力的权利都来自亲属、婚姻和继嗣之类的社会关系。社会关系是持续的、存在于多种场合的，生产中的共同劳动仅仅是它的一个方面。

在提到另一种生产资料——技术时，非工业社会与工业社会也存在对比。在队群和部落里，生产与年龄和社会性别是存在联系的。女人负责编织，男人负责制陶器，或者是两者反过来。技术知识与年龄和性别相关，所以处于一定年龄阶段的性别相同的人会共享技术知识。如果在习俗上已婚妇女要负责制造篮子，那么所有或者大部分的已婚妇女都会知道如何制造篮子。无论是技术还是技术知识，它都不像在国家中那么具有专业性。

但是，很多的部落社会在专业化方面有了进一步的发展。例如委内瑞拉和巴西的亚诺马米人，某些村庄制作陶器，其他一些村庄制作吊床。有人可能会认为，他们并不是专业化生产，因为正好在村庄周围就有某些原材料可以使用。用于制作陶器的黏土也是很容易就能取得的。每个人都知道怎么制陶，但并不是每一个人都会去制陶。手工业的专业化反映的是社会和政治环境而不是自然环境。这种专业化促进了贸易的发展，贸易的发展是能与敌对村庄结成联盟的第一步（Chagnon，1997）。尽管专业化不能制止村与村之间的战争，但是它却有利于维持和平。

 工业经济的异化

　　工业经济与非工业经济之间存在很多鲜明的对比。当工厂的劳动者是为了销售产品和雇主的利益来进行生产而不是他们自己使用的时候，他们与他们的劳动产品就是一种异化关系。这种异化指的是他们对他们的劳动产品不会产生强烈的自豪感和个体认同感。他们将物品看作是属于其他人的东西，而不属于实际上生产这个物品的人。相比之下，在非工业社会中，人们通常自始至终地经历产品的生产过程并且对自己的产品拥有一种成就感。他们的劳动成果是他们自己的而不是属于其他人的。

　　在非工业社会中，合作者之间的经济关系仅仅是他们更普遍的社会关系的一个方面。他们不仅仅是合作者，也是亲戚、姻亲或者参加同一个仪式典礼的人。在工业国家里，人们通常不会跟亲戚或者朋友在一起工作。如果合作者是朋友，他们的个人关系也通常被排除在他们的共同工作之外，而不是建立在先前联系的基础上。

　　因而，工业劳动者与他们的产品、合作者和雇主之间是一种非个人的关系。人们为了赚钱而出售自己的劳动力，并且他们的经济活动领域与他们的日常社会生活是分开的。但是在非工业社会中，生产、分配和消费之间的关系是一种带有经济性质的社会关系。经济不是一个独立的整体，而是被嵌合在社会中的。

一个工业经济异化的例子

　　几十年来，马来西亚政府开展了出口工业，允许跨国公司在马来西亚乡村地区设立劳动密集型制造企业。马来西亚的工业化是全球化的一个组成部分。为了寻找更廉价的劳动力，总部位于日本、西欧和美国的公司已经把劳动密集型工厂迁到了发展中国家。马来西亚有日本和美国的数百家子公司，这些公司主要生产衣服、食品和电子组件。现在在马来西亚乡村地区的电子工厂里，有数千名来自农民家庭的妇女从事为晶体管和电容器装配微晶片和微型元件的工作。翁爱华（Aihwa Ong，1987）对一个地区的电子装配工人进行了研究，这些人中有85%是年轻的未婚女性，她们来自附近的村庄。

翁爱华发现，与乡村地区的妇女不同，女性工人需要应对那种严格的工作日程和男性的不断监督。在当地学校中女孩被灌输了工厂所提倡的规定。在学校里，统一的制服也为女孩适应工厂的着装要求做了准备。农村妇女穿宽松下垂的束腰外衣、布裙和凉鞋，但是在工厂里她们需要穿特别束缚的紧身工作服，戴厚重的橡皮手套。装配电子部件需要精细、集中的劳动力，这种工作是繁重的，也是累人的。工厂里的这种劳动体现了脑力劳动与体力劳动的分离，这种异化是马克思所认为的工业劳动的特征。一个妇女这样评价她的老板：他们让我们变得非常疲倦，好像他们并不认为我们也是人（Ong，1987，p.202）。工厂的劳动并没有给妇女带来可观的资金回报，由于低工资、工作的不确定性和家庭成员对工资的索取，年轻的妇女通常仅工作几年的时间。生产定额产品、三班轮流、加班和监管使得她们在体力上和脑力上都处于透支状态。

对这种工厂生产关系的一种回应就是神灵附体（工厂里的女性被神灵附体）。翁爱华将这种现象看作是女性对劳动规定和男性控制工业设施的无意识反抗。有时候这种附体以集体歇斯底里的形式发泄出来。神灵会在同一时间内进入120个工人身体。工厂建造在原先属于坟地的地方，虎人（Weretigers，相当于马来人版本的狼人）会来报复这些工厂。被打扰的土地和坟墓里的神灵会挤满车间。刚开始这些妇女看见了这些神灵，接着她们就被侵入了。这些妇女开始变得暴力并大声尖叫。虎人让这些女性哭泣、大笑和突然尖叫。为了对付这种附体情况，工厂雇用了当地的男医生，这个男医生用小鸡和山羊作为祭物来抵挡神灵。这种解决方式的作用时间并不会太长，附体现象还是会发生。工厂女工会继续用那些来报复的鬼怪表达他们内心的失望和愤怒的工具。

翁爱华认为神灵附体展现了资本主义生产关系所带来的痛苦和人们对它的抵制。但是，通过神灵附体这一形式，工厂女工避免直接面对她们痛苦的根源。翁爱华推断神灵附体虽然表达出了被压抑的不满，但是对于工厂条件的改善，它并不能起很大的作用（其他的策略，如联合起来，将会更有帮助）。神灵附体通过发泄累积的紧张，充当了安全阀的作用，这甚至有助于维持体制。

 # 经济化与最大化

经济人类学家一直在关注两个主要问题：

1. 生产、分配和消费在不同的社会中是如何被组织起来的？这个问题的焦点在于人类的行为体系和他们的组织。

2. 在不同的文化中，是什么促使人们去生产、分配或者交换、消费？这里的焦点并不是人们的行为体系，而是参与那些体系的个体的动机。

人类学家从跨文化的角度来看待经济体系和经济动机。虽然动机是心理学家关注的一个问题，但它或隐或现也已经成为经济学家和人类学家所关注的问题。经济学家通常假设在利益动机的支配下，生产者和分配者都会做出理性的决定，正如消费者为了最佳价值会货比三家。尽管人类学家明白利益动机并不是普遍的，但是个体追求收益最大化这个假设却是资本主义世界经济和大多数西方经济理论的基础。实际上，经济学的主题经常被定义为**经济化**（economizing），或者说是稀缺手段（或者资源）的合理的最优配置。

这是什么意思呢？经典的经济学理论假设：我们的欲求是永无止境的，但是满足人们欲求的手段是有限的。因为手段是有限的，所以人们必须对如何利用他们的稀缺资源如时间、劳动力、金钱和资本做出选择（"趣味阅读"《稀缺性与贝齐雷欧人》对人们的经济决策总是基于稀缺性这个问题提出了反驳）。经济学家假设：当面对选择需要做出决定的时候，人们通常做出能使收益最大化的决定。这被假设为最理性（合理的）的选择。

个人选择会倾向于收益最大化这个观点是 19 世纪经典经济学家的基本假设，也是很多当代经济学家所持的观点。但是，某些经济学家现在意识到：就像在其他文化中一样，西方文化中的个体也可能会受到许多其他目标的驱使。人们可能会追求利益、财富、声望、快乐、舒适和社会和谐的最大化，

趣味阅读 稀缺性与贝齐雷欧人

　　在 20 世纪 60 年代后期，我和妻子与马达加斯加岛的贝齐雷欧人居住在一起，研究他们的经济和社会生活（Kottak，1980）。在我们达到后不久，我们遇到了两位受过良好教育的学校教师（他们是表兄妹），那位女士的父亲曾经是国会议员，在我们调查期间，他当选为内政部部长。而他们的家庭位于一个在历史上占有重要地位的村落勒瓦塔，一个典型的贝齐雷欧乡村。他们对我们的调查很感兴趣，并邀请我们前往勒瓦塔进行访问。

　　我们曾经到过很多其他的贝齐雷欧村落，在那里，我们经常因为所受的招待而感到不快。当我们驱车到达的时候，孩子们会尖叫着跑开，妇女们则赶紧躲到家中，男人们退到门口，略显胆怯地依靠在门框上。这些行为体现了贝齐雷欧人对于帕法弗（Mpakafo）的恐惧。被认为能够切下并且吞噬人们的心脏和肝脏的帕法弗是马达加斯加的吸血鬼。这种食人者据说有着白皙的皮肤，个头很高。因为我有着浅色的皮肤并且身高在 6 英尺以上，自然成为被怀疑的对象。（幸好）食人者通常不会与妻子一起旅行的事实使得那些贝齐雷欧人确信我不是一个真正的帕法弗。

　　当我们访问勒瓦塔的时候，那里的人很不一样——友好并且热情。到达那里的第一天我们作了一个简要的人口调查，找出每个人所从属的家庭，记住他们的名字和他们与我们的朋友的关系以及相互之间的关系。我们无意间遇到了一个出色的向导，他知道当地的所有历史。在短短几个下午的时间里我获得了比我在其他村落的一些会议中多得多的东西。

　　勒瓦塔人之所以愿意谈论（他们的事情）是因为我们有实力雄厚的赞助商，两位当地居民（两位老师）已经在村落之外接受过我们的调查，并且勒瓦塔人知道有人能够保护他们。那两位学校老师为我们做担保，然而那位内政部部长发挥了更为显著的作用，这位部长就像祖父一样并且使镇上的每一个人受益。勒瓦塔人没有必要害怕，因为当地更有影响的公仆（部长）请他们回答我们的问题。

　　每次去勒瓦塔，那些年长者都会在晚上举办一个欢迎我们的仪式。他们前来接受调查，一方面被我们这充满疑问的外国人吸引，另一方面也为我们提供的酒、烟草和食物所吸引。我对他们的习俗和信仰方面进行询问，最终设计出了一张包括稻米生产在内的各种主题的访谈提纲。与我正在做调查的其他两个村子相比较而言，我在勒瓦塔所采用的形式在强度上要弱一些，然而，我从来没有做过比在勒瓦塔更容易的访谈。

　　当调查快要结束的时候，我们勒瓦塔的朋友们有些忧伤，他们说："我们会想念你们的，在你们离开以后，再也不会有任何的香烟、任何的酒水以及任何的提问了。"他们想知道我们回到美国的情形是什么样子的。他们知道我们拥有一辆小轿车，并且定期购物，包括我们曾一起分享过的酒水、香烟以及食物。我们能够负担得起他们将来绝不会拥有的东西。他们对此感慨道："你们回到自己的国家后，需要很多钱购买汽车、衣服、食物等，我们不必买那些东西，我们自己制作几乎所有需要的东西，我们没有必要像你们那样有钱，因为我们自给自足。"

对处于非工业社会的人们而言，贝齐雷欧人并不罕见。尽管对一个美国消费者而言这有些奇怪，然而，那些种植稻米的农民们实际上相信他们拥有了自己需要的一切东西。通过 20 世纪 60 年代的贝齐雷欧人，我意识到经济学家所认为具有普遍性的"稀缺性"其实并非如此。尽管短缺在非工业化社会中确实存在，在以安定生存为中心的社会中，稀缺性（不足）这一概念（在人们意识中）的发展程度要比在对消费品的依赖日益增加的工业社会中弱很多。

然而，过去的几十年中，显著的改变已经影响到了贝齐雷欧人以及大多数的非工业化的民族。我对勒瓦塔的上一次访问是在 1990 年，当时迅猛增加的人口数量以及金钱产生的影响已经非常明显。在整个马加斯加岛都是如此。马达加斯加的人口以每年 3% 的速率增长，从 1966 年的 600 万增加至 1991 年的 1 200 万，人口增加了一倍（Kottak，2004）。人口压力所带来的一个结果便是农业的集约化经营。在勒瓦塔，从前只在稻田里种植稻米的农民现在在一年一度的稻米收获之后开始种诸如胡萝卜之类的经济作物。20 世纪 90 年代影响勒瓦塔的另外的变化即是由对金钱的不断追求而激发的社会和政治秩序的混乱。

牲口失窃是另一个不断增长的威胁。盗贼们（有时候来自周围村庄）使得那些原本感到安全的村民感到恐慌。被盗窃的牲口被运到沿海出口到周围岛屿。在盗贼中最为突出的是那些相对而言受过良好教育的年轻人。他们有足够长的时间来学会与外界人进行良好的协商，然而他们却找不到正式的工作，并且不愿意像他们的农民父辈们那样到地里干活。正规的教育体制已经使得他们熟悉了外界的社会惯例和准则，包括对货币的需求。稀缺性、商业以及消极的互惠概念正在贝齐雷欧人中蔓延。

我在 1990 年对贝齐雷欧人进行调查的时候目睹了他们对金钱迷恋的其他显著证据。在靠近勒瓦塔的县城中心，我们遇到了一些人正在出售珍贵的石头——碧玺，这些碧玺是在当地的一块稻田里被偶然发现的。在街角的拐角处，我们发现了令人吃惊的一幕——许多农民正在一块大面积的稻田中挖掘泥土以寻找碧玺，祖先遗留的资源（土地）被破坏——这是金钱对当地生存型经济进行侵蚀的典型证据。

在贝齐雷欧人的整个地区，人口数量和密度的增加加快了移民的步伐。当地的土地、工作以及金钱都很稀缺。一位祖先来自勒瓦塔的妇女，现在已经是国家首都（安塔那利佛）的一位市民，她说，现在勒瓦塔一半的儿童居住在首都。虽然她有一些夸张，然而如果对勒瓦塔的所有后裔们做一项调查，毫无疑问我们将会发现大量的移民和城市人口。

勒瓦塔的近代历史是不断参与货币经济的历史。这段历史与不断增长的人口对当地资源造成的压力相联系，它使稀缺性已经不仅仅是一个概念，对于勒瓦塔以及周围地区的人们而言，稀缺已经变成事实。

这取决于社会和环境。个体可能会努力实现他自己的或者家庭的目标，也可能会努力实现他所属的另一群体的目标（参见 Sahlins，2004）。

 ## 不同的目的

在不同社会中，人们会如何利用他们的稀缺资源？在全世界范围内，人们将自己的一些时间和精力用于积累**生计基金**（subsistence fund）（Wolf，1966）。换句话说，他们必须为了吃饭、为了能够补充他们在日常活动中所消耗的热量而劳动。人们也必须投资于重置基金（replacement fund），他们必须维持那些在生产过程中必不可少的技术和其他物品。当锄头或者犁损坏后，他们必须修理或者重新置办。衣服和住所之类的日常必需品虽然不是生产所必需的，他们也需要获取和重置。

人们也需要投资于一项社会基金（social fund）。他们需要帮助他们的朋友、亲戚、姻亲和邻居。将社会基金与仪式基金（ceremonial fund）区别开来是很有用的。后者指的是庆典或者仪式上的花费。例如举行一个纪念祖先的节日需要花费时间和财富。

非工业国家的居民还必须将稀缺资源用于租赁基金（rent fund）上面。

理解我们自己

　　是什么驱动着我们？我们和父辈的动机是一样的吗？人们必须在众多选项中做出选择，经济学家认为这些选择主要是以经济收益为指导的。你同意吗？这一假设在马达加斯加的贝齐雷欧人中并不明显。它是否适用于美国的个体呢？回想一下你父母所做的选择。他们的决定是最大化他们的收入、生活方式、个人快乐、家庭收益呢，还是其他呢？你呢？当你选择申请并加入某所大学的时候，你考虑了哪些因素呢？你是否想离家近些，想和朋友去同一所大学，或者想要维系一段感情（都是社会原因）？你是否寻求最低的学费和花费——或者是为了得到一笔可观的奖学金（经济抉择）？你是否选择名望，或者想着母校的声誉将来能让你赚到更多钱（最大化声誉和未来的财富）？在当今的北美社会，利润动机或许是占主导的，但是就像不同的文化一样，不同的个人也可能追求不同的目标。

我们将租金看作是为了使用资产而支付的费用。但是，租赁基金还有更广泛的用途，它指的是人们必须付给个体或者代理机构的资源，这些个体或者代理机构在政治或者经济方面比他们更强势。例如，在封建主义制度下，承租土地的农民和佃户要向地主交付租金或者他们的部分产品。

　　农民（peasants）是在非工业国家中的小规模生产者，他们有交付租金的义务（参见 Kearney，1996）。他们为了养活自己、销售产品和交租而进行生产。非工业国家的所有农民具有两个共同之处：

　　1. 他们居住在具有国家组织的社会中。

　　2. 现代农业或者现代公司化农业中会使用化肥、拖拉机、撒种用的飞机等精密技术，但是这在他们的生产过程中是没有的。

　　除了要向土地主支付租金外，农民必须履行其对国家的义务，以货币、产品或者劳动力的方式来向国家交税。对于农民来说，租赁性基金不仅仅是附加义务，通常这会成为他们最主要的、最不可避免的责任。有时候，为了满足支付租金的义务，他们要节省在饮食方面的花费。有时候他们会从生计基金、重置基金、社会基金和仪式基金中转移一部分资源来支付租金。

动机随社会而异，并且在配置资源的过程中，人们经常不能自由选择。因为需要支付租金，所以稀缺资源不属于农民自己而是属于政府官员，这样农民可以配置他们的稀缺资源的机会就没有了。因而，即使社会中存在利益动机，由于各种不可控因素的影响，人们经常不能实现理性的收益最大化。

 # 分配与交换

有关交换的比较研究是由经济学家卡尔·波兰尼（Karl Polanyi）带动起来的，并且好几位人类学家也加入了这项研究。为了能够对交换进行跨文化研究，波兰尼定义了适用于交换的三项原则：市场原则、再分配原则和互惠原则。这些原则在一个社会中是并存的，但是它们会支配不同类型的交易。在所有社会中占主导地位的通常会是其中一个交换原则。特定社会中由占主导地位的交换原则配置生产资料。

 ## 市场原则

市场原则（market principle）在当今的世界资本主义经济中起主导作用。它控制土地、劳动力、自然资源、技术和资本这些生产资料的分配。市场交换是指以货币为媒介的购买和销售的组织过程（Dalton, ed., 1967; Madra, 2004）。在市场交换中，人们会考虑到收益最大化原则，物品通过货币来买卖，并且价值由供需来决定（物品越稀缺，人们的需求越大，物品的价格就越高）。

讨价还价是市场交换原则的特征，买者和卖者会力争以实现货币价值的最大化。在讨价还价中，买者和卖者并不需要亲自见面，但是为了能够进行谈判，无论是出价还是还价都需要在这段相当短的谈判过程中妥协和让步。

再分配

当商品、服务或者它们的等价物从地方转移到中央后就出现了**再分配**（redistribution）。这个中央可以是首府，也可以是一个地区收集点或者酋长住所附近的仓库。物品经常按照行政官员的等级这种形式转移，最后存储到中央。在这种方式下，行政官员和他们的随从会消费掉一部分，但是这里的交换原则是再分配原则，所以物品的流转最终会改变方向——从中央流出、经过整个等级体系，最后回到了大众那里。

关于再分配体系的一个例子来自切罗基人，他们是田纳西河谷的最初居民。那里的农民靠玉米、大豆、南瓜生存，并通过狩猎和捕鱼作为补充。切罗基人有酋长。他们的每一个主要村子都有一个中心广场用于举行酋长委员会议和再分配庆典。根据切罗基人的传统，每一个家庭的农田都有这样的一块区域，即这块区域中每年的收成要留出一部分给酋长。酋长将族人所提供的谷物用于那些需要的人，还有就是旅行者和友善地经过他们领地的勇士。任何有需要的人都可以获得所储存的食物，他们认为这些食物是属于酋长的，由于酋长的慷慨这些食物才被分配。在主要聚居地举行再分配庆典时，酋长也会负责主持。

 ## 互惠

互惠（reciprocity）是发生在社会平等成员之间的交换，这些成员通常通过亲属、婚姻或者其他密切的人际纽带联系起来。因为它发生在社会平等成员之间，所以在那些较为平等的社会，它占主导地位，如在觅食者、栽培者和牧民中。互惠有三种程度：一般互惠、平衡互惠、负向互惠（Sahlins，1968，2004; Service，1966）。它可以被视为一个由以下问题界定的连续统一体：

1. 交换对象之间关系亲疏程度如何？

2. 礼物回赠的时间和慷慨度如何？

一般互惠（generalized reciprocity）是最纯粹的互惠形式，它的特征是交换者之间有极为密切的关系。在平衡互惠中，社会距离增加了，回赠的要求也增加了。在负向互惠里，社会距离是最大的，回赠也是最需要计算的。

在一般互惠下，一个人给予另一个人，并且不期望得到具体的或者即刻的回报。这种交换（包括当今北美父母给予子女的抚养）主要不是一种经济交易，而是一种人际关系的表达。大多数父母并不会对他们花费在子女身上的每一笔钱记账。他们仅仅希望孩子们会尊重他们的文化传统，这其中包括了他们对父母的爱、尊敬、忠诚和其他对父母应尽的义务。

一般互惠通常在觅食人群中占主导地位。传统上，觅食者会跟队群中的其他成员分享食物（Bird-David，1992；Kent，1992）。一项对多布人的研究发现，40% 的人对食物供应的贡献是很少的（Lee，1968/1974）。孩子、青少年和超过 60 岁的人依靠其他人供应的食物来生存。尽管存在着很大比例的依靠他人生活的人，但是从事狩猎和采集的那些劳动者的平均工作时间（每周 12～19 小时）还不到美国人平均工作时间的一半。即使这样，食物总是有的，因为不同的人会在不同的时间里劳动。

觅食者之间的互惠存在如此强烈的共享规范以至于大多数觅食者缺乏"谢谢"这一表达。表示谢谢会是一种不礼貌的行为，因为共享是平等社会的关键，谢谢暗示共享只是一种特定行为，不具有普遍性。马来西亚中部的瑟麦人（Semai）如果说谢谢的话，就表示他们对猎人的慷慨和成功感到惊讶（Harris，1974）。

平衡互惠（balanced reciprocity）适用于那些不属于同一队群或者家庭的、关系较远的人之间的交换。例如在园艺社会中，一个人将礼物赠给了另一个村子里的人，接受者可能是他的远亲、一个交易伙伴或者一个兄弟的虚拟亲属。赠予者期望得到某种回报。这种回报可能不是即刻的，但是如果没有回赠，社会关系就会变得紧张。

非工业社会的交换也可能会出现负向互惠的例子，这主要发生在人们与处于他们社会体系之外的人进行交易时，或人们与处于边缘的人进行交易时。对于生活在一个关系很密切的世界中的人来说，与外人做交易是含糊的并且不可信赖的。交换是一种与外来人建立友好关系的方式，但是这种关系仍旧是不明确的，尤其是在交易开始的时候。通常情况下，最初交易几乎具有纯粹的经济性质，人们期望得到即刻的回报。虽然用不到货币，但是就像在市场经济中一样，他们试图让他们的投资得到尽可能最佳的、及时的回报。

一般互惠和平衡互惠是建立在信任和社会纽带的基础上，但是**负向互惠**（negative reciprocity）则是用尽量少的付出来获得回报，即使这意味着变得狡猾、不诚实或者欺骗。负向互惠中最极端和"消极"的例子发生在 19 世纪北美大平原地区，那里的印第安人有盗马行为。男人们会潜入邻近部落的帐篷或者村子中偷马。相似的例子就是现在东非地区的一些部落仍然存在着掠夺牛的现象，如库里亚人（Fleisher，2000）。在这些例子里，发起掠夺的一方期待得到回赠，预期另一方来掠夺他们的牛或者做出一些更甚的行为。库里亚人会捕捉盗牛者并将他们杀死。这也是一种回赠，这种回赠的主导思想是"以其人之道还治其人之身"。

在存在潜在负向互惠的情况下，一个用来减少这种紧张的方式就是沉默交易。位于非洲赤道附近雨林地区的姆布蒂人是觅食者，他们与邻庄的园艺者进行交换时就采取沉默交易的方式。他们在交易过程中没有人际接触。一个姆布提猎人将猎物、蜂蜜或者其他的雨林产品放在习惯的交易地点。邻庄的人就会把这些东西取走并且留下作为交换物的粮食。通常情况下双方的讨价还价也是无声的。如果其中一方认为回报物不足时，他仅仅把回报物留在交易地点，如果另一方还想继续交易的话，就要增加回报物。

 ## 交换原则的共存

在今天的北美，市场原则主导着大部分交换，交换范围从生产资料的销售到消费物品的销售。我们也存在再分配。我们税金的一部分用于供养政府，但是还有一部分会以社会服务、教育、卫生保健和道路建设的方式返回到我们自身。我们也存在互惠交换。一般互惠是父母和子女的相互关系所具有的特征，但是，即使在父母子女关系中，占主导地位的市场思想也有浮现，从对抚养子女的高成本的谈论和那些失望的父母的老套说词"我们给了你金钱所能购买到的一切"中，我们就可以认识到这一点。

交换礼物、卡片和互相邀请通常可以作为平衡互惠的例子。每一个人都曾听过这样的话："他们邀请我们去参加他们女儿的婚礼，所以当我们的女儿结婚时，我们也要邀请他们。""他们已经在我们这里吃过三次饭了，但是他们从来没有邀请过我们，在他们邀请我们之前，我认为我们不应该再邀请他们了。"在觅食者的队群中，如此精确的互惠均衡是不适合的，因为资源是公共的（全体共同享有），而且基于一般互惠原则的日常共享是他们社会生活和生存的必要组成部分。

 # 夸富宴

夸富宴（potlatch）大概是在民族志中得到最为全面研究的一种文化行为。夸富宴是一些部落的地区性交换体系中的一个节日，这些部落位于北美北太平洋海岸地区，包括华盛顿和英属哥伦比亚地区的撒利希部落和夸克特部落，以及阿拉斯加的蒂姆西亚部落。有时候，为了纪念死者，有些部落仍会举行夸富宴（Kan，1986，1989）。在每一次这样的事件中，夸富宴的发起者通常会在其团体成员的帮助下来分发食物、毯子、铜币或者其他物品。作为回报，这些举办者会获得声望。举办夸富宴提高了一个人的名誉。夸富宴举办得越浪费，所分发的物品的价值越大，一个人的声望就越高。

举办夸富宴的部落属于觅食者，但并不是典型的觅食者。他们是定居的并且他们有酋长，而且与大多数其他晚近觅食者所处的环境不同，他们所处的环境并不是边缘性的。他们拥有丰富的土地和海洋资源。他们最重要的食品是鲑鱼、鲱鱼、蜡烛鱼、浆果、山羊、海豹和海豚。

根据古典经济学理论，人们的获利动机是普遍的，其目标是实现物质利益的最大化。那么如何来解释夸富宴呢？在夸富宴上物质财富都被分发出去（并且甚至被毁坏掉，见下面）。基督教传教士认为夸富宴是一种浪费行为，并且它与新教徒的工作伦理相违背。到1885年，在印第安人机构、传教士、印第安人转变为清教徒这些因素的压力下，美国和加拿大都宣布夸富宴是不合法的，所以在1885年至1951年，这个传统是由人们秘密进行的。直到1951年，美国和加拿大才撤销了反夸富宴的法律。

很多学者坚持认为夸富宴属于典型的经济浪费行为。经济学家和社会评论家多恩斯坦·凡勃伦（Thorstein Veblen）的《有闲阶级理论》（*The Theory of the Leisure Class*，1934）一书非常具有影响力，在书中，他将夸富宴作为挥霍性消费的例子加以引用，声称夸富宴是不具经济理性的追求声望的行为。

这种解释强调了夸富宴尤其是夸克特人在夸富宴上所展示出来的过度慷慨和浪费性，而这又推导出一个结论：在有些社会里，人们以他们的物质福利为代价来追求声望的最大化。现在这种解释已经受到挑战。

生态人类学，也被称作文化生态学，是人类学中的一门理论学科，它试着从文化行为在人类适应环境的过程中所扮演的长期角色这一角度来解释夸富宴之类的文化行为。对于夸富宴这一现象，经济人类学家萨特斯（Wayne Suttles，1960）和维达（Andrew Vayda，1961/1968）提出了另一种解释。他们不是依据夸富宴表面的浪费性来分析，而是将它作为长期文化适应机制中的一个角色来分析。这种观点不仅有利于我们理解夸富宴，而且它还具有比较价值，因为它能帮助我们理解世界上很多其他地区的与之类似的炫耀性庆典形式。生态学的解释是这样：对于那些交替出现过剩和短缺的地区来说，夸富宴之类的传统具有文化适应性。

它是如何运行的呢？北太平洋海岸地区的整个自然环境是很适宜的，但是资源随时随地会发生变化。在一定的区域中，鲑鱼和鲱鱼并不是年年都很充足的。一个村子有好收成的时候，另一个村子可能正经历着坏收成。之后他们的运气逆转过来。在这种情况下，夸克特人和撒利希人轮流举办夸富宴就具有了适应性价值，而并不是一种不能带来物质利益的竞相展示而已。

收成特别好的村子，生存物品会有大量剩余。这些剩余可以用来交易更为耐用的毯子、小船和铜币之类的物品，这些财富被分发掉后，进而转变为声望。几个村子的成员被邀请参加夸富宴并将分发到的资源带回家。在这种方式下，夸富宴将村与村组合在地区经济中，食物和财富通过这一交换体系从富人手中转移到需要的成员那里。作为回报，夸富宴的举办者和他们的村子获得声望。夸富宴是否举行要视当地经济的健康状况而定。只有生存物品存在剩余，然后经历几年的好收成，财富得以积累，一个村子才可以举办夸富宴，将他们的食物和财富转化为声望。

当先前很繁荣的村子遭遇一连串的坏运气时将会发生什么，在我们考虑到这个问题时，就可以清晰地看到共同举办庆典的长期适应价值。这个村子的成员开始接受邀请去参加那些举办得更好的夸富宴。当那些暂时性的富人变得暂时贫穷时，反过来也是一样，餐桌换了。新的需求者会接受食物和有价值的物品。他们乐意接受礼物而不回赠礼物，就会放弃他们先前积累的一部分声望。他们希望运气会最终转好，这样他们的资源会得到补偿，他们也会重新获得声望。

夸富宴使得北太平洋沿岸地区的群体结成一个地区性联盟和交换网络。无论个体参与夸富宴的动机是什么，夸富宴和村际交换具有适应性的功能。人类学家所强调的人们对声望的竞争并没有错，但是他们仅强调动机而没有分析经济和生态体系。

这种通过节日来提高个体或者团体的声誉并重新分配财富的方式并不仅仅存在于北美太平洋海岸的人群中。举行竞争性节日是非工业食物生产者的显著特征。但是要记住的是，大多数觅食者生存在边缘地区，他们的资源很缺乏，所以他们无力承担这种水平的节日。在这样的社会里，占优势的是分享而不是竞争。

就像其他很多已经引起人类学密切关注的文化行为一样，夸富宴的存在也与更大的世界性事件有着紧密的关系。例如，随着19世纪世界资本主义经济的扩散，举行夸富宴的部落特别是夸克特部落开始与欧洲人做交易（例如制作毯子用的毛皮），因而他们的财富也增长了。与此同时，极大比例的夸克特人死于先前欧洲人所带来的未知疾病。因此，由于贸易而增长的财富就流入那些急剧减少的人口中。随着很多传统举办者（例如酋长和他们的家庭成员）的死去，夸克特人将举办夸富宴的权利扩展到整个人群，这就导致了人们对声望的激烈竞争。追求贸易、财富增加和人口减少，夸克特人也开始通过这样的方式来将财富转换为声望，即把毯子、铜币和房子之类的财富毁坏掉（Vayda，1961/1968）。毯子和房子可以烧掉，铜币可以埋到海里。这里，随着财富的急剧增加和人口的急剧减少，夸克特人夸富宴的性质改变了。与以前举办的夸富宴相比，与那些受贸易和疾病影响较小的部落举行的夸富宴相比，它开始变得更具有破坏性。

我们应注意到，在任何情况下，夸富宴都阻碍了社会经济分层。社会经济分层属于社会阶级体系。被让出或毁坏的财富转变为非物质性的产品——声望。在资本主义制度下，为了获得额外的利益，我们会将自己的收益进行再投资（而不是烧掉我们的金钱）。但是，举办夸富宴的部落满足于放弃他们的剩余物而不是将这些剩余物用于扩大他们与自己的部落同胞间的社会距离。

第
12
章

政治制度

什么是"政治"

　　人类学家和政治学家都对政治制度和组织很感兴趣，但是人类学方法具有整体性和比较性的特点，它在研究政治学家经常研究的国家和民族国家之外，还研究非国家社会。人类学的研究发现，权力（正式的和非正式的）、权威以及法律制度在不同的社会和社区有着很大的差异（权力是把自己的意志强加于他人的能力；权威是得到社会公认的权力）（参见 Cheater,ed.,1999;Gledhill,2000;Kurtz,2001;Wolf with Silverman,2001）。

　　考虑到政治组织有时只是社会组织的一个方面，莫顿·弗里德（Morton Fried）提出了这样一个定义：政治组织包括那些与专门管理公共政策事务的个人或群体相关的社会组织，它还包括那些试图控制那些个人或群体的任命或者活动的社会组织（Fried，1967,pp.20-21）。

　　这个定义无疑适用于当代北美地区。管理公共政策事务的个人或团体是联邦、州（省）以及地方（市）政府。那些试图控制公共政策管理群体活动的利益群体包括诸如政党、工会、公司、消费者、活动家、行动委员会、宗教团体以及非政府组织。

　　但弗里德的定义不太适用于那些非国家社会，因为在非国家社会那里往往很难发现公共政策。所以，在涉及团体之间及它们代理人之间相互关系的规章或管理时，我更倾向于说社会政治组织。一般意义上，规则是一套确保变动维持在正常范围内、纠正违规行为以及维持系统整体性的程序。政治规则中包括决策制定、社会控制和冲突调节等事项。对政治规则的研究引起了我们对那些做出决定和解决冲突的人（他们是正式领导者吗？）的兴趣。

　　民族志和考古学对数百个地区的研究表明，经济、社会和政治组织之间存在着密切联系。

类型与趋势

几十年前，人类学家塞维斯（Elman Service，1962）列举了政治组织的四种类型：队群、部落、酋邦、国家。由于它们都存在于民族国家中并服从国家的控制，因此现在已经不能把它们各自看作一个独立的政治实体（政体）来研究。考古学的证据显示在国家形成之前，队群、部落和酋邦就已经存在了。然而，人类学这一学科在国家出现了很长一段时间后才产生，因此人类学家不可能观察到完全不受国家影响的原初队群、部落或酋邦。民族志所记载的所有队群、部落和酋邦都处于国家之中。虽然本章仍有可能会谈论到当地政治领袖（例如村庄头人）和地区领袖（例如酋长），但是他们的存在和发生作用都是以国家组织为背景的。

队群（band）是指人们在觅食过程中建立起来的以血缘为基础的**小群体**（**kin-based**）（所有的成员通过血缘或婚姻纽带联系起来）。**部落**（tribes）的经济建立在非集约的食物生产（园艺和畜牧业）基础上。它以同一继嗣群的方式（氏族和世系）组织成血缘群体并生活在村庄中，它没有正式的政府以及可靠的手段来执行政治决策。**酋邦**（chiefdom）是介于部落和国家间的一种社会政治组织。如同队群和部落一样，酋邦中的社会关系主要是建立在血缘、婚姻、继嗣、年龄、世代和性别基础上的。虽然酋邦是建立在血缘基础上，但酋邦中存在着明显的资源分化体系（一些人比另一些人拥有更多的财富、声望和权力）以及持久的政治结构。国家是建立在正式的政府结构和社会经济分层基础上的社会政治组织。

塞维斯关于这四种类型的划分过于简单，以至于它不能充分解释考古学和民族志所熟知的政治多样性和复杂性。例如，我们都知道部落在政治制度和机构方面已经发生了很大变化。然而，塞维斯的分类学突出了政治组织，尤其是国家和非国家之间存在的一些显著对比。例如，与国家中存在着显而易见的政府不同，在队群和部落中，政治组织并不独立于整个社会秩序，它与整个社会秩序的划分并不清晰，在这里很难把一种行为或一个事件描述为政治的而不是社会的。

塞维斯提出的队群、部落、酋邦、国家属于社会政治的分类体系中的四个类型。这些类型与第 11 章 "生计" 中讨论的适应策略（经济类型学）相关联。因此，觅食者（一种经济类型）通常会组成队群组织（一种社会政治类型）。同样，许多园艺者和畜牧者会居住在部落社会中。虽然大部分的酋邦从事农业经济，但是在中东的一些酋邦中，畜牧业是非常重要的。非工业化国家通常建立在农业基础上。

随着食物生产规模的增加，人口更加密集和经济复杂性的增长成为觅食者面临的问题。这些特征导致了新的管理问题和更为复杂的关系。许多社会的政治趋势反映出了与食物生产相关的不断增长的管理需求。考古学家的研究表明这些趋势是一直存在的，而且文化人类学家在当代群体中也观察到了这种现象。

队群与部落

本章考察一系列具有不同政治体系的社会，而且针对每一种社会都提出了下面一系列问题。一个社会具有何种类型的社会组织？人们怎样参与这些组织？这些组织怎样与更大的组织联系？组织间怎样彼此区别？组织内部和外部的关系怎样管理？为了回答这些问题，我们先从队群和部落开始，然后研究酋邦和国家。

觅食队群

虽然现代的狩猎采集者也是觅食者，但是他们不应被视为石器时代的代表。人类学家想要知道当代的觅食者能告诉我们多少有关食物生产出现以前的经济和社会联系，毕竟现代的觅食者生活在民族国家以及一个相互关联的世界中。几个世代以来，刚果的俾格米人一直和他们从事栽培的邻居生活在一个社会世界里。他们用林产品（例如蜂蜜和肉）来交换农作物（例如香蕉和树薯）。现在所有的觅食者都和食物生产者进行交换。当代的大部分狩猎采集者至少会依赖政府和传教士来满足他们的部分消费。

桑人

南非的桑人（布须曼人）受班图人（农民和牧民）的影响将近 2 000 年了，他们受欧洲人的影响也有几个世纪。威尔姆森（Edwin Wilmsen，1989）把桑人看作由欧洲人和班图食物生产者统治的较大政治和经济体系中的农村下层阶级。现在许多桑人为那些很富有的班图人放牛而不是单独觅食。威尔姆森还指出，许多桑人来自由于贫穷或受到欺压而被迫进入沙漠的牧民。

肯特（Susan Kent，1992，1996）注意到人们对于觅食者存在刻板印象，即将全部觅食者看作是相似的。他们过去常常被描述为与世隔绝的、原始的石器时代生存者。新的刻板印象则把他们看作文化上被剥夺的人，他们由于国家、殖民主义或世界重大事件而被迫进入边缘环境。虽然这种观点经常被夸大，但是它可能比先前的观点更为准确。现代的觅食者与石器时代的狩猎采集者存在着很大的差异。

肯特（Kent，1996）强调觅食者间的差异，关注桑人在时间和空间上的多样性。桑人的生活自十九世纪五六十年代起已经发生了很大变化，包括李（Richard Lee）在内的一批哈佛大学人类学家对卡拉哈里的当地生活进行了系统性研究。李和其他人也在许多出版物上发表了有关桑人生活变化的文章（Lee，1979,1984,2003;Silberbauer,1981;Tanaka,1980）。这样的纵向研究揭示的是时间维度上的变化，而在许多桑人地区进行的田野调查则揭示了空间维度上的变化。一项最重要的对比是关于定居群体和游牧群体（Kent and Vierich，1989）的比较研究。定居观念在逐渐增长，一些桑人群体（沿河而居）已经定居好几代了。其他群体包括李研究的多布桑人和肯特研究的库特赛桑人（Kutse San），都还保持着很多狩猎采集者的生活方式。

现代的觅食者不是石器时代的文物，不是活化石，不是消失的部落，也不是进化的野人。在一定程度上，觅食是他们生活的基础。现代的狩猎采集者能揭示出觅食经济与社会和文化其他方面的联系。例如，那些现在仍然流动的桑人群体或者最近才停止流动的桑人群体强调他们在社会、政治和性别上的平等。建立在血缘、互惠和均分基础上的社会制度对于人口较少、资源有限的经济来说是合适的。追求野生动植物的游牧生活不利于长久定居、财富积累和地位分化。在这种背景下，家庭和队群这样的社会群体就具有较强的适应性。人们在获得肉的时候不得不与其他人分享，否则肉就会腐烂。

当核心家庭季节性地聚集时，游牧或半游牧的觅食队群就形成了。一个队群中的特定家庭每年都会发生变化。不同队群的成员可以通过婚姻和亲属建立纽带。一个人的父母和祖父母来自不同的队群，那么这个人就与这些群体都具有亲属关系。与虚构的亲属关系一样，贸易和互访也能使当地群体联系起来，例如上一章所描述的桑人同名体系。

虽然觅食队群在权力和权威上通常是平等的，但是有特殊才能的人会享受到特别的尊敬，例如那些很擅长讲故事的人，或者可能很会唱歌跳舞的人，或者能进入出神状态跟神灵交流的人。队群的领导者只是名义上的领导者。他们是众多平等成员中的一人。有时他们会给出建议或做出决定，但是他们无法强制成员执行他们的决定。

因纽特人

从带有审判和执行性质的法律条款意义上来说，觅食者缺少正式的**法律**（law），但是他们的社会确实存在进行社会控制和解决争端的办法。法律的缺失并不会导致完全无政府状态。土著因纽特人（Hoebel，1954,1954/1968）就为我们提供了无政府的社会如何解决争端的好范例。霍贝尔（E.A. Hoebel）研究了因纽特人如何解决冲突，正如他所描述的那样，大约 2 万的因纽特人分布在北极地区约 6 000 英里（9 600 千米）的区域。因纽特人最重要的社会组织是核心家庭和队群。个人关系将家庭和队群联系起来。一些队群有头领。这里也有萨满（兼职的宗教家）。然而，这些社会地位并没有赋予占有它的人多大的权利。

由男人负责的狩猎和捕鱼是因纽特人主要的生存活动。在那些可用的植物性食物丰富多样的温暖地区，女性的采集工作是很重要的，但北极地区却没有这些植物。因纽特人的男性在如此艰苦的环境下来往于陆地和海洋上，所以他们比女性面临更多的危险。传统的男性角色会带来伤亡。因纽特文化允许偶尔出现杀害女婴的现象，实际上，如果不是这样的话，那么成年女性的数量将大大超过男性。

尽管这种人口控制方法显得太过野蛮（在我们看来是不可想象的），但是成年女性的数量仍然多于男性。这就允许有的男性可以娶两三个妻子。如果一个男性具有供养多个妻子的能力，那么他就被赋予一种声望（声望是指好评、尊敬以及对行为或品质的赞同），但是这也会导致嫉妒。如果一个男性通过娶多个妻子的方式来增加他的声望，那么他的对手很可能就会抢走他的某一个妻子。大部分争斗是由窃妻或者通奸引发的，所以它们多发生在男性之间，或者由女性所导致。如果一个男人发现妻子在没经过自己允许的情况下与别人发生了性关系，他会认为自己被冒犯了。

虽然公共舆论不会让丈夫忽视这件事情，但是他有几个选择。他可以杀死窃妻的那个人。但是如果他成功了，那么被杀的那个人的男性亲属肯定会出于报复来杀死他。由于这会导致双方亲属进行一连串的谋杀，所以一场争斗可能导致好几个人的死亡。这里没有政府去干预和阻止这样的家族仇恨。然而，他还可以与对手进行歌唱决斗。他们会在一个公共场所编造侮辱对方的歌曲。在比赛结束时，由观众评判其中谁是赢者。然而，即使妻子被偷的那个男人赢了，他的妻子也不一定会回到他身边。通常她会选择与那个诱拐者一起生活。

在像我们这样有着明显财富分化的社会中，偷盗现象是十分普遍的，但是偷盗在觅食者那里却是不常见的。每一个因纽特人都可以使用那些用于维系生活的资源。每一个男人都可以打猎、捕鱼、制造用于生存的工具。每一个女人都可以获得用于制作衣服的材料、准备食物以及做家务活。因纽特人甚至可以在当地其他群体的领土范围内狩猎或捕鱼。他们没有关于领土或动物属于私人财产的概念，然而某种较小的个人物品却和这个人联系在一起，在许多社会中这包括弓箭、烟袋、衣服、个人装饰品之类的物品。因纽特人最基本的一条信仰是"所有的自然资源都是免费、公有的财富"（Hoebel，1954/1968）。在队群组成的社会中，成员之间在战略资源的使用方面存在的差异很小。如果一个人想要从他人那里得到某物，他会向那个人索取，而且通常他都会得到。

部落栽培者

如今世界上不存在完全自治的部落。例如，在巴布亚新几内亚以及南美的热带雨林地区仍然存在着按照部落原则运行的社会。部落通常从事园艺或畜牧业经济，它通过村庄生活或 / 和继嗣群（来自共同祖先的亲属群体）的成员关系组织起来。部落缺少社会经济分化（例如阶级结构），部落中也不存在一个属于成员自己的正式的政府。一些部落仍会以村庄间互相攻击的方式进行小规模的战争。比起觅食者来说，部落具有更为有效的规范机制，但是部落社会没有有效的措施来执行政治决策。部落中的主要管理人员是村庄头人、"大人物"、继嗣群的领导者、村庄委员会以及泛部落联盟的领袖。上述所有人和群体的权威都是有限的。

尽管在园艺社会中，男性和女性之间存在明显的性别分化，这表现在他们在资源、权力、声望和个人自由方面存在不平等的分配，但是像觅食者一样，园艺社会的人倾向于平等主义。园艺村庄的特点是：它的规模通常很小，人口密度很低并且成员共享战略资源。年龄、性别和个人特征决定了一个人可以得到多少荣誉以及他人的支持。然而随着村庄规模和人口密度的增加，园艺社会的平等主义呈现减弱的趋势。园艺村庄通常都是男首领，即使有女首领，也是非常少的。

 村庄头人

亚诺马米人（Chagnon，1997）是美洲土著居民，他们居住在委内瑞拉南部以及毗邻巴西的地方。他们的部落社会约有 2 万人，居住在较分散的 200 至 250 个村庄中，每一个村庄的人口大约是 40 至 250 人。亚诺马米人是园艺者，但是他们也从事捕猎和采集。他们的主要作物是香蕉和芭蕉（一种类似香蕉的作物）。与觅食社会相比，亚诺马米人有更显著的社会组织。亚诺马米社会存在家庭、村庄和继嗣群。他们的继嗣群跨越多个村庄，实行父系制（仅通过男性追溯祖先）和外婚制（人们必须和他们继嗣群之外的人结婚）。然而，两个不同继嗣群的当地分支可能居住在同一个村庄中并且相互通婚。

与许多以村庄为基础的部落社会一样，亚诺马米唯一的领袖就是**村落头**

人（village head，通常是男人）。跟觅食队群的领导者一样，他的权威也是极其有限的。如果头人想要完成某件事情，他必须通过示范和劝说的方式来领导成员。头人没有发布命令的权力。他只能用劝说、演讲等方式试图影响公众观点。例如，如果他想要人们打扫中央露天广场来为盛会做准备，那么他必须亲自开始打扫，希望他的村民明白他的意图并帮助他。

当村庄间发生冲突时，头人会作为调停者来听取双方的说法。他会给出观点和意见。如果冲突的一方不满意，那么头人也无能为力。他没有权力来支持他的决定，也没有施加惩罚的途径。和队群领导者一样，他只是众多平等者中的一人。

在亚诺马米人的村庄里，头人必须是最慷慨的。因为他必须比其他的村民更慷慨，所以他耕种了更多的土地。当一个村庄宴请另一个村庄的时候，他的庄园会提供所消费的大部分食品。在与外人打交道的时候，头人代表的是整个村庄。有时他会去拜访其他的村庄并邀请那里的村民参加节日。一个人能否成为头人取决于他的个人特质和他能召集起来的支持者的数量。一个叫考巴瓦（Kaobawa）的村庄头人干预了一场丈夫和妻子间的纠纷并阻止了丈夫杀死其妻子（Chagnon，1968）。他也能保证村庄战争时一方的谈判代表的安全。考巴瓦是一个很有绩效的头人。他在战争中显示了他的凶猛，但是他同样知道怎样利用外交手段来避免冒犯其他的村民。村庄中任何人都比不上他有头人气质，也没有人比他拥有更多的支持者（因为考巴瓦有很多兄弟）。在亚诺马米，当一个群体对他的村庄头人不满意时，这个群体的成员就可以离去并建立一个新的村庄，而这样的事情时有发生。

亚诺马米社会有许多村庄和继嗣群，这样的社会比队群社会更复杂。亚诺马米同样面临更多的管理问题。虽然头领有时能避免一起暴力行为，但是这里没有政府来维持秩序。事实上，村庄间的掠夺造成男人被杀死，女人被俘虏，这已成为亚诺马米一些地区的特征，尤其是那些查格农研究的地区。

我们必须强调亚诺马米人并不是与外界隔绝的，他们与传教活动有接触（尽管仍有不接触外界的村民）。亚诺马米人生活在委内瑞拉和巴西这两个民族国家，巴西的大农场主和采矿者发动的外部入侵已经对他们造成越来越大的威胁（Chagnon，1997；Cultural Survival Quarterly，1989；Ferguson，

1995）。在 1987—1991 年的巴西淘金热时期，平均每天会有一个亚诺马米人死于外部袭击（包括细菌入侵——印第安人缺乏对外来病毒的免疫力）。到 1991 年，亚诺马米人的土地上大约有 4 万名巴西矿工。有的印第安人还被残忍地杀死了。采矿者带来了新的疾病，膨胀的人口使得旧的疾病变成了流行病。1991 年美国人类学会报道了亚诺马米人的困境。巴西的亚诺马米人正在以每年减少十分之一人口的速度消亡，他们的生育率已经降为零。从那以后，巴西和委内瑞拉政府开始实施干预政策来保护亚诺马米人。巴西总统为亚诺马米人划定了一大片领土，禁止外人进入。不幸的是直到 1992 年年中，当地的政治家、矿主以及大农场主一直无视这条禁令。亚诺马米人的未来仍无法确定。

"大人物"

在南太平洋的许多地区尤其是美拉尼西亚和巴布亚新几内亚地区，当地文化中的政治领袖被称为大人物。大人物（通常是男性）也可以说是一种村庄头人，但它与村庄头人有一个显著的差别。村庄头人的领导范围仅限于一个村庄，大人物则在好几个村庄中都有支持者。因此大人物是地区政治组织的管理者。在这里我们看到了社会政治规范在规模上由村庄扩大到地区的趋势。

卡保库（Kapauku）巴布亚人居住在印度尼西亚的伊里安查亚地区（新几内亚的一个岛屿）。人类学家帕斯比西尔（Leopold Pospisil）研究了卡保库人（4.5 万人），他们种植农作物（甜土豆是他们的主要食物）以及养猪。这里的经济很复杂，所以不能将之描述为单纯的园艺业。卡保库人唯一的政治人物就是大人物，也被称为 tonowi。通过辛勤地养猪以及从事当地其他活动，大人物积累了财富并获得他的地位。大人物与其他成员在财富、慷慨度、口才、身体素质、勇敢程度以及超自然力量方面存在差异。男人要成为大人物必须具备某种特性。因为他们不能继承财富和地位，所以他们一生都在积累资源。

一个意志坚强的男人可能会成为大人物，他通过努力工作和正确的判断创造财富。猪的成功繁殖和交易能够带给他财富。随着一个人的猪群的增大和声望的增长，他就吸引了更多的支持者。他会举办庆祝性的吃猪肉盛宴，屠宰一些猪并且分给客人。

与亚诺马米的村庄头人不同，大人物的财富要超过他的同伴。考虑到大人物过去对自己的帮助并期待在将来也能得到回报，大人物的支持者会把他当做领导者并坚决支持他的决定。在卡保库人的生活中，大人物是地区性事务的重要管理者。他帮忙确定盛宴和市场交换的日期。他劝导人们举办盛宴，在盛宴上会分发猪肉和财富。他发起需要地区性社会相互合作的经济项目。

卡保库的大人物再一次表明了部落社会中对于领导者品质的概括：如果一个人获得了财富以及广泛的尊敬和支持，那么他或她一定是慷慨的。大人物努力工作不是为了积累财富而是为了能分发他的劳动果实，从而把财富转化成声望和感激。吝啬的大人物会失去他人的支持，他的声誉也会迅速下降。卡保库人甚至可能会采取很极端的方式来反抗积累财富的大人物。自私和贪婪的人有时会被村民杀死。

人口的增长和经济的复杂性对于管理的需求导致了大人物这类政治人物的出现。卡保库人在耕种时会针对不同的土地使用不同的技术。在山谷里从事劳动密集型的种植，在播种前，成员需要相互帮助来耕地。挖掘长长的排水渠道更加复杂。比起亚诺马米人从事的较简单的园艺来说，卡保库人从事作物种植能养活更多更密集的人口。在目前的结构下，如果缺少共同的耕种和对较复杂的经济活动的政治管理，卡保库社会是无法生存的。

 ## 泛部落社群与年龄级

"大人物"可以通过调动不同村庄的人来构造地区的政治组织——尽管是暂时的。部落社会的其他社会和政治机制，例如对共同祖先、亲属、血缘的信仰，也可以用来联系区域内的地方群体。例如，同样的血缘群体可能散布在好几个村庄，它分散的成员可能只追随一个血缘群体的领袖。

除了亲属关系以外，其他的要素也能联系当地的群体。在现代国家，工会、全国性妇女联谊会、政党或者宗派也能提供这样的非亲属联系。在部落，被称作协会或社群的非亲属群体也能提供相同的联系功能。通常社群是建立在相同的年龄或性别的基础上，并且全男性的社群比全女性的社群普遍。

泛部落社群（pantribal sodalities，它们延伸至整个部落，跨越好几个村庄）通常在两种或三种不同文化经常接触的地区形成。这样的社群在部落间出现战争的时候最可能发展。泛部落社群从相同部落的不同村庄吸取成员，因此能够调动许多当地群体的人来攻击或者反击另一部落。

在对非亲属群体的跨文化研究中，我们必须把局限于单一村庄的群体和跨越多个村庄的群体区分开来。只有后者即泛部落群体在通常的军队调动和区域政治组织方面是重要的。在热带的南美、美拉尼西亚以及巴布亚新几内亚的许多园艺社会发现了只限于特定村庄的本地男人的房子和俱乐部。这些群体可能组织村庄的活动甚至是村庄间的掠夺，但是它们的领导者和村庄头人类似，他们的政治范围主要是在当地。接下来关于泛部落群体的讨论将继续我们对地区社会政治组织在规模上增长的关注。

泛部落社群最好的例子来自北美的中央平原以及热带非洲。在 18 世纪至 19 世纪，美国和加拿大的大平原的本地人口经历了一次泛部落社群的快速增长。这种发展反映了马匹传播后的经济变化，而马是由西班牙人传入美洲的，范围波及落基山以及密西西比河之间的所有州。许多平原印第安社会因为马而改变了他们的生存策略。首先，他们是步行捕猎野牛的觅食者。其次，他们接受了建立在捕猎、采集以及园艺基础上的混合经济。最后，他们向建立在骑马捕猎野牛（最后用枪）基础上的更专门化的经济转变。

在平原部落经历这些变化的同时，其他的印第安人也接受了骑马捕猎并向平原移动。不同群体因为试图占领同样的地区而陷入了斗争。一种新的战争形式正在发展，即部落成员经常因为马而攻击另一个部落。这种新的经济要求人们要紧跟牛群的移动。在冬天野牛比较分散时，部落就分成一个个小的队群和家庭。在夏天庞大的野牛群聚集在平原上时，部落成员又聚集在一起。他们为了社会、政治和宗教活动而居住在一起，但主要是为了共同的野牛捕猎。

在新的生存策略下，只有两项活动需要强大的领导：组织和实行对敌对阵营的袭击（为了抢夺马）以及组织夏季的野牛捕猎。所有的平原文化都发展了泛部落社群以及管制夏季捕猎的领导角色。领导们协调捕猎活动以确保人们不会因为过早的射击或不明智的行动而引起畜群的惊逃。领导者实施严

理解我们自己

　　在美国这样的现代国家中，政治的成功要归因于很多因素。这些因素包括个性、亲属关系和世袭地位。对美拉尼西亚人来说，具有政治价值的特征包括财富、慷慨度、口才、身体健康、勇敢程度和超自然的能力。这些特征是怎样影响当代政治进程的呢？美国人利用他们的财富定期地发起战争。"大人物"以猪为媒介来创造和分配财富，并以此获得其他成员对他的忠诚，正如现代的政治家会劝说他们的支持者来为战争作贡献。像"大人物"一样，成功的美国政治家努力对他们的支持者表示自己的慷慨。他们可能采取让其支持者在林肯私宅度过一晚的形式，邀请支持者参加重要晚宴、提供给他们大使的职位或者赏赐他们一处住所更是非常受其支持者欢迎的。"大人物"积累财富然后分发猪。成功的美国政治家分发"猪肉"。

　　和"大人物"一样，口才和沟通技能有助于政治上的成功（例如比尔·克林顿和罗纳德·里根），尽管缺少这些技能并不必然会导致失败（例如布什总统）。那身体健康状况呢？头发、身高和健康也是政治优势。例如，一个人在服兵役时表现出来的勇敢可能有助于他的政治生涯，但是它却不是必需的。超自然的能力呢？那些宣称自己是无神论者的候选人和将自我认定为巫师的人一样少。几乎所有的候选人都宣称自己属于一个主流宗教。一些人甚至鼓吹他们参与竞选在于实现神的意志。然而，当代政治并不像以前的"大人物"体系那样只关注一个人的个性。我们的社会是以国家组织的形式存在的分层的社会，财富的继承、权力和声望这三者都具有政治含义。在典型的国家中，继承和亲属纽带在一个人的政治生涯中扮演着重要的角色。只要想一下肯尼迪家族、布什家族、戈尔家族、克林顿家族和多尔家族，我们就会明白了。

厉的惩罚，包括没收因为不服从而犯错者的财产。

　　一些平原社群由不同的**年龄组**（age sets）组成，而且同一年龄组内具有不同的等级。每一个年龄组里的男人都是这个部落的队群成员，而且他们都出生于一个确定的时间段内。每个年龄组都有其独特的舞蹈、歌曲、财产和特权。一个年龄组内的成员向上流动到另一个年龄组后，如果他想在这个年龄组得到更高的等级，他就需要跟他人分享他的财富，这样他才会得到他人的认可。大部分的平原社会存在泛部落的勇士联盟，它们的仪式鼓励勇武好斗。正如前面所提到的，这些联盟的首领组织其成员进行捕获野牛和掠夺的活动。当夏天大量的人聚集在一起时，它们也会起到仲裁争端的作用。

很多接受平原生存策略的部落在这之前属于觅食者。对觅食者来说，狩猎和采集是个人的活动或小群体的活动，所以他们从未组合成一个单独的社会单位。在将不相关的觅食者组成泛部落群体时，作为社会原则的年龄和性别能够起到快速有效的作用。

在非洲的东部和东南部地区，一个比较常见的现象是有的部落会为了牛而去掠夺其他部落。在那里包括年龄组之内的泛部落社群也发展起来。在肯尼亚和坦桑尼亚的游牧梅赛人（Masai），在同一个 4 年期内出生的男人会一起行割礼，他们属于同一个群体、同一个年龄组，这种身份会贯穿他们的一生。年龄组内划分不同的等级，其中最重要的等级是勇士等级。一个年龄组内的成员要想进入勇士级别，他们首先会受到目前占据者的阻碍，不过占据者最终会放弃勇士级别并结婚。一个年龄组内的成员彼此间具有极强的忠诚度并对彼此的妻子拥有性权利。梅赛人的妇女中不存在这样的组织，但是她们同样会经历文化上所认可的年龄等级：未婚少女、已婚妇女以及老年妇女。

为了理解年龄组和年龄级的差别，我们想一想大学的班级，例如 2011 班，以及它在学校的进程。年龄组是指 2011 班的成员，而大一、大二、大三、大

∧ 在肯尼亚和坦桑尼亚的马赛人中，同一个 4 年周期内出生的男人一起接受割礼。他们终生属于同一个年龄组，拥有同一个名称。这个组会经过各个等级，其中最重要的是勇士级别。此处我们看到的是一个战士年龄级（名为 ilmurran）的男孩们与一个低年龄级（名为 intoyie）的女孩们共舞。我们自己的社会中有等同于年龄组或年龄级的设置吗？

四则代表着年龄级。

并不是所有的文化都同时存在着年龄组和年龄级。当年龄组不存在时，一个男人通常可以通过一定的预定仪式单独地或集体地加入或离开某个特定的年龄级。在非洲，人们公认的级别包括以下几种：

1. 新近成年的年轻人。

2. 勇士。

3. 在泛部落政府中扮演重要角色的由成熟男性组成的一个或多个等级。

4. 负责某些特殊仪式的长者。

在非洲西部以及中部的某些地区，泛部落社群是专门由男性或女性构成的秘密社会。像我们大学中的互助会和联谊会一样，这些协会有秘密的入会仪式。在塞拉利昂的孟德人（Mende），男人和女人的秘密社会非常具有影响力。被称为帕罗（Poro）的男性群体负责培养男孩子，教导他们有关社会行为、伦理及宗教方面的知识，并监督政治与经济活动。帕罗的领导角色通常会掩盖村庄的领导者身份，他们在社会控制、纷争解决和部落政治管理方面扮演重要的角色。在部落社会中，年龄、性别、仪式这些因素与继嗣一样，它们能把当地不同群体的成员结合为一个独立的社会集体，进而使集体成员产生一种伦理认同感和对同一文化传统的归属感。

 ## 游牧政治

尽管很多牧民中都存在部落社会政治组织，如梅赛牧民，但是人口多样性和社会政治的多样性也同样发生于畜牧业中。对牧民的比较研究显示：政治等级会随着管理问题的增加而变得更加复杂。政治组织的个体性和亲属取向降低，而且变得更加正式。畜牧业这一生存策略并不对应任何一种政治组织。处理规范性问题的一系列权威结构是与具体环境有关的。民族国家中的一些牧民在传统上属于界定明确的族群。这反映了牧民需要与其他人口互动——在其他生存策略中，这种需要并不明显。

随着人口密集地区管理问题的增多，政治权威在牧民中的影响大大增加。例如，伊朗的两个游牧部落：巴瑟利人（Basseri）和喀什凯人（Qashqai）。

他们每年从海岸附近的高原出发，将他们的牲畜带到高于海平面 5 400 米的牧场。这两个部落与其他几个族群共同使用这条路线。

各个族群会在不同的时间内使用同一牧场，这需要他们共同做出周密的安排。因而族群的移动是高度协调的。公布这项安排被称为 il-rah。il-rah 是伊朗的所有游牧人群所熟知的一种观念。一个群体的 il-rah 是指它们在时间和空间上的习惯性路线。在每年的长途跋涉中，对于某一地区的使用，不同的群体会有不同的安排。

每一个部落都有一个被称为可汗或伊儿汗的领导者。因为巴瑟利人的人口较少，所以在协调部落移动时，巴瑟利人的可汗比喀什凯人的可汗面临的问题要少。相应地，他的权利、特权、义务和权威也较弱。然而，他的权威却超过我们之前所讨论的任何一个政治人物。当然可汗的权威仍然来自他的个人特质而不是他的职务。也就是说，巴瑟利人会跟随某一特定的可汗并不是因为他正好处在那个政治地位上，而是因为他作为男人赢得了其他人的拥护和忠诚。巴瑟利人社会分为很多继嗣群体，可汗就依赖于这些群体的头领的支持。

然而在喀什凯社会中，人们由对个人的拥护转变为对职务的拥护。喀什凯人的权威分为多个等级，而且他们的首领或者可汗具有更多的权力。管理40万人需要一个复杂的等级体系。这个体系中地位最高的是可汗，其次是副手，副手之下是各个部落的头领，最后就是继嗣群体的头领。

一个案例反映了喀什凯人的权威体系是如何运作的。一场大電子使得一些牧民无法在指定的时间内参加一年一度的迁徙。虽然每个人都知道他们不应该对这次延误承担责任，但是可汗在这一年没有将往年的牧场分给他们，而是分给了他们质量不好的牧场。这些迟到的牧民以及其他的喀什凯人都认为这个决定是公平的，不需要质疑它。因此，喀什凯人的权威人物管理着年度迁移。他们同样裁定人与人之间、部落之间以及继嗣群体之间发生的纠纷。

伊朗的上述例子反映了这样的一个事实：在复杂的民族国家和地区体系下形成的多种多样的专业化的经济活动中，畜牧业仅是其中的一种。作为更大整体中的一部分，游牧部落经常与其他族群发生争斗。在这些民族中，国家成为了最终的权威，成了试图限制族群间争斗的更高层级的管理者。国家除了要管理农业经济外，还要在不断膨胀的社会和经济体系中管理族群间的活动。

酋邦

我们已经介绍了队群和部落，现在我们转向更为复杂的社会政治组织形式：酋邦和国家。距今 5 500 年前，亚欧大陆上出现了第一个国家。酋邦的出现比国家早 1 000 多年，但是现在已经找不到几个酋邦了。在世界的许多地方，酋邦属于部落向国家转变过程中的一种过渡性组织形式。国家首先出现在美索不达米亚平原地区（现在的伊朗和伊拉克）。之后埃及、巴基斯坦、印度河谷以及中国北部也出现了国家。1 000 多年以后，国家在西半球的两个地方也出现了：中美洲（墨西哥、危地马拉、伯利兹）和安第斯山脉（秘鲁和玻利维亚）。与现代实行工业化的民族国家相比，早期的国家被称为"古代国家"或"非工业化国家"。卡内罗（Robert Carneiro）把国家定义为"在一定领土范围内由众多社区组成的自治性的政治单位，它存在一个中央政府，具有征收税赋、招募人民去劳动或战争、颁布并执行法律的权力"（Carneiro，1970，p.733）。

像社会学家所使用的许多类型一样，酋邦和国家也属于理想类型，也就是说它们充当了一种标签作用，使得其区别比实际情况更为明显一些。现实社会中存在一个从部落到酋邦再到国家的连续统一体。有的社会具有酋邦的属性但却保留了部落的特征。有些发达的酋邦具有许多古代国家的属性，因而我们很难把它们归入任何一种类型。考虑到这种"连续的转变"（Johnson and Earle,eds.，2000），被人类学家称作"复杂的酋邦"的那些社会差不多就是国家了。

酋邦的政治和经济制度

包括加勒比海周边（例如加勒比海岛、巴拿马、哥伦比亚）和亚马逊低地、美国东南部和波利尼西亚等在内的几块区域并不存在国家，出现在这些地区的是几个酋邦。在食物生产出现并传播之后、罗马帝国扩张之前，欧洲大部分地区是以酋邦形式组织起来的。自公元 5 世纪罗马衰落之后的几百年时间里，欧洲又恢复到之前的酋邦社会。酋邦创造了欧洲的巨石文化，例如史前巨石柱的建造。我们要牢记的一点是：对酋邦和国家来说，兴盛与衰落都是有可能的。

我们关于酋邦的许多民族志知识来自波利尼西亚（Kirch，2000）。在欧洲人探险时代，酋邦在波利尼西亚是十分常见的。与队群和部落一样，酋邦的社会关系主要建立在亲属、婚姻、继嗣、年龄、世代和性别基础上。这是酋邦和国家的一个基本差别。国家把不存在亲属关系的人们结合在一起，并迫使他们确保对政府的忠诚。

然而与队群和部落不同的是，酋邦对所掌管的区域实行持久的政治管理。酋邦可能包括居住在大小村庄的数千人口。管理者是占据政治职位的酋长以及他的助手。职位是一种永久的设置，当占据职位的人死亡或退休时，这一职位就会为其他人所填补。因为职位能够被系统地不断填补，所以酋邦的结构可以代代延续下去，这就确保了政治管理的持久性。

在波利尼西亚地区，酋长是全职的政治专家，他负责管理着集生产、分配、消费为一体的经济体系，并且他依赖宗教来巩固他们的权威。在对生产进行管理时，他们会通过宗教禁忌的方式来命令或禁止人们在特定的土地上种植特定的作物。酋长同样管理分配和消费。在特定季节——通常在庆祝首次收获的仪式性场合——人们会把他们的部分收成通过酋长的代理人交给酋长。产品在等级体系中向上移动，最后到达酋长那里。相反地，为了体现与亲属分享的义务，酋长会举办盛宴，在盛宴上他会返还他所收到的大部分物品。

资源先流向中心机构，然后又从中心机构流出，这种方式被称为酋长再分配。再分配具有经济优势。如果不同的地区专门提供不同的作物、商品或者服务，那么酋长再分配就能够使得上述产品扩散至整个社会。当生产的发展超过目前的消费水平而有剩余时，中央仓库就将剩余物品储存起来，在遇到饥荒的时候再将那些变得稀缺的物品分发下去（Earle，1987,1991），所以酋长再分配方式在风险管理方面扮演重要角色。酋邦和古代国家有着相似的经济，它们都是建立在集约种植和地区贸易的管理体系基础上。

酋邦中的社会地位

在酋邦中，社会地位建立在继嗣资历的基础上。因为等级、权力、声望和资源都来自亲属和继嗣，所以波利尼西亚的酋长有着极其冗长的族谱。一些酋长在追溯祖先时可以向上推及 50 代。酋邦中的所有人都被看作是互相关联的。以此推测，酋邦中所有人都来自同一个始祖。

酋长（通常是男性）需要证明其继嗣资历。在有的岛上，继嗣资历的等级计算特别复杂，以至于出现人数与等级数相等的现象。例如，第三个儿子的等级低于第二个儿子，同样第二个儿子的等级低于第一个儿子。大哥的孩子的等级高于其弟弟的孩子，其弟弟孩子的等级又高于比他更小的兄弟的孩子。然而在酋邦中，即使是最低级别的人也是酋长的亲属。在一个以亲属关系为基础的社会中，每一个人甚至是酋长都需要与其亲属分享。

因为每个人的地位与其他人相比只存在很小的差别，所以很难划分出精英和普通人。虽然其他酋邦采用不同的方式来计算继嗣资历，族谱也比波利尼西亚的短，但是对族谱和继嗣资历的关注以及精英和普通人的不明显区分是所有酋邦的特征。

 ## 酋邦与国家的地位体系

酋邦和国家的地位体系都建立在对资源的**不平等占有**（differential access）的基础上。这意味着一部分男人和女人在权力、声望和财富方面享有特权。他们控制着土地和水之类的战略资源。厄尔把酋长描述为"在财富和生活方式上占有优势的早期贵族"（Earle，1987，p.290）。然而，酋邦社会中的地位差异仍然与亲属关系密切相关。拥有特权的人通常是酋长和他们最亲近的亲属以及他们的助手。

与酋邦相比，早期国家中的精英与大众之间存在更为稳固的界限，至少贵族和平民的区分是很明显的。因为实行阶层内婚制——属于同一阶层的人相互通婚，所以亲属关系并没有从贵族阶层延伸到平民阶层。平民与平民通婚；精英与精英通婚。

这种建立在对资源的不平等占有基础上的社会经济阶层与队群和部落社会中建立在声望基础上的地位体系形成了鲜明对比。队群中存在的声望差异反映的是一个人的特殊品质和能力。出色的狩猎者只要慷慨就能获得村民的尊敬。同样，有技能的治疗者、舞者、演讲者或有其他令人羡慕的才能或技能的人也是如此。

在部落中能够获得声望的是这样的人：继嗣群的领导者、村庄头人尤其是"大人物"、能够掌握他人的忠诚和劳动力的地区首领。然而，上述所有人必须是慷慨的。如果他们比村庄里的其他人积累了更多的资源——财富或食物，那么他们必须与其他人分享。既然每个人都可以得到重要资源，那么建立在不平等的资源占有基础上的社会阶级也就不会存在了。

在许多部落尤其是那些实行父系制的部落中，男人比女人享有更多的声望和权力。在酋邦中，声望和资源占有是建立在继嗣资历基础上的，因为一些女性要年长于男性，所以男女在权利方面的差异会减小。酋长与"大人物"的不同之处在于酋长不用进行日常劳作，并且他拥有平民所没有的权利和特权。他们的相同之处在于他们都要返还他们所收到的大部分财富。

 ## 分层的出现

虽然都是建立在对资源的不平等占有的基础上，但是由于酋邦中享有特权的少数人经常是酋长的亲属和助手，所以酋邦的地位体系不同于国家的地位体系。然而，酋邦的这种地位体系类型并没有能够持续很长时间。酋长开始像国王一样处事并且试图削弱酋邦的亲属关系基础。在马达加斯加岛，为实现上述目的，酋长会把他们的许多远房亲属降为平民并禁止贵族和平民通婚（Kottak，1980）。如果人们认可了这样的流动，那么社会上就会产生分化的社会阶层——在财富、声望和权力方面存在极大差异的不相关的群体（阶层是指在社会地位和战略资源占有方面存在差异的群体，它与年龄和性别无关）。所谓的分层是指分离的社会阶层的产生，它的出现标志着从酋邦到国家的转变。分层的出现和人们对分层的认可是国家的一个显著特征。

著名社会学家马克斯·韦伯定义了社会分层的三个相关维度：（1）经济

地位或**财富**（wealth），包括收入、土地和其他类型的财产在内的一个人的所有物产。（2）**权力**（power），把自己的意志施加于他人的能力——做一个人想做的事情，这是政治地位的基础。（3）**声望**（prestige）——社会地位的基础，它是指人们对行为、事迹或杰出品质的好评、尊敬或赞同。声望或者"文化资本"（Bourdieu，1984）为人们提供了一种价值和荣誉感，通常它们会转化成经济和政治优势（表 12.1）。

表 12.1　马克斯·韦伯关于分层的三个维度

财富	=>	经济地位
权力	=>	政治地位
声望	=>	社会地位

　　古代国家的形成使得人类发展史上第一次出现了包括所有男性和女性在内的整个群体在财富、权力和声望上的差异。每一个阶层都包括这一阶层上各个性别的人和各个年龄段的人。**特权阶层**（superordinate）（高级或精英阶层）在财富、权力和其他具有价值的资源方面享有特权。**从属阶层**（subordinate）（较低或无权阶层）的成员在资源的占有方面要受到特权阶层的限制。

　　社会经济分层成为古代国家或所有工业化国家的典型特征。精英控制着生产手段的重要部分，例如土地、牧群、水、资本、农田和工厂等。那些处于社会底层的人的社会流动机会比较少。因为精英所有权的存在，所以平民不能自由占有资源。仅仅在国家中精英才开始保持他们与其他人的财富差异。与"大人物"和酋长不同，他们不需要把别人生产和增加的财富再返还给那些人。

 # 国家

　　表 12.2 总结了到目前为止对队群、部落、酋邦和国家的讨论。国家是存在社会阶层和正式政府、建立在法律基础上的自治性的政治实体。与队群、

部落和酋邦相比，国家面积更为广阔，人口数量也更多。所有的国家都出现了具有专门功能的特定地位、制度和子系统。它们包括以下几种：

1. 人口控制：设定界限、确定公民身份种类以及进行人口普查。

2. 司法：法律、司法程序和审判。

3. 强制力：持久的军队和警察力量。

4. 财政：税收。

在古代国家，这些子系统通过由民事、军事和宗教机构组成的统治性体系或者政府整合为一体（Fried，1960）。

表 12.2　队群、部落、酋邦和国家中的经济基础和政治管理

社会政治类型	经济类型	举例	管理类型
队群	觅食	因纽特人	当地部落
部落	园艺业和畜牧业	亚诺马米人、卡保库人、梅赛人	当地，短暂的区域
酋邦	生产性的园艺、游牧、农业	喀什凯人、波利尼西亚人、切罗基人	长久的区域
国家	农业、工业	古代的美索不达米亚地区，当代的美国和加拿大	长久的区域

 人口控制

为了弄清楚统治的对象，国家会进行人口普查。国家设定界限以使自己与其他的社会分离开来。海关代理人、移民局官员、海军和海岸巡逻队负责巡视边界。甚至非工业化的国家也有边界维持力量。布干达是乌干达维多利亚湖海岸的一个古代国家，国王将边远省份的领土奖励给军队官员，这些军队官员就成为国王用来抵御外来侵略的守卫者。

为了控制人口，国家还做行政划分，分为：省、区、州、县、村和教区等。下层官员负责管理人口和分区的领域。

在非国家社会中，人们会跟与自己有着私人关系的直系亲属、姻亲、虚拟亲属和同龄群体共同工作和休闲。这样的个人性社会生活存在于人类的大

部分历史中，但是食物生产导致了它的最终衰落。在人类进化数百万年后，食物生产出现了，人口增多，管理问题也增多了，结果从部落到酋邦再到国家这一过程仅用了 4 000 年的时间。国家机构的存在导致了亲属关系统治地位的下降。继嗣群可能作为一种亲属群体继续存在，但是它们在政治组织中的重要性也开始下降。

国家促进了地理性的流动和重新安置，人、土地和亲属间形成了一种持久的联系。在现代社会，人口的更替速度增快。战争、饥荒和到外国寻找工作引发了移民潮。在国家中，人们不仅仅将自己看作是继嗣群或者扩大家庭的一员，而且既通过先赋地位又通过后致地位来定义自己，这些因素包括种族背景、出生地或居住地、职业、党派、宗教、团队或俱乐部的一员。

为管理人口，国家还赋予公民和非公民不同的权利和义务。公民间的地位差别属于普遍现象。许多古代国家对贵族、平民和奴隶赋予不同的权利。权利的不平等也存在于当今以国家形式组织起来的社会中。在美国近代史上的《解放黑奴宣言》颁布之前，美国对奴隶和自由人实施不同的法律。在欧洲殖民地地区，对那些涉及殖民地的土著人和欧洲人的不同案例，殖民者会设立不同的法院来审理。在当代美国，军事形式的审判和法院体系与民事司法形式并存。

 ## 司法

国家的法律建立在先前案例和立法的基础上。当成文法律不存在时，法律可能会通过口头传统由法官、长者和其他专门负责牢记法律的人延续下去。作为法律智慧储藏库的口头传统广泛存在于一些国家，而另一些国家，例如英国，比较常见的是成文法律。法律规定了个人和群体间的关系。

犯罪是对法典的侵犯，不同的犯罪行为具有不同的惩罚方式。然而，一种行为，例如杀人行为，可能会有多种形式的法律定义（例如过失杀人、正当杀人或者一级谋杀）。而且即使在被认为是忽视社会差异的当代美国司法中，穷人还是比富人受到更多、更严重的控告。

为了处理纠纷和犯罪问题，所有的国家都设立了法院和法官。前殖民地时期的美国各州都设立了县以下级、县级和区级的法院，加上由国王和皇后以及他们的顾问所组成的高级法院。虽然国家鼓励人们在本地范围内解决问题，但是大部分的国家允许人们向更高级的法院提出申诉。

国家和非国家之间的一个重要差别在于对家庭事件的干预。在国家中，家庭中的抚养和婚姻都处于公共法律的管辖范围内。政府会涉入去制止流血冲突事件并且在私人纷争出现之前就加以规范。国家总是试图消除内战，但是它们并不是每次都能成功。自 1945 年以来，为了推翻统治政权或者解决部落、宗教和少数族群的问题，世界上的武力战争有 85% 发生在国家内部，仅有 15% 的斗争是跨越国界的（Barnaby，1984）。反抗、抵抗、镇压、恐怖主义和战争依旧存在。事实上近代国家也做过一些历史上最血腥的事情。

 ## 强制力

所有的国家都有执行司法判决的机构。监禁需要有监狱，死刑需要有执行者。国家机构接收罚款和没收财产。这些机构行使真正的权力。

作为一种相对新的社会政治组织形式，国家在与世界上不太复杂的社会的竞争中更为成功。虽然军队帮助国家征服邻近的非国家社会，但是这不是国家扩散的唯一原因。虽然国家存在不足之处，但是国家同样具有优势，比较明显的就是国家能保护我们抵御外来侵略并维持国内秩序。国家通过推进国内和平来促进生产，生产的发展足以供养大量而又密集的人口，这又为扩张提供了军队和殖民者。

 ## 财政体系

国家需要财政体系来供养统治者、贵族、政府官员、法官、军队人员和成千上万的其他专门人才。与酋邦一样，国家干预生产、分配和消费。国家可能命令某个地区生产某种物品或者在特定的地方禁止某种行为。虽然与酋邦一样，国家也存在再分配（通过税收），但是慷慨和分享的重要性大大减小，国家仅仅是将所得的一小部分返还给人们。

在非国家社会中，人们习惯性地与亲属分享，但是在国家中，居民要负担对官僚和政府人员的额外义务。公民必须将他们的大部分产品上交给国家。国家将所征收的一部分资源用于公共福利，另一部分（通常是大部分）供社会上层使用。

国家并没有给普通民众带来更多的自由或闲暇，他们通常比非国家的民众更加辛苦地劳动。人们可能被召集去修建巨大的公共工程。一些修建大坝和灌溉系统之类的工程可能是出于经济上的需要。然而，人们也为社会上层建造寺庙、宫殿和坟墓。

政府监督分配和交换、统一度量衡并对流入和流出国家的商品征收税赋，所以说市场和贸易通常处于国家的控制之下。税收供养政府和那些在行为、特权、权利和义务方面与普通民众存在明显不同的统治阶级。税收同样供养着许多专门人才，如管理者、税收征收者、法官、法律制定者、将军、学者和牧师。随着国家发展的成熟，这部分人不必为生活水平的提高而担忧。

古代国家的社会上层沉迷于奢侈物品的消费，如珠宝、异域食物和饮品以及仅为富人所拥有或负担得起的时髦衣服。因为农民必须尽力地满足政府的需要，所以农民的饮食条件很差。普通人可能死于与他们的需要毫不相关的领土战争。这些观察也是当代国家的真实写照吗？

 # 社会控制

本章的前面部分对于正式的政治组织关注较多而对政治进程的关注较少。我们已经研究了队群、部落、酋邦和国家这些不同类型的社会的政治管理。我们了解到政治体系的规模和力量是如何随着时间和一些主要的经济变化（食物生产的扩散）而扩大的。我们探讨了在不同类型的社会中纷争出现的原因以及它们的解决方式。我们还看到了包括领导者及他们的局限性在内的政治决策的制定。我们同样认识到当代所有人都要受到国家、殖民主义和现代世界体系传播的影响。

在这一部分中，除了认识到政治体系公共的、正式的一面外，我们还将了解到它更细微和非正式的方面。在研究统治体系时——不管是政治的、经济的、宗教的还是文化的——我们不仅需要关注正式的机构，而且也要关注社会控制的其他形式。**社会控制**（social control）是一个比政治更为广泛的概念，它是指"社会系统中（信仰、实践和机构）涉及规范维持和争端调节的那些广泛领域"（N.Kottak，2002，p.290）。（规范是文化标准或准则，它使个人能够区别适当的行为和不适当的行为）

霸权

葛兰西（Antonio Gramsci，1971）针对分层化的社会秩序提出了**霸权**（hegemony）的概念，在霸权社会中，通过使下层人士内化统治者的价值观并使他们接受统治的自然性（即事情本该如此）这样的方式更容易获得他们对统治者的服从。根据皮埃尔·布迪厄的观点（Bourdieu，1977，p.164），每一种社会统治都努力使它的统治（包括它的控制机制和压迫机制）看起来是自然的。所有的霸权意识形态都解释了现存的秩序符合每个人利益的原因。统治阶级通常都会做出承诺（如果有耐心的话，事情会变得更好）。葛兰西和其他人用霸权的观念来解释人们在没有被强迫的情况下也会服从的原因。

布迪厄（Bourdieu，1977）和米歇尔·福柯（Foucault，1979）都认为控制人们的思想比控制人们的身体更容易也更有效率，并且工业化社会设计了更为隐蔽的社会控制形式，这些形式通常代替了粗野的身体暴力。这些方式包括劝说技术、管理技术和监视技术，有关人们信仰、活动和接触的记录技术。你能想到一些当代例子吗？

霸权和主导意识形态的内化是统治者遏制抵抗和维持权力的一种方式。统治者所使用的另一种方式是使下层群众相信他们最终会得到权力——正如年轻人受到长辈支配时，他们会期待到他们年老的时候也可以支配别人。在密切监视民众的同时将他们分离起来或孤立起来，例如将他们投入监狱，也是统治者遏制抵抗的一种方式。根据福柯所描述的监狱对被关押者的控制，单独的监禁是使被关押者服从于权威的有效方式。

弱者的武器

在对政治制度进行分析时应考虑到证据表面和公共行为之下所隐藏的行为。尽管被压迫者会在私底下质疑统治者对自己的控制，但是在公共场合他们似乎接受这种控制。詹姆斯·斯科特（James Scott，1990）用**"公共话语"**（public transcript）来描述社会上层和社会下层之间的那种公开的、开放的相互作用——这是权力关系的外在表现。他用**"隐藏话语"**（hidden transcript）来描述被统治的人们在权力持有者看不见的地方对权力持有者所进行的批评。在公共场合，统治者和被统治者会遵循权力关系的礼仪。当下层民众是谦卑和服从的时候，统治者就会像傲慢的主人一样行事。

通常存在霸权的地方会存在积极的反抗，但这种反抗是个人性的被隐藏的行为，而不是集体性的公然挑衅行为。斯科特（Scott，1985）对马来人进行了田野调查，他用马来农民的例子来说明被他称为"弱者的武器"的小规模抵抗行为。马来农民采用一种间接策略来抵抗什一税。缴纳什一税时，农民需要上交一些米，这些米会被运送到省级政府。从理论上来说，什一税将被作为救济金返还给民众，但是这从没有实现过。农民没有以暴动、宣讲或抗议的形式来抵制什一税，而是采用"啃"的策略，这种策略是一种不容易被察觉的抵抗。例如，他们会不申报土地或者谎报耕地的数量。为了增加大米的重量，他们会在大米中掺杂水、石头或泥土。因为他们的抵抗，实际上缴的大米仅占应缴大米的 15%（Scott，1990,p.89）。

下层民众同样会采用各种各样的方法进行公开抵制，但是他们通常会采用伪装过的形式。他们会通过公共仪式和包括隐喻、委婉的语言和民间传说在内的语言形式来表达他们的不满。例如，一个恶作剧故事（像美国南部奴隶所讲述的"兔子大哥"这一故事一样）赞美了弱者的骗术，这是因为弱者战胜了强者。

当社会允许民众集会的时候，民众的反抗获得公开表达的可能性大大增加。在这样的场合中，隐藏话语可能会被公开表达出来。人们跟与自己没有任何直接联系的人分享他们的梦想和愤怒。拥挤的人群、集会的视觉和情感影响以及它的匿名性激发了被压迫者的勇气。正是由于感受到这种危险，所以统治者不鼓励这样的集会。他们试图限制和控制假期、丧礼、舞会、节日和其他有可能导致被压迫者联合的场合。因此，在国内战争爆发前的美国南部地区，除非有一个白人参加，否则 5 个或 5 个以上奴隶的聚集是被禁止的。

影响社区形成的地理、语言和民族隔离等因素同样会起到遏制抵抗的作用。因此美国南部的种植园主会寻找具有不同文化和语言背景的奴隶。尽管采用了各种方式来分离他们，但是奴隶还是抵制并发展了他们自己的流行文化、语言准则和宗教愿望。奴隶主将《圣经》中强调服从的那部分教给奴隶，但是奴隶却接受了摩西的故事、应许之地和拯救。奴隶们的这种宗教观念实际上使得黑人和白人的现实地位在这里被逆转。奴隶通过蓄意破坏、逃跑、直接抵抗的方式来反对奴隶主。在新大陆的许多地区，奴隶成功地在山冈和其他与外界隔绝的地区建立了自由的社区（Price，1973）。

在特定的时间（节日和狂欢日）和特定的地点（例如市场），隐藏话语通常会被公开表达出来。在平常日子里，演讲和攻击行为是受到压制的，但是狂欢日的匿名性使得它成为人们进行反霸权演说的绝佳场合（演说包括谈话、演讲、手势和行为）。在狂欢日，人们通过无礼、跳舞、暴饮暴食和性行为的方式来庆祝自由（DaMatta，1991）。刚开始时狂欢日可能是人们戏谑性地发泄一年中所积累起来的失望的方式。随着时间的推移，它可能发展为人们对分层和统治的强有力的年度批判，因而狂欢日成为既定秩序的威胁（Gilmore，1987）。（正是由于意识到仪式可能转变为政治反抗，西班牙独裁者弗朗西斯科·弗朗哥才宣布狂欢日为不合法）

 ## 政治、羞辱和巫术

现在我们转向关于社会政治进程的一个个案研究，将它视为个人在日常生活中所经历的那个更大的社会控制体系的一部分。现在没有人生活在一个与世隔绝的队群、部落、酋邦或国家中。民族志学者所研究的所有群体，如下面会讨论到的马库阿人，都居住在民族国家中，人们在民族国家中要应付各种水平和类型的政治权威，并经受其他形式的社会控制。

科塔克（Nicholas Kottak，2002）对莫桑比克北部的马库阿农村地区的政治制度和更为普遍的社会控制进行了民族志田野调查研究。他关注了社会控制的三个领域：政治、宗教和声誉制度（声誉制度与社区中各类人如何看待他们的声誉有关）。人们关于社会规范和犯罪行为的谈话能够体现上述领域的重要性。从马库阿人对"偷邻居家的鸡"这件事情的讨论中，我们可以十分清楚地认识到他们有关社会控制的思想。

大部分的马库阿村民在自家的角落里都设有一个临时性的鸡棚。每天太阳升起前鸡会离开笼子，在周围的区域徘徊以寻找残渣碎屑。傍晚的时候鸡通常会回到鸡笼，但是有时，鸡，尤其是那些刚买回来的鸡，会待在其他村民的鸡笼里。村民担心他们的鸡会成为流动资产。鸡的主人不是总能确定他的鸡在哪儿觅食。当鸡的主人找不到鸡的行踪时，村民可能会受到诱惑而偷邻居的鸡。

马库阿人几乎没有什么物质财富，并且他们的饮食中缺乏肉类，这使得在觅食的鸡成为对村民的一种诱惑。因为马库阿人认为鸡的徘徊和偶尔的偷窃已成为社区问题，所以科塔克开始总结他们对社会控制的看法，即为什么人们不偷邻居的鸡。马库阿人的回答体现了三种主要的阻碍因素或惩罚方式，它们是羞辱、巫术和监禁（这里提到的惩罚是指一个人违背规范后所受到的一种处罚）。

根据科塔克的说法，每一种方式（监狱、巫术和羞辱）都涉及一个想象的"社会剧本"，最终都产生一种当事人不情愿的结果。以监禁为例，它代表着一个扩大的政治和法律进程的最后阶段（大部分的违规行为在这之前已经被解决了）。当马库阿人提到巫术时，他们指的是由偷鸡行为而可能引发的另外一系列事情。他们相信一旦邻居发现他们的鸡被偷，他就会去找一个巫师为他施行一场巫术攻击。马库阿人相信这样的惩罚性巫术攻击要么会杀死那个偷鸡贼，要么使他病得很严重。

羞辱是解决偷鸡问题的最普遍的办法。在羞辱这一社会剧本中，偷鸡贼一旦被发现，他就必须参加一个正式的、公开组织的村庄会议，政治权威人物会在会议上决定适当的惩罚和赔偿。马库阿人关心的不是罚金而是一个被认定的偷鸡贼在村民的关注下所产生的巨大羞愧感或窘迫感。当偷鸡贼认识到他的社会认同或社区声誉已经遭到破坏时，他会感受到一种扩大的耻辱感，这也叫作羞辱。

生活在民族国家中，马库阿人解决潜在冲突的方式分为几种不同的类型和水平。两个人之间的纷争能迅速扩大为各自母系继嗣群间的争斗（在母系继嗣群中，亲属关系仅通过女性来计算——见下一章）。存在冲突的继嗣群的头领会出面解决问题。如果他们不能解决这个问题（例如通过经济补偿），那么这一冲突将会交由国家的政治权威来解决。政府的干预能避免个人间的斗争扩大为继嗣群间的持续的冲突（例如本章前面所描写的流血冲突）。

莫桑比克在历史上经历了殖民主义（受葡萄牙统治）、独立（获得时间较晚，在 1975 年）和国内战争（1984—1992 年）的阶段。因为这段历史，它的正式权威分裂为两个对立的政治领域：国家指定的权威和更为传统的权威。莫桑比克获得独立后不久，占统治地位的莫桑比克解放阵线为每一个村庄设定了一个书记。他们还制定了一个村庄化的计划，在这个计划中农村人口要从分散在乡村的那些小村庄中搬迁到大的核心村庄中。大部分农村地区的马库阿人对这种被迫的村庄化计划和新的权威设置感到失望。这种不满加剧了莫桑比克的国内战争。在战争结束后，莫桑比克解放阵线付出了很多努力来与传统权威（Regulo, Cabo and Capitão）共同工作，这些传统权威在开始时被莫桑比克解放阵线指控为"殖民合作者"和社会的格格不入者。regulo 是指一个领地的首领，通过母系继嗣（由母亲的兄弟传给姐妹的儿子）而获得其政治地位。位于他下面是 cabos，再下面是 capitãos。

村庄斗争几乎不会在地方管理者（ensatoro）管辖区域之外的范围内发生，从马库阿人那里可以得知，地方管理者是建立于殖民地时代早期的更高的政治机构。只有地方管理者有权调遣警察并定期拘留村民。因此可以很明确地看出地方管理者控制着国家武力的使用。虽然 regulo（传统的酋长）与地方管理者直接会面的次数越来越多，但是书记（secretários，新委任的国家政府人员）与地方管理者的关系更好。因为书记能够与拥有武力的政治权威相接触，所以其与地方管理者的密切接触被赋予了一定的合法性。然而，大部分的村民仍然把 regulo 放在政治等级体系中更高的位置上，并且更喜欢让 regulo 来处理他们的争斗和问题。regulo 的合法性和他的职位都来自母系继嗣原则的神圣性。

新的官员与传统官员的结合构成了马库阿的正式政治体系。尽管这个体系存在两重性，但是这个体系包含了具有合法性的职位和官员，而且它代表着正式的社会控制。马库阿社会体系的政治部分明确而正式的职责就是处理斗争和犯罪行为。正如本章前一部分所讨论的那样，人类学家试图去关注社会控制的正式方面（例如政治领域）。但是，像在马库阿社会中所观察到的一样，人类学家也意识到了社会控制其他领域的重要性。当尼古拉·科塔克在一个乡村社区中向马库阿人询问制止偷窃的方法时，仅仅 10% 的人提到了监禁（正式的制度），而 73% 的人将羞辱作为不去偷邻居鸡的原因。

羞辱是一种强有力的社会制裁方式。马林诺夫斯基（Malinowski，1927）描述了特罗布里恩岛人可能因为不能容忍大众在得知他们的一些丑行尤其是乱伦行为之后对他们的羞辱，所以他们会选择爬到棕榈树上跳下来这种自杀方式。马库阿人讲述的一个故事是人们谣传一个男人与他的继女生了一个孩子。政治权威并没有对这个男人实施正式的制裁（例如罚金或监禁），但是关于这件事的流言蜚语却迅速传播开来，而且这些流言蜚语在很多年轻女性都会唱的一首歌的歌词中明确显示出来了。当那个男人听到了他的名字并理解了歌曲中提到的乱伦行为后，他告诉别人他要去地区的首府旅行。几个小时以后，人们发现他吊死在村外的一棵芒果树上。男人自杀的原因在于他要向马库阿人进行自我澄清——"他感到太羞辱了"（先前我们也看到了歌曲在因纽特人社会控制体系中的角色）。

许多人类学家列举了包括流言、污言和羞辱在内的非正式的社会控制过程的重要性，尤其是在像马库阿这样的小规模社会中（参见 Freilich，Raybeck and Savishinsky，1991）。流言能演变为羞辱，当实施直接的或正式的制裁具有风险或者社会中不存在这种制裁的时候，这种情况就可能发生（Herskovits，1937）。玛格丽特·米德（Margaret Mead，1937）和本尼迪克特（Benedict，1946）区分了作为外部制裁的羞辱（例如由他人实施武力）和作为内部制裁的愧疚之间的差异，愧疚是由于个人的心理作用导致的。他们认为羞辱是非西方社会的一种有效的社会控制方式，而愧疚是西方社会的一种重要的情感制裁方式。

一个人受到羞辱和感到羞辱的可能性在于这种制裁方式为个人所内化，

只有这样制裁才会发生作用。对马库阿人来说，潜在的羞辱是一种强有力的制止方式。农村地区的马库阿人通常终生都居住在一个社区里。因为一个社区的人口通常少于 1 000 人，所以村民能够了解大部分社区成员的身份和声誉。根据科塔克的研究，农村地区的马库阿人会高度精确地监视、传播以及记忆每一个人的身份细节。家、市场和学校的紧密结合有利于这种监视的进行。在这样的社会环境里，人们会努力避免做出那些可能会损坏他们荣誉的行为或者使他们与社区相疏远的行为。

对巫术的信仰同样有利于社会控制（在有关宗教的章节中会深入讨论宗教的社会控制作用）。虽然马库阿人一直讨论巫术和巫师的存在，但是他们并不清楚谁是巫师。这种身份的模糊性还与当地的巫术理论有关，这一理论涉及的是每一个人在某些时候所感觉到的怨恨。这是一种自我怨恨感，所以马库阿人可能会怀疑自己的潜在身份就是巫师。他们也意识到其他人也有类似的感觉。

因为马库阿人认为偷鸡贼不可避免地会成为报复性巫术的目标，所以巫术信仰引发了人们对死亡的担忧。当地的理论假设疾病、社会的不幸和死亡都是由怨恨性巫术直接引发的。在马库阿村庄中，人们的预期寿命相当短，婴儿的死亡率非常高。亲属会突然死于传染性疾病。与大部分西方人相比，马库阿人的健康、生命和生存是成问题的。这种不确定性加剧了与巫术相关的高度风险。不仅仅是偷窃，任何斗争本身都是危险的，这是因为它可能引发巫术的攻击。

科塔克报道的下面一段对话表明了马库阿人将巫术作为一种社会控制进程的意识。

民族志学者：为什么你不偷邻居的鸡？

被访问者：嗯？我邻居的鸡没有少啊。

民族志学者：是的。我知道。你的邻居有一只鸡。那只鸡经常在你的土地上活动。有时候晚上它还会睡在你家的鸡笼里。你为什么不顺便偷走这只鸡呢？是什么阻止你这么做？

　　被访问者：巫术、死亡。

　　社会控制的效力依赖于人们怎样清楚地想象出一种反社会行为所受到的制裁。马库阿人十分清楚违反规范、争斗时会受到的制裁。正如我们所看到的，监禁、羞辱和巫术是农村地区的马库阿人所能想象到的主要的制裁方式。

　　本章开始时我们引用了弗里德的政治组织的定义，"社会组织包括那些与专门管理公共政策事务的个人或群体相关的社会组织"（Fried，1967，pp.20-21）。正如我在那里所提到的，弗里德的定义很适合于民族国家，但不适用于那些缺少"公共政策"的非国家社会。因此，我认为在讨论对个人、群体及其代表间的相互关系进行管理时，我们需要关注社会政治组织（要记住，管理是一个纠正违规行为的过程并因而维持了体系的整体性）。我们已经知道这样的管理是一个延伸到政治之外的其他社会控制领域的过程，例如宗教和声誉制度，在这样的过程中，大众舆论与被个人所内化的社会规范和制裁会相互作用。

家庭、亲属关系与继嗣

- 家庭

- 继嗣

- 亲属关系的计算

- 亲属称谓术语

家庭

人类学家对他们传统上所研究过的不同社会的家庭、较大的亲属体系、继嗣和婚姻一直有着强烈的兴趣。在跨文化的研究中，亲属关系的社会建构显示了丰富的多样性。由于亲属体系在我们所研究的人群中起着重要作用，所以对亲属关系的理解已经成为人类学的必要组成部分。我们会进一步研究在人类的历史长河中组织人类生活的亲属和继嗣体系。

民族志学者很快就认识到在他们所研究的任何社会中都存在着社会分化——社会群体。在田野调查的过程中，他们通过观察群体的活动和构成来了解那些重要群体。人们通常会居住在同一个村子里或者相邻的村子，或在一起劳动、祈祷和庆祝，因为他们通过某种方式被关联在一起。为了理解社会结构，民族志学者必须调查这种亲属纽带。例如，当地最重要的群体可能是同一祖先的后代。这些人可能在相邻的房子里居住，在毗邻的土地上种植，并且在日常任务中相互帮助。那些建立在不同或者较远亲属关系基础上的其他类型的群体就较少聚在一起。

核心家庭是一种在人类社会中广泛存在的亲属群体，它包括父母和子女，这些人通常共同居住在一个家庭里。其他的亲属群体包括扩大家庭（包含三代或者三代以上的家庭）和继嗣群，继嗣群分为世系和氏族。这样的群体通常不具有核心家庭那样的居住方式。扩大家庭的成员会时不时地聚在一起，但是他们不需要住在一起，特定继嗣群的分支可能会居住在好几个村庄里并且很少聚集起来共同活动。由那些声称具有共同祖先的人组成的继嗣群是非工业社会中食物生产者所在社会组织的基本单位。

 ## 核心家庭与扩大家庭

只有父母和子女居住在一起才可以称为核心家庭。大部分人在他们生命中的不同时期至少会属于两个核心家庭。他们出生的家庭包括他们的父母和兄弟姐妹，当他们成年后，他们会结婚并且建立一个核心家庭，这个家庭包括他的配偶和后来的孩子。因为大部分社会允许离婚，所以很多人会通过婚姻建立一个以上的家庭。

人类学家区分了**原生家庭**（family of orientation，一个人出生和成长的家庭）和**再生家庭**（family of procreation，一个人结婚和有了孩子之后形成的家庭）。从个体的角度来看，在原生家庭中个人与父母和兄弟姐妹的关系是最重要的，在再生家庭中个人与配偶和孩子的关系是最重要的。

在大多数社会中，一个人与核心家庭成员（父母、兄弟姐妹、孩子）的关系要优先于与其他亲属的关系。核心家庭组织虽然分布很广泛，但是它并不是普遍的形式。而且核心家庭在每个社会中的重要性有着显著的差异。在有的社会中，例如下面将会描述到的纳亚尔人就是一个典型的例子，核心家庭在纳亚尔人那里很稀少或者是不存在的。在一些其他地区，核心家庭在社会生活中并不扮演特别的角色。核心家庭并不总是居住或者权威组织的基础。其他的社会单位尤其是继嗣群和扩大家庭会具有很多核心家庭之外的功能。

看看一个来自解体前的南斯拉夫的例子。传统上，在波斯尼亚西部的穆斯林中（Lockwood，1975），核心家庭缺乏自主性，几个这样的核心家庭会组成一个被称为"扎德鲁加"的扩大家庭户。扎德鲁加由一个男性家长和他的妻子——一位年长的妇女来管理。它也包括已婚的儿子以及儿子的妻子和孩子，还有就是未婚的儿子和女儿。每个核心家庭都有一个用来睡觉的房间，房间的装饰和部分家具来自新娘的嫁妆，但是，财产甚至衣服这样的物品是由扎德鲁加的成员自由共享的，甚至连嫁妆也被安置到其他的地方使用。因为每一对配偶婚后都居住在丈夫父亲的家里，所以这样的居住单位被称为从夫居扩大家庭。扎德鲁加要优先于它的组成单位。女人、男人、孩子之间的相互联系要比配偶之间或者父母子女之间的相互联系更为经常。较大的家庭用餐时会有三张餐桌，男人、女人、孩子各一张。传统上所有超过12岁的孩子会一起睡在男孩子们或者女孩子们的房间里。当一个妇女想去拜访另一个村庄时，她需要征得扎德鲁加的男性家长的同意。与兄弟的孩子相比，虽然人们通常感觉自己的孩子要更亲密一些，但是他们需要平等地对待所有孩子。

家中的每个成年人都可以教导孩子，当一个核心家庭破碎后，7 岁以下的孩子跟着妈妈离开，稍大一点的孩子可以在父母之间做出选择。即使孩子的母亲离开了，孩子还是被认为是他所出生的家庭中的一员。有一个寡妇再婚了，而她必须将她 5 个超过 7 岁的孩子都留在孩子父亲的扎德鲁加中。这个扎德鲁加的家长现在是孩子父亲的兄长。

还有一个关于核心家庭的替代方式的例子来自纳亚尔（或者叫做纳尔）人，纳亚尔是印度南部马拉巴尔海岸地区一个很大很有势力的种姓。他们传统的亲属体系是母系的（只能通过女性来继嗣）。纳亚尔人居住在被称为塔纳瓦德（tarawad）的母系扩大家庭中，塔纳瓦德也是一个比较复杂的居住场所，它包括好几栋建筑物，它自己的庙宇、粮仓、水井、果园、花园和土地。塔纳瓦德由年长的女性来管理，里面住着她的兄弟姐妹、姐妹们的孩子和其他的母系亲属，她的兄弟姐妹也会帮她的忙（Gough，1959;Shivaram，1996）。

∧∧ 在很多社会中，兄弟姐妹关系至关重要。图中云南省的两个姐姐正在用折叠的树叶喂弟弟喝水。你所在的原生家庭或再生家庭中有类似的关系吗？

传统的纳亚尔婚姻看起来只是一种形式——一种成年仪式。一个年轻的女性会跟一个男子举行一场婚姻仪式，在仪式之后的一些日子里，他们会一起住在她的塔纳瓦德中。随后这个男性就会返回到他自己的塔纳瓦德中跟他的姐妹、姨母和其他母系亲属居住在一起。纳亚尔男性属于战士阶层，他们会定期服兵役，在他们退休后，他们就在他们的塔纳瓦德中永久居住下来，纳亚尔女性可以有多个性伙伴，孩子属于母亲的塔纳瓦德，他们不被看作是他们亲生父亲的亲属。实际上，很多纳亚尔孩子甚至不知道他们的生父是谁，照顾儿童是塔纳瓦德的责任，因而纳亚尔社会可以在不存在核心家庭的情况下不断地繁衍下去。

工业体制与家庭组织

对于很多美国人和加拿大人来说，核心家庭是唯一的容易辨认的亲属群体，地理性迁移导致了家庭的孤立，这种迁移是与工业体制相关的，因而对核心家庭的强调是很多现代家庭的特征。北美人出生在一个原生家庭中，会离家去寻找工作或者上学并且开始与父母分开，最后大多数北美人会结婚并建立一个再生家庭。因为当今美国人口中从事农业的人口比例不到 3%，所以很多人不会被束缚在土地上，为了在市场上销售劳动力，我们经常会迁移到有工作机会的地方。

很多已婚夫妇居住在远离父母数百英里的地方。他们的工作决定着他们的居住地点。这样的婚后居住方式被称为**新居制**（neolocality）。已婚夫妇期待建立一处新的居住地点，一个属于他们自己的家。在北美的中产阶级那里，新居制不仅是一种文化倾向，还是一种统计标准。大多数美国中产阶级最终会建立属于他们自己的住所和核心家庭。

在分层社会中，一个阶层与另一个阶层的价值观体系会存在某种程度的差异，亲属关系也是一样。北美的中产阶级与穷人之间有显著的差别。例如，下层阶级中存在扩大家庭（那些包括非核心亲属的家庭）的概率要高于中产阶级。当一个扩大家庭中包括三代或者三代以上的成员时，它就是一个**扩大家庭**（extended family household），例如"扎德鲁加"。另一类型的扩大家庭被称为*旁系家庭*（collateral household），旁系家庭包括兄弟姐妹以及他们的配偶和孩子。

在美国的下层阶级中存在着很高比例的扩大家庭，这种现象被解释为对贫困的适应（Stack，1975）。因为经济条件不允许他们作为核心家庭存在，所以亲属会结合为一个扩大家庭并且共用他们的资源，这种对贫困的适应方式导致他们与常规的中产阶级在价值观和态度方面存在分歧。因而，当在贫穷中长大的北美人变得富有时，他们通常感到为那一大帮生活较为不幸的亲戚提供金钱方面的帮助是他们的责任。

 ## 北美亲属关系的变迁

尽管对于很多美国人来说，核心家庭仍是一种文化理想，但是 2003—2004 年美国核心家庭的数量仅占美国所有家庭数量的 23%。现在其他的家庭安排要超过这种传统美国家庭的 3 倍。有几种原因可以解释这种变化的家庭构成。女性不断地加入男性的劳动力大潮中，这使得她们离开她们的原生家庭，并且即使在延迟步入婚姻的情况下，她们在经济方面也是可以承担的。另外，工作与浪漫的婚姻是对立的，美国女性步入婚姻的平均年龄从 1979 年的 21 岁增加到 2003 年的 25 岁，男性的平均初婚年龄从 23 岁增加到了 27 岁（Fields，2004）。

美国的离婚率也上升了，这导致如今离婚比 1970 年要普遍得多。在 1970—2003 年间，离婚的美国人在数量方面增加 34 倍，从 1970 年的 430 万人增长到 2003 年的 2 200 万人（注意，一次离婚会产生两个离异的人）。美国离婚率的大幅增长发生在 1960—1980 年，在这段时间内美国的离婚率翻了一番，从 1980 年开始，这个比例保持在 50% 左右。这就是说，每年新增加的离婚人数几乎是新增结婚人数的一半。

单亲家庭数量的增长速度也超过了人口的增长速度。它从 1970 年的少于 400 万人增长到 2003 年的 1 600 多万人，是以前数量的 4 倍（2003 年美国总人口的数量是 1970 年的 1.4 倍）。生长在没有父亲的家庭里的（单亲母亲，不与父亲居住在一起）孩子的比例，2003 年是 1970 年的两倍多。相比之下，生活在没有母亲的家庭里（单亲父亲，不与母亲居住在一起）的孩子比例增加了 5 倍。在 2004 年大约 57% 的美国女性和大约 60% 的美国男性是已婚者，相对应的比例在 1970 年各是 60% 和 65%（Fields，2004；Fields and Casper，2001）。更确切地说，当今的美国人是通过工作、朋友关系、运动、俱乐部、信仰和有组织的社会活动来维持他们的社会生活的。但是，美国人与亲属的日益分离现象很可能是人类历史上前所未有的。北美家庭和生活单位存在小型化趋势，这种趋势在西欧和其他工业国家也很明显。

与非工业社会的人相比，北美人特别是北美的中产阶级的亲属归属感的范围要狭窄得多。尽管我们也会认识到自己与祖父母、叔叔、阿姨和堂表兄弟姐妹的关系，但是与处于其他文化中的人相比，我们与亲属的联系较少，对亲属的依赖性也较弱。当我们回答下列这些问题时，我们就会发现这个事实：我们是否确切地知道我们与所有的堂表兄弟姐妹到底是哪种亲属关系？关于我们的祖先，例如他们的全名和他们住在何地，我们知道多少？我们日常联系的人中有多少是我们的亲属？

　　工业社会和非工业社会的人们在回答这些问题时所表现出来的差别，证明了在当代国家中亲属重要性的下降。新移民在看到存在于当今北美社会中的他们所认为的那些亲属关系淡漠、对家庭缺乏适当的尊重的现象时，他们会感到震惊。事实上，北美中产阶级每天所接触的人大多不是他们的亲属或者核心家庭的成员。另一方面，斯达克（Stack）在 1975 年对中西部一个城市贫民区中领取社会福利的家庭的研究显示：与非核心亲属分享是城市贫民的一项重要策略。

　　美国和巴西是西半球人口最稠密的两个国家，它们最鲜明的一个对比就是家庭的意义和角色。当代北美的成年人通常将家庭定义为他们的丈夫或妻子，还有孩子。但是，当巴西的中产阶级提到他们的家庭时，他们指的是他们的父母、兄弟姐妹、姑姑、叔叔、祖父母以及堂表兄弟姐妹。之后他们会

 理解我们自己

　　美国人认为应该爱父母、兄弟姐妹、配偶，特别是孩子。我们中的许多人，或许是多数人会同意"家庭"是非常重要的，但是亲属在我们的生活中到底有多重要呢？人们将如何回答这样一个问题呢？在非工业社会，人们无时无刻不与亲属在一起——在家时、工作时、游戏时，在村落中、在田间，与牲畜在一起时。相反，当今的美国人一般与我们不爱甚至不喜欢的人一起度过每天——至少是工作日。我们需要采取平衡的措施以在满足工作需求的同时能够与家人在一起。电视节目中闲适的 Harriet Nelson 和 Carol Brady 与 NBC 公司出品的医学电视剧《急诊室》中匆忙的医生以及屏幕上那些即使工作需要占据大量时间却依然努力尽到家庭责任的父母们之间有何区别呢？

　　你的父母是如何应对工作／家庭的责任的？在你成长的至少部分时间里，你的父母在外工作在统计学数据上是可能的。还有可能你的母亲，即使有报酬更高的工作，却比你父亲花费更多时间在照顾孩子和家庭上面。你的家庭的取向是否例证了这一规则，抑或是一个例外？你认为当你组建了再生家庭后你的家庭会不同吗？为什么？

加上自己的孩子，但是他们很少会加上组成自己的小家庭的丈夫或妻子，孩子为两个家庭所共有。因为美国中产阶级缺乏扩大家庭的那种支持体系，所以婚姻对他们来说显得更为重要。丈夫与妻子之间的关系要优先于配偶中任一方与他或她的父母的关系，这给北美人的婚姻增加了一种明显的张力。

巴西人居住在一个迁移性较弱的社会中，与北美人相比，巴西人与他们的亲戚保持着较为密切的关系，这些亲属包括扩大家庭的成员。南美的两个大城市，里约热内卢和圣保罗的居民不愿意离开市中心而去那些离家人和朋友很远的地方。巴西人发现没有亲属的社会世界是很难想象的，那样的生活不会幸福。与此对比的是美国人的典型话题：学会跟陌生人一起生活。

 ## 觅食者的家庭

在社会复杂性方面，从事觅食经济的人们是无法与工业社会相比的，但是伴随游牧或者半游牧性质的狩猎与采集生活而出现的地理性迁移是觅食者的特征。尽管在觅食社会里，核心家庭并不是建立在亲属关系上的唯一群体，但是对于觅食者来说，核心家庭通常是最重要的亲属群体。传统觅食社会的两个基本社会单位是核心家庭和队群。

与工业国家中产阶级的配偶不同，觅食者通常不会建立新居。相反，他们会加入一个丈夫或者妻子的队群，但是，配偶和家庭成员可能会迁移好几次，从一个队群迁到另一个队群。同其他任何社会一样，在觅食者那里，核心家庭的成员最终也不是持久的，尽管这样，它们通常还是比队群要稳定。

很多觅食社会缺乏全年保持不变的队群组织。位于犹他州和内华达州大盆地的土著肖肖尼人提供了一个这方面的例子。对于肖肖尼人来说，可供利用的资源如此缺乏以至于在一年中的大部分时间里，家庭成员会游荡在整个地区从事狩猎和采集活动，很多家庭在某些季节会聚集为一个队群共同狩猎，几个月后这些家庭就又分散开。

工业社会和觅食社会中的人都不会被永久地束缚在土地上，迁移和对小规模的经济自足的家庭单位的强调使得核心家庭成为这两类社会基本的亲属群体。

继嗣

我们已经看到在工业国家和觅食者那里，核心家庭是很重要的。对于非工业的食物生产者来说，与核心家庭作用类似的群体是继嗣群。**继嗣群**（descent group）是由表明他们有共同祖先的成员构成的永久的社会单位。继嗣群的成员相信他们拥有并且来自共同的祖先。尽管随着成员出生和死亡、迁入和迁出，群体成员的关系会改变，但是这个群体会继续存在。通常情况下，继嗣群的成员关系在出生时就被决定了。这种关系是终生的。在这种情况下，它是一种先赋地位。

继嗣群

继嗣群通常实行外婚制（成员必须从其他的继嗣群寻找配偶），承认某些人属于继嗣群的成员而排除其他人，它通常会涉及两条规则：一条规则是**母系继嗣**（matrilineal descent），人一出生时就自动地加入母亲的群体，并且终生都是母亲所在群体的成员，因而母系继嗣群仅仅包括群体中的女性和她们的孩子。在**父系继嗣**（patrilineal descent）下，人们自然地拥有终生成为他父亲所在群体的成员的资格。群体中所有男性的孩子都加入这个群体，但是群体中的女性成员的孩子被排除在外（图13.1和图13.2展示的是母系继嗣和父系继嗣，三角代表男性，圆圈代表女性）。父系继嗣和母系继嗣是单系继嗣的两种类型。**单系继嗣**（unilineal descent）的意思是继嗣法则仅仅会用到一个家系，这个家系或者是女性的或者是男性的。父系继嗣比母系继嗣要更

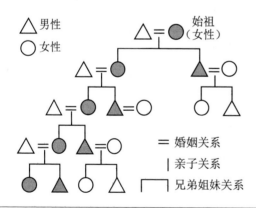

△ 男性
○ 女性

始祖（女性）

= 婚姻关系
| 亲子关系
⎿ 兄弟姐妹关系

△ 图13.1　一个母系世系的五代

母系世系基于来自一个女性始祖的已证明的后代。只有群体中女性的孩子才属于母系世系。群体中男性的孩子被排除在外；他们属于其母亲的母系世系。

普遍。在 564 个社会的样本中（Murdock，1957），实行父系继嗣的社会数量是实行母系继嗣的社会数量的三倍左右。

继嗣群可能是**世系**（lineages）或**氏族**（clans），两者的共同之处在于成员都相信他们来自共同的"始祖"。始祖位于共同系谱的顶端。例如，依据《圣经》上面的说法，亚当和夏娃是所有人类的始祖，因为夏娃被认为是来自亚当的肋骨，所以在《圣经》里所展示的父系系谱里，亚当是最初的始祖。

世系和氏族有何不同？世系

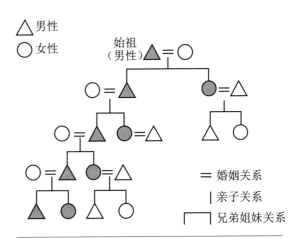

△ 图13.2 一个父系世系的五代

世系以来自一个共同祖先的已证明的后代为基础。在父系继嗣中，群体中男性的孩子被归为继嗣群成员。群体中女性成员的孩子被排除在外；他们属于其父亲的父系世系。还要注意世系外婚。

使用"陈列的祖先"，成员可以列举出他们每一代祖先的名字，从始祖一直到现在（这并不意味着他们的记忆是精确的，只不过世系成员认为是这样）。《圣经》中"生了其他人的那个人"这句话就是一个大父系的系谱继嗣的证明，因为这个大父系将犹太人和阿拉伯人（他们将亚伯拉罕作为他们最近的始祖）都包括了进去。

与世系不同，氏族使用"拟定的祖先"。氏族成员仅仅说他们来自同一个始祖。他们不会试着去追溯他们自己和祖先的实际系谱关系。对于最近的 8 至 10 代，继嗣是可能得到证实的，但是对于那些更久远的时期，继嗣就是拟定的，那些始祖有的时候被拟定为传说中的美人鱼，有的时候是一些定义很模糊的外国王室成员（Kottak，1980）。就像贝齐雷欧人所在的社会一样，很多社会既存在世系也存在氏族。在这样的情况下，氏族比世系拥有更多的成员，并且氏族比世系覆盖更大的地理范围。有时候一个氏族的始祖根本不是人类而是一种动物或者植物（被称为图腾）。不管是不是人类，祖先象征着社会的团结和成员的认同，这种认同感使他们与其他群体区别开来。

通常存在着继嗣群组织的社会的经济类型是园艺、畜牧和农业，就如在第

11 章 "生计"中提到的，这些社会一般存在几个继嗣群。这几个继嗣群中的任何一个都可能会被限制在一个村庄里，但是通常情况下他们会分布在不止一个村庄里。如果一个继嗣群的任一分支共同居住在一个地方，那么它就是 "本地继嗣群"。不同继嗣群的两个甚至更多的当地分支可能会居住在同一个村庄里，同一村庄或者不同村庄的继嗣群通过频繁的通婚会建立起一种联盟。

 ## 世系、氏族与居处法则

我们可以看到，与核心家庭不一样，继嗣群是永久的持续的单元，每一代都会有新成员的加入。成员可以使用世系的土地，为了世代从土地上获益和管理土地的需要，一些成员必须居住在这里。为了能够持续存在下去，继嗣群必须保证至少有一部分成员留在家里，待在祖先所留下的土地上。实现这一目的的一个简易方法就是制定一条法则，规定谁属于这个继嗣群并且规定成员结婚后应当住在哪里。父系继嗣和母系继嗣，还有通常会伴随它们的婚后居处法则就保证了每一代出生的人中，有一半左右的人会在祖先留下的土地上生活。新居制是大多数美国中产阶级的居处法则，但是它在现代北美、西欧、拉丁美洲的欧裔文化之外是不常见的。

从父居是比较普遍的现象，当一对夫妻结婚后，他们就会迁移到丈夫父亲所在的团体中，这样他们的孩子就会在他们父亲的村庄中成长。从父居是与父系继嗣相联系的。这样做是合情合理的。如果预先规定群体中的男性成员将享有使用祖先土地的权利，那么在这些土地上抚养他们，在他们婚后将他们留在土地上，将会是很好的方法。它可以通过让妻子迁移到丈夫的村子来实现，而不是相反的措施。

从母居是比较少见的婚后居处法则，它与母系继嗣相关。已婚的夫妇会居住在妻子的母亲的团体中，并且他们的孩子会在母亲的村庄中成长。这条规则使得有亲属关系的女性聚在一起。从父居和从母居都被称认为是婚后居住的单居制规则。

 ## 双系继嗣

到现在为止，我们所考察的继嗣规则是允许某些人成为群体成员而排除另外一部分人。单系继嗣规则只使用一个家系，它或者是女性的或者是男性的。单系规则之外的另一条继嗣法则被称为**双系继嗣**（ambilineal descent）或者两可系继嗣。像其他任何社会一样，在这种继嗣规则下，成员身份来自他们拥有共同的祖先。但是，与单系群体不同，两可系群体不会自动地将儿子或者女儿的孩子排除在群体之外。人们可以选择他们想加入的继嗣群（例如，他们可以选择他们父亲的父亲、父亲的母亲、母亲的父亲、母亲的母亲所在的继嗣群）。人们也能改变他们的成员身份，或者同时属于两个或者更多的群体。

单系继嗣是关于先赋地位的问题。两可系继嗣体现的是后致地位。在单系继嗣下，成员身份是自动的，不允许有其他选择。人们生来就是父系社会中父亲群体的成员或者母系社会中母亲群体的成员，而且这种成员身份会持续终生。两可系继嗣允许成员在继嗣群体的归属方面享有更多的弹性。

在 1950 年之前，继嗣群通常仅仅被描述为父系或者母系的。如果一个社会有父系倾向，则人类学家就会将这个社会归类为父系社会而不是两可系群体。将两可系继嗣作为一个单独的分类，这是对那些继嗣体系比较具有弹性的社会的一种形式上的识别，因为有些社会比起其他的社会要有弹性得多。

家庭与继嗣

与亲属和继嗣相关的是权利、责任和义务。因为很多社会既有家庭又有继嗣群，所以成员对其中一方的义务可能与成员对另一方的义务相对立，母系社会发生这种情况的可能性比父系社会更大一些。在父系社会里，一个女人通常在结婚时就离开她的家并且在她丈夫的团体中抚养他们的孩子。在离家后，她就不再对她自己的继嗣群承担主要的或者大量的义务。她可以全部投资于她的孩子，而且她的孩子会成为她丈夫群体中的成员。在母系社会中的情况是不同的。一个男人既要对他的再生家庭（他的妻子和孩子）履行重要义务，又要对他最亲密的母系亲属（她的姐妹和姐妹的孩子）履行义务。继嗣群的持续存在依赖的是他的姐妹和姐妹的孩子，因为继嗣者是由女性生育的，所以他在继嗣群中的义务就是照管好她们的福利。他还需要对他的妻子和孩子履行义务。如果一个男人确信妻子的孩子是他亲生的，与他会有所怀疑相比，他会投放更多的精力在孩子身上。

趣味阅读　社会安全与亲属关系类型

　　我的《远逝的天堂》（第4版）一书描绘的是阿伦贝培人的社会关系。阿伦贝培是一个我自20世纪60年代就开始研究的巴西渔业社区，在初次对阿伦贝培进行研究时，我就震惊了，因为在社会关系方面它与人类学家传统上所研究的那些以亲缘为基础的平等主义社会非常相似。在阿伦贝培人对当地生活的性质和存在基础进行总结时，他们会不断提到"我们这里的人都是平等的"和"我们这里的人都是亲戚"这两句话。就像氏族成员那样（他们宣称有同一个祖先，但是说不清他们的具体关系），大部分村民不能准确地追溯他们与远亲的族谱关系。"有什么区别呢？只要我们知道我们是亲戚就好了。"

　　就像在大部分的非工业社会里一样，紧密的个人联系建立在亲缘关系的基础上。举个例子，如果一个社会通过神话的形式说明成员彼此都是亲戚，那么社会的团结程度将会得到提高。然而，在阿伦贝培，社会团结要远逊于那些存在氏族和世系的社会，在这些社会中，系谱的使用导致一部分人被纳入一个群体，并且另一部分人被排除出这个群体，而且成员身份是通过继嗣群而获得的。强大的社会团结需要有一部分人被排除在外。阿伦贝培人声称他们彼此都是有亲缘关系的，不排除任何一个人在外，这在事实上削弱了他们的亲戚关系在制造和维持群体团结方面的潜力。

　　权利和义务往往是与亲缘关系和婚姻联系在一起的。在阿伦贝培，亲缘关系越近，婚姻联系就越正式，权利和义务就越多。社会中存在正式和非正式两种婚姻形式。最普遍的婚姻是一种比较稳定的习惯法婚姻。比较少见却更有声望的是法律婚姻，它由地方法官执行并且赋予了继承权。结合了教堂仪式和法律效力的婚姻是最具声望的。

　　与亲属关系和婚姻相联结的权利和义务构成了当地的社会安全系统，但是人们需要衡量这个系统的收益和成本。最显而易见的成本是：村民必须分享他们的一部分成果。当有野心的人迈上通向当地成功的阶梯后，他们将获得更大的决定权。为了维持他们在公共舆论中的地位，并保证他们老有所依，他们必须分享。然而，分配是一个强力的平均机制。它会消耗人们过剩的财富并限制一个人向上的流动。

　　这种平均机制到底如何进行呢？就像通常的阶层国家一样，巴西全国性的文化规范都是由上层阶级制定的。通常巴西中上层人士的婚姻既具有法律效力，又在教堂进行。甚至连阿伦贝培人都知道这是结婚的唯一"合适"的方式。所以最成功和最有野心的当地人会模仿巴西上层人士的做法。他们希望通过这种方式来提高自己的声望。

　　然而，法律婚姻消耗个人的财富，比如，法律规定了一个人对姻亲提供财务帮助的义务。这些义务是经常性的而且花费巨大。对孩子的义务往往伴随着不断增长的支出，因为通常成功人士的子女的存活机会更大，所以伴随收入增长的是对孩子应尽义务的增加。孩子被看成父母的伙伴和经济利益。因为男孩的经济前景确实要比女孩的更光明，所以男孩尤其受到重视。

出生在一个比较富裕而且饮食条件良好的家庭里，孩子的生存机会将得到大幅度的提升。一般家庭会把鱼和土豆、洋葱、棕榈油、醋和柠檬炖在一起做成菜。他们每周会吃一次干牛肉换换口味。烤树薯粉是能量的主要来源，人们每餐都会吃。其他的基本食物包括：咖啡、糖和盐。水果和蔬菜应时节而吃。饮食是不同家庭形成对比的一个主要方面。最穷的人不能经常吃上鱼，他们主要靠树薯粉、咖啡和糖来维持生活。境况较好的家庭的基本食物有牛奶、黄油、蛋类、大米、豆类和丰富的鲜鱼、水果和蔬菜。

足够的收入能够改善饮食条件，并且它为家庭提供了获取超出当地医疗水平的方法和信心。富裕家庭的大多数孩子能够存活下来。但是这意味着更多的人口需要养活，并且（因为这种家庭的家长通常想为他们的孩子提供更好的教育）这意味着在教育上更大的花费。经济成功和大家庭之间的相关性在于大家庭对财富的消耗限制了个人财富的增加。渔业企业家图姆想象得出，如果他要负责这个不断壮大的家庭的衣食、教育，那么他将会面临长期而艰苦的工作。图姆和他的妻子没有失去过孩子。但是他认识到，短期之内，他不断扩大的家庭是他的一个障碍。"但是，最终我将有几个成才的儿子。在我们变老需要他们的时候，他们会来帮助我们的。"

阿伦贝培人都知道谁有能力跟别人分享；在这样一个小社区里成功者是隐藏不住的。居民们在此认识上构筑他们对他人的期望。比起那些比自己穷的人，成功人士需要与更多的亲戚、姻亲和远亲进行分享。人们期望成功的船长和船主为普通的渔民买啤酒喝；商店主人做生意必须诚信。就像在队群和部落中一样，人们希望所有的富人都表现出符合自己身份的慷慨。随着财富的增加，人们更频繁地被邀请参加仪式性的亲属关系。通过洗礼——当有牧师拜访的时候，这个仪式会举行两次，或者可以在外面举行——一个孩子将会拥有两名教父。这些人将成为孩子父母的同伴。伴随财富而来的对仪式性亲属义务的增加是限制个人财富增长的另一个因素。

我们发现在阿伦贝培，亲属关系、婚姻和亲属仪式具有成本和收益的性质。成本会限制个人财富的增长。主要的收益是社会安全，当一个人需要的时候他可以确保他能够获得来自亲戚、姻亲和仪式亲属的帮助。然而，这些收益只有在付出成本之后才能得到。所以获益的人仅仅是那些生活富裕并且又不会明显地违背当地规范尤其是分享规范的人。

与父系体系相比，母系社会通常存在更高的离婚率和更多的女性滥交行为（Schneider and Gough，1961）。根据科塔克（Nicholas Kottak，2002）的说法，位于莫桑比克北部的马库阿人属于母系社会，一个丈夫会关注他妻子的潜在乱交行为，他的姐妹也会对他的妻子的忠诚感兴趣，因为她不想让她的兄弟将时间浪费在那些可能不是他亲生孩子的人身上，反而减少了他作为一个舅舅（母亲的兄弟）对她的孩子的投入。作为马库阿人生育过程一部分的忏悔仪式表现了姐妹对她兄弟的忠诚。当一个妻子即将分娩时，负责照看她的丈夫的姐妹就会问："谁是孩子真正的父亲？"如果这个妻子说谎，马库阿人相信生孩子会出现难产，通常的结果就是这个女人和／或她的孩子会死去。这是一种重要的亲子鉴定仪式。确保妻子的孩子的确是他的亲生孩子，这是一个丈夫和他的姐妹都感兴趣的问题。

 # 亲属关系的计算

除了研究亲属群体，人类学家对**亲属关系的计算**（kinship calculation）也很感兴趣。亲属关系的计算是指一个社会中的人所使用的亲属关系的估算体系。为了研究亲属关系的计算，一个民族志学者必须首先确定在一种特定语言下人们对不同类型的亲属所使用的不同的称谓，接着他们会提出这样的问题："谁是你的亲属？"亲属与种族、社会性别一样（在其他章节中讨论），是被文化建构起来的。也就是说，系谱上的某些亲属被看作是亲属而有些不被看作是亲属，有时甚至不属于系谱亲属的人都会被社会地建构为亲属。尽管从生物性来讲，贝利人只有一个真正的父亲，但是他们认可多个父亲。通过提问，民族志学者挖掘出了"亲属"和作为亲属命名依据的"自我"之间明确的系谱关系。"自我"在拉丁文中是"我"的意思。在图 13.3 的亲属关系图表中，"我"指的是读者自己，是从你的角度来面对你的亲属。通过向当地人询问一些相同的问题，民族志学者就了解到这个社会中亲属关系计算的范围和方向。民族志学者也开始理解亲属关系计算与亲属群体之间的关系，即人们如何通过亲属关系产生和维持人际关系并且加入社会群体。在图 13.3 中，黑色的方块表示"自我"表明了正在考察的是关于谁的亲属关系计算。

 系谱亲属类型和亲属称谓

在这里，我们可能要对"亲属称谓"（称呼不同的亲属时所用的特定语言）和"系谱亲属类型"进行区分。如图 13.3 所显示的那样，我们使用字母和符号来指明系谱亲属关系。系谱亲属关系指的是一种真实的系谱关系（例如父亲的兄弟）而不是亲属称谓（例如叔叔）。

亲属称谓反映了特定文化对亲属关系的社会建构，一种亲属称谓可能（并且通常）会将好几种系谱关系合并在一起。例如，在英国，我们使用"父亲"这一称谓主要是指系谱父亲这一种亲属类型。但是"父亲"也可以延伸到"养父"或者"继父"这一层面，甚至是"教父"。祖父包括母亲的父亲和父亲的父亲。"堂表兄弟姐妹"这一称谓将好几种亲属类型合并在一起。甚至连较明确的"第一代堂表兄弟姐妹"也包括：母亲兄弟的儿子（MBS）、母亲兄弟的女儿（MBD）、母亲姐妹的儿子（MZS）、母亲姐妹的女儿（MZD）、父亲兄弟的儿子（FBS）、父亲兄弟的女儿（FBD）、父亲姐妹的儿子（FZS）、父亲姐妹的女儿（FZD）。"第一代堂表兄弟姐妹"结合了至少 8 种系谱亲属类型。

△	男性
○	女性
□	不区分性别的个体
＝	婚姻关系
≠	离婚
∣	亲子关系
└┐	兄弟姐妹关系
●	展现其亲属的女性"我"
▲	展现其亲属的男性"我"
■	不区分性别的"我"
⊘ ⊘	已故个体
F	父亲
M	母亲
S	儿子
D	女儿
B	兄弟
Z	姐妹
C	孩子（任一性别）
H	丈夫
W	妻子

︽ **图13.3　亲属关系符号和系谱亲属类型表示法**

叔叔包括母亲的兄弟和父亲的兄弟，而阿姨包括母亲的姐妹和父亲的姐妹。我们也会用叔叔和阿姨指代我们家族中姨妈和叔叔的配偶。我们以相同的称谓称呼母亲的兄弟和父亲的兄弟，那是因为我们将他们看做相同类型的亲属。称他们为叔叔，我们就可以将他们与另一种亲属类型 F——父亲区别开来。但是在很多社会中，一个很普遍的现象就是父亲和父亲的兄弟有相同的称谓，下面让我们来看一下为什么会这样。

在美国和加拿大，尽管单亲家庭、离婚和再婚的比例在上升，但是事实是：核心家庭一直是建立在亲属基础上的最重要的群体。现代国家中核心家庭相对孤立于其他的亲属群体这一现象反映了工业经济下人们在出卖劳动力以获取薪酬的过程中进行的地理性迁移。对于北美人来说，将属于他们核心家庭的亲属与那些不属于核心家庭的亲属区别开来是合理的。我们较有可能在父母身边成长而不是在我们的叔叔和阿姨身边成长。我们一般见到父母的机会比较多。对那些居住在不同的城镇和城市里的叔叔阿姨，我们见到的机会要少。我们一般会继承父母的财产，但是我们的堂表兄弟姐妹拥有我们叔叔阿姨财产的第一继承权。如果我们的婚姻是稳定的，只要孩子还留在家里，我们就每天都能看到他们，他们是我们的继承者。与我们的外甥女、侄女和外甥、侄子相比，我们感觉与自己的孩子更亲密一些。

美国的系谱亲属计算和亲属称谓反映了这些社会特征。这样，叔叔这个称谓就将母亲的兄弟和父亲的兄弟这一亲属类型与父亲这一亲属类型区别开来，但是这一称谓也合并了亲属类型，我们以相同的称谓称呼母亲的兄弟和父亲的兄弟，但是这是两种亲属类型。我们这样做的原因是美国的系谱亲属计算是双边的，在追溯与前辈的关系时，女性和男性例如母亲和父亲，他们的地位是平等的。两种类型的叔叔都是我们父母一方的兄弟，我们将他们看作是类型大致相似的亲属。

"不，"你可能会反对，"与父亲的兄弟相比，我感到与母亲兄弟的关系更亲密。"这是可能的。在具有代表性的美国学生的样本中，我们会发现一种分歧，有的学生会喜欢这一方，有的学生会喜欢另一方。实际上我们预计会存在一点母方倾向，母方倾向是指比较偏爱母亲一方的亲属。这种现象的发生是有很多原因的。当今孩子仅由父母中的一方来抚养，这一方通常是孩子的母亲而不是孩子的父亲，而且即使在完整的婚姻下，在处理包括家庭拜访、聚会、假日和扩大家庭关系在内的家庭事务方面，妻子一般比丈夫扮演更为积极的角色。这通常会使得她的亲属网络要强于丈夫的亲属网络并且导致母方倾向。

双边亲属关系是指人们通常将女性和男性双方的亲属关系看作是相似的

或者平等的。这种双边性表现在相互作用、共同居住或者邻近居住、获得亲属的继承权方面。我们通常不会继承叔叔的财产，但是如果要继承的话，在继承父亲兄弟的财产和继承母亲兄弟的财产方面，我们享有同等的机会。我们通常不会跟阿姨住在一起，但是如果会，我们与父亲的姐妹居住在一起的机会与跟与母亲的姐妹居住在一起的机会是相同的。

 # 亲属称谓术语

在不同的文化中，人们如何思考和定义亲属关系是不同的。在任何文化中，亲属称谓都是一个分类体系、分类单位或者类型分类法。它是一种地方性的分类单位，在特定的社会中历经数代发展。一种本地的分类体系建立在人们如何思考被分类事物的相似性和差异性的基础上。

但是，人类学家已经发现：对于人们会如何划分他们的亲属，世界上仅存有限的几种形式。语言极为不同的人可能会使用极其相同的称谓。这一部分考察了对父母一代的亲属进行分类时的四种主要方式：直系型、二分合并型、行辈型、二分旁系型。我们也会思考这些分类系统的社会联系（注意这里所描述的每种体系都适应于父母一代，在自我这一代，也会有不同的亲属称谓）。这些体系包括对兄弟姐妹和堂表兄弟姐妹的分类。爱斯基摩式、易洛魁式、夏威夷式、克劳式、奥马哈式、苏丹式这六种称谓体系是以那些传统上使用它们的社会来命名的。你可以在下面的网址中看到关于这些分类的图表和讨论：http://anthro.palomar./edu/kinship/kinship._5.htm;http://anthro.palomar.edu/kinship/kinship_6.htm;http://www.umanitoba.ca/anthropology/tutor/kinterms/index.html。

每一种亲属称谓体系都有一种**功能性解释**（functional explanation），例如直系型、二分合并型、行辈型称谓。功能性解释试着将特殊的习俗（例如亲属称谓的使用）与社会的其他因素如继嗣和婚后居处法则联系起来。文化的特定方面是其他文化的功能。也就是说，它们是相关变量，所以当它们中的一个变量发生变化时，其他变量也不可避免地会发生变化。在特定的称谓下，社会关系是很明确的。

亲属称谓提供了有关社会形式的有用信息。如果两个亲属具有相同的称谓，我们就可以假设他们拥有同等重要的社会属性。人们与亲属如何联系、人们如何理解亲属以及人们如何对亲属进行分类，这会受到几个因素的影响。例如，传统上某些类型的亲属是否住在一起？他们距离多远？他们彼此如何互惠并且各自的义务是什么？他们属于同一继嗣群的成员还是不同继嗣群的成员？记住了这些问题，让我们来考察一下亲属称谓体系。

 # 直系称谓

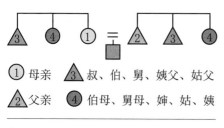

① 母亲　　③ 叔、伯、舅、姨父、姑父
② 父亲　　④ 伯母、舅母、婶、姑、姨

图13.4　直系亲属称谓

我们自己的亲属分类体系被称为"直系体系"。数字 3 代表的是"叔叔"这一称谓，这一称谓同时适用于父亲的兄弟和母亲的兄弟。存在**直系亲属称谓（Lineal kinship terminology）**（图 13.4）的社会的特征是：核心家庭是建立在亲属关系上的最重要的群体，如美国和加拿大。

直系亲属称谓与世系完全没有关系，世系存在于极其不同的社会背景中（那些背景是什么？）。直系亲属称谓的名称来自它能将直系亲属和旁系亲属区分开来。这是什么意思呢？一个直系亲属就是自我的祖先或者后代，可沿着一条直线向上或者向下连接到自我的任何一位亲属（图 13.5）。因而，一个人的直

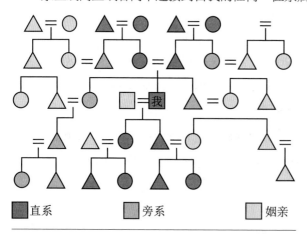

■ 直系　　■ 旁系　　■ 姻亲

图13.5　以自己为中心认识到的直系、旁系和姻亲的区别

系亲属指的是一个人的父母、祖父母、曾祖父母以及其他的直系前辈，直系亲属也包括子女、孙子女、曾孙子女。旁系亲属是其他的亲属，他们包括：兄弟姐妹、侄子外甥和侄女外甥女、阿姨和叔叔、堂表兄弟姐妹（图 13.5）。姻亲是通过婚姻结成的亲属，它或者是通过直系亲属的婚姻（例如儿子的配偶），或者是通过旁

系亲属的婚姻（姐妹的配偶）。

二分合并称谓

二分合并亲属称谓（bifurcate merging kinship）（图 13.6）将母亲一方的亲属和父亲一方的亲属分开。但是它也将父母中任一方的同性兄弟姐妹合并在了一起。因而，母亲和母亲的姐妹被合并到同一称谓下（1），同时"我"对父亲和父亲的兄弟采用相同的称谓（2），"我"对母亲的兄弟采用不同的称谓（3），"我"对父亲的姐妹采用不同的称谓（4）。

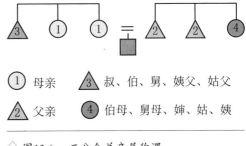

① 母亲　△ 叔、伯、舅、姨父、姑父
△ 父亲　④ 伯母、舅母、婶、姑、姨

△ 图13.6　二分合并亲属称谓

人们在使用单系继嗣法则（母系或者父系）和单一地点婚后居住法则的社会中会用到这种称谓体系。当社会是单系继嗣并单一地点婚后居住法则时，二分合并称谓体系的逻辑就相当清晰了。例如，在父系社会中，父亲和父亲的兄弟属于同一继嗣群，他们具有同样的社会性别，属于同一世代。因为父系社会通常采用从父居法则，所以父亲和他的兄弟会生活在同一个当地群体中。因为他们具有很多相同的社会属性，所以"自我"就将他们看作是同等的，并且以同一称谓（2）来称呼他们。但是，母亲的兄弟属于不同的继嗣群，他们居住在其他的地方，所以就有不同的亲属称谓（3）。

在父系社会中母亲和母亲的姐妹是怎样的呢？她们属于相同的继嗣群，同一社会性别和同一代人。通常她们会跟来自同一村庄的男性结婚并且居住在那里。这些社会相似性可以解释为什么"自我"对她们使用相同的称谓（1）。

相似的考察也适应于母系社会。设想一个社会中有两个母系氏族，乌鸦族和狼族。自我是他母亲氏族——乌鸦族的成员。"自我"的父亲是狼族的成员。他母亲和母亲的姐妹是乌鸦族的同一代人。如果是从母居，就像通常的母系社会一样，她们会居住在同一个村庄里。因为她们的社会性如此相似，所以"自我"以同样的称谓（1）来称呼他们。

但是父亲的姐妹属于一个不同的继嗣群，她们是狼族成员，居住在别的地方并且具有不同的称谓（4）。自我的父亲和父亲的兄弟属于同一世代的狼族男性，如果他们与来自同一氏族的女性结婚并且居住在同一个村庄，那么这会导致他们社会相似性的增加并且强化这种使用方式。

行辈称谓

就像二分合并称谓一样，在 **行 辈 亲 属 称 谓**（generational kinship terminology）形式下，父亲和他的兄弟、母亲和她的姐妹具有相同的称谓，但是这种类型的合并更彻底（图 13.7）。在行辈称谓下，对于父母一代的人仅有两个称谓，我们可以将它们翻译为"父亲"或"母亲"，但是更为精确的翻译应该是"父母一代的男性成员"和"父母一代的女性成员"。

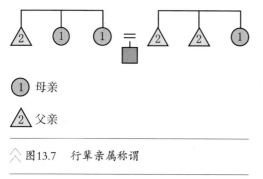

① 母亲

② 父亲

△ 图13.7　行辈亲属称谓

行辈亲属称谓并不会区分父亲一方和母亲一方。它虽然不是二分型的，但是它却存在合并。"自我"对父亲、父亲的兄弟、母亲的兄弟会使用一种称谓。在单系社会里，这三种亲属类型永远不可能属于相同的继嗣群。行辈亲属称谓形式下，"自我"对母亲、母亲的姐妹、父亲的姐妹使用相同的称谓。在单系社会里，这三种类型的亲属也不会属于同一个群体的成员。

然而，行辈亲属称谓表明了自我与"自我的"叔叔和阿姨的亲密性，这种亲密性要强于在美国人和其他亲属类型中存在的亲密性。如果你把你的叔叔叫做父亲，把你的阿姨叫作母亲，你会怎么样呢？行辈亲属称谓形式更多存在于亲属关系比我们社会更为重要的文化中，而且在这种文化中，父亲一方与母亲一方没有严格的区分。

相应地，行辈亲属称谓是实行两可系继嗣群的社会的典型特征。在这样的背景下，继嗣群的成员身份不是自动的。人们可能会选择他们要加入的群体，改变他们的成员身份或者同时属于两个或者更多个继嗣群。行辈亲属称谓符合这样的条件。人们使用亲密的亲属称谓表明他与父母一代的所有亲属都保持着密切的人际关系。人们在他们的阿姨、叔叔和父母面前表现出相似的行为，有一天他们需要选择加入一个继嗣群。另外，在两可系社会中，婚后居处法则通常也是两可居的。这就意味着已婚夫妇可以跟丈夫的群体一起生活，也可以与妻子的群体一起生活。

值得注意的是，行辈亲属称谓也是包括喀拉哈里沙漠的桑人和北美几个土著社会在内的一些觅食队群的特征。这种称谓的使用反映了觅食队群与两可系继嗣群体的某些相似性。在这两种社会中，人们都可以选择他们的群体归属。觅食者总是跟亲属住在一起，但是他们经常转变队群归属，所以在他们的一生中，他们可能会是几个不同队群的成员。如同实行两可系继嗣的食物生产社会一样，觅食者使用行辈称谓有助于维持他们同父母那一代亲属的密切关系，自我可能会利用这些关系作为他进入不同社会的条件。表 13.1 概括了亲属群体的类型、婚后居处法则以及与四种亲属称谓相联系的经济。

表 13.1　四个亲属称谓体系及其社会经济相关因素

亲属称谓	亲属团体	居处法则	经济
直系	核心家庭	新居	工业，觅食
二分合并	单系继嗣群——父系或母系	单边居——从父居或从母居	园艺，牧业，农业
行辈	双系继嗣群，队群	双边居	农业，园艺，觅食
二分旁系	多样	多样	多样

二分旁系称谓

在四种亲属分类体系中，**二分旁系亲属称谓**是最特别的。它对父母一代的六种亲属类型分别使用不同的称谓（图 13.8）。二分旁系称谓不像其他的类型那样普遍。使用这种称谓的很多国家位于北非和中东，并且它们之中有很多属于同一祖先群体的分支。

当孩子的父母有着不同的种族背景，而且孩子用不同的语言来称呼他的叔叔和阿姨时，二分旁系称谓也可以使用。因而，如果你的母亲是拉美人，你的父亲是英裔美国人，在你母亲那边，你会称呼你的阿姨和叔叔为

△ 图13.8　二分旁系亲属称谓

理解我们自己

在我们的社会中，核心家庭如果不在统计数据上也至少在意识形态上依然占据主导。设想一个人们不确定或不关心自己实质上的母亲是谁的社会。想一想我在马达加斯加田野中的助手拉比，他是贝齐雷欧人。我曾经工作过的一个村庄是他的出生地，他在那里由他父亲的姐妹抚养长大。我问过他："为什么会这样呢？"拉比告诉我，有两姐妹，其中之一是他母亲，另一个是母亲的姐妹。他知道她们的名字，却分辨不出谁是谁。作为贝齐雷欧人中常见的孩童寄养和收养的例证，拉比在蹒跚学步时被交由他父亲的没有子嗣的姐妹抚养。他的母亲及其姐妹住得很远而且在他很小的时候就死了，所以他不太认识她们。但他与父亲的姐妹很亲近，他称呼她为母亲。事实上，他不得不这么做，因为贝齐雷欧人采用行辈称谓。他们用同一个术语 reny 称呼母亲、母亲的姐妹和父亲的姐妹。贝齐雷欧人生活在一个双系（尽管有父系倾向）社会，使用与双系相关的行辈称谓。由于贝齐雷欧人社会性地建构了亲属关系并鼓励寄养（通常由无子嗣的亲戚抚养），以这些方式，"真实"的和社会建构的亲属关系的差别对拉比及其他像他一样的人而言就无所谓了。

对比贝齐雷欧个案和美国人关于亲属关系与收养的态度。在家庭导向的电台谈话节目中，我听到过主持人"协助专家"区分"生母"和养母，"生物父亲"和"情感上的父亲"。后者可能是养父，或者对某人而言"像父亲"的继父。美国文化似乎鼓励亲属关系是而且应该是生物性的这种观点。美国人对亲属关系的社会建构存有疑问。我们越来越少地被警告不要寻找自己的亲生父母（这之前被视为破坏性的而不被鼓励），即使我们已经拥有养父母的完满的养育。一个被收养的人追溯其亲生父母所能给出的常见理由是以生物性为基础的——去发现家族健康史，包括遗传性疾病。美国人对生物亲属的强调还可见于近期的 DNA 检测。通过跨文化比较理解我们自己，帮助我们认识到亲属和生物性不总是也无须重合。

"tia"和"tio"，但是在你父亲那边，你会称呼你的阿姨和叔叔为"aunt"和"uncle"。并且你的母亲和父亲可能是"Mom"和"Pop"。这是二分旁系亲属称谓的现代形式。

第
14
章

婚　　姻

什么是婚姻

"爱情和婚姻"以及"婚姻和家庭",这些熟悉的词语显示出我们如何把两个人的浪漫爱情跟婚姻结合在一起,也显示了我们如何把婚姻与繁殖和家庭生育联系起来。但是除了繁殖以外,婚姻本身还是一项有着重要角色和功能的制度。到底什么是婚姻呢?

对于婚姻的界定,现在还没有一个可以广泛到能够适应所有的社会和情形的定义。一个经常被引用的定义来自《人类学的询问与记录》(*Notes and Queries on Anthropology*):

婚姻是一个男人和一个女人的结合,这样女人所生的孩子就被认为是这对父母的法定子女(Royal Anthropological Institute,1951,p.111)。

从某些方面来说,这个定义也不是完全令人信服的。在很多社会中,一个婚姻单位不止一对配偶。当一个男人与两个或两个以上的女人结婚,或者一个女人和一群兄弟结婚时,我们称这样的婚姻为多偶婚姻。在巴西阿伦贝培社会中,人们可以从多种婚姻形式中进行选择。很多人选择以家庭伙伴关系长期生活在一起,因为这种伙伴关系是一种习惯法,所以不会受到法律的制裁。也有一些人选择世俗婚姻的形式,这种婚姻经过民事法官的特许,受到法律承认。一些人通过宗教仪式的形式,这样他们就通过"神圣的婚姻"结合在一起,尽管这种婚姻形式并不是法律性的。还有一些人同时采用世俗婚姻和宗教婚姻两种形式。不同的婚姻形式允许一个人拥有多个配偶(例如一个配偶是习惯法婚姻上的、一个是世俗婚姻的、一个是宗教婚姻的)却不会导致离婚。

一些社会还承认多种形式的同性婚姻。例如,在苏丹努尔人那里,如果一个女性的父亲只有女儿而没有男性继承人,为了能够让他的父系家族延续下去,这个女性就可以娶妻。父亲可能会把他的这个女儿作为一个儿子来看待,从而可以让她娶回一个妻子。这个女儿就被努尔社会公认为是另一个女性(她所娶的妻子)的丈夫。这是一种象征性和社会性的关系,而不是一种性关系。这个"妻子"会跟另外的一个或者几个男性有性生活，直到她怀孕为止，而且这些男性必须得到她的女性"丈夫"的同意。这个妻子所生育的孩子就被认作是这对女性夫妻的子女。尽管这个女性"丈夫"并不是孩子真正的父亲，即生物意义上的父亲，但是她是孩子的被社会认可的父亲。在努尔人的例子里，社会父亲比生父更为重要。在这里，我们又一次看到了血缘关系是如何被社会建构起来的。新娘的孩子被看作是她的女性"丈夫"的法定子女，尽管这个女性丈夫从生物意义上来说属于女性，但是在社会意义上她却被看作男性，就这样，血统延续下来。

 # 乱伦与外婚

在很多非工业社会里，一个人的社会世界主要有两类：亲属和陌生人。陌生人是潜在的或者真实的敌人，婚姻是把陌生人转变为亲属，建立和保持具有私人和政治性质的联盟，以及姻亲关系的主要手段。外婚，就是在自己所属群体之外寻找丈夫或者妻子的方式。因为它可以使人们与更大的社会网络建立联系，在需要的时候，这样的社会网络可以提供培养、帮助和保护，所以它具有很强的适应性。

乱伦（incest）指的是近亲间发生性行为。所有的文化中都存在乱伦禁忌。尽管乱伦禁忌在文化上是普遍的，但是不同的文化对乱伦的定义是不同的。举一个例子，我们可以思考一下交表和平表这两种堂表兄弟姐妹区分的含义（Ottenheimer, 1996）。

平表（parallel cousins）是指两个兄弟或者两个姐妹的子女。**交表**（cross cousins）是指一个兄弟的孩子和一个姐妹的孩子。一个人母亲的姐妹的孩子和一个人父亲的兄弟的孩子都是这个人的平表兄弟姐妹，一个人父亲的姐妹的孩子和一个人母亲的兄弟的孩子都是这个人的交表兄弟姐妹。

在美国人的亲属称谓中，堂兄弟姐妹是不分平表和交表的，但是在很多社会中，尤其是在那些实行单系继嗣的社会中，这种区分是很重要的。举一个例子来说，这个举例可以说明何为半偶族，偶族这个词来自法语中的 moitié，是"半"的意思。想象一个社会中只有两个世系，这两个世系把这个社会分为两支，这样每个人就只能属于其中的一个世系。一些社会存在的是父系半偶族，一些社会存在的是母系半偶族。

从图 14.1 和图 14.2 中可以看出，交表兄弟姐妹都是对立的半偶族的成员，而平表兄弟姐妹都是自己半偶族的成员。在父系继嗣社会里（图 14.1），人们归属于自己父亲的继嗣群；在母系社会里（图 14.2），人们归属于母亲的继嗣群。从这些图解中，可以看出一个人的母亲的姐妹的孩子（MZC）和一个人的父亲的兄弟的孩子（PBC）总是属于这个人自己的群体，一个人的交表堂兄弟姐妹（即 FZC 和 MBC）总是属于另外一个半偶族。

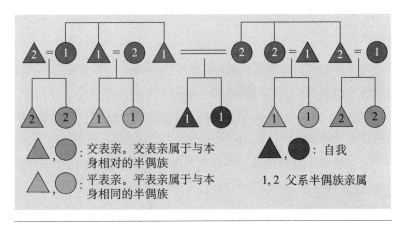

△ 图14.1 平表亲和交表亲以及父系半偶族

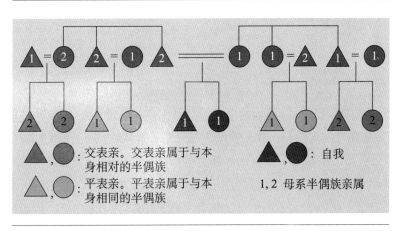

△ 图14.2 母系半偶族

平表兄弟姐妹属于同一代人而且他们跟自己属于同一个继嗣群,他们就好比是自己的兄弟姐妹,所以他们与自己的兄弟姐妹拥有相同的亲属称谓。平表兄弟姐妹被定义为近亲,所以他们之间的性伙伴或者配偶关系是禁忌,但是交表兄弟姐妹就不会这样。

在单系继嗣的半偶族社会里,交表兄弟姐妹总是属于另外一个群体,因为交表兄弟姐妹不被认为是亲属,所以他们之间的性行为不属于乱伦。事实上,在很多单系继嗣社会里,人们必须跟一个交表兄弟姐妹结婚,或者跟来自同一继嗣群的交表兄弟姐妹结婚。单系继嗣规则可以保证一个人与他的交表兄弟姐妹不属于同一个继嗣群体。在半偶族的外婚制规则下,配偶必须属于不同的半偶族。

在委内瑞拉和巴西的亚诺马米人那里(Chagnon, 1997),男人期望最后可以娶自己的交表姐妹作为自己的妻子。他们称他们的男性交表兄弟为"妻子的兄弟"。亚诺马米妇女称她们的男性交表兄弟为"丈夫",并且称她们的女性交表姐妹为"丈夫的姐妹",就像很多实行单系继嗣的社会一样,亚诺马米人认为交表兄弟姐妹之间的性行为是合乎规则的,但是平表兄弟姐妹之间的性行为属于乱伦。

与交表婚相比,一个比较少见的习俗表明了在不同的社会中,人们对亲属和乱伦的定义是不同的。在一个单系继嗣高度发展的社会中,不属于孩子所在的继嗣群的父亲或母亲不被看作是亲属,因此,在严格的父系制度中,母亲不是亲属,而只是一种姻亲,她嫁给了"我"的群体中的一员,也就是嫁给了"我"的父亲。在严格的母系制度下,父亲不是亲属,因为他属于不同的继嗣群体。

东南亚的拉赫人(Lakher)实行严格的父系继嗣(Leach, 1961)。如图14.3,以男性自我为中心,我们假设"我的父亲和母亲离婚了,他们每个人又再婚并且在第二次婚姻中他们各自有了一个女儿"。拉赫人总是属于他或她的父亲群体,因为所有的父系亲属属于同一个父系继嗣群体,他们的关系被认为太亲近了,所以他们不能结婚。因此,自己不能娶父亲在第二次婚姻中所生育的女儿,就像在当今北美社会中那样,兄妹结婚是非法的。

在我们的社会中,所有的兄妹结婚都属于禁忌,但是,与我们相比,拉

赫人允许男性娶同母异父的妹
妹，她不属于禁忌范围内的亲
属，这是因为她属于她自己父
亲的继嗣群，而不属于"我"
的继嗣群。拉赫人的例子清楚
地表明在界定属于禁忌范围内
的亲属和乱伦时，不同的文化
是各不相同的。

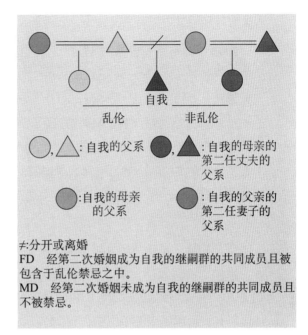

我们可以把这些观察延伸
到严格的母系继嗣社会。如果
一个男性的父母离婚了并且他
的父亲再婚，则他可以娶他的
同父异母的姐妹，相比之下，
如果是这个男性的母亲再婚而
且有了一个女儿，这个女儿则
被看作是这个男性的妹妹，并
且他们之间的性关系属于禁忌。因此，虽然有些亲属关系在生物上或者遗传
上是同等的，但是不同的文化对亲属关系有着不同的界定和期望。

△ 图14.3　拉赫人的父系继嗣群身份和乱伦

 解释禁忌

 虽然是禁忌，但乱伦的确会发生

虽然所有的文化都禁止乱伦，但是文化对这个现象却没有简单的或者公
认的解释。对灵长目动物的研究可以提供一点线索吗？对灵长目动物的研究
显示：处于青春期的雄性（在猴子中）或者雌性（在猿中）会经常离开它们
出生的群体（Rodseth，et al.，1991）。这种迁出减少了乱伦结合的频率，但
是它并不完全排除乱伦结合。对野生黑猩猩的 DNA 测试已经证明，那些生活
在一个群体中的成年黑猩猩和他们的母亲存在着乱伦结合。近亲交配行为是

人类有冲动但又力图避免的行为，它可能反映出了一个广义上的灵长目趋势。

2002 年梅格斯和巴洛对 87 个社会进行的跨文化研究中表明，在一些社会中乱伦时有发生（Meigs and Barlow, 2002）。例如，查格农认为，在亚诺马米人那里，"乱伦不会让人恐惧，相反，它广泛地存在着"（Chagnon, 1967, p.66）。梅耶·福特斯考察了阿萨蒂人后说道，"在古代，乱伦会遭受死亡的惩罚，在当今，犯乱伦罪的人会被重重罚款"（Fortes, 1950, p.257）。哈罗威尔考察了冲绳岛 24 个人的乱伦行为，他得出了这样的结论：其中有 8 例属于父母与子女的乱伦，有 10 例属于兄弟姐妹之间的乱伦（Hallowell, 1955 pp. 294-295）。

在古埃及，兄妹结婚显然不仅在皇室中是被允许的，而且至少在一些地区，平民中也有兄妹结婚。从罗马统治时期的埃及（公元 1 世纪到 3 世纪）的那些保存在莎草纸上面的人口统计资料可以看出，在阿斯诺兹（Arsinoites）地区所有被记录下来的婚姻中，有 24% 属于兄弟姐妹婚，在公元 2 世纪的时候，阿斯诺兹城的兄弟姐妹婚的比例是 37%，而它周围乡村的比例是 19%。比起其他的关于人类近亲繁殖的记录，这些地区的比例要高很多（Scheidel, 1997）。

按照梅格斯和巴洛（Meigs and Barlow, 2002）的说法，数据显示，在西方社会的核心家庭中，某些条件会导致父女乱伦的严重风险（Russell, 1886）。在存在继父和没有血缘关系的男性家庭成员时，父女乱伦最经常发生，但是亲生父亲与女儿间的乱伦有时也会发生，特别是在女儿小的时候，那些对女儿不关心或者给予很少关心的父亲身上尤其容易发生乱伦行为（Williams and Finkelhor, 1995）。1995 年，威廉姆斯和芬克霍尔在一项严格设计的研究中发现，如果女儿在 4 到 5 岁的时候能够得到父亲的大量养育行为，那么父女乱伦的可能性最小。这种经历会加强父亲的养育技巧、抚育责任感、保护意识和对女儿的认同感，因而能够减少乱伦。

跨文化的研究显示乱伦和乱伦禁忌是由亲属结构来塑造的。梅格斯和巴洛（Meigs and Barlow, 2002）提出，如果一种文化关注的是父女乱伦的危险和禁忌，那么这种文化与父系的核心家庭结构相关，但是如果一种文化关注的是兄弟姐妹乱伦的危险和禁忌，则这种文化存在于具有非核心家庭结构的社会中，例如世系和氏族。

 ## 本能厌恶

　　霍布豪斯（Hobhouse）和罗维（Lowie）分别在 1915 年和 1920 年提到，乱伦禁忌之所以普遍，是因为乱伦厌恶是本能的：人类对乱伦有着一种基因遗传性的厌恶，因为这种感觉的存在，所以早期的人类禁止乱伦。但是，文化的普遍性并不必然就意味着一种本能的基础。例如，取火也具有文化普遍性，但是它显然不是一种通过遗传而获得的能力。而且，如果人们真的对与自己的血缘亲属交配怀有一种本能厌恶的话，社会中将不存在乱伦行为，那么正式的乱伦禁忌也就没有存在的必要。但是，就像我们刚刚看到的，就像社会工作者、法官、精神病医生和心理学家所知道的，乱伦远比我们想象的要普遍。

　　对本能厌恶理论的最后反驳就是它不能解释为什么在有的社会里，人们可以跟他们的交表兄弟姐妹结婚，却不能跟他们的平表兄弟姐妹结婚。它也不能告诉我们为什么拉赫人可以跟他们同母异父的手足结婚，却不能跟他们的同父异母的手足结婚。人类并不先天性地具有区分平表和交表兄弟姐妹的本能。

　　乱伦禁忌中的特定亲属类型和禁忌本身的产生都存在一个文化的基础而不是一个生物的基础。甚至在非人灵长类动物那里，也没有明确的证据表明它们具有抵制乱伦的本能，它们在青春期的分散并不是禁止乱伦结合，而只是限制乱伦结合的频率。在人类社会里，文化传统规定了与哪些亲属发生性行为属于乱伦。并且文化传统会对违反禁忌的人施加不同的惩罚方式，例如，驱逐、关押、死亡、超自然报复的威胁。

 ## 生物退化

　　另一个解释乱伦禁忌出现原因的理论是：早期智人发现了乱伦结合现象会生育不正常的子女（Morgan, 1877/1963）。为了防止这种情况出现，我们的祖先禁止乱伦。自从这种禁忌确立后，人类种族繁衍变得如此成功，以至于它迅速地传遍所有的地方。

这种理论的依据是什么呢？人类通过在实验室里用那些繁殖速度比人类更快的动物（例如老鼠和果蝇等）做实验来研究近亲繁殖的后果：那些实施兄妹交配的动物连续几代的寿命和生育率都有所下降。尽管系统性的近亲繁殖会带来潜在的有害的生物结果，但是人们的结婚模式是建立在特定的文化信仰的基础上的，而不是基于那种对未来几代生物退化的普遍关注。无论是本能厌恶理论，还是对生物退化的恐惧的理论都不能对广泛存在的交表婚做出解释。对退化的恐惧也不能解释为什么社会的禁忌通常是反对同平表兄弟姐妹而不是同交表兄弟姐妹的生育。

 ## 尝试与轻蔑

儿童会对他们的父母产生性感受，这种感觉或者被压抑，或者被解决。西格蒙德·弗洛伊德是这个理论的最著名的倡导者，其余的学者试图弄清成长的原动力来解释乱伦禁忌的原因。马林诺夫斯基认为，由于早已存在的那种亲密和喜爱，孩子会很自然地试图对自己的核心家庭成员表达其性感受，特别是当他们步入青春期后。但是他认为，在家庭中性发泄的力量是非常强烈的，它会威胁到家庭中固有的角色关系；它会导致家庭的破裂。马林诺夫斯基提出，乱伦禁忌源于将家庭内的性感受转移到家庭外，以保证家庭原有的结构和关系不被破坏。

另一个相反的理论是，从童年期就一起长大的男女之间比较难以产生性吸引力（Westermarck，1894）。这与本能厌恶的思想是有关系的，但它并不是建立在生物或者本能的基础上。这种观点认为，长期无性的关系会使一个人认为与家庭成员发生性关系的想法是不可取的，对那些终生都生活在一起的人来说更是这样。这两种相反的理论有时被描述为"熟悉产生尝试"与"熟悉产生轻蔑"。支持轻蔑理论的证据之一就是谢弗（Joseph Shepher）1983年对以色列集居群的研究。他发现那些在同一个集居群（家庭社区）被养大的没有亲属关系的人避免相互通婚。他们倾向于在外面寻找自己的配偶，这并不是因为他们属于亲属关系，而是因为他们先前的生活史和角色使得性和婚姻对他们不具有吸引力。再一次地，对于那些一起长大的人来说，不论他们是不是亲属关系，他们彼此之间会不会产生性吸引力，这个问题还是没有最终的答案。大多数时候他们不会产生性吸引力，但是也不排除意外情况。乱伦是普遍的禁忌，但却会不时发生。

 ## 不外婚就灭绝

对于乱伦禁忌最令人信服的解释就是它的出现是为了确保外婚制，促使人们与亲属群体之外的人结婚（Lévi - Strauss, 1949/1969；Tylor, 1889；White, 1959）。在这种观点中，乱伦禁忌起源于人类进化的早期阶段是因为它具有适应性优势。通过把和平关系扩大到一个更为广泛的群体网络中，群体将会获得更多的利益，而跟一个本来就处于和平关系的近亲结婚则发挥不了这样的作用。

这种观点强调了婚姻在建立和保持联盟中所起的作用。通过强制性的族外婚，一个群体的同盟者会增加。与此相比，族内婚会使得一个群体与他们的邻居隔绝开来，不能与邻居共享资源和社会网络，并且到最后可能会导致灭绝的后果。外婚制和促进外婚制的乱伦禁忌有力地解释了人类适应策略的成功性，除了它的社会政治功能，外婚制还确保了群体之间的基因混合，从而保持人类物种的优势。

 ## 内婚

实行外婚制促使社会组织具有外向性，并促使群体之间建立和保持联盟关系。相比之下，内婚制的规则规定人们必须在他所属群体的内部寻找配偶或结婚。尽管正式的内婚制规则比较少见，但是对人类学家来说，内婚制并不陌生。虽然很多社会不需要建立正式的规则来要求人们必须实行内婚制，但是事实上大多数社会都属于同族通婚单位。在我们自己的社会里，阶层群体和种族群体属于两个准内婚群体。尽管也有很多例外，但是属于同一种族或者宗教群体的成员一般都期望他们的子女跟群体之内的人结婚。外婚比率在不同群体中是不相同的，有的群体会比别的群体更加坚持内婚制。

同类婚意味着一个人要跟一个与自己比较相近的人结婚，如具有相同社会阶层的成员之间的相互通婚。社会经济地位（SES）和受教育程度之间存在一种关联，即具有相似社会经济地位的人一般也会具有相似的教育意向、进入相似的学校、力图获得相似的职业。例如，同一所精英私立大学的人一般都具有相似的背景和职业前途。同类婚可能导致财富的集中并强化社会分层系统。例如，在美国，随着女性就业特别是女性职业生涯的增加，当一对职业人士结成同类婚时，家庭的收入就会大大增加，这个家庭就会上升为社会上层。这个模式是导致美国最富裕的 20% 家庭与最贫困的 20% 家庭的收入形成鲜明对比的因素之一。

 ## 种姓

内婚制的极端例子就是印度的种姓制，尽管种姓制在 1949 年已经被正式取缔了，但是它的结构和影响还没有消失。种姓就是按照成员的出身将其归类于一个分层群体，而且这个身份是世袭的。印度的种姓被分为五个主要类别，或者叫瓦尔纳。每一个类别都与其余四个类别形成排序，而且这些种姓延伸至整个印度。每一个瓦尔纳中都包括大量的亚种姓，又叫贾提。一个地区中属于同一贾提的人可以相互通婚。就像瓦尔纳的排序那样，某一地区的属于同一个瓦尔纳的所有贾提都会被排序。

职业的专业化使得一个种姓跟另外的种姓区别开来。一个社区里可能包括农业工人、商人、工匠、诗人、清洁工这些不同的种姓。贱民种姓在整个印度是随处可见的，它包括那些在血统、仪式地位、职业等方面被认为是不纯净的亚种姓，在高种姓的人看来，贱民种姓非常不洁，就是与贱民进行日常接触，也是污秽的。

不同种姓之间的性结合会玷污高种姓一方的仪式纯洁性，这种信仰在保持内婚制上起了非常重要的作用。如果一个高种姓的男子跟一个低种姓的女子发生了性关系，那么他的纯洁可以通过洗澡和祈祷来恢复，但是，如果一个高种姓的女子跟一个低种姓的男子发生性关系，那么她将无法弥补。她的污秽是不能消除的。因为女人要生育孩子，所以这种对男女的不同对待方式可以保护种姓的纯洁，确保高种姓孩子的纯正血统。尽管印度种姓属于内婚制群体，但是很多群体在内部又进一步细分为外婚制的世系。传统上这就意味着印度人需要跟与自己属于同一种姓但却属于不同继嗣群的人结婚。

 ## 皇族内婚

皇族内婚制与种姓内婚制相似，在一些社会中它建立在兄妹婚姻基础上。秘鲁的印加、古埃及、传统的夏威夷群岛都允许皇室兄妹婚姻。在古代秘鲁和夏威夷社会里，虽然这样的皇室内婚是被允许的，但是在平民中却存在兄妹乱伦禁忌。

显功能和潜功能

区分一些风俗习惯和行为的显功能和潜功能对于理解皇室的兄妹婚姻很有帮助。一种风俗习惯的显功能是指一个社会中的人所赋予它的原因，它的潜功能是指这个风俗习惯对社会产生了影响，但是这种影响没有被社会成员所提及或者认识到。

皇室内婚制可以说明这种区别。夏威夷岛人和其他的波利尼西亚人信仰一种叫做"玛纳"的超自然力。玛纳既可以存在于物中，也可以存在在人身上，如果是后一种情形，则这个人与其他人是不同的，他是神圣的。夏威夷人相信没有人会拥有与统治者一样多的玛纳，玛纳是依靠遗传获得的。那些能超过国王拥有的玛纳的人只能是国王的兄弟姐妹，所以一个国王最合适的妻子就是他自己的亲妹妹。我们注意到兄妹婚也意味着皇室继承人将有可能变得更加有力量、更加神圣，所以古代夏威夷皇室内婚制的显功能就是它属于对玛纳和神圣性的文化信仰的一部分。

皇室内婚制也有潜功能——减少政治争端。统治者和他的妻子拥有共同的父母，因为玛纳被认为是通过遗传得到的，所以他们的神圣性几乎是同等的。当国王和他的妹妹结婚后，他们的孩子就无可置疑是拥有玛纳最多的人。

没有人会质疑他们的统治权力。但是如果一个国王娶一个比他的妹妹拥有的玛纳少的女人做妻子，则他妹妹的孩子最后将会引发问题。每一方的孩子都可以宣称自己的神圣性和拥有统治权力。因而皇族兄妹婚通过减少具有统治资格的人的数量来限制继承中的争端。在古埃及和秘鲁，结果也是同样的。

其他的包括欧洲王室在内的王国成员间也实行内婚制，但是他们实行的是表兄弟姐妹婚而不是兄妹婚，在很多情形下，如在英国，会指定在位君主最年长的孩子（通常是儿子）为继承人。这个传统叫作长子继承制。通常，统治者会囚禁或者杀掉那些既定继承人的反对者。

皇族内婚制还有其潜在的经济功能，如果国王和他的妹妹都有继承祖先财产的权利，则通过他们的结合来减少继承人的数量，就可以保持财产的完整性。权力经常是依赖于财富的，皇族内婚制往往可以保证皇室财富的一脉相承性。

 # 配偶权利与同性婚姻

英国人类学家利奇（Edmund Leach）在 1955 年指出，从人类社会来看，伴随婚姻而来的是几种不同类型的权利。利奇认为，婚姻可以但不总是完成下面的功能：

1. 确定女人所生孩子的合法父亲和确定男子的孩子的合法母亲。

2. 使夫妻一方或者夫妻双方可以独享另一方的性服务。

3. 使夫妻一方或者夫妻双方能够享有另一方的劳动力。

4. 使夫妻一方或者夫妻双方能够享有另一方的财产。

5. 为了子女，夫妻双方要像伙伴一样，建立共有的财产。

6. 在夫妻和他们的亲属之间建立一种具有社会意义的"姻亲关系"。

下面要讨论的同性婚姻将会用来论证当上面列举的六种权利不能发挥作用时，会出现什么样的情景。一般说来，同性婚姻在美国是不合法的，但是如果它合法了，情形会变得怎样呢？当双方的伙伴关系确定后，同性婚姻中如果其中一方或者双方生育了小孩，那他们能不能获得合法的父母身份？在异性婚姻的情况下，无论丈夫是不是孩子的亲生父亲，妻子所生育的孩子都被法定为属于这个丈夫。

当然，现在 DNA 测试技术的应用使得确认父母身份成为可能，就像现在的生殖技术使得女同性恋夫妇中的一方或者双方可以获得人工授精一样。如果同性恋婚姻是合法的，则社会建构的亲属制度很容易就能赋予双方父母身份。如果一个娶了女人的秘鲁妇女可能会成为孩子的父亲，但是她不想成为父亲，那么为什么两个女同性恋者不能都成为孩子获得社会认可的母亲，而不必其中一个成为父亲呢？如果通过社会和法律建构的亲属关系这种手段，一对已婚的异性恋夫妇可以领养一个孩子并且使得领养的孩子成为他们自己的孩子，同样的逻辑也应该适用于男同性恋夫妻或者女同性恋夫妻。

让我们继续来看一下上面利奇所列举的一个人凭借婚姻获得的那些权利，同性恋婚姻必然也允许夫妻中的任何一方都享有另一方的性服务。因为不能合法地结婚，所以男同性恋和女同性恋采用了很多模拟婚礼之类的方式，来宣告他们保持一夫一妻制性关系的承诺和愿望。2000 年 4 月，佛蒙特州通过了一项法案，允许同性恋合法结合，从而享有婚姻中几乎所有的权利。2003 年 6 月，加拿大安大略省的一个法院条令确定了同性婚姻的合法地位。2005 年 6 月 28 日，加拿大众议院表决通过，确认所有的婚姻权利都同样适用于同性夫妇，这个决议适用于加拿大全部地区。2004 年 5 月 17 日，马萨诸塞州成为美国第一个认可同性恋夫妇结婚的州。为了反对同性婚姻，美国 18 个州的选民则选择在各自州的法律中规定婚姻只能是异性间的结合。

合法的同性婚姻可以很容易地保证夫妇一方享有另一方的劳动力和劳动产品。一些社会允许其同性成员结婚，虽然这类成员在生物性上是相同的，但是社会可能将他们归类于不同的、由社会建构的社会性别。美洲土著群体中就有很多人被称为异装癖者，他们代表着第三种社会性别（Murray and Roscoe，1998）。这些生物性上属于男性的人表现出的却是女性的言谈举止、行为方式，并且他们承担的是女性的工作。有的时候异装癖者会跟男人结婚，男人会跟他分享那些从狩猎和传统男性角色活动中获得的劳动成果，这个异装癖者就会承担传统女性的角色。同时，在很多美洲土著文化里，一个具有男人心态的女人（第三种或者第四种社会性别）跟另一个女人结婚，她们在家中会采用传统的男女劳动分工形式。这个具有男人气质的女人会出去狩猎并且承担其他的男性工作，她的妻子就会承担传统的女性角色。

对于同性婚姻不能使夫妻双方共享另一方的财产，这并没有符合逻辑的理由。但是在美国，适用于异性夫妻的继承权并不同样适用于同性婚夫妇。例如，在没有遗嘱的情况下，财产可以传给寡妇或者鳏夫而不需要经过遗嘱认证，妻子或者丈夫也不用缴纳遗产税，但是这种权利不适用于男同性恋者和女同性恋者。

对于利奇的第五条权利：为了子女，夫妻双方要像伙伴一样，建立共有的财产，这在同性婚姻中会怎么样呢？同性夫妇再一次处于劣势地位。如果他们有小孩子，那么财产要分别而不是共同遗传给他们。很多的组织设有员工福利，对于那些健康保险和牙科保险之类的福利同样适用于同性家庭伙伴。

最后，就是在夫妻和他们的亲属之间建立一种具有社会意义的"姻亲关系"这个问题，在很多社会里，婚姻的主要角色除了建立个人关系之外，就是要在双方群体之间建立一种联盟。通过婚姻，姻亲也成为自己的亲属，比如大舅小叔、岳母婆婆。在当今北美同性婚夫妻中，姻亲关系也是存在问题的。在一种非法定的结合中，儿媳、岳母、婆婆之类的称谓让人听起来感觉很奇怪。很多的父母会怀疑子女的性取向和生活方式的选择，并且他们可能不会承认与子女同性伙伴的姻亲关系。

对同性婚姻的探讨已经延伸到论证当这种婚姻变得合法而不受法律制裁的时候，伴随这种婚姻的各种权利会发生什么样的变化。在美国，承认同性结合合法的州正越来越多。正如我们看到的，在不同的历史和文化背景下同性婚姻是被认可的。在一些非洲文化里，包括尼日利亚的伊博人和南非的洛维杜人，女人可以跟另外一个女人结婚。在西非，如果一个杰出的女商人能够积聚大量的财产和其他财富，那么她们就可以娶个妻子，这种婚姻可以增强她们的社会地位和她们的家庭经济的重要性。

作为群体联姻的婚姻

在工业社会之外，婚姻往往不只是个人之间的关系，它更多的是群体之间的关系。我们把婚姻作为个人的事情。尽管新郎和新娘会征求父母的同意，但是最后的选择（要不要生活在一起，要不要结婚、离婚）取决于夫妻两人的决定。浪漫的爱情观念是这种个人关系的象征。

尽管非工业化国家也存在着浪漫婚姻，但是就像我们在趣味阅读中所看见的那些有趣的问题，个体的婚姻受到群体的共同关注。人们不仅有了一个配偶，而且要对姻亲承担自己的责任。例如，在从父居的社会，一个女人往往需要离开她成长的社会，她所要面对的就是在丈夫的村庄、跟丈夫的亲属一起度过她的余生。她甚至可能需要将她对自己群体的忠诚大部分地转移到对她丈夫的群体。

聘礼与嫁妆

在存在继嗣群的社会里，人们并不会单独步入婚姻，而是要在继嗣群体的帮助之下进行。聘礼一般是由继嗣群体的成员一起贡献的，它是指男方及男方亲属按照习俗，在婚礼前、婚礼时或者婚礼后送给女方以及女方亲属的礼物。聘礼的另一种说法是聘金，但是这种说法并不是很准确的，因为实行这种习俗的社会并不把这种交换看作买卖。他们不认为婚姻是男人和可以买卖的物品之间的一种商业关系。

聘礼（bridewealth）补偿了新娘的群体因为她的出嫁而造成的精神和劳力损失。更为重要的是，它使这个女人所生的子女完全成为她丈夫群体的成员，因此这个习俗又被称为"子嗣金"。不仅是这个妇女，而且她的子女或者后代永久地成为她丈夫群体的成员。不管我们如何称呼它，在父系继嗣群体里，婚姻中的这种财富转移是很平常的，在母系继嗣社会里，子女是母亲群体中的成员，所以就没有理由去支付**子嗣金**（progeny price）了。

嫁妆（dowry）是婚姻中的另外一种交换方式，指的是新娘家送给新郎

理解我们自己

　　从原生家庭转换到再生家庭，这是一个很难的过程。与非工业社会的人们不同，我们中的多数人从开始离家到结婚之前，会经历一段很长的时期。我们离开家去上大学或者找一份可以养活自己的工作，这样我们能够独自居住，或者与舍友一起居住。在非工业社会里，尤其对于女性来说，当她们结婚时，她们会突然离开家。在从父居社会里，女性必须离开她的家乡和她自己的亲属，并且迁到丈夫那里跟丈夫和丈夫的亲属一起居住。这可能是一个不愉快和难受的过程。很多的妇女在第一次到达丈夫的村庄时，会抱怨说她们感到很孤独。之后她们可能会受到丈夫或者姻亲包括婆婆的虐待。但是，如果来自 A 村庄或者继嗣群的女性通常与来自 B 村庄或者继嗣群的男性结婚，在这种情况下事情会变得比较愉悦，这样一个女性一定能在丈夫的村庄中寻找到她自己的一些亲属，例如她的姐妹或者姑母（父亲的姐妹），这样她就会感觉比较自在一些。

　　在当今北美，男性和女性通常都不需要调整他们与居住在附近的姻亲的关系，但是我们需要学习与我们的配偶一起生活。婚姻总会导致相处和调整方面的问题。刚开始时已婚夫妇的问题就是这样的，如果前一次婚姻中的一个孩子介入这个新婚家庭，那么调整问题就会涉及继父母关系、与前一个配偶的关系、这对新婚夫妇的关系。当一对夫妻有了他们自己的小孩后，再生家庭的心态就会占据主要地位。在美国，人们对原生家庭的忠诚度已经转移到对包括夫妇和孩子的家庭，但这种转移也不是完全的。考虑到我们是双系亲属体系，在女儿和儿子结婚后，我们都会与他们维持关系，并且从理论上来说，孙子女与一方祖父母的关系跟孙子女与另一方祖父母的关系是同样亲密的。在父系社会里，孙子女与父亲一方的祖父母关系会比较亲近，在母系社会中是怎样的呢？

家的大量礼物。关于嫁妆，最著名的情形是在印度，它是跟女性的低下地位相关的。妇女在印度被认为是负担，所以当丈夫和他们家娶一个妻子的时候，他们会期望因为这附加的责任而获得一定的补偿。

　　尽管印度在 1961 年通过了一条法律来反对这种义务性的嫁妆，但是这种习俗仍在延续。当新郎认为嫁妆不足时，他可能会厌恶和虐待、辱骂新娘。家庭暴力会升级到这种程度，就是丈夫和他的家庭成员会用火烧新娘，向她泼煤油并点燃，结果会导致新娘死亡。需要指出的是，嫁妆并不必然导致家庭暴力，事实上，印度的嫁妆谋杀看起来是一种相当近期才出现的现象。据估计，当今美国的婚姻谋杀率可以与印度的嫁妆谋杀率相匹敌（Narayan，1997）。

萨蒂（Sati）是一种特别罕见的习俗。它是指在丈夫火葬后，他的寡妇就要自愿或者强迫性地被活活烧死（Hawley，1994）。尽管萨蒂习俗是很出名的，但是它只是在印度北部的少数小种姓中实行，在 1829 年的时候，它就被禁止了。嫁妆谋杀和萨蒂都是父权制下臭名昭著的例子。父权制下的政治体系由男性来统治，女性在社会地位和政治地位，包括基本的人权方面，都处于劣势。

在文化中聘礼现象的存在要多于嫁妆现象，但是被转移的物品的种类和数量是不同的。非洲很多社会用牛作为聘礼，但是各个社会送出去的牛的数量各不相同。随着聘礼价值的增加，婚姻会变得更加稳定。聘礼是预防离婚的安全保障。

想象一下在父系制社会里，一次婚姻中，新郎的继嗣群需要送给新娘的继嗣群 25 头牛。迈克尔是继嗣群 A 中的一员，娶了继嗣群 B 中的莎拉。他的亲属为他凑齐了聘礼。他最亲近的父系亲属——他最年长的哥哥、他的父亲、他的叔伯以及他最亲近的父系堂兄弟姐妹，给了他最多的帮助。

当这些牛属于莎拉所在群体后，牛的分配就映射出了这个群体分配方式。莎拉的父亲会接受她的聘礼，如果她的父亲去世了，则她最年长的兄弟会行使这个权利。他将大部分的牛养大作为以后他儿子婚姻的聘礼，但是，牛也会被分给当莎拉的兄弟们结婚时那些被期望能给予帮助的人。

当莎拉的兄弟大卫结婚时，这些牛中有很多会被送给第三个群体 C，即大卫妻子的群体。在那以后，这些牛又被作为聘礼送到其他的群体。男人们就是这样一直利用姐妹的聘礼来为他们的儿子寻找妻子。在 10 年的时间里，迈克尔结婚时送给莎拉的牛被广泛地交换。

在这样的社会里，婚姻使继嗣群之间相互得到认可。如果莎拉和迈克尔试图让他们的婚姻延续下去却失败了，则双方群体就会决定他们的婚姻不能再持续了。这里很明显地体现了婚姻既是个人之间的关系，也是两个群体之间的关系。如果莎拉有一个妹妹或者一个侄女（例如她哥哥的女儿），则相关的双方会同意让莎拉的这位女性亲属来代替莎拉。

但是，在存在聘礼习俗的社会里，家庭矛盾并不是威胁婚姻的最主要问题，不能生育是一个更重要的因素。如果莎拉没有子女，她和她的群体就没有完成她们在婚姻协议中的角色。如果这种关系想继续维持下去，则莎拉需要提供另外一个能够生育子女的妇女，可能是莎拉的妹妹。如果这种情况发生了，莎拉可以选择跟他的丈夫继续生活在一起，或许有一天她也会有一个孩子。如果她真的留下来，那么她丈夫的婚姻就变为多偶婚姻。

大多数从事生产食物的非工业社会允许多偶婚姻或者**多偶婚制**（plural marriages），这是它们与多数觅食社会和工业社会不同的地方。多偶婚存在两种情况：一种是比较常见的**一夫多妻制**（polygyny），即一个男人可以有多于一个的妻子；一种是比较少见的一妻多夫制，即一个女人可以拥有一个以上的丈夫。如果一个不能生育的妇女，在她的继嗣群为她的丈夫提供了另一次婚姻来代替她后，这个妇女仍然留在她丈夫那里，那么这就是一夫多妻制。不久之后我们还会讨论那些不是由于生育原因而存在的一夫多妻制。

 持久的联姻

通过考察另外一种比较常见的婚姻习俗，即在夫妻一方死亡后，婚姻联盟仍会继续，我们可能看到婚姻的群体联姻的性质。

妻姐妹婚

如果莎拉很年轻就去世了，那么会发生什么呢？迈克尔的群体会向莎拉的群体要一个代替者，这个代替者通常是莎拉的姐妹，这种习俗被称为**妻姐妹婚**（sororate）。如果莎拉没有姐妹或者她的所有姐妹都已经结婚，莎拉群体中的另一位妇女也是可以的。如果迈克尔与她结婚，那就没有必要归还新娘嫁妆，并且联盟也会持续下去。妻姐妹婚在母系社会和父系社会中都存在。在实行婚后从母居的母系社会里，鳏夫可以通过续娶他妻子的姐妹或者他妻子母系中另外一位女性成员继续留在他妻子的群体中（图 14.4）。

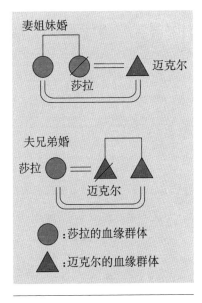

夫兄弟婚

如果丈夫去世会怎么样呢？在很多社会中，这个寡妇可能会嫁给丈夫的兄弟，这种习俗被称为夫兄弟婚（图 14.4）。就像妻姐妹婚一样，在这种情况下，通过丈夫群体中的另一位成员来代替去世丈夫的方式，婚姻能够继续下去，继嗣群之间的联盟关系也得以维持。夫兄弟婚的实施随着年龄的不同而变化。一项研究发现，

图14.4　妻姐妹婚和夫兄弟婚

在非洲社会里，尽管夫兄弟婚是被允许的，但是寡妇和她的新丈夫同居同房的情况并不多。另外，因为社会允许寡妇不嫁给丈夫的兄弟，所以很多寡妇不会主动地嫁给丈夫的兄弟，通常情况下，她们会选择另外的安排（Potash, 1986）。

离婚

婚姻的解除随着文化不同而有差异。支持离婚和阻碍离婚的因素是什么呢？就像我们所看见的，与那些婚姻只是个体事件的情况相比，如果婚姻是群体之间的政治联盟，那么离婚就比较难以解除，而在前者的情况下，离婚主要会关系到夫妻双方和他们的孩子。我们可以看见，对于个体来说，大量的嫁妆可能会降低离婚率，而且替代婚姻（夫兄弟婚和妻姐妹婚）也有利于保持群体间的同盟。离婚现象在母系社会中通常更为普遍一些。在实行从母居（居住在妻子的地方）的条件下，妻子可能只需要将与她合不来的男性打发回家就好。

趣味阅读 爱情与婚姻

　　歌里是这样唱的：爱情和婚姻在一起就好比是马和马车，但是如同马和马车的组合那样的爱情婚姻联系并不具有文化普遍性。这里呈现的是一项发表于人类学杂志《民族学》上的跨文化研究，这项研究发现浪漫的激情广泛存在，或许是普遍性的。先前人类学家通常会忽略其他文化中的浪漫爱情现象，这可能是因为包办婚姻太普遍的缘故。今天，爱情对于婚姻的重要性通过大众传媒传播出去，这种观念好像也在影响着其他文化中的婚姻决定。

　　有些很有影响力的西方社会历史学家提出，浪漫是中世纪欧洲的文化产物，只是在近来才传播到其他文化那里。

　　"为什么在我们的文化中如此重要的东西会被人类学家忽略了呢？"内华达州立大学的人类学家严科维亚（William Jankowiak）问道。

　　在严科维亚教授及其他人看来，其原因在于社会科学中普遍存在的一种学术偏见，认为浪漫的爱情是人类生活的奢侈品，是接受西化的人们或者其他文化中受过高等教育的精英才可以享受的东西。例如，因为较高的教育标准和较多的休闲时间会制造更多的调情机会，所以他们假设在那些生活艰难的社会中，浪漫的爱情很少有机会发展。这也是由于这种信仰导致的，即浪漫是属于统治阶级的，而不是属于农民的。

　　但是，严科维亚教授说："在世界上所有文化中都存在浪漫的爱情。"1991 年，严科维亚教授和杜兰大学的费舍尔（Edward Fischer）教授，在《民族学》杂志上第一次发表了跨文化的研究，对很多文化中的浪漫爱情进行了系统的比较。

　　在对 166 种文化的民族志材料进行调查时，他们发现这些文化中有 147 种文化存在着他们所认为的浪漫婚姻的明显证据，比例高达 89%。在其他文化中，严科维亚教授说，缺乏令人信服的证据看起来更像是人类学家的疏忽，而不是浪漫真的不存在。

　　很多证据是来自于那些有关情侣的故事，或者是民间故事提供的那些有关使某人陷入爱河的迷药或者其他建议的信息。

　　另外一些资源来自向人类学家提供信息的人的讲述。例如，Nisa 是喀拉哈里沙漠地区布须曼人中的昆人，她能够明确地区分她对自己丈夫的喜爱和她对情人的喜爱，与情人的爱情尽管是短暂的，但却是"充满激情的、令人兴奋的"，对于那些婚外恋，她说，当两个人在一起的时候，他们的心情是非常激动的，并且他们的热情度很高，过后这种激动就会平静下来，然后一切都变回原样。

尽管发现了浪漫的爱情看起来是人类所共有的，但是严科维亚教授承认，在很多文化中，这样的爱恋不一定与一个人的择偶和婚姻相关。

"现在很多文化中都有这样的一种思想，就是浪漫的爱情应该是某些人结婚的理由，"严科维亚教授说，"而很多文化将'坠入爱河'看作是一种被人鄙视的状态，在伊朗山区的一个部落里，他们会嘲笑为爱结婚的人们。"

当然，即使在包办婚姻中，双方也可能会感受到对方的浪漫爱情。例如，在印度北部康古拉山谷的村民中，"人们浪漫的思念和渴望会变得集中在那个由他们的家庭为他们挑选的配偶身上。"威斯康星州立大学人类学家纳拉扬（Kirin Narayan）教授说。

但是这些开始变化了，纳拉扬教授发现在流行歌曲和电影的影响下，"在这些村庄中，老人们担心年轻男性和年轻女性对浪漫爱情正在产生不同的看法，其中一个就是你在哪里可以自己寻找到自己的另一半，"纳拉扬教授说，"开始出现私奔行为，这是让人极为反感的事情。"

人类学家注意到在很多其他文化中也出现了同样的现象，即恋爱结婚而不是包办婚姻正成为趋势。例如，在澳大利亚内陆的土著居民中，当孩子们还很小的时候，婚姻已经被安排下来了，这种现象已经持续了几百年的时间。

20 世纪初，这种形式被传教士打乱了，他们力劝在孩子们没有成年之前，父母不能给他们安排婚姻。加利福尼亚大学戴维斯分校人类学教授博班克（Victoria Burbank）说：在传教士来到之前，一个女孩子的平均结婚年龄总是在初潮之前，有的时候只有 9 岁，在父母为她们安排婚姻的时候，这些女孩子已经较为独立了。

"越来越多的青春期女孩子开始脱离包办婚姻，"博班克说，"她们喜欢到丛林中与她们喜欢的人约会，怀孕后她们就会利用怀孕来征得父母对他们婚姻的同意。"

即使这样，有时候父母还是会坚持不允许这对年轻人结婚，相反，他们会选择让这个女孩遵循传统的方式，即她们的母亲会为她们挑选一个丈夫。

"传统上一个人不能从养子中挑选任何人作为自己的配偶。"博班克教授说，"理想的情况是母亲希望她外祖母的兄弟的儿子会成为她女儿的丈夫，这样的形式可以保证双方的亲属群体是适合的。"

博班克教授又说："这些群体具有重要的仪式功能，建立在浪漫爱情基础上的婚姻忽略了对方是否合适，这会损害亲属、仪式和义务体系。"

　　不管怎样，婚姻的法则还是在弱化，"在祖父母一代，所有的婚姻都是包办的。尽管也存在很多处于爱情中的男女私奔的故事，浪漫的爱情还是没有立足之地。但是在我所研究的群体里，最近仅有一个事例是一个女孩跟一个别人为她安排的男子结婚了，其余的都是恋爱结婚。"

　　来源: Daniel Goleman, "Anthropology Goes Looking in All the Old Places", New York Times, 1992-11-24, p.B1.

　　在美国西南部的霍皮人那里，房屋归母系氏族所有，而且他们实行从母居婚后居住方式，年长的女性是一家之主，家庭中还有她的女儿、女儿的丈夫和孩子。在那里女婿不是重要的角色，他会回到他自己母亲的家，参加他所在氏族的社会和宗教活动。在母系社会里，女性是有社会和经济保障的，并且离婚率很高。思考一下东北部亚利桑那州沃雷比（Oraibi or Orayvi）印第安人村庄中的霍皮人（Levy with Pepper, 1992;Titiev, 1992）。在一项对 423 个沃雷比人妇女的婚姻历史进行的研究中，提帖夫（Mischa Titiev）发现 35% 的女性至少离过一次婚。莱维（Jerome Levy）发现在 147 位成年妇女中，有 31% 的妇女至少离过一次婚并再婚。作为比较，在美国所有的已婚妇女中，1960 年的离婚率仅为 4%，1980 年为 10.7%，2004 年为 11.5%。提帖夫认为霍皮人的婚姻是不稳定的。这种脆弱性一部分在于一个人对自己的母系亲属和他对自己的配偶的忠诚之间存在冲突。大部分霍皮人的离婚事件看起来是属于个人的选择问题。莱维从跨文化的角度归纳出，高离婚率与女性有保障的经济地位相关。在霍皮人的社会里，女性在家庭、土地所有权和孩子监护权方面都是有保障的。而且，离婚没有形式上的障碍。

　　在父系社会中，离婚是比较困难的，尤其是在婚姻失败时需要重新聚集和偿还大量嫁妆的情况下。在从父居（妇女居住在丈夫的房屋和社会里）的情况下，妇女可能不愿离开丈夫。与霍皮人的孩子与母亲居住在一起不同，在父系社会、从父居社会里，孩子属于他的父系社会的成员，所以在离婚后孩子最有可能与父亲居住在一起。从女性角度来看，这是一个阻碍离婚的很大因素。

　　政治和经济因素会使得离婚变得复杂。在觅食者那里，不同的因素通常会对离婚起到促进或者阻碍的不同作用。什么因素会对持久的婚姻产生阻碍作用呢？因为觅食者通常缺乏继嗣群，所以与食物生产者相比，它们婚姻的政治联盟功能是不太重要的。觅食者还通常拥有极少的物质财富，当夫妻之间没有共享的物质资源时，分配共有财产的过程就会变得简单得多。什么因素有利于觅食者中母系社会的稳定性呢？当家庭是一个重要的常年单位而且有着男女两性分工时，夫妻之间的联系通常就更为持久。而且，分散的人口意味着如果婚姻出现问题，可供替代的人是很稀少的。但是在队群社会里，即使婚姻出现了问题，觅食者也总能找到一个队群加入。在食物生产者那里，如果婚姻出现了问题，他们也总能依靠他们的继嗣群的财产。在父系社会里，在不带孩子的情况下，一个妇女通常可以回家。在母系社会里，一个男子同样也可以这么做。除了可以移动的资源如作为嫁妆的牛外，继嗣群的财产并不是通过婚姻来转移的。

在当代西方社会里，我们非常强调浪漫的爱情是美满婚姻的基础（见"趣味阅读"）。当浪漫不再时，婚姻也就失败了。或者如本章前面所讨论的，在与婚姻相关的其他权利的强制作用下，婚姻也可能继续下去。经济关系和对孩子的义务、其他的因素如担心公众观点或者仅仅是惯性的作用，都使得在性和／或者伙伴关系逐渐消失后，婚姻仍然能够保持完整性。甚至在现代社会里，在皇室成员、领导者和其他的精英群体中也存在着类似于非工业社会的政治性包办婚姻。

美国的离婚数据自 1860 年以来长期保持着同样水平。在战后离婚率通常会上升，而在经济衰退时，离婚率会下降。但是在当代，随着女性离开家去外面工作，她们对作为养家糊口者的丈夫的经济依赖性降低了，当婚姻出现重大问题时，无疑，这会促使夫妻做出离婚的决定。

在所有的国家中，美国是世界上离婚率最高的国家之一。下面是几个可能的原因：社会中的经济、文化和宗教因素。在经济上，与大多数国家相比，美国职业女性的比例是较大的，在家庭外工作为女性提供了独立的经济基础，同时这也给双方的婚姻和家庭生活增加了压力。在文化上，美国人通常尊重独立性和它的现代形式——自我实现。并且，新教（多种形式）是美国最普遍的宗教形式。在美国和加拿大（天主教占优势）最主要的宗教中，与天主教相比，新教不会对离婚进行过多严厉的谴责。

多偶婚姻

在当代北美，离婚是十分容易和普遍的，多偶婚（一个人同时拥有一个以上的配偶）则是违法的。工业国家的婚姻将个体结合在一起，并且个体之间的关系要比群体之间的关系更容易解决。因为离婚变得更加普遍，所以北美人实行了"连贯式的一夫一妻制"形式，个体可以拥有多个配偶，但是他们必须遵守法律的规定，不可以在同一时间拥有一个以上的配偶。就像前面所陈述的那样，多偶制的两种形式是一夫多妻制和一妻多夫制，一妻多夫制仅仅在少部分文化中实行，比较著名的就是在尼泊尔和印度的某些群体。一夫多妻制要普遍得多。

一夫多妻制

在特定社会中，我们必须区分人们对多偶婚的社会支持度和它实际的发生频率。很多文化支持一个男性娶几个妻子，但是尽管在一夫多妻制受到鼓励的条件下，大部分男性还是一夫一妻制的，并且一夫多妻只是婚姻的一个方面的特征，为什么会是这样呢？

一个原因就是相等的性别比，在美国，新生婴儿的男女比例是 105：100。成年人的男女性别比是相等的，并且到了最后，这个比例就会翻转过来。北美女性的平均寿命要高于男性。在很多非工业国家中也是这样，在儿童中男性所占比例会比较大，但是到了成年这个比例就会倒过来。

男性结婚要晚于女性的习俗也会推动一夫多妻制，在尼日利亚博努地区的卡努里人中，男性结婚的年龄在 18～30 岁，女性结婚的年龄在 12～14 岁。配偶之间的年龄差异意味着寡妇的数量要大于鳏夫。大多数寡妇会再婚，有些就组合为一夫多妻家庭。在博努地区的卡努里人那里和其他的一夫多妻制社会里，多偶婚姻中的女性的很大一部分是由寡妇组成的（Hart, Pilling and

Goodale, 1988）。在很多社会里，包括卡努里人，妻子的数量是一个男人家庭生产力、声望和社会地位的标志。拥有更多的妻子就意味着拥有更多的劳动力。增加的劳动力意味着更多的财富。这些财富反过来又会吸引更多的妻子加入这个家庭。财富和妻子会给家庭和家长带来更多的声望。

如果多偶婚要运转起来，当另一个人要加入这个家庭，特别是他们需要共同居住在一个家庭中时，现有的夫妇之间就需要达成某种协议。在某些社会里，第一个妻子会要求第二个妻子帮她做一些家务活，第二个妻子的地位比第一个妻子的地位要低，他们分别是第一位的妻子和第二位的妻子。第一位妻子有时候会从她亲密的女性亲属中挑选出一个人作为丈夫的第二位妻子。在马达加斯加的贝齐雷欧人那里，不同的妻子会居住在不同的村子里。一个男人的第一位妻子和第二位妻子被称为大妻子，她们居住的村子是丈夫最好的稻田耕作地所在的村子，也是丈夫待的时间最多的村子。那些地位很高的男人，会有好几块稻田和好几个妻子，他在每块稻田附近都有房屋。在大部分时间里，他会跟第一位妻子住在一起，但是在全年的时间里，他会去探望其他的妻子。

在非工业社会里，多个妻子可以扮演重要的政治角色。马达加斯加高原地区的默里纳王国是一个拥有 100 多万人口的社会，国王将他的 12 个妻子分别安置在不同的行政区，当他在王国内巡游的时候，他就会跟她们居住在一起。这些妻子是他的地区代理人，负责监督和报告行政区的问题。布干达是乌干达被殖民主义者统治之前的最主要城邦，它的国王娶了好几百个妻子，代表着他国土的所有氏族。王国中的所有人都是国王的姻亲，并且所有的氏族都有推选下一任国王的机会，这样的方式可以赋予平民进入政府的机会。

这些例子揭示了对于一夫多妻制来说并没有单一的解释。它的背景和功能随着社会的不同而不同，甚至在同一社会中也是这样。有的男性是一夫多妻制是因为他们从兄弟那里继承了一个寡妇（夫兄弟婚），有的男性有多个妻子是因为他们追求威望或者想增加家庭生产力，还有一些人将婚姻作为政治工具或者增加经济的手段。有政治和经济野心的男性和女性会培植他们的婚姻联盟来达到他们的目标。在包括马达加斯加的贝齐雷欧社会和尼日利亚的博务地区在内的很多社会中，是女性在安排这种多妻婚姻。

一妻多夫制

　　一妻多夫制很罕见，并且在很特殊的条件下才被实行。世界上实行一妻多夫制的民族大多居住在南亚——尼泊尔、印度和斯里兰卡。这些地区中，一妻多夫制看起来是对迁移的一种文化适应，这种迁移与男性离开家去进行交换、商业活动或者军事行为等习俗相关。社会中的劳动分工是建立在性别基础上的，一妻多夫制可以确保至少有一个男人会留在家里完成那些男性的活动。当资源非常缺乏的时候，兄弟共妻是一种有效的适应策略。在扩大的（一妻多夫的）家庭中，拥有有限资源的（土地）兄弟可以共同利用他们的资源。他们共同娶一个妻子。一妻多夫制可以限制妻子和继承者的数量。继承者的较少竞争可以确保土地在最小分化的前提下得以传承下去。

第
15
章

社会性别

性别与社会性别

因为人类学家研究生物、社会和文化，所以他们所持的一种独特见解就是自然（生物倾向性）和环境因素（环境）是人们行为的决定因素。人类的态度、价值和行为不仅仅被他们的基因倾向性所限制——这经常是难以确认的，而且被文化濡化过程中的个人经历所限制。我们作为成人的特征，不仅为我们的基因所决定，同时为我们成长和发展过程中的环境所决定。

有关自然和环境因素的问题出现在对人的性别-社会性别角色和性行为进行的讨论中。男性和女性的基因是不同的。女性有两个 X 染色体，男性有一个 X 染色体和一个 Y 染色体。因为只有父亲可以输送 Y 染色体，所以父亲决定了孩子的性别。母亲总是会提供一个 X 染色体。

染色体的不同表现为激素和生理上的差异。人类的**两性异型**（sexual dimorphism）特征比长臂猿（亚洲一种在树上生活的小猩猩）之类的灵长目动物要明显，却不如大猩猩和猩猩之类的动物明显。两性异形指的是男性和女性除了胸部和生殖器的差别外，还存在其他的生物差异。女性和男性的不同不仅表现为第一性征（生殖器和生殖器官）和第二性征（胸部、声音、毛发分布）的不同，还表现为平均体重、身高、力量和寿命的不同。女性通常比男性长寿，并且女性的耐力要优于男性。在一定的人口中，男性通常比较高，体重也较重。当然就身高、体重和体力来说，性别之间还存在相当一部分的重叠，而且在人类生物进化的过程中，人类的两性异形特征已经开始显著减少。

但是，究竟这种遗传和生理的差异会导致多大的不同呢？这些差异对不同社会男性和女性的行为方式、不同社会对待男性和女性的方式会产生什么样的影响？人类学家已经发现了不同文化中男性角色和女性角色的相似性和差异性。关于性别-社会性别角色和生物学这个问题，下面是一种主导性的人类学观点：

男性和女性的生物特征（应当被看作）不是对人类有机体的一种狭窄限制，而是多种结构得以建立的宽广基础（Friedl, 1975）。

尽管在大多数社会中，男性通常比女性更具有某种程度的攻击性，但是性别在行为和态度方面的很多差异是由文化而不是生物引起的。性别差异是生物性的，但是社会性别却包含着一种文化对男性和女性指定和灌输的所有特征。换句话说，"社会性别"是指男性和女性特征的文化建构（Rosaldo, 1980b）。

在文化多样性的范围内假定"社会性别的丰富多样的建构"，布尔克和沃伦（Susan Bourque and Kay Warren, 1987）注意到，对男性和女性的固定印象并不总是适用的。人类学家已经系统地收集了很多文化背景下有关社会性别的相似性和差异性的民族志数据（Bonvillain, 2001；Brettelland Sargent, 2005；Gilmore, 2001；Mascia-Lee and Black, 2000；Nanda, 2000；Ward and Edelstein, 2006）。人类学家能够发现关于社会性别差异的周期性主题和方式。他们也能发现社会性别的角色随着环境、经济、适应策略和政治体系类型的不同而不同。在考察跨文化的数据之前，我们先定义几个概念。

社会性别角色（gender roles）是文化赋予男性和女性的任务和活动。与社会性别角色相关的是**社会性别角色定型（gender stereotypes）**，它是一种关于女性和男性特征的过度简单化但却很牢固的思想。**性别分层（gender stratification）**指的是男性和女性之间酬劳（社会的宝贵资源、权力、声望、人权和个人自由）的不平等分配，这种不平等分配反映了男女两性在社会等级中的不同地位。根据斯多乐的研究（Ann Stoler, 1997），性别地位的经济决定因素包括支配他人劳动和劳动成果的自由或自主性，还包括社会权力（对其他人生命、劳动力和生产的控制）。

在非国家社会中，性别分层通常在声望方面而不是在财富方面表现得更为明显。在对菲律宾吕宋岛北部的伊郎革人的研究中，罗萨多（Michelle Rosaldo, 1980a）描述了他们的性别差异与探险、旅行和关于外部世界的知识等文化价值相关。作为猎人，伊郎革的男性会更经常地到远处游历。这使他们获得关于外部世界的知识，增加了他们的经历，并且他们返回后会在公共演讲地点表达他们的知识、探险和感受。作为回报，他们会得到称赞。因为缺少建立在外部经历基础上的知识和戏剧性的表演，所以伊郎革女性的声望比较低。在罗萨多的研究和其他关于非国家社会的研究的基础上，洪（Ong，1989）提出，我们必须将特定社会里的声望体系与实际权力区别开来。男性声望高并不意味这个男性在经济或者政治权力方面超过其他的家庭成员。

社会性别模式

在前面的章节中，民族志学者将几种文化（例如跨文化数据）中的民族志数据进行比较以发现和解释相异性和相似性。与社会性别的跨文化研究相关的数据可以来自经济、政治、家庭活动、亲属和婚姻等领域。表 15.1 展示的有关性别的劳动分工的跨文化数据来自 185 个被随机抽出的社会。

表 15.1 中关于性别的劳动分工的研究是概括性的，而不是普遍性的。也就是说，在民族志学者所了解的社会中，大部分社会存在的一种强烈倾向，就是造船是男性的工作，但是也有例外。一个例外就是美洲土著群体中的希达察部落（Hidatsa），在那里女性负责造船来穿越密苏里州河（传统上，希达察人在北美大平原上以种植和猎捕野牛为生，他们现在居住在北达科他州）。另一个例外是，波尼族（Pawnee）印第安女性负责木工工程，这是北美土著群体中唯一将这项工作分配给女性的群体（波尼族印第安人传统上以平原种植和猎捕野牛为生，开始时他们居住在现在的内布拉斯加州中部和堪萨斯州中部地区，现在他们居住在俄克拉何马州中北部的保留地）。在非洲伊图里雨林地区的姆布蒂矮人那里，女性用手或者网来猎捕一些体型小的、跑得慢的动物（Murdock and Provost，1973）。

跨文化概括的例外可能会包括社会或者个体。也就是说，如同希达察社会那样，一个社会如果将本来属于男性的造船活动分配给女性来做，那它与跨文化的概括就是相反的。或者在一个社会中，造船本来属于男性的文化特权，但某个特殊的女性或者多个女性也可能是例外并从事男性活动。表 15.1 显示了在 185 个社会的样本中，哪些活动是分配给男性的，哪些活动是分配给女性的，哪些活动男女都可以承担。

表 15.1   概括性的性别劳动分工，建立在来自 185 个社会的数据基础上

概括的男性活动	一些具有摇摆性（男性或者女性均可）的活动	概括的女性活动
捕获大的水生动物（例如鲸鱼、海象）	生火	收集燃料（例如柴火）
炼矿	杀婴	制作饮料
金属工艺	准备毛皮	收集野生的蔬食
伐木	收集小的陆地动物	日常生产（例如搅乳）
捕获大的陆地动物	种植粮食作物	纺纱
捕获禽类	制作皮革产品	洗衣
制作乐器	作物收获	取水
设置陷阱	田间管理	做饭
造船	挤奶	准备蔬食（例如进行谷类加工）
石料作业	编篮子	
骨头、角、壳作业	负担重物	
采矿和采石	制作席子	
接骨	照料小动物	
屠宰	储存肉和鱼	
采集野蜂蜜	织布	
清理土地	采集小的水生动物	
捕鱼	生产衣服	
管理大的畜牧动物	制作陶器	
建房子		
准备土地		
织网		
编绳		

以上的所有活动中，"屠宰"几乎总是由男性来完成，那些通过"编绳"来屠宰的活动通常由男性完成。

来源：Adapted from G. P. Murdock and C. Provost, "Factors in the Division of Labor by Sex: A Cross-Cultural Analysis," Ethno-logy 12（2）:202-225.

在这些男女都可以承担的活动中最重要的是种植、田间管理和作物收获。在下面我们会看到有些社会传统上会给女性分配更多的农活，而有些社会将男性作为主要的农业劳动者。在那些几乎总是分配给男性的任务中（表15.1），很多任务（例如在陆地上或者海上捕获大的动物）很明显地与男性的平均身高较高和力气较大相关。其他的像木工工程和制作乐器之类的活动看起来更具有文化垄断性。当然，女性也没有被排除在费力费时的体力劳动之外，例如收集木柴和挑水。在巴西的阿伦贝培社会，女性通常用容积为 5 加仑（约为 23 升）的桶运水，她们从离家很远的井中或者淡水湖中取出水，将水桶平放在她们的头上然后运回家。

从跨文化的研究来看，女性和男性对于生计的贡献是大致相等的（表15.2）。但是如同我们在表 15.3 和表 15.4 中所看到的，在家庭活动和儿童养育中，女性的劳动占支配地位。表 15.3 显示在被研究的大约半数社会里，男性实际上不做家务活。甚至在那些男性做一部分家务活的社会中，家务活的大部分还是由女性来承担。如果将生计活动和家务劳动加在一起，女性工作的时间通常比男性要长。这种情况在当今世界是否已经改变了呢？

表 15.2　男性和女性在生计活动中花费的时间和精力

男性多	16%
大致相等	61%
女性多	23%

在随机挑选的社会中，可以获得这个变量的信息的比例为 88%。

来源：M. F. Whyte, "Cross-Cultural Codes Dealing with the Relative Status of Women," Ethnology 17（2）:211-239.

表 15.3　谁做家务劳动

男性几乎不干	51%
男性做一部分，但是大多数还是由女性来干	49%

在随机挑选的社会中，可以获得这个变量的信息的比例为 92%。

来源：M. F. Whyte, "Cross-Cultural Codes Dealing with the Relative Status of Women," Ethnology 17（2）:211-239.

在儿童养育中是怎样的呢？在大多社会中，女性通常是主要的照料者，

理解我们自己

　　在表 15.1 中缺少的是什么呢？我们注意到它没有提到贸易和市场活动，这是男性或女性一方或双方都活跃于其中的活动。表 15.1 详述的男性的活动多于女性，这是不是有点男性中心主义？在照料小孩方面女性比男性做的要多，但是表 15.1 的研究是建立在不将家务活动细分到如同家外活动那样的程度的基础上的。（Murdock and Provost，1973）

　　女性和男性都需要将他们的活动安排到一天中的 24 个小时里。表 15.2 是建立在跨文化的数据基础上的，它显示了男性与女性花费在生计活动上的时间和精力通常是大致相等的。更有可能的是，男性比女性做的生计活动稍少。考虑一下在表 15.1 中，女性的家内活动如何能够得到更为详细的说明。表 15.1 数据的最初模式可能表明了一种男性偏见，在这样的偏见下，家外活动比家内活动被赋予了更大的重要性。例如，与清洗一个婴儿的屁股（表 15.1 中没有列出）相比，收集野蜂蜜（表 15.1 所列出的）是更为必需的或者 / 和更为消耗时间的吗？根据现在的家庭和工作角色，还有就是根据当今女性和男性所从事的活动来思考表 15.1，男性仍旧从事大部分的狩猎活动，任何一种性别的人都可以从超级市场上获得蜂蜜，但清洗孩子的屁股仍旧是大部分女性的活动。

但是男性通常也会承担一定角色。在这里，无论是某个社会内，还是社会与社会之间都存在例外情况。表 15.4 使用跨文化的数据来回答"在对不足 4 岁的儿童进行照料、管理和教导时，谁——男性还是女性——会有最终裁定权"这一问题，尽管在三分之二的社会中女性对幼儿拥有主要权力，但是也存在男性拥有主要的发言权这样的社会（占总数的 18%）。尽管在美国和加拿大，文化事实是女性角色在儿童照料中占优势，但是如今很多男性已成为主要的儿童照料者。考虑到母乳喂养在确保孩子尤其是婴儿生存中的重要角色，母亲作为主要的照料者是有道理的。

表 15.4　在婴儿（小于 4 岁）的照料、管理和教导中，谁拥有最终的支配权

男性拥有更多的话语权	18%
大致相等	16%
女性拥有更多的话语权	66%

在随机挑选的社会中，可以获得这个变量的信息的比例为 67%。

来源：M. F. Whyte, "Cross-Cultural Codes Dealing with the Relative Status of Women," Ethnology 17（2）:211-239.

在繁衍策略中，女性和男性是有区别的。女性生小孩、母乳喂养小孩并且承担着照料婴儿的主要责任。女性会通过与每个婴儿建立密切的联系来确保她们的后代可以存活下来。如果一个女性有一个可以依赖的配偶，那么就有利于减轻抚养孩子过程中的困难和保证孩子的存活（这里又会出现例外，例如在"家庭、亲属关系与继嗣"这一章中所讨论的母系纳亚尔人）。女性只能在她们的育龄期间生小孩，在此期间，女性从初潮（月经的第一次到来）延续到绝经期（月经的停止）。相比之下，男性的育龄期要比女性长，这个时间可以延续到老年。通过使几个女性在较长的时间内怀孕（如果他们选择这样做），男性可以提高他们的生育成功率。尽管男性并不是总会有多个配偶，但是他们的这种倾向比女性要强烈（表 15.5、表 15.6 和表 15.7）。在民族志描述过的社会里，一夫多妻制要比一妻多夫制普遍（表 15.5）。

表 15.5　社会允许有多个配偶吗?

仅仅允许男性	77%
男性与女性都可以，但是男性更为普遍	4%
任何一种性别都允许	16%
男性与女性都可以，但是女性更为普遍	2%

在随机挑选的社会中，可以获得这个变量的信息的比例为 92%。

来源：M. F. Whyte, "Cross-Cultural Codes Dealing with the Relative Status of Women," Ethnology 17（2）:211-239.

表 15.6 对于婚前性行为有没有一个双重标准？

是——对于女性的限制更大	44%
不——对于男女两性的限制是相同的	56%

在随机挑选的社会中，可以获得这个变量的信息的比例为 73%。

来源：M. F. Whyte, "Cross-Cultural Codes Dealing with the Relative Status of Women," Ethnology 17（2）:211-239.

表 15.7 对于婚外性行为有没有一个双重标准？

对于女性的限制更大	43%
对于男女两性的限制是相同的	55%
对违背的男性的处罚更严重	3%

在随机挑选的社会中，可以获得这个变量的信息的比例为 75%。

来源：M. F. Whyte, "Cross-Cultural Codes Dealing with the Relative Status of Women," Ethnology 17（2）:211-239.

男性在婚姻之内和婚姻之外的性行为要比女性多。表 15.6 显示了有关婚前性行为的跨文化数据，并且表 15.7 概括了婚外性行为的数据。在两种情况下，尽管所研究的大约半数社会对男女的限制是平等的，但是男性比女性受到的限制要少。

女性受到的限制多于男性这种双重标准表明了性别分层的存在。几项研究显示了影响性别分层的经济因素。在一项跨文化的研究中，桑迪（Sanday,1974）发现当男性和女性为生活作出大致相同的贡献时，性别分层就会减少。她发现当女性为生活所作的贡献大于男性或者小于男性时，性别分层是最大的。

 # 觅食社会中的社会性别

在觅食社会里，当男性为日常饮食所作的贡献大于女性时，性别分层是最明显的。这在因纽特人那里和其他的北部狩猎采集者那里都是如此。相反，在热带和亚热带的觅食者中，采集通常能比狩猎和捕鱼提供更多的食物。采集一般是女性的工作。男性通常负责狩猎和捕鱼，但是女性也会从事一些捕鱼活动并且可能猎捕一些小的动物。与以狩猎和捕鱼为主的生计活动相比，当采集占优势时，性别地位通常是较为平等的。

当家庭和公共领域没有明显的分化时，性别地位也是较为平等的（家庭领域指的是在家内的或者属于家庭的）。外部世界包括政治、交易、战争或者工作。家与外部世界之间的强烈分化被称为家庭领域和公共领域的对立，或者私人领域和公共领域的对比。通常当家庭领域和公共领域有着明显的分化时，公共活动会比家庭活动拥有更多的声望。这可以导致性别分层，因为男性更为经常地在公共领域中活动。从跨文化的角度来看，女性在离家更近的范围内活动。因而，狩猎—采集者的性别分层少于食物生产者的另一原因就是，在觅食者那里，家庭领域与公共领域的对立得到较少的发展。

我们可以看到某些社会性别角色比其他的社会性别角色与性别的联系更为密切。男性通常是狩猎者和战士。因为在同一人群内，男性平均要比女性体型更大，更强壮（Divale and Harris, 1976），所以在有矛、刀、弓这样的工具和武器时，男性通常是更好的狩猎者和战士。男性的狩猎者-战士角色也反映了男性更具有移动性。

在觅食社会里，女性在大部分育龄期内或怀孕或哺乳。在怀孕后期或者孩子出生后，女性的活动会受到小孩的限制，甚至连采集活动也会受到限制。但是，菲律宾埃格塔族（Griffin and Estioko-Griffin, eds., 1985）的女性不仅带着孩子进行采集活动，而且她们还会携带孩子和狗去狩猎。尽管这样，由于怀孕和哺乳对迁移所造成的影响，女性成为主要的狩猎者的可能性还是很小的（Friedl, 1975）。战争也是需要迁移的，但是在大多数觅食社会中很少有战争，在那些地区间贸易发展充分的地方，战争也不多见。食物生产者中间导致男性和女性地位不平等的两个公共场所是战争和交换。

桑人的案例表明，在觅食者中男性与女性的活动和影响范围会存在何种程度的重叠（Draper, 1975）。传统的桑人的性别角色是相互依赖的。在采集的时候，女性会发现有关猎物的信息并将这些信息传递给男性。男性和女性离开营地的时间是大致相同的，但是他们的劳动时间在一周内都不会超过三天。当其他的人去劳动时，队群中有三分之一到三分之二的人会留在家里。

桑人不认为他们从事异性的劳动是不合适的。男性经常采集食物和挑水，普遍的分享习俗规定男性分享肉食，而女性分享她们采集的水果。所有年龄段的男孩和女孩都会在一起玩。父亲在抚养儿童的过程中扮演着一个积极的角色。资源是充分的，而竞争和攻击是不受鼓励的。角色的可替换性和相互依赖性适应于这种小群体。

德雷柏（Patricia Draper）在桑人中所做的田野工作非常有助于体现经济、性别角色和分层之间的关系，因为她既研究了觅食者，又研究了先前曾是觅食者但现在已经定居的一个群体。仅有几千个桑人仍继续保持着他们文化中的那种传统觅食方式。现在大多数桑人都已经在邻近食物生产者或者牧场主的地方（参见 Kent, 1992；Solway and Lee, 1990；Wilmsen, 1989）定居下来。

德雷柏研究了玛霍帕地区的桑人，他们在一个村庄中放牧、种植作物、工作赚钱并且从事少量的采集工作。他们的性别角色开始出现更为严格的划分。因为男性比女性游历的距离远，所以家庭—公共领域的对立开始发展起来。随着采集活动的减少，女性更多地被局限在家中。男孩子们可以通过放牧获得迁移，但是社会对女孩子有了较多的限制。灌木丛中平等而又群居的生活被定居生活的社会特征替代。根据牧群、房子和儿子的不同，男性出现了差别，这种差别所导致的等级开始代替分享。社会开始把男性作为更有价值的生产者。

如果在当今社会中确实存在着某种程度的男性主导现象，那么它可能是由那些促使桑人去工作赚钱、在市场上销售和由此产生了世界资本主义经济的变化所导致的。地区、国家和国际力量的历史性相互作用会影响性别分层体系（Ong, 1989）。但是在传统的觅食文化中，平等主义扩展至两性之间的关系。男性和女性的社会领域、活动、权利和义务是重叠的。觅食者的亲属系统通常是双边的（通过女性和男性来计算，两边的地位平等），而不偏爱母亲一边或者父亲一边。觅食者会跟丈夫的亲属或者妻子的亲属一起居住，并且他们经常从一个群体转变到另一个群体。

关于觅食者的最后观察：公共领域和私人领域的分化程度在他们之间是最小的，等级在这里最不明显，攻击和竞争在这里也是最不受鼓励的，并且女性和男性的权利、活动、影响领域具有最多的重合性。在 1 万年之前，我们的祖先完全依靠觅食来生存。虽然觅食社会并不是完美的，但是如果人类社会存在任何最"自然"的形式，那么觅食者便是最好的代表。尽管一个比较著名的刻板形象是"挥动着棍棒的穴居人揪着他配偶的头发"，但性别的相对平等是更有可能的原始形态。

 # 园艺社会中的社会性别

在栽培者那里社会性别和性别分层有很大区别，这取决于其经济和社会结构的特征。为了论证这一观点，马丁和乌尔希（Martin and Voorhies, 1975）研究了 515 个园艺社会，这些样本代表了世界各地的园艺社会。他们考察了好几个变量，包括继嗣和婚后居住、栽培成果所占的饮食比例、男性和女性的生产率。

他们发现女性是园艺社会的主要生产者，在这些社会中女性从事大部分栽培劳动的比例是 50%。女性和男性对栽培作出相同贡献的比例是 33%，男性从事大部分劳动的比例仅占 17%。与父系社会相比，女性通常在母系社会中从事的栽培劳动更多一些。她们的劳动在母系社会的园艺业中占首要地位的比例为 64%，相比之下，她们的劳动在父系社会的园艺业中占首要地位的比例是 50%。

 ## 简化的社会性别分层——母系-从母居社会

从跨文化的角度来看，社会性别的地位的多样性与继嗣和婚后居住规则相关。（Friedl, 1975；Martin and Voorhies, 1975）。在实行母系继嗣和从母居（婚后与妻子的亲属在一起居住，所以孩子会在母亲的村庄中成长）规则的社会中，女性的地位通常要高于男性（参见 Blackwood, 2000）。母系和从母居法则使得有亲属关系的男性分散开而不是合并为一体。相比之下，实行父系和从父居法则（结婚后跟丈夫的亲属在一起居住）的社会将男性亲属聚集在一起，在发生战争时这些社会会具有优势。母系—从母居体系通常存在于人口对战略资源的压力极小、战争不频繁的社会中。

女性通常在母系社会、从母居社会中拥有较高的社会地位，它有几种原因。继嗣群体的成员身份、对政治地位的继承、土地的分配、所有的社会认同都来自女性。在马来西亚的内吉利森美兰（Peletz, 1988），母系继嗣赋予女性独有的对祖先稻田的继承权。从母居实现了女性亲属的团结和集中。对于家庭来说，女性具有相当大的影响力（Swift, 1963）。在这种母系背景下，女性是整个社会结构的基础。尽管公共权力可能（看起来可能是）被指定给男性，但是实际上大部分权力和决策可能属于比较年老的女性。包括纽约土著居民的部落联盟——易洛魁人（Brown, 1975）在内的很多母系社会显示：女性在经济、政治、仪式影响力方面能够与男性相竞争。

易洛魁的女性扮演着主要的生计角色，而男性会离家很长时间参与战争。如通常的母系社会一样，内部战争是不常见的。易洛魁男性只对距离较远的群体发起战争，这样可以使那些群体多年不接近他们。

易洛魁的男性从事狩猎和捕鱼活动，但是女性控制着当地经济，女性也会进行一些捕鱼活动并且偶尔也进行狩猎活动，但是她们的主要生产角色是园艺。女性拥有从女性亲属那里继承来的土地，她们控制食物的生产和分配。

易洛魁的妇女跟她们的丈夫和孩子一起生活在公共长房的家庭隔间中。女性出生并终生生活在一个长房中。年老的妇女被称为主母，她会决定哪些男性可以作为丈夫居住在长房中，她们也可以赶出那些不能与别人和谐相处的男性。因此，女性控制着继嗣群体之间的联盟，这在部落社会中是一项重要的政治工作。

如此，易洛魁的女性也管理着生产和分配。社会认同，以及对职务、头衔和财产的继承都是通过女性家系，并且女性在仪式和政治方面的地位也很突出。具有亲属关系的部落会组成一个联盟，这个联盟是易洛魁人的同盟，联盟设有酋长和部落会议。

男性酋长会议负责管理军事活动，但是酋长的继承是母系的。也就是说继嗣的次序是这样的，一个人会由他的弟弟，他姐妹的儿子或者另一位母系亲属继承。每一个长房的主母都会提名一个男性作为他们的代表。如果部落会议反对她们的第一个被提名者，这个妇女就会提供其他的人选直到被提名者通过。主母会一直监督酋长，并且可以赶他们下台。女性可以否决某个战争，可以拒绝供应战争物品，还可以启动和平努力。女性在宗教方面也是权力共享的。部落中从事宗教活动的半数是女性，剩下的一半由主母挑选出来。

简化的社会性别分层——母权社会

坦纳（Nancy Tanner）也发现男性的移动与女性突出的经济角色相结合会简化社会性别分层，并且提高女性的社会地位。她的这项发现来自对印度尼西亚、西非和加勒比海地区的母权社会（母亲中心的，通常不跟丈夫—父亲在一起居住）的研究。母权社会并不一定是母系的，有几个甚至是父系的。

例如，坦纳（Tanner, 1974）发现尼亚加拉东部的伊博人社会具有母权性质，但是它却是父系社会，实行从父居和一夫多妻制法则（一个男人有多个妻子）。每一个妻子都有她自己的房子，她会跟她的孩子居住在一起并且在房子附近种植作物并交换剩余物品。

在关于伊博人的个案研究中，阿玛迪（Ifi Amadiume, 1987）注意到每种性别都可以承担男性的社会性别角色。在未受基督教影响前，成功的伊博女性会利用财富来获取头衔和妻子。妻子们会通过家庭劳动来养活丈夫（男的或者女的），并且帮助他们积累财富。女性丈夫并不被人们看作是男性的，她们会保留她们的女性气质。伊博女性将她们自己归于女性群体，这个群体还包括世系的女儿、世系的妻子、由有头衔的妇女所领导的遍及群体范围的女性委员会。伊博女性的高地位和影响力建立在这样的基础上：男性与当地的生计相分离，而且当地的市场体系鼓励女性离开家并且女性在分配方面占据优势，这进而实现了女性在政治上的优势地位。

复杂的社会性别分层——父系-从父居社会

伊博人在父系—从父居社会中是独特的，很多父系-从父居社会具有明显的性别分层。马丁和乌尔希（Martin and Voorhies, 1975）将母系的衰落和父系-从父居体系的扩散（包括父系、从父居、战争和男性至上）归因于资源的压力。在面临稀缺资源的情况下，实行父系-从父居法则的栽培者，例如亚诺马米人，会经常对其他的村庄发动战争。这有利于从父居和父系继嗣，也有利于发展那些将男性亲属聚在同一村庄的习俗，这样有助于他们在战争中结成有力的联盟。这样的社会通常存在明显的家庭-公共领域的对立，并且男性通常会支配声望等级。男性在战争和交换中的公共角色以及较高的声望导致了女性价值的降低，而且男性可能会利用它们来强化对女性的压迫。

父系-从父居体系是位于巴布亚新几内亚高原地区的很多社会的特征。女性辛苦地种植和管理口粮作物、饲养和照料猪（主要的家畜和受人喜爱的食物）并负责家庭烹饪，但是她们与男性所控制的公共领域是脱离的。男性负责种植和分配优势作物、准备节日食品和安排婚姻。男性甚至开始从事猪的交易，并且控制它们在仪式中的用途。

在巴布亚新几内亚高原的人口稠密地区，男-女回避现象与人口对资源的巨大压力相关联（Lindenbaum, 1972）。男性恐惧与女性的所有接触（包括性）。他们认为与女性的性接触会让他们变得虚弱。事实上，男性将他们所看到的所有属于女性的东西都看作是危险和被污染的。他们将自己隔离在男性的房子里，并且将他们珍贵的仪式用品都藏起来不让女性发现。他们会延迟婚姻，有的人甚至不结婚。

相反，巴布亚新几内亚高原的人口稀少地区，例如最近的定居地，就没有这种有关男-女接触的禁忌。女性作为污染物的印象逐渐消失，异性间的性交是受到尊重的，男人和女人住在一起，因此生育率很高。

 # 农业社会中的社会性别

当经济是建立在农业基础上时，女性通常就失去了她们作为主要栽培者的角色。因为男性的平均体型和力气要比女性大，所以一定的农业生产尤其是耕田就被指定为男性的劳动（Martin and Voorhies, 1975）。除了使用上灌溉技术时，耕田不再需要不断除草，而除草主要是女性的劳动。

跨文化的数据表明了男女生产角色的对比。在 50% 的园艺社会中，女性是主要的劳动者，但是在农业社会中，女性作为主要劳动者的比例只有 15%。在农业社会中男性作为主要的生计劳动力的比例是 81%，但是在园艺社会这个比例仅占 17%（Martin and Voorhies, 1975）（表 15.8）。

表 15.8　在栽培社会中男性和女性对生产所作的贡献

	园艺社会 在 104 个社会中所占的比例	农业社会 在 93 个社会中所占的比例
女性是主要的栽培者	50%	15%
男性是主要的栽培者	17%	81%
在栽培中贡献相等	33%	3%

来源：K. Martin and B. Voorhies, Female of the Species, New York: Columbia University Press, 1975 , p. 283.

随着农业的出现，人类历史上第一次出现了女性与产品的分离。与劳动力非密集型经济相比，可能它正好体现了农业社会的特征，因为农业社会需要女性在离家近的地方以便照顾家庭中数量众多的孩子。在信仰体系中，男性作为户外劳动力的优越与女性现在被认为是低等的户内角色出现反差（户外指的是在家庭之外，存在于或者进入公共领域）。亲属和婚后居住方式方面的变化也不利于女性。伴随农业而来的是继嗣群和一夫多妻制的衰落，核心家庭更为普遍。女性与丈夫和孩子居住在一起而与她的女性亲属和其他为人妻的女性分离。在农业经济中女性的性行为受到严格的监督，男性更容易拥有离婚和婚外性的权利，这反映了农业社会中对待男女两性的双重标准。

在农业社会，女性地位的低下也并不总是必然的。性别分层是与犁耕农业相联系而不是与密集型栽培本身相联系的。对法国和西班牙从事犁耕农业的农民的性别角色和分层的研究（Harding, 1975; Reiter, 1975）显示，人们认为房子属于女性的领域，而田地属于男性的领域。但是，这种对立并不是必然的，我自己对马达加斯加岛的贝齐雷欧人农业的研究就可以证明这点。

贝齐雷欧人的女性在农业中扮演重要的角色，她们会花费三分之一的时间在水稻生产上。在劳动分工中，她们会有自己的传统任务，但是她们的劳动比男性更具有季节性。从 6 月中旬到 9 月中旬的仪式季节里，人们都没有什么可以干的事情。在剩余的时间里，男性几乎每天都在稻田地里劳动，在水稻移植（9 月中旬到 11 月）和收获（3 月中旬到 5 月上旬）的时期，女性也会与男性共同参加劳动。在 12 月和 1 月，妇女也会跟家里的其他成员一起，每天都去给水稻除草。在收获后，所有的家庭成员会一起扬谷并把谷子搬到仓库里。

如果考虑到女性每天都会费力地敲打杵臼舂米（食物准备的一部分而不是生产本身），我们就会知道在食物烹饪前的生产和准备阶段，女性付出的劳动力要占到 50% 还多一点。

在贝齐雷欧人中，不仅女性重要的经济角色会增加女性的地位，而且传统社会组织也起着同样作用。尽管婚后居住主要是从父居的，但是继嗣法则允许已婚妇女与她们自己的继嗣群保持成员关系并且结成牢固的联盟。亲属关系是宽泛的，而且是两边计算的（通过父母双方来计算——正如当今的北美）。洪指出，双边（和母系）亲属关系体系与食物生产和分配过程中相互补充的性别角色，是简化的性别分层的特征，贝齐雷欧人的例子就是一个证明。这种类型的社会在南亚农民那里也是很普遍的（Ong, 1989）。

传统上，贝齐雷欧人男性参与政治比较多，但是女性也会担任政治职位。妇女在市场上销售他们的农产品和其他产品，在牛上投入精力，她们主办仪式并且参与供奉祖先的仪式。安排婚礼是一项重要的户外活动，女性会更多地关注这项活动。有时贝齐雷欧妇女会寻找她们的女性亲属作为她儿子的妻子，这样不仅可以增强她们在村庄生活中的重要性，而且使得村庄里建立在亲属基础上的女性团结可以持续下去。

贝齐雷欧人的例子表明了密集型栽培农业并不必然导致明显的性别分层。我们可以看到性别角色和分层反映的不仅是适应策略的类型，而且反映特有的文化属性。贝齐雷欧女性在她们社会的主要经济活动和水稻种植中一直承担着重要角色。

父权制与暴力

父权制（patriarchy）是一种政治体系，这个体系由男人支配，女性在这个体系中只有较低的社会和政治地位，包括基本的人权。米勒（Barbara Miller, 1997）对女性被忽略的现象进行了系统的研究，她描述了印度北部的农村妇女被认为是"危险的性别"的情况。如果社会属于完全的父系-从父居体系，同时还充满战争和村际掠夺，那么这个社会就具有父权制特征。嫁妆谋杀、杀害女婴、阴蒂切除之类的行为都是父权制的例证，它充斥于亚诺马米人之类的一些部落社会以及印度和巴基斯坦之类的国家社会。

尽管家庭暴力和虐待妇女现象在某些社会背景下更为普遍，但是这种现象属于世界范围内的问题。它也发生在新居制的核心家庭背景下，例如加拿大和美国。城市的非人格性与扩大亲属网络的隔离性为家庭暴力提供了滋生的土壤。

我们可以看到，在那些女性在政治和社会生活中扮演突出角色的社会中，如母系-从母居体系和双边继嗣社会，性别分层通常是简化的。当一个妇女居住在她自己的村庄时，她身边的亲属会照顾和保护她的利益。甚至在从父居的一夫多妻制背景下，当与有潜在虐待性的丈夫发生争吵时，女性也经常会依赖其他妻子和儿子。但是这种通常会为女性提供一个安全港湾的背景，在当今世界中不仅没有扩展，反而缩小了。孤立家庭增加，父系社会模式扩展，而母系社会则日渐减少。很多的国家宣布一夫多妻是非法的。越来越多的女性和男性发现他们与扩大家庭和原生家庭分离开来。

随着女权运动和人权运动的发展，家庭暴力和虐待妇女问题受到越来越多的关注。法律得以通过，中间机构也得以建立起来。巴西专由女性管理的警察局就是其中一个例子，美国和加拿大为家庭暴力受害者提供的避难所也是同样的例子。但是父权制度确实存在于我们这个本应更加文明的世界中。

社会性别与工业制度

在实行父系-从父居法则的食物生产者那里和采用犁耕技术的农业生产者那里，家庭-公共领域的对立发展得最为充分，这种对立也影响着美国和加拿大等工业国家的性别分层。但是，北美的性别角色已经发生了迅速的转化。1900 年之后，随着工业制度的蔓延，传统的"思想"——"女人就当居家"——在美国中产阶级和上层阶级之间发展起来。在这之前，中西部和西部地区的拓荒女性无论在种植方面还是家庭工业方面都被看作是完全的劳动能手。在工业制度下，对于那些与性别相关的工作，不同阶层和地区具有不同的态度。在欧洲工业化早期，男人、女人、孩子大批涌进工厂去赚取工资。受奴役的美国男人和女人在棉花地里从事着让他们筋疲力尽的劳动。在废除黑奴制度之后，南方的黑人妇女继续作为农场工人和佣人生存。贫困的白人女性就进入美国南部早期的纺织厂里劳动。在 19 世纪 90 年代，超过 100 万的美国女性在工厂里从事卑贱的、重复的、没有技术含量的工作（Margolis, 1984, 2000; Martin and Voorhies, 1975）。整个 20 世纪里，穷人、移民和黑人妇女一直在工作。

1900 年之后，欧洲移民引发了男性劳动力大潮，这些移民在即使工资低于美国本土男性的条件下也愿意去工作。他们占据了工厂中那些原本属于女性的工作。随着机器工具的使用和大批量生产的出现，社会对女性劳动力的需求进一步减少，所以"女性从生物方面来说不适合工厂工作"的观念开始普及（Martin and Voorhies, 1975）。

马格里斯（Maxine Margolis, 1984, 2000）展示出为了满足美国经济的需要，不同社会性别的工作、态度和信仰是如何变化的。例如，在战争期间，男性的缺乏会导致这样的观点，即离开家到外面工作是女性的爱国义务。在第一次世界大战期间，"女性从生物方面来说不适合繁重的体力劳动"的观念逐渐消失。通货膨胀和消费文化也刺激了女性就业。在物价和 / 或需求上升时，多挣一份薪水可以维持家庭的生活质量。

从第二次世界大战起，女性带薪就业的稳步增长反映了婴儿潮和工业的

理解我们自己

　　随着男性和女性职业方式的改变，人们关于社会性别的观念无疑正在发生改变。从媒体中我们也可以看到，例如在《欲望都市》中，主演人物表现出来的是非传统社会的社会性别行为和性行为，她们吸引了大量的观众。但是旧信条、文化期待和性别定型仍然存在。例如，美国文化期望女性比男性温顺。因为我们的文化也崇尚自我决定和坚持自己的信仰，所以这就向女性提出了挑战。当美国男性和美国女性展示某种行为时，例如说出他们的观点，人们对他们会有不同的评价。一个男性的独断行为可能获得欣赏或者奖赏，但是一个女性的相似行为就可能被他人视为"盛气凌人"，甚至是更坏的评价。女性必须不断地克服这些难题。

　　男性和女性都会被他们的文化训练、文化定型和文化期待所限制。例如，美国文化会指责男性的哭泣行为。但是作为喜悦和悲伤的自然表达形式，小男孩哭泣是可以的，但是成人哭泣就变得不受鼓励了。当男人感觉情绪激动时，他们为什么不能哭呢？文化的训练使得美国男性要有决断力，并且坚持自己的决定。政治家通常会批评他们的对手不够坚决、在一些问题上说话含糊或者容易变化。如果人们发现了一个更好的方法却不能改变他们的立场，这是多么奇怪的观念呢？男性、女性和人性可能都深受多方面文化训练的影响。

扩张。美国文化传统上将文职工作、教师和护士作为女性的职业。随着第二次世界大战后人口的迅速增长和商业扩张，由女性承担这些工作的需求稳步增长。与支付工资给返乡的退伍军人相比，雇主发现支付给女性较低的工资能够增加自己的收益。

　　尽管在工资降低或者通货膨胀与失业同时发生时，女性就业也会被接受，但是在高失业率时期，女性的家庭角色就会得到强化。马格里斯（Margolis，1984，2000）坚持认为经济的变化会导致对待女性和关于女性的态度变化。经济的变化为当今的女性运动开辟了道路，1963 年弗里丹（Betty Friedan）的

《女性的神秘魅力》（*The Feminine Mystique*）一书的出版和 1966 年"全国妇女组织"的成立也促进了女性运动的发展。这项运动反过来又推动了包括同工同酬目标在内的女性工作机会的增加。在 1970 年至 2003 年间，美国女性劳动力的比例从 38% 上升到 47%。换句话说，在家庭外工作的美国人员中几乎一半是女性。现在超过 7 100 万的女性有自己的职业，相比之下男性的人数是 8 000 万。女性现在在全国半数以上（57%）的职业中任职（Statistical Abstract of the United States，2006, p.429）。而且与以前不同的是，现在这些职业不仅仅是纯粹的女性工作。表 15.9 的数据显示出美国妻子和母亲就业数量的不断增长。

表 15.9　1960—2002 年间美国母亲、妻子和丈夫的带薪就业 *

年份	有 6 岁以下的孩子的已婚夫妇的比例	所有已婚女性ª 的比例	所有已婚男性ᵇ 的比例
1960	19%	32%	89%
1970	30%	40%	86%
1980	45%	50%	81%
1990	59%	58%	79%
2004	59%	61%	77%

*16 岁以及 16 岁以上的市民。

a: 现任妻子

b: 现任丈夫

来源：Statistical Abstract of the United States 2006, Table 584, p. 392; Table 587, p. 393. http://www.census. gov/prod/www/statistical- abstract. html.

从表 15.9 中，我们可以注意到美国已婚男性的就业数量在下降，相比之下已婚女性的就业数量在上升。从 1960 年开始，美国人的就业行为和就业态度方面已经出现了戏剧性变化，在 1960 年 32% 的已婚女性参加工作，已婚男性工作的比例为 89%。在 2004 年相对应的数据是 77% 的男性和 61% 的女性参加工作。那些关于男女社会性别角色的观点已经改变了。比较一下你的祖父母和你的父母，结果就是你有一位工作的母亲，但是你的祖母却很可能是家庭主妇。你的祖父比你的父亲更有可能从事制造业并且属于一个工会。你的父亲比你的祖父更有可能去分担照顾孩子和家庭的责任。男女的结婚年龄都延迟了。大学教育和专业学位增加了。还有没有其他的变化使你能将它们与女性户外就业的增加联系起来呢？

表 15.10 按照性别、收入和全职者的工作类型将美国 2003 年的就业情况细分。总体来说，女性与男性的收入比从 1989 年的 68% 上升到 2003 年的 76%。

表 15.10　2003 年按照性别和工作类型来划分的美国全职工作者在一年中的收入 *

	平均年薪（美元）		女性 / 男性的收入比	
	女性	男性	2003	1989
平均收入	30 724	40 668	76%	68%
工作类型				
管理 / 商业 / 金融	42 064	60 447	70%	61%
专家	40 298	58 867	68%	71%
销售和政府机关	27 803	39 491	70%	54%
服务业	19 970	26 447	76%	62%

* 从事时间最长的职业。

来源：Based on data in Statistical Abstract of the United States 2006, Table 633, p. 429. http://www. census. gov/prod/www/statistical-　abstract. html.

从体力方面来说，现在的工作对体力并没有特殊的要求。因为机器可以用来干重活，所以女性较小的平均体型和较少的力气不再成为女性从事蓝领职业的障碍。在现代我们不会看见更多的女性工作在男性铆工旁边，主要原因在于美国劳动力本身就在放弃重型产品制造业。20 世纪 50 年代，美国有三分之二的工作属于蓝领，相比之下今天还不到 15%。在世界资本主义经济范围内，这类工作的安置地点已经转换了。第三世界的国家拥有廉价的劳动力，他们生产钢铁、汽车和其他的重型产品，比起美国自己制造这些产品，在第三世界进行生产更为廉价。但是美国擅长服务业，虽然美国的大众教育体系有很多缺陷，但是它却为服务业和信息化产业培养了从售货员到计算机操作员的数以万计的人才。

贫困的女性化

与美国女性的经济收入增加的同时存在的是另一个相反的极端：贫困的女性化。这指的是在美国最贫困的人口中，女性（和她们的孩子）的数量不断增长。在那些收入低于贫困线的美国家庭中，女性占了一半以上。从第二次世界大战开始，贫困的女性化趋势就开始出现，但是在近些年已经呈现出加速的趋势。在 1959 年，女性仅占美国贫困家庭的四分之一，到现在为止，女性的贫困数字是以前的两倍多。其中大约半数的女性贫困者处于"转变"中。这些女性面临着由于丈夫的离去、残疾或者去世而发生的暂时性经济危机。另外一半是那些长期依赖福利救助体系或者依赖身边的亲属和朋友生存的女性。甚至在雇佣劳动者中间也存在女性的贫困化问题和由贫困化带来的生活质量问题和健康问题。很多美国女性会不断地干些零活儿来赚取少量的工资和微薄的收入。

已婚夫妇在经济方面比那些单身母亲要有保障。表 15.11 中的数据显示了已婚夫妇的家庭平均收入是那些只依靠一个女性的工资来维持的家庭平均收入的两倍多。在 2003 年，那些只依靠一个女性的工资来维持的家庭的年均收入是 29 307 美元，这比那些已婚夫妇家庭平均收入（62 405 美元）的一半还要少。

女性的贫困化不仅是北美的趋势。在整个世界范围内，女性主导的家庭比例都在不断增长。例如，在西欧，这个数字从 1980 年的 24% 上升到 2000年的 30%。在一些南亚和东南亚国家，这个数字低于 20%，而在某些非洲国家和加勒比海地区，这一比例则近乎高达 50%。

为什么如此多的女性成为家庭的唯一支撑者？男人去哪里了？为什么他们会离开？这其中的原因包括：男性移民、内乱（男人离开去参加战争）、离婚、抛弃、寡居、未婚的青少年父母，还有更普遍的思想就是养育孩子是女性的责任。

概括来说，由女性支撑的家庭通常要比那些由男性支撑的家庭更为贫困一些。在一项研究中，被认定为贫困单亲家庭的比例在英国为 18%，在意大利为 20%，在瑞士为 25%，在爱尔兰为 40%，在加拿大为 52%，在美国为

63%。对巴西、赞比亚和菲律宾的研究显示，由女性支撑的家庭的儿童成活率要小于其他类型家庭的儿童成活率（Buvinic, 1995）。

在美国，女性的贫困问题是全国妇女组织所关注的事情。在很多新的妇女组织之外，全国妇女组织仍在发挥作用。无论从范围还是从成员关系方面来看，妇女运动都已经成为国际性的，并且它的重点已经从主要解决工作问题转变为解决更广泛的社会问题。这些社会问题包括：贫穷、无家可归、卫生保健、日常照顾、家庭暴力、性侵犯、生殖权利（Calhoun, Light and Keller, 1997）。在 1995 年北京举办的第四届世界妇女大会上，这些问题和其他的一些问题，尤其是那些对发展中国家妇女会产生影响的问题，被提了出来。参加会议的有来自世界各地的妇女组织，其中有很多是国家和国际NGO（非政府组织），它们与处于基层的妇女一起努力扩大生产力和提高工资待遇。

表 15.11　2003 年按照家庭类型来划分的美国住户的平均年收入

	家庭数量	平均年收入（美元）	与已婚夫妇家户相比的收入中值所占的比例
所有的住户	112 000	43 318	69%
家庭住户	76 217	53 991	87%
已婚夫妇住户	57 719	62 405	100%
男性有收入，妻子没有	4 717	41 959	67%
女性有收入，丈夫没有	13 781	29 307	47%
非家庭住户	35 783	25 741	41%
单身男性	16 136	31 928	51%
单身女性	19 647	21 313	34%

来源：Statistical Abstract of the United States 2006, Tabie 675, p. 461. http://www. census. gov/prod/www/statistical abstract. html.

人们普遍认为改善贫困妇女处境的一个方式就是鼓励她们组织起来。新的妇女群体有时能使那些陷于混乱的传统社会组织恢复生机或者代替它们。群体中的成员关系可以帮助妇女调动资源、进行合理化的生产并且减少与信贷相关的风险和成本。组织也会使女性变得自信并且减少对他人的依赖。通过这样的组织，世界范围内的贫困妇女正在为实现她们的需要和优先权而努力，也在为提高她们的社会和经济条件而改变着。

 # 性取向

性取向（sexual orientation）指的是一个人通常受什么性别的性吸引，以及他们之间的性行为。如果那些人是异性，则被称为**异性恋**（heterosexuality）；如果是同性，则被称为**同性恋**（homosexuality）；如果那些人属于两种性别，则这个人被称为**双性恋**（bisexuality）。**无性恋**（asexuality）指的是有的人无论对男性还是女性都很冷淡或者对这两种性别都缺少兴趣，这也是种性取向。这四种形式在当今北美和世界范围内都可以看到，但是每一种欲望和经历对于不同的个体和群体来说具有不同的意义。例如，无性恋在有些地方可能是被接受的，但是在其他的地方，无性恋被认为是一种性格缺陷。男-男性行为在墨西哥可能只是一种隐私而不会受公共的社会制裁，而男-男性行为在巴布亚新几内亚的埃托罗（Etoro，见下文）是受到鼓励的（Blackwood and Wieringa ,eds., 1999;Herdt, 1981;Kottak and Kozaitis, 2003;Lancaster and Di Leonardo, eds., 1997;Nanda, 2000）。

近来美国产生了一种倾向，就是将性取向看作是天生的，而且是建立在生物基础上的。不过到现在为止，还没有足够的信息可以证明性取向在何种程度上是建立在生物基础上的。我们可以说的是，所有的人类行为和偏向包括性爱表达，至少在某种程度上是在后天学习的、可塑的和文化建构的。

在任何社会中，个体在性兴趣和性冲动方面的性质、变化幅度和强度方面是有差异的。没有人明确地知道个体存在性差异的原因。生物性可能是其中的一部分原因，它反映的是基因或者荷尔蒙，一个人在成长和发展过程中的经历也可能是另一部分原因。但是不管导致个体差异的原因是什么，在将个体的性冲动塑造为一种集体的行为模式时，文化总会扮演一定的角色，并且这样的性行为模式随着文化不同而有差异。

关于不同社会和不同时期的性行为模式的差异，我们知道什么呢？一项跨文化研究（Ford and Beach, 1951）发现，不同社会对手淫、兽奸（与动物性交）、同性恋的态度有很大差异。就是在同一个社会中，例如美国，人们对于性的态度会随着时间、社会经济地位、地区的不同而有差异，乡村居民与城市居民就存在着差异。但是甚至在 20 世纪 50 年代，即"性放纵时代"（20世纪 60 年代中期到 20 世纪 70 年代的前艾滋时代）之前，研究显示几乎所有的美国男人（92%）和超过一半的女人（54%）承认有过手淫。在著名的金赛报告中（Kinsey, Pomeroy and Martin, 1948），37% 的被调查男性承认至少有一次同性性经验达到高潮。在后来对 1 200 个未婚女性进行的研究中，26%的人报告她们有过同性性行为（因为金赛的研究不是建立在随机抽取样本的基础上，所以它仅仅被认为是例证，对于那时的性行为而言，这份报告在数据精确性方面不具有代表性）。

来自福德和毕奇（Ford and Beach, 1951）的一些数据显示，在他们研究的 76 个社会里，涉及同性之间的性交仅在 37% 的社会中缺失、稀少，或者是秘密的。在其他社会中，同性性行为的各种形式被看作是正常的且为人所接受的。有时同性之间的性关系会包括双方中的一方有异性装扮癖，例如上一章中北美印第安人的男性异装癖者。

异性装扮癖不是苏丹阿赞德人中的男-男同性恋者的特征，他们的社会尊重勇士角色（Evans-Pritchard, 1970）。将来的勇士——那些 12～20 岁的年轻人——会离开家并且跟成年的勇士们住在一起，那些成年勇士会付给他们聘礼，并跟他们发生性行为。在学徒期间，年轻的男性会承担起那些属于女性的家务责任，在获得勇士地位后，这些年轻的男性会拥有属于他们自己的更为年轻的男性新娘。过后，他们从勇士角色退休并跟女性结婚。因为他们的性表现很具有弹性，所以阿赞德男性在与年长的男性发生性行为（作为男性新娘）、与更年轻的男性发生性行为（作为勇士）、与女性发生性行为（作为丈夫）这些角色转换过程中不会感到困难（参见 Murray and Roscoe, eds., 1998）。

关于男-女性关系紧张的一个极端例子是巴布亚新几内亚地区的埃托罗人（Etoro）（Kelly, 1976），埃托罗人是泛弗兰地区的一个由 400 个人组成的群体，他们以狩猎和园艺为生。埃托罗人表明了文化在塑造人类性行为方面的力量。

下面的描述源自民族志学者凯利（Raymond C. Kelly）在 20 世纪 60 年代后期所做的田野工作，仅仅适用于埃托罗人男性和他们的信仰。埃托罗人的文化规范禁止男性人类学研究者收集有关女性态度的信息。还要注意的就是，这里所描述的活动一直受到传教士的反对。因为没有人对埃托罗人尤其是他们的这些活动进行进一步研究，所以我不知道现在这些行为持续的程度如何。正因为这样，我会用过去式来描述他们。

埃托罗人关于性行为的观点与他们的生命循环信仰相联系，生命的循环是出生、身体成长、成熟、老年和死亡的一个过程。埃托罗男性相信精液是给予婴儿生命力所必需的，他们相信婴儿是祖先的灵魂移入了女性身体里。怀孕期间的性交会为处于成长期的婴儿提供养分。埃托罗男性相信他们提供精液的时间是有限的，任何一次到达高潮的性行为都会消耗掉精液的供应并且会削弱男性的生殖力和生命力。孩子由精液来提供养分，孩子的出生象征着一种必要的牺牲，这种牺牲会导致男性的最终死亡。异性之间的性交仅仅是生殖的需要，是不受鼓励的。性欲很强的女性被人看作是巫婆，她们会危害丈夫的健康。埃托罗文化仅允许在一年中的 100 天里有异性间性交，在其余的时间里异性间性交是禁忌。生育的季节性集中体现了这种禁忌被人们所遵守。

男-女之间的性行为受到如此多的反对以至于它被排除到群体生活之外。异性性行为不能发生在睡觉的地方，也不能发生在田地里，所以就只能发生在树林中，而这是很危险的，埃托罗人认为男女性交时的声音和气味会吸引毒蛇。

尽管异性性交是不受鼓励的，但是男性之间的性行为被认为是必不可少的。埃托罗人相信男孩子们不能自己产生精液。男孩子们要长大成男人并且最终赋予他们自己的孩子以生命力，就需要从年长的男性那里获得精液并吃下去。从 10 岁一直到成年，男孩子们就这样被年长的男人授予精液。社会中不存在与这种行为相关的禁忌。这种口授精液的方式可以在睡觉的地方进行，也可以在花园中进行。每隔三年时间，就有一群大约 20 岁的男孩子正式加入成年男子群体，他们会去山上一个与外面隔绝的小屋里，在那儿他们会受到几个年长的男人的探望并被授予精液。

埃托罗人中男–男之间的性行为受到一种文化规范的限定。尽管较为年长的男子和较为年轻的男子之间的性关系在文化上被认为是必不可少的，但是同龄男孩子之间的性行为是不受鼓励的。人们相信获取其他男孩子精液的男孩子会削弱那些男孩子的生命力并阻碍他们的成长。一个男孩子快速的身体发育可能就指示着他正从其他男孩子那里获得精液。就像一个性饥渴的女性那样，人们会像回避巫婆一样回避这个男孩子。

理解我们自己

我们社会中对同性恋的禁忌能够让我们想到埃托罗人的禁忌吗？在西方工业国家同性恋行为是被污名化的。实际上，美国很多州的法律都将鸡奸规定为非法的。在埃托罗人那里，男–女性行为在社会中心是被禁止的，所以它转移到社会边缘（布满毒蛇的树林中）。在我们自己的社会中，同性恋行为通常是隐蔽的、偷偷摸摸的和秘密的，它在社会中心也是不受尊重的，而是转移到社会边缘。想象一下如果我们的成长过程接受的是埃托罗人的信仰和禁忌，我们的性生活会是什么样子的？

在埃托罗人中存在的这些性行为不是建立在荷尔蒙或者基因的基础上，而是建立在文化信仰和文化传统的基础上。在巴布亚新几内亚地区和很多父系–从父居社会中，普遍存在这种男性–女性回避模式，埃托罗人不过是一个极端的例子。埃托罗人共享一种文化模式，这种模式被赫尔特（Gilbert Herdt，1984）称为"仪式化的异性性交"，巴布亚新几内亚（尤其是泛弗兰地区）的部落中有一半存在这种模式。在巴布亚新几内亚和很多父系–从父居社会中，男性–女性回避模式广泛存在。

性表达方式的弹性看起来是我们灵长目遗产的一个方面。黑猩猩和其他的灵长目动物都存在手淫和同性之间的性行为。倭黑猩猩会定期地参与被称为"阴茎对冲"的互相手淫。雌性黑猩猩与其他雌性黑猩猩通过生殖器的互相摩擦而获得快感（de Waal，1997）。我们最初的性潜能是由文化、环境和繁殖的需要共同塑造的。毕竟社会也需要繁衍自身，所以所有的人类社会都实行异性性交，但是可替代行为的分布也很广泛（Rathus,Nevid and Fichner-Rathus, 2005）。就像更具普遍性的社会性别角色和态度一样，正如我们如何表达我们"天然"的性驱动，作为人性和人类自我辨识的一部分的性是文化和环境指向的，并且受文化和环境的限制。

第
16
章

宗　　教

什么是宗教

人类学家安东尼·华莱士（Anthony F.C. Wallace）将**宗教**（religion）定义为"与超自然存在、力量和能力有关的信仰和仪式"（Wallace，1996，p.5）。超自然是可见世界之外的特别领域（但被认为两者是紧密接触的）。它是非经验性的，也无法用正常的方式进行解释，但是必须被"毫不怀疑"地接受。超自然存在，包括神和女神、鬼和灵魂，都不存在于物质世界。超自然力量也是如此，其中有些力量可能为某种超自然存在所拥有。但另外一些神圣力量则是非人格性的，只是作为一种力量存在。然而在许多社会中，人们相信自己能够充满超自然力量或者通过操控这种力量获利（参见 Bowie，2006；Crapo，2003）。

宗教的另一个定义（Reese，1999）关注那些定期聚集起来做礼拜的人们。这些聚会者或者信徒都赞同一个共同的意义体系，并且把它内在化。他们接受（拥护或者信仰）一系列教义，这些教义有关个体与神的关系、超自然或者被当做真实的最终本质的任何事物。人类学家们曾强调集体的、共享的和已经被认可的宗教性质，宗教产生的情感，以及包含的意义。涂尔干（Durkheim，1912/2001）是一位早期宗教学者，强调宗教的**兴奋**（effervescence），在崇拜中产生的集体情感紧张的欢腾。维克多·特纳（Turner，1969/1995）提出了**交融**（communitas）的概念，修正了涂尔干的观点，这个概念指的是一种强烈的集体精神，一种强大的社会团结、平等和归属感。**宗教**（religion）一词来源于拉丁文 religare，意为"约束，联结"，但是对于某个宗教的所有成员来说，不一定必须全部人作为一个团体进行聚会活动。某个小群体会定期在一个地方的聚会点活动。他们也可能同较大范围地区的信徒代表一起参加不定期的聚会。他们还可能同全世界拥有相同信仰的人们形成一个想象的共同体。

宗教像民族与语言一样，也同社会和国家内部及它们之间的社会分化相联系。宗教具有统一和分化的双重特点。参与共同的仪式可能确认并且因此维持信徒的社会团结。然而，正如我们从报纸的新闻标题里看到的，宗教差异也可能会与充满仇恨的敌意联系在一起。

人类学家在进行宗教的跨文化研究时，注重研究社会形态和宗教的作用，以及宗教教义的性质、内容及其对人们的意义，宗教行为、事件、设置、实践者和组织。我们也考虑到宗教信仰的口头表达，如祈祷、颂歌、神话、文本以及对伦理和道德的评论。无论采取哪种定义，宗教都存在于所有人类社会中，是一种文化上的普遍。然而，我们将会看到，想要区分超自然和自然并不总是那么容易，不同社会对神灵、超自然以及终极真实的概念化看法都是非常不同的。

宗教的起源、功能与表现

宗教是何时开始的？当然无人知晓。有人认为宗教存在于尼安德特人的埋葬方式以及欧洲人洞穴的墙上，墙上刻画的棍棒形象可能代表了萨满这种早期宗教专家。然而，任何有关何时、何地、原因以及宗教如何出现的评论或者任何关于宗教最早特点的描绘都仅仅是推测。只不过，尽管这样的推测都无法有结论，还是有许多推测揭示出宗教行为的重要功能和影响。现在我们将介绍一些相关的理论。

万物有灵论

人类学宗教研究的奠基人是英国学者爱德华·泰勒（Edward Tylor, 1871/1958）。泰勒认为，宗教出现的原因是人们试图理解在日常生活中无法通过经验来解释的情况和事件。泰勒相信我们的祖先，以及当代非工业生产的人们，尤其对死亡、做梦和精神恍惚感兴趣。在梦境和恍惚中，人们看到了那些梦醒或者回过神之后可能还记得的幻象。

泰勒因此认为，解释梦境和幻象的尝试引导着早期人类相信身体里居住着两个东西：一个在白天活动，而另一个极为相似的或者是灵魂的东西会在睡觉和出神状态中活动。尽管它们从未相遇过，但是两者于对方而言都是极为重要的。

当两者永久地离开人的身体时，这个人便会死亡。死亡指的是灵魂的离去。根据灵魂的拉丁文 anima 一词，泰勒将这一信仰命名为**万物有灵论**（animism）。灵魂是精神实体的一种；人们会记得来自他们梦境和幻想中的多种形象，也即是其他的灵魂。泰勒认为，万物有灵论这一宗教的最早形式是对灵魂的信仰。

泰勒提出，宗教由万物有灵论开始，按照特定阶段发展进化，发展到后来出现了多神教（信仰多个神灵）以及接下来的一神教（只信仰单个的拥有万能的神）。泰勒认为由于宗教的出现是为了解释人们无法理解的事物，所以它可能会随着科学提出了更好的解释而式微。某种程度上来说，他是正确的。我们现在拥有对许多事物的科学解释，这些都曾是宗教解释的对象。然而，宗教到现在一直都存在，所以它必然在解释神秘事物的作用外还有其他的功能，它必然而且的确提供了其他的功能和意义。

玛纳与禁忌

除了万物有灵论，还有另外一个有关超自然的观点认为，世界上存在另一种自然状态下的非人类的力量或驱力，这种力量有时与万物有灵的看法共存于相同社会，人们能够在特定情境下控制它（你可以想想电影《星球大战》）。这种超自然的观念在美拉尼西亚尤其突出，这个地区位于南太平洋，包含了巴布亚新几内亚和毗邻的岛屿。美拉尼西亚人信仰**玛纳**（mana）这种存在于宇宙中的神圣的非个人力量。玛纳可以存在于人类、动物、植物和物体之中。

美拉尼西亚的玛纳与我们对于灵验或运气的想法有些类似。美拉尼西亚人将成功归因于玛纳，人们可能会以不同方式获得或操纵它，比如巫术就是其中之一。带有玛纳的物体可以改变某个人的运气。例如，成功猎手的符咒或护身符可能会将猎手的玛纳传递给下一个持有或佩戴它的人。妇女可能会在她的田地中放一块石头，如果看到作物长势迅速，便将这种变化归因于石头中蕴涵的力量。

对于类似于玛纳的力量的信仰是极为普遍的，尽管宗教教义在细节上会多种多样。不妨思考一下玛纳在美拉尼西亚和波利尼西亚（北侧为夏威夷、东侧为复活节岛、西南侧为新西兰的三角区域中的岛屿）的对比。在美拉尼西亚，人可以通过机会或者努力劳作来获得玛纳。然而在波利尼西亚，玛纳并不是每个人都有可能得到，而是属于政治机构。酋长和贵族比平民拥有更多的玛纳。

所以最高的酋长能够掌控玛纳，而对平民来说与玛纳接触是有危险的。首领无论自己在哪里都会从身体中流动出玛纳。它会感染土地，因此跟着首领的脚步行走的人就会有危险。它也会弥漫在首领饮食所用的容器和器具中。首领和平民的接触是危险的，因为玛纳会产生像电击一样的后果。因为高级首领有太多的玛纳，他们的身体和财产都是**禁忌**（taboo）（因神圣性而与其他事物相区别，并且禁止普通人接触）。高级首领和平民的接触是被禁止的。因为普通人无法承受贵族所能承受的如此强的神圣电流，如果平民意外地接触到，就必须举行洁净仪式。

宗教的作用之一是解释（参见 Horton, 1993）。信仰灵魂解释了在睡觉、出神和死亡中发生的事情。美拉尼西亚的玛纳解释了异乎寻常的、人们不能在正常和自然的条件下理解的成功。人们在狩猎、战争或者耕作中的失败并不是因为他们懒惰、愚蠢或者无能，而是超自然世界的成功是否到来。

对灵魂存在的信仰（例如万物有灵论）和超自然力量（例如玛纳）都符合本章开头给出的宗教定义。大多数宗教都包含了灵魂和非人的力量。同样的，当代北美人的超自然信仰也包含了这些灵魂（神、圣人、灵魂、魔鬼）和力量（符咒、护身符、水晶和神圣物件）。

 ## 巫术与宗教

巫术（magic）指的是试图达成特定目标的超自然技术。这些技术包括带有神性或者非人类力量的符咒、程式和咒语。模拟巫术（imitative magic），指的是运用模仿的方式创造一个想要的结果。如果巫师想要伤害或杀死某人，他们可能会在这个受害者的形象上模拟出结果。"伏都玩偶"（"voodoo dolls"）上插的大头针就是一个例子。交感巫术（contagious magic），指的是无论对一个物体做什么都被认为会影响那个曾接触过它的人。有时施行交感巫术的人会用目标受害者身上的东西，例如指甲或头发。对这些来自身体的物体实行符咒被认为会最终到达这个人身上，并产生想要的结果。

我们发现巫术存在于多种宗教信仰文化中，它与万物有灵论、玛纳、多神教或一神教都有联系。巫术较之万物有灵论或玛纳信仰既不会更简单也不会更原始。

 ## 焦虑、控制和安慰

宗教和巫术并不仅仅解释事物和帮助人们达成目标，它们也进入人类的感觉领域。换言之，它们也会提供情感以及认知的需要（例如解释性的）。例如，超自然信仰和实践能帮助缓解焦虑。巫术的技术能驱走那些超出人类控制的结果出现时产生的疑问。类似的是，宗教帮助人们面对死亡和忍受生命危机。

尽管所有社会都有处理日常事务的方法，还是有某些特定的关于人类生命的方面是人们无法控制的。当人们面对不确定性和危险时，根据马林诺夫斯基的观点，他们便会求助于巫术。

无论多少知识和科学帮助人们获得想要的，他们仍然无法完全控制机遇、消除意外，或者预见自然无法预期的转变或者保证人类的行为可靠并足以应付所有实践需要（Malinowski，1931/1978，p.39）。

马林诺夫斯基发现，特洛布里恩德岛民在航海的时候使用巫术来应对危险活动。他提出，因为人们不能控制诸如风、天气以及鱼量等因素，他们便求助于巫术。人们可能会在遇到知识缺乏或者实践中控制力量不足然而又必须继续进行的情况时使用巫术（Malinowski，1931/1978）。

马林诺夫斯基提到，只有遇到无法控制的情况时，特洛布里恩德岛民才会排除心理压力，从技术转向巫术。尽管我们会提升技术水平，然而我们仍旧无法控制所有结果，巫术进而持续存在于当代社会中。这种巫术在棒球运动中尤其明显，乔治·戈麦尔齐（George Gmelch, 1978，2001）曾针对棒球描写一系列仪式、禁忌以及神圣物体。就像特洛布里恩德岛民的航海巫术一样，这些行为可以缓解心理压力，在真实的控制力缺乏时创造一种巫术控制的幻想。即使是最优秀的投手也有状态不好的时候，也会出现坏运气。投手巫术的例子包括在每个投球之间拉一下帽子，遇到坏球的时候摸一下树脂包，以及和球聊几句。戈麦尔齐的结论证明了马林诺夫斯基的结论，即巫术在机会不确定的情形下最为普遍。所有类别的巫术行为围绕着投球和击球，因为在这两种状态下不确定性是疯狂的，但是没有仪式是涉及场外队员的，因为棒球手们对此有更强的控制（击球率为0.350或者更高是一个完整赛季之后极为鲜见的结果，但是守备率如果低于0.900便是非常丢脸的事）。

根据马林诺夫斯基的论述，巫术是用来进行控制的，但是宗教"生来就处于人类生活的真实悲剧之外"（Malinowski，1931/1978，p.45）。宗教提供了情感的安慰，尤其是人们面临危机的时候。马林诺夫斯基把部落宗教看作主要是组织、纪念以及帮助人们经历诸如出生、青春期、婚姻和死亡等生命事件。

 # 仪式

仪式具有的独特性使它与其他类型的行为区分开来（Rappaport, 1974）。仪式是正式的，或者说是类型化的、重复的和刻板的。人们在特别的（神圣的）场所以固定的时期表演仪式。仪式包含*礼拜式程序*（liturgical orders），即在仪式的被展演之前已经确定好了的语言和行为的顺序。

这些特点都把仪式同戏剧勾连了起来，但是两者存在重要的差异。戏剧有观众而不是参加者。演员仅仅是描绘某事，但是集会者组成的仪式展演者却拥有无比的热忱。仪式传达了参与者及其状态的信息。年复一年，代代相续，仪式把持久的信息、价值观和情感转化为行动。

仪式是一种社会行为。难以避免的是，参与者中一些人比其他人更加委身于仪式之下的信仰。然而，正是通过参与联合的公开行动，表演者表明他们获得了共同的社会和道德秩序，而且具有超越个体的地位。

过渡仪式

正如马林诺夫斯基所言，巫术和宗教可以缓解焦虑并减少恐惧。颇具讽刺意味的是，信仰和仪式也能产生焦虑以及不安全感和危险的感受（Radcliffe-Brown, 1962/1965）。焦虑之所以可能产生是因为仪式的存在。的确，参与集体仪式可能会给人造成压力，即便通常情况下会减轻，通过完成仪式，参与者的团结得以提升。

例如，**过渡仪式**（rites of passage）中十几岁的青少年集体举行的割礼也会产生压力。美国原住民尤其是平原印第安人传统的对神的想象的需求，表明这是一种**过渡仪式**（地点转移和人生阶段转换的习俗），这类仪式在世界范围内都可以找到。在平原印第安人中，为完成从男孩到男人的转变，青少年暂时地与他所处的社区分离。在荒野中隔离一段时期，常常会禁食和使用迷幻药，这个年轻人会看到成为他的守护神的形象。之后他便会以成年人的身份回到群体中。

当代文化中的过渡仪式包括基督教的坚信礼、洗礼、律师资格考试，以及同学会入会等。过渡仪式的含义包括社会地位的转变，例如从男孩成长为男人，从非会员升级为姐妹会成员。在我们的商业和社团生活中也存在仪式和庆典，比如升迁和退休聚会。过渡仪式通常会表明人们所处地位、状况、社会职位或年龄上的任何变化。

所有过渡仪式由三个阶段组成：分离、阈限和结合。在第一阶段，人们离开群体，开始由一个地点或地位向另一个转变。在第三个阶段，他们重新进入社区中完成仪式。阈限阶段最为有趣，这是夹在两个不同状态中的时期，是人们已离开一个地方或状态却还没有进入或加入到下一个地方或状态时所处的中间状态（Turner, 1969/1995）。

阈限（liminality）阶段总是具备如下特点：阈限阶段的人们处于模糊不定的社会位置。他们脱离了普通的区分和期待，而生活在一个没有时间的状态。他们被切断了与正常社会的联系。种种差异对比划清了阈限阶段与常规社会生活的界限。例如，赞比亚的恩丹布人的首领在就任之前要经过一个过渡仪式。在阈限时期，他过去以及将来的社会地位都会被忽略，甚至颠倒。他常常要遭受各种各样的侮辱、命令和羞辱。

过渡仪式常常是集体性的。一些个体——如行割礼的男孩，兄弟会或姐妹会的新成员，在军队训练营里的男人，夏季训练营的足球运动员，成为修女的妇女——通过这些仪式而结合为一个群体。表 16.1 总结了阈限阶段和正常社会生活之间的比较或者反差。最为显著的是集体阈限这一社会方面，它被称为交融（Turner, 1967），指的是一种强烈的群体精神，一种伟大的社会团结、平等和集体感。人们通过一同经历阈限阶段从而形成了一个平等的群体。之前存在或者将来会产生的社会差异都被暂时地忽略掉了。人们在阈限期享受同样待遇和同等的条件，而且必须行为一致。阈限期可以被仪式性或象征性地表现为正常行为秩序的颠倒。例如，性禁忌可能会被强化，或者相反，无节制的性会被鼓励。

表 16.1　阈限和正常社会生活的对比

阈限	正常社会生活
过渡	国家
同质	异质
交融	结构
平等	不平等
匿名	具名
资产缺失	资产
地位缺失	地位
赤裸或统一着装	着装差异
禁欲或无节制性生活	性生活
性别差异最小化	性别差异最大化
等级缺失	等级
谦卑	傲慢
忽略个人形象	注意个人形象
无私	自私
完全服从	只服从于更高等级
神圣	世俗
神启	技术知识
沉默	话语
简单	复杂
接受苦难	避免苦难

来　源：Adapted from Victor W. Turner, The Ritual Process: Structure and Anti-structure（New York: Aldine de Gruyter, 1969/1995），p. 106.

阈限期是每个过渡仪式的基本阶段。进而言之，在特定社会中，包括我们自身所处社会，阈限象征能够被用于区分不同的（宗教）团体，以及社会中的群体与作为整体的社会。"永久性的阈限群体"（例如宗派、兄弟关系和祭仪）在复杂社会如民族国家中最具特点。阈限特点包括诸如羞辱、贫穷、平等、服从、性节制和沉默，这些可能对于所有教派或礼拜者而言是必需的。那些参与这些群体的人们同意遵守它的规则。这些人仿佛正在进行过渡仪式，只不过这种情况下的过渡是无限无休止的，他们可能摆脱自己之前拥有的一切，切断同原来社会的联系，甚至包括与家庭成员的联系。

 ## 图腾崇拜

仪式提供了创造暂时或永久的团结的社会功能，即形成一个社会群体。我们也在被称为图腾崇拜的现象中观察到这一点。图腾崇拜在澳大利亚原住民宗教中一直都非常重要。图腾可以是动物、植物或者地理特点。每个部落里的不同群体都有自己特定的图腾。每个图腾部落的成员信仰自己只是这些图腾的后代。传统上，他们通常从不杀死或者吃自己的图腾动物，但是这种禁忌会每年解除一次，人们聚集起来举行供奉图腾的仪式。这些年度仪式被认为是图腾的生存和生产所必需的。

图腾崇拜把自然看成社会的模型。图腾通常是自然界中的动物和植物。人们通过图腾同自然物种之间的联系而与自然联系起来。因为每个群体都有不同的图腾，群体间的差异反映出自然界中不同图腾物种的对比。自然顺

 ### 理解我们自己

在许多不同情境下，阈限特征标志着群体、个体、环境与事件的神圣性或独特性。阈限象征标志着作为超凡的统一体和环境——超出普通社会空间和社会日常事件之外。在崇拜的例子中，群体身份典型的被期望成为超出个体性的。崇拜成员常会穿着统一的服装。他们或许会通过剪成共同的发型（剃头、短发或长发），试图减少年龄和性别基础上的差异性。即使是"天堂之门"，他们的集体自杀成为 1997 年的头条，也使用阉割来增加雌雄同体性（男性与女性间的相似）。在这个教派中，美国文化中非常重要的个体被淹没在群体之中。这也是美国人十分害怕和怀疑"教派"的原因之一。然而，我们还应注意到，这里所说的所有教派具有的减少独特性的特点（统一服装、短发、性特征的消除）也同样在军队，以及修道院和女修道院等主流宗教机构中真实存在。

序的多样性成为社会秩序多样性的模型。然而，尽管图腾植物和动物在自然界中处于不同的生境，另一种层面来看它们又是相结合的，因为它们都是自然的一部分。人类社会秩序的统一通过模仿自然秩序以及象征性的联系而得到提高（Durkheim, 1912/2001；Lévi-Strauss, 1963；Radcliffe-Brown, 1962/1965）。

宗教仪式和信仰的作用在于巩固并因此保持宗教拥护者的团结。图腾是象征共同身份的符号。不仅在澳大利亚原住民那里是这样，也同样存在于北美北太平洋岸边的美洲原住民群体，他们的图腾柱很有名。他们的图腾雕塑不仅纪念并讲述了有关祖先、动物和灵魂的能够看得见的故事，还与仪式有关。在图腾仪式中，当地的人们会聚集在一起崇拜他们的图腾，同时仪式被用来保持图腾象征的社会的统一。

在当代国家，不同群体也在不断地用图腾标记自身，例如不同的州和大学（如獾、七叶树以及狼等等），不同的专业团体（狮子、老虎和熊），以及不同的政党（驴和象）。尽管现代的图腾更具有长期性，人们仍可以目睹在紧张的大学足球联赛中，涂尔干在澳大利亚图腾宗教中提到的沸腾景象。

宗教与文化生态学

宗教发挥主要作用的另一领域是文化生态学。行为是由信仰激发出来的，超自然存在、力量和能力可以帮助人们在物质环境中更好地生存。在这一节，我们将看到，信仰和仪式是如何作为群体对所处环境的文化适应手段发挥作用的。

印度的圣牛

印度人崇拜瘤牛，这些牛受到印度婆罗门教教义的保护，包含非暴力的原则，禁止杀死动物。西方经济发展专家偶尔（而且错误地）引用印度牛的禁忌来阐释宗教信仰会阻碍理性经济决策的观点。印度人可能被看作是毫无理性地忽略了如此有价值的食物（牛肉），只是因为他们的文化或宗教传统。

经济发展学者们也评论印度人并不知道如何养合适的牛。他们的意思是骨瘦如柴的瘤牛在印度的城镇和乡村中游荡。西方动物管理技术可以生产出更大的牛，生产更多的牛肉和牛奶。西方规划者惋惜印度人挡了他们的道，认为由于文化和传统的制约，印度人拒绝理性发展。

然而，这些假设都是民族中心主义的错误假设。圣牛事实上在印度生态系统中扮演着重要的适应角色，这一生态系统已经进化了超过千百年时间（Harris, 1974, 1978）。农夫们用牛来拉犁和推车，这是印度农业技术的一部分。印度农民不需要那些经济发展学家、牛肉经销商和北美牧场主喜欢的那种大型的，而且总是处于饥饿状态的牛。骨瘦如柴的动物拉犁驾车已经足够了，而且它们不管是在家里屋外，还不吃主人的食物。只有少量有限的土地和食物的农夫们该如何喂养超级牛，又不需要从自己的碗里挤出食物呢？

牛粪被印度人拿来给田地施肥。并不是所有粪便都被收集，因为农夫并不花太多时间照看他们的牛，这些牛在特定的季节里会随意地游动放牧。在雨季来临时，牛在山坡上的粪便被冲刷到田地里。此外，在化石燃料匮乏的乡村，燃烧缓慢而均匀的干牛粪就成为了他们基本的做饭燃料。

发展论者认为这些牛是无用的，事实远非如此，圣牛已经成为印度文化适应性的基本元素。生物上对贫瘠牧区和边缘环境的适应，骨瘦如柴的瘤牛提供了肥料和燃料，对于农耕是不可或缺的，同时对农民来说又是负担得起的。正是由于考虑到即使是在物资极度匮乏的时期也绝不破坏有价值资源，印度婆罗门教教义成功地将宗教组织的全部力量集中起来。

 # 社会控制

宗教对人们是有意义的。它帮助男人和女人处理不幸和悲剧。它提供事情可能转好的希望，则生命能够通过精神治疗或重生而得以转化。有罪者可以忏悔并获得救赎，否则的话，他们就会继续犯罪并被责罚。如果信仰真的内化到宗教的赏罚系统中，宗教便成为控制他们的信仰、行为和子女教育的有力工具。

许多人会参与到宗教活动中，因为它看起来真的管用。祈祷者获得回应，信仰治疗者治愈病痛。有时不需要花费太多就能确认宗教活动是灵验的。位于美国西南部俄克拉何马州的许多美洲印第安人花高价请信仰治疗者，不仅因为治疗使他们对不确定性感觉良好，而且因为它管用（Lassiter, 1998）。每年大批巴西人都会去位于巴伊亚萨尔瓦多市的邦芬主教座堂（Nosso Senhor do Bomfim）。他们宣誓如果治疗成功便会报答"我们的天主"。教堂里处处装饰着显示出宣誓有用和得到回报的人们奉献的成千的谢恩物、每个能想得到的身体部分的塑料模型，还有被治愈者的照片。

宗教可以通过进入人的心里并激发他们的情感（如欢乐、愤怒和正义感）而发挥作用。我们已经看到著名法国社会理论家和宗教学者涂尔干（Durkheim, 1912/2001）如何描述集体欢腾（collective effervescence）可以在宗教情境下逐渐喷发出来。激烈的感情沸腾起来，人们产生出分享的喜悦、意义、经验、交流、归属和委身于他们的宗教的深切感受。

宗教的力量影响行动。当宗教相遇，它们可以和平共存，或者两者差异成为敌意、不和谐甚至争斗的基础。宗教热情激发基督徒发动"十字军东征"，纵观历史，政治领袖也用宗教来宣扬和证明自己的观点和政策。

领袖们如何把群体动员起来并在过程中获得对自身政策的支持呢？方法之一是通过劝说；另一个方法是通过灌输仇恨或恐惧。对魔法和巫术的恐惧和控告可以通过营造一个会影响所有人的危险和不安全的氛围，而成为社会控制的强大手段。

魔法控诉常常指向社会边缘或反常的个体。例如，马达加斯加的贝齐寮人婚后一般实行从夫居，男人生活在妻子或者母亲的村庄便会违反文化准则。与他们不协调的社会地位相联系，仅仅一点反常行为（例如晚上熬夜）在他们那里都足以被称为巫婆，因此会被尽量避免。在部落和乡民社区，在经济状况上比较突出的人，尤其是如果他们看起来是由于牺牲他人而获利的，也常要被指责实施巫术，从而导致被放逐或惩罚。在这一个案中，巫术谴责成为一项**平衡机制**（leveling mechanism），一种习俗或社会行动，能够以减少财富差异并因此选出符合社区准则的杰出人物，从而构成另一种社会控制形式。

为了保证人们的行为是恰当的，宗教也会提供奖励（如宗教群体的奖学金）和惩罚（如被驱逐或者被革出教会）。许多宗教都承诺会奖励美好的生活并惩罚罪恶的生活。你的身体、精神、道德和灵魂的健康，从现在到未来，都可能依赖你的信仰和行为。例如，如果你不够关怀你的祖先，他们就可能从你身边带走你的孩子。

宗教常会规定一套伦理和道德规范来指导行为，尤其是在国家社会背景下建立的拥有正式组织的宗教。犹太教列出了一系列禁令，反对杀戮、偷盗、通奸和其他犯罪。犯罪是对世俗法律的破坏，正如罪是对宗教约束的违反。一些规则（如十诫）禁止或反对某些行为；其他的规则会指导某些行为。例如，黄金法则就是宗教教导人们，己所欲，施于人。道德准则是维持秩序和稳定的方式。道德和伦理法规在宗教训诫、问答等类似的活动中不断重复。它们从而被人们内化到心理层面。它们指导人们的行为并且在没有被遵守的时候产生悔恨、愧疚、羞耻的感觉以及对原谅、赎罪和赦免的需求。

宗教也通过强化这种生活的短暂和飞逝来维持社会控制。他们许诺在死后（基督教）或重生后（印度教和佛教）给予奖励（和／或惩罚）。这种信仰可以强化现状，也就是说人们会接受他们现在拥有的状况，明白可以在死后和来生中获得更好的生活，当然是在他们遵循宗教的指导的条件下。在美国南部的奴隶制统治时期，主人会传授部分《圣经》，例如工作的故事，以加强奴隶的顺从。然而奴隶们却牢牢记住了摩西、应许之地和得自由的故事。

 # 宗教的种类

宗教是具有文化多样性的。但是宗教是特定文化的一部分，而且在宗教信仰和实践中系统性地显示出文化差异。例如，具有社会分层的国家社会中的宗教不同于那些没有显著的社会对比和权力差异的文化中的宗教。

在研究了一些文化之后，华莱士（Wallace, 1966）区分了四种类型的宗教：萨满教、社群宗教、奥林匹亚宗教、一神教（表 16.2）。与神甫不同，萨满教的萨满不是全职的宗教从业者，而是兼职的宗教人员，他们是人与超自然存在及力量之间的协调人。所有文化中都有医疗巫术的宗教专家。萨满是通用术语，涵盖治病者（"巫医"）、女巫、灵魂专家、占星家、手相家和其他占卜者。华莱士发现萨满教是狩猎采集社会的最大特点，尤其是在北部纬度地区，如因纽特人和西伯利亚土著部落。

表 16.2　安东尼·华莱士的宗教类型

宗教类型（华莱士）	实施者类型	超自然观念	社会类型
一神教	牧师、神甫等	上帝	国家
奥林匹亚宗教	神职人员	有强大神力的等级制的万神殿	酋邦和古代国家
社群宗教	兼职专家；偶尔的社区赞助的活动，包括通过仪式	多神以及对自然的某些控制	食物生产部落
萨满教	萨满＝兼职	仿生实施者	觅食队群

尽管他们只是兼职专家，但萨满们常通过表现出一种不同的或模棱两可的性或性别角色而象征性地将自己同普通人区分开来（在民族国家，神甫、尼姑和修女也常发愿独身和贞洁，这与前者很类似）。易装是性别不明确的一种途径。在西伯利亚的楚克其人、沿海的渔猎人口和内陆狩猎群体，男萨满模仿女人的服饰、讲话方式、发型以及生活方式（Bogoras, 1904）。这些萨满找其他男人做丈夫和性伴侣，并因为具有超自然的和治疗的专业能力而获得尊重。女性萨满可以加入第四性别，模仿男人并娶妻子。

在北美平原的克劳人那里，这种仪式的职责是异装癖者（berdaches）的特权，男人不用承担狩猎野牛、袭击和战争等男性角色的使命，而是加入第三性别。这种关键仪式可由异装癖者来完成，这一事实标志他们在克劳人社会生活中拥有正规而且正常的地位（Lowie, 1935）。

除萨满之外，**社群宗教**（communal religion）也有诸如收获仪式和通过仪式等集体仪式。尽管社群宗教缺乏全职的宗教从业者，他们相信一些神（多神教）会控制自然的各个方面。尽管一些狩猎采集者也有社群宗教，包括澳大利亚图腾崇拜者，这些宗教在农牧社会更为典型。

奥林匹亚宗教（Olympian religions）的出现伴随着民族组织和显著的社会分层，它增加了全职的宗教专家即专业的神职人员（priesthoods）。像国家本身一样，神职人员的组织形式也是等级制和科层制的。奥林匹亚的名字来自古典希腊诸神的故乡奥林匹斯山。奥林匹亚宗教都是多神教，包含许多强大的具有特定魔力的拟人的神，例如爱神、战神、海神和死神。奥林匹斯万神殿（超自然存在的集体）在许多非工业的民族国家的宗教中非常突出，包括墨西哥的阿兹特克、一些非洲和亚洲的酋邦以及古希腊和古罗马。华莱士所划分的第四种类型是一神教，这种宗教类型也有教士以及神授力量的看法，但是对超自然的理解却有不同。在**一神教**（monotheism）中，所有超自然现象都是一个单一的、永恒的、全知全能的、普世的、至高无上的神的表现，或者在其控制之下。

 # 国家中的宗教

罗伯特·贝拉（Robert Bellah, 1978）创造了"**拒斥世界的宗教**"（world-rejecting religion）这一概念来描绘大多数基督宗教形式，包括新教。拒斥世界的宗教产生于古老的文明社会，伴随文字和专业教职人员的出现。这些宗教之所以被如此命名是因为它们倾向于否定自然的（世俗的、正常的、物质的）世界，关注于真实的更高的领域（神圣的、超自然的）。神圣是高尚的道德领域，在其中人们只能膜拜。通过与超自然的融合得到救赎是这类宗教的主要目的。

 ## 新教伦理与资本主义的兴起

救赎和死后观念主导着基督教思想。然而，多数类别的新教缺少早期一神教的等级结构，包括罗马天主教。随着教士（minister）的作用逐渐变小，救赎成为个体可以直接进行的行为。无论他们的社会地位如何，新教教徒与超自然之间不再需要中间人。新教对个体的关注非常符合资本主义和美国文化的要求。

在其极具影响力的著作《新教伦理与资本主义精神》（1904/1958）中，社会理论家马克斯·韦伯将资本主义的传播同早期新教领袖所宣扬的价值观联系起来。韦伯认为欧洲的新教徒（甚至是他们的美国后代）比天主教徒在经济收入上更成功。他把这种差异归因于两种宗教所强调的不同的价值观。

韦伯认为天主教更为强调直接的幸福和安全感，而新教徒更为禁欲主义，有上进心并会为未来发展进行规划。

韦伯说，资本主义需要有种注重资本积累而且能够适应工业经济的价值观，取代天主教信众的传统态度。新教以努力工作、简朴生活和利益的寻求为先。早期新教徒把世上的成功看成是神的恩宠和可能被救赎的标志。根据一些新教信条，个体可以通过努力工作而获得上帝的宠爱。其他教派强调预定论，这种观念认为只有少部分人被拣选得以永生，而人们无法改变自己的命运。然而，通过努力工作获得物质上的成功可以是一个表明他是被预定得救的重要的标志。

韦伯还提出，理性的商业组织需要把工业产品从家庭领域里，也就是从乡民社会所在的地点转移出来。新教通过强调个体性而使这种分离成为可能：个体，非家庭或家户的，可以被拯救。有趣的是，虽然在当代美国有关家庭价值的话语中存在道德与家庭之间的密切联系，但是家庭对于韦伯所说的早期新教徒而言是第二位的。上帝和个体才是第一位的。

当然，今天在北美乃至全世界，许多宗教的信众以及拥有多种世界观的人们都可能是成功的资本家。而且，传统新教价值观常与今天的经济策略毫无关系。但是，不可否认的是新教对个体的关注同地缘和亲缘的断绝是相一致的，而后者确实是工业化的要求。这些价值观在美国人民的许多宗教背景中仍然占据主导地位。

 # 世界宗教

在被调查者自我报告宗教信仰的基础上的数字显示，基督教是世界上最大的宗教，信仰者有大约 21 亿人。拥有 13 亿信众的伊斯兰教位于第二位，接下来是中国传统宗教（如中国民间宗教和儒教）和佛教。世界上有超过 10 亿的人声称自己不信仰任何正式宗教，但是其中仅有五分之一的人声称是无神论者。世界范围内，伊斯兰教的信仰者以每年 2.9% 的增长率增长，相对于基督教的 2.3% 更高，后者的增长率大致与世界人口增长率相同（Adherents. com，2001；Ontatio Consultants，2001）。

在基督教内部，不同教派的增长率各有不同。在 2001 年，世界大约有 6.8 亿 "重生" 的基督教徒（例如五旬节教派和福音派），在世界范围内有每年 7% 的增长率，而基督教徒总体只有 2.3% 的增长率。罗马天主教徒在全球的年增长率估计仅为 1.3%，低于新教增长率的每年 3.3%（Winter, 2001）。这种爆炸性的增长，尤其是在非洲，属于多数美国人不认可的新教类型，因为它结合了许多万物有灵论的元素。

宗教在实践、仪式和组织上具有多样性。对于一个宗教来说哪种更好？是高度统一、凝聚力强、单一并缺乏内部多样性呢，还是片段化、分裂的、多面性，而且在同一主题上各式各样、十分丰富呢？随着时间的流逝，这种多样性会产生新的宗教。例如，基督教便是从犹太教而来，而锡克教来自印度教。在基督教内部，新教是由罗马天主教发展出来的。

 # 世俗仪式

在总结这些有关宗教的讨论时，我们可能会认识到在本章开始时给出的宗教定义存在一些问题。第一个问题是，如果我们把宗教定义为超自然的存在、能力和外在力量，我们如何区分世俗情况下举行的类似仪式的行为？有些人类学家认为神圣的仪式和世俗的仪式都存在。世俗仪式发生在非宗教领域，包括正式的、不变的、刻板的、热忱的、重复的行为和过渡仪式。

第二个问题是，如果超自然和自然的区别在社会中的表现并不是始终如一的，我们又如何区分哪个是宗教，哪个不是呢？举例而言，马达加斯加的贝齐寮人把女巫和死去的祖先看作真的人，他们也同样在正常生活中发挥作用。然而，他们那不可思议的力量并非经验可以解释的。

第三个问题是，被认为是符合宗教场合的行为因文化差异而变化巨大。某个社会可能会把醉酒的狂乱看作信仰的标志，然而另一个则会十分敬畏地循循劝导。谁来决定哪一个 "更宗教" 呢？

　　许多美国人认为宗教和娱乐是完全不同的两个领域。然而我在巴西和马达加斯加岛的田野工作以及我读到的关于其他社会的著作告诉我，这种分离是民族中心主义的，也是虚假的。马达加斯加举行以坟墓为中心的仪式的时候正是生者与死者快乐地重新组合的时候，还有人们喝得烂醉、大快朵颐和性放纵的时候。或许美国宗教事件的灰暗、冷静、禁欲和集中于精神层面，把"快活"抛出了宗教，逼迫我们不得不在自己的宗教中发现乐趣。许多美国人追求的显然属于世俗领域的活动，例如去休闲公园、参加摇滚音乐会和运动赛事，这些在其他人看来都能在宗教仪式、信仰和庆典中找到。

艺　术

- 什么是艺术
- 艺术、社会与文化

什么是艺术

艺术（arts，复数）涵盖了音乐、戏剧、影视、口传故事以及文学（包含口头和文本两种）等多种形式。这些人类创造性的表现，有时被称为**表达文化**（expressive culture）。人类通过舞蹈、音乐、歌曲、绘画、雕塑、制陶、服饰、讲故事、诗歌、散文、戏剧和喜剧表达自己。许多文化中缺乏可以被简单翻译为"艺术"或者"艺术品"的词汇。但是即使没有，各地的人们却都把各种审美体验——美感、欣赏、和谐、愉悦的感觉——与具有特定质感的声音、图案、器物和事件联系在一起。马里的巴马纳人有一个词（类似于"艺术"）代表吸引人的注意力并指引人的思想的事物（Ezra，1986）。尼日利亚的约鲁巴人语言中表示艺术的词 ona，包含了器物上的图案花纹、艺术品本身以及这种图案和作品的创作者的职业。从事皮革制造的两个约鲁巴族的名字分别是 Otunisona 和 Osiisona，其中后缀 -ona 意指艺术（Adepegba，1991）。

词典中**艺术**（art，单数）一词的定义是"美丽之物或超出普通意义的品质、制品、表达或领域；艺术等级可按照审美标准而定"（Adepegba，1981，p.76）。在同一词典中，**审美**（aesthetics）指的是"在艺术作品中感受到的品质……同美感关联的思想和感情"（p.22）。然而，一件艺术作品很可能会吸引我们的注意力，引导我们的思想并具有超凡的意义，但却没有被大多数欣赏过这件作品的人评价为美丽。毕加索的著名油画《格尔尼卡》是有关西班牙内战的（p.478），人们在欣赏时脑海中出现的是一幅虽不美丽，却有着无可争辩的震撼的画面，因此，它是一件艺术品。

乔治·米尔斯（George Mills，1971）认为，在许多文化中，艺术爱好者的角色缺乏清晰的界定，因为艺术不被视为一项孤立的活动。但是这并没有阻碍人们感动于声音、图案、器物和事件，且是以一种我们称之为审美的方式。我们自己的社会确实为艺术鉴赏家和艺术圣殿——交响乐大厅、剧场、博物馆——提供了公平而又有清晰界定的角色，人们可以隐匿在其中获得来自艺术品和表演的审美愉悦和感动。

这一章并不试图对所有艺术品进行系统的研究，甚至连系统研究他们主要的分支也无法实现。本章试图考察一般流派的那些通常用于表达文化的话题和议题。文中，"艺术"一词将被用来涵盖所有的艺术形式。换句话说，我们进行的有关"艺术"的观察对象包含音乐、戏剧、电影、电视、书籍、故事和学问，也包括绘画和雕塑。

能给人审美愉悦的事物是由人的感觉感知到的。通常，当我们思忖艺术时，脑海中的事物或者可以被看见，或者能够被听到。但是，其他人对艺术的看法可能更广阔，还包含可以被闻到（气味）、尝到（食谱）或触摸（衣服的质地）的事物。艺术必须能持续多长时间？影视作品和书写著作还有乐谱可能会流传几个世纪。那么，单独的、值得注目的事件，例如一场宴会，除了在回忆中出现外，连最短暂的永恒都算不上，这也可以被称为艺术吗？

 ## 艺术与宗教

我们对宗教的讨论中提出的一些议题也可被应用于对艺术的探讨中。艺术和宗教的定义都提到了"超出一般的"或者"超常的"。宗教学者可能会有神圣（宗教的）和世俗（非宗教的）之分。与此类似的是，艺术学者眼中也有艺术和平常之分。

如果我们在面对神圣之物时采取一种特别的态度或行为，那么在体会艺术作品时是否也有类似的表现呢？根据人类学家雅克·玛奎（Jacques Maquet，1986）的观点，艺术品是能激发和维持诱惑的事物。它迫使你注意它并思考。玛奎强调，作品的形式在产生这种艺术诱惑上发挥着重要作用，但是其他学者强调除形式之外的感觉和意义的作用。艺术的体会包含感觉，例如被感动，也包含对形式的欣赏，例如平衡与和谐。

这种艺术的看法可以用以结合或巩固宗教观点。大量的艺术是在与宗教的关联中完成的。许多西方艺术和音乐的最精彩部分都汇聚着宗教的灵感，或者为了服务于宗教才得以完成，如果参观教堂或者大型博物馆就肯定可以找到例子。巴赫和亨德尔在教会音乐领域的知名度可与米开朗琪罗在宗教绘画和雕塑领域中的名望相媲美。可以演奏的宗教音乐、展示视觉艺术的建筑物（教堂和天主教堂）本身便是艺术作品。西方艺术的一些主要建筑成就便是宗教建筑，例如法国的亚眠主教堂、沙特尔大教堂和巴黎圣母院。

艺术可以被创造、展演或展示，其展示地点既可以是公众室外，又或者是特定室内的建筑中如剧院、音乐会大厅或博物馆。正像教堂是划分宗教的界限，当观众迈入博物馆和剧院时，这些建筑把艺术和日常世界区分开来，使艺术变得特别起来。用于艺术的建筑帮助创造了艺术氛围。建筑师可能会更为强调该建筑作为一个展示艺术作品的场所应该具有何种设计和安排。

仪式和庆典的安排还有艺术的设置是暂时或永久的。国家社会具有永久的宗教建筑：教堂和寺庙。所以，国家社会也可能有专门用于艺术的建筑和场所。非国家社会一般缺少这种永久的专门场所，艺术和宗教在社会中"处处都在"。而且在队群和部落中，宗教安排在没有教堂的情况下也能进行。类似的是，艺术氛围即使没有博物馆也能营造出来。在一年内的特定时期，日常普通的空间会被划分出来专门用作视觉艺术的展示或音乐演奏。这种特殊的场合同宗教庆典所划分出来的时间很类似。事实上，在部落的表演中，艺术和宗教常常是混合在一起的。例如，头戴面具身披戏装的表演者也会模仿灵魂。过渡仪式表现为特定的音乐、舞蹈、歌曲、身体崇拜和其他表达性文化。

在"生计"一章中，我们看到北美洲北太平洋海岸的夸富宴部落，冈瑟（Erna Gunther，1971）描述了在这些部落中，多种艺术形式相结合，进而创造出了庆典的视觉效果。在冬季，人们认为灵魂会遍及周围。戴着面具、身披戏装的舞者代表灵魂。他们用喜剧重新表演灵魂遇到人类的场景，这正是村庄、氏族和世系起源的神话。在一些地区，舞者发明了复杂的舞蹈动作。他们的受尊重程度根据他们舞蹈的时候跟在后面的人数决定。

在任何社会中，艺术的创造既是为了它自身的审美价值，也是为了宗教目的。根据希尔德克劳特和凯姆（Schildkrout and Keim，1990）的观点，非西方艺术通常被错误地认为同仪式具有某种联系。非西方的艺术可能同宗教有关联，但并不总是同宗教联系在一起。西方人很难接受这样的看法，即非西方社会有着同西方人一样纯粹的艺术追求。西方人倾向于忽略非西方艺术家的个体性和他们对创造性的表达。根据奥克佩沃（Isidore Okpewho，1977），一位口头文学专家的说法，学者们倾向于观察所有传统非洲艺术中的宗教。即使艺术为宗教服务，但仍然有个人创造性表达的空间。例如，在口头艺术中，听众对艺术家的传递和展示，比对他们谈到的神灵可能更有兴趣。

 ## 定位艺术

审美价值是区分艺术的一种方式，另一种方式是思考艺术的摆放地点。我们发现艺术品的特殊地点可以包括博物馆、音乐厅、歌剧院和戏院。如果事物在博物馆或者在另一个社会所接受的艺术建筑中展示，人们至少会肯定地认为，它就是艺术。尽管部落社会一般都是没有博物馆的，他们也会维持一片能够进行艺术表现的特殊区域。例如，我们下面要讨论的就是一个独立的区域，装饰性的葬礼用的杆子在北澳大利亚的提维人（Tiwi）中创造出来。

我们看到艺术时能了解它吗？艺术被定义为包含了美丽的和超出普通意义的事物。但是在艺术的观赏者眼中是不是美呢？难道观众对艺术的反应不是有差异的吗？而且，如果有神圣的艺术的话，那么也会有普通艺术吧？艺术与非艺术之间的界限是模糊的。美国艺术家安迪·沃霍尔（Andy Warhol）因为把坎贝尔的汤罐、布里洛的衬垫和玛丽琳·门罗的肖像变为艺术品而闻名。许多新近的艺术家，如克里斯托（Christo）试图把每一天都转换为一件艺术品，借此抹去艺术和日常生活的区别。

如果事物是由大众创造出来的，或者工业修饰过的，它也可以是艺术吗？一系列印刷图案当然可以被当作艺术。雕塑用黏土捏制而成，然后在铸造厂里用熔化的金属如青铜烧制，这也是艺术。但是人们怎么知道电影是不是艺术呢？《星球大战》是艺术吗？《公民凯恩》是艺术吗？当一本书获得了国家图书大奖，它是否马上便被提升到艺术的地位？什么样的奖项创造艺术？原本并不打算当艺术的器物，如一个 Olivetti 打字机，被放在博物馆如纽约现代艺术博物馆里便转化为艺术。玛奎（Maquet，1986）区分了这种"转化艺术"和被创造并有意成为艺术的艺术，他称后者为"目的艺术"。

在国家社会中，我们一直都依靠评论家、鉴赏家和专家来告诉我们什么是艺术、什么不是。有一出名为《艺术》的戏剧正是关于三个朋友中的一位买了一座全白的雕塑之后爆发的冲突。像人们常做的一样，他们不赞同艺术作品的定义和价值。当代社会拥有专业艺术家和评论家以及丰富的文化多样性，在专业社会中艺术欣赏上的多样性尤其普遍。我们只能期待在多样性较低和分层较少的社会中有更多的统一标准和意见。

为了符合文化相对论，我们需要避免用自己对艺术判定的标准来评判其他文化的艺术创造。雕塑是艺术，对吧？没必要这么问。之前我们曾对非西方艺术总是同宗教相联系的看法提出过挑战。现在要介绍的卡拉巴里的例子提出了反方向的观点：宗教雕塑并不总是艺术。

卡拉巴里位于尼日利亚南部，木雕并不是为了审美原因，而是作为灵魂的“居所”（Horton，1963）而雕刻的。这些雕塑被用于控制卡拉巴里宗教的灵魂。当地人把这种雕刻放在崇拜的屋子，并请灵魂住进去。在那里，雕刻并不为了艺术的目的，而是作为操控灵魂力量的工具。卡拉巴里也有雕刻的标准，但是美丽并不是其中之一。雕刻必须完全充分地代表它的灵魂。如果被认为太粗糙，这个雕刻品会被崇拜的成员拒绝接受。而且，雕刻师必须在过去的模型基础上完成自己的作品。特定的灵魂与特定的形象相关联。如果制造的木雕偏离灵魂之前的形象太多或者反而像另外一个灵魂，会被认为是危险的。被冒犯的灵魂可能会报复。只要他们遵守这些完整性和已有形象的标准，雕刻师就可以自由表达自己了。但是这些形象被认为是令人厌恶的，完全没有美丽的感觉。因为它们是因宗教原因而不是为了艺术进行的创造。

 艺术与个性

非西方艺术的创作者们一直被批评忽视了个体，以及过多关注于社会本性和艺术背景。当来自非洲或巴布亚新几内亚的艺术品在博物馆展览时，通常只标注出部落名和西方捐赠者，而不是艺术家个人的名字。就好像个体艺术家并不存在于非西方社会中一样，它给人的印象是，艺术是集体的创造物。有时候的确如此，有时候又并非如此。

在某种程度上，非西方社会，比在美国和加拿大的确是有更多的集体性的艺术品。根据哈克特（Hackett，1996）的说法，非洲艺术品（雕像、纺织品、画作或陶罐）一般都是供社区或群体欣赏、评论和使用的，而不是服务于个人的特权。与我们自己社会里一般的个体艺术家相比，他们在创作过程中可能可以获得更多回报。在我们自身所处的社会里，回馈常来得太晚，通常是在艺术品完成后，而不是在创作过程中被界定为艺术品，艺术处于不断变化的状态下。

在对尼日利亚的蒂夫人的田野调查中，保罗·博安南（Paul Bohannan，1971）提出，正确的艺术研究应该较少关注艺术家，更多关注艺术批评和作品。那里没有多少熟练的蒂夫人艺术家，而且他们避免公开进行艺术创作。然而，普普通通的艺术家会在公开场合工作，他们定期获得来自旁观者（评论者）的评论。在批评建议的基础上，艺术家常在过程中（例如雕刻过程中）改变设计。蒂夫人还会采取另一种方式进行社会性创作而不是个人性的创作。有时候，当一个艺术家将自己的作品放在一边，其他人会捡起来并开始在上面继续创作。蒂夫人眼中个人和他们的艺术之间的联系显然不同于我们对此的看法。根据博安南的观点，每个蒂夫人都能自由地知道他喜欢的是什么，并且自由尝试创作他喜欢的东西，只要他可以。如果不能，他的一个或者更多个后来者可能会帮其完成。

在西方社会，许多不同门类的艺术家（例如作家、画家、雕刻家、演员、古典和摇滚音乐艺术家）都有打破旧俗和不善交际的名声。社会的接受可能在人类学家传统上研究的社会中显得更为重要。而且，非西方社会中存在众所周知的个体艺术家。他们也为其他群体成员所熟知，或许外来人也知道。他们的艺术创造力甚至可能使他们被招募进行特定的展示和表演，例如庆典或者有关宫殿的艺术和事件。

一件艺术作品应该在何种程度上同其艺术家相分离？艺术哲学家一般把艺术品看作是自我的实体，独立于它们的创造者（Haapala，1998）。哈帕拉持相反意见，认为艺术家和他们的作品是不可分离的。"通过创作艺术品，人为自己创造了艺术的身份。他真正把自己带入其艺术作品中。他的精神存在于他的艺术创作中。"以这种观点，毕加索创作了许多毕加索式的作品，并且他自己通过这些艺术作品而永恒存在下去。

有时候我们很少知道或者认识到某个个人艺术家一项不朽的艺术作品的贡献意义。对于那些耳熟能详的歌曲，我们更可能记住灌制唱片的歌手，而不是歌曲作者。有时候我们无法把艺术从个体层面进行评鉴，因为艺术作品是合作创作。大金字塔或者大教堂，我们应该归功于谁呢？应该是建筑师吗？还是下令建造这一宏伟工程的统治者或领导者？还是把图纸变成现实的熟练的建筑者？美丽的事物将会永远成为乐事，即使我们没有把它归在创造者的名下。

 ## 艺术品

有些人或许会把艺术看作是自由表达的工具，因为它提供了无限想象的空间，而且人们需要创造艺术并以此取乐。但是不妨思考下 opera 这个词，它是 opus 的复数形式，而 opus 意为"工作"。至少，对艺术家来说，艺术是工作，虽然是创造性的工作。在非国家社会，艺术家或许不得不狩猎、采集、放牧、打鱼，或者耕种，以此获得食物，但是他们仍然能够挤出时间来进行艺术创作。在国家社会中，至少艺术家一直都被看作是专家——选择艺术家、音乐家、作家或者演员作为自己的职业的专业人员。如果他们能够通过他们的艺术养活自己，他们就可以是全职的专业人员。如果不能，他们会抽部分时间来从事艺术工作，同时靠另外某种工作谋生。有时候艺术家同职业团体合作，例如中世纪行会或者当代团体。纽约的演员公平协会是一个劳工团体，也是一个现代行业协会，是为了保护其艺术家成员的利益而成立的。

究竟创造一项艺术作品需要付出多少劳动呢？在早期法国印象派中，许多专家把莫奈及其同事的绘画看成是太粗略的和自发的，称不上是真正的艺术。已有所成就的艺术家和评论家都习惯于更为正式和经典的绘画风格。法国印象派艺术家因其对法国的印象——自然和社会情况的素描勾勒而得名。他们利用技术创新，尤其是管状油性绘画材料的发明，把他们的调色板、画架和画布引入这一领域。他们捕获了今天在许多博物馆中悬挂的闪烁的灯光和颜色的图像，在博物馆中，这些现在已经完全被认为是艺术了。但是在印象派之前，因为官方认为的艺术"学派"的关系，他的作品留给评论家的印象是拙劣的而且是未完成的。依照艺术共同体的标准，首批印象派绘画遭到的评价的苛刻程度同前文提到十分粗糙而不完善的卡拉巴里精灵木雕一样。

艺术家或者社会在何种程度上做出完善性的决定呢？对于熟悉的艺术类型来说，如绘画或音乐，协会试图设立某种标准，他们可以由此判断某项艺术作品是不是完全的或者被完整认识的。大多数人会怀疑一个全白的绘画是艺术品。标准的维持可能会以非正式的形式在协会进行，或者由专家们如艺术评论家维持。非正统或者背离传统的艺术家很难去改革这种情况。但是像印象派艺术家一样，他们最终都会成功。一些社会试图奖励一致性，奖励具有传统模式和技术的艺术家。其他人则鼓励同过去断裂，进行革命和创新。

 # 艺术、社会与文化

7万多年前，世界上最早的艺术家住在布隆伯斯洞穴（Blombos Cave），位于面朝印度洋、现在的南非顶端高高的悬崖上。他们狩猎野味，吃下面海洋中的鱼。根据身体和大脑的大小，这些古非洲人在解剖学意义上是现代人类。他们也把动物骨头制成精美的劳动工具和武器。而且，他们把象征符号雕刻在手工艺品上——这是抽象而具有创造性的思想表现形式，还有语言的交流（Wilford，2002b）。

南非的克里斯托弗·汉斯伍德（Christopher Henshilwood）领导的研究小组分析了28个骨质工具和其他来自布隆伯斯洞穴的手工制品及黄土矿，人们可能一直都用它做身体绘画。令人印象最为深刻的骨头工具是三个锋利的器具。骨头看起来开始是由一个石头利刃修成形，然后加工成对称的形状，之后花费好几个小时打磨。根据汉斯伍德的说法（转引自Wilford，2002b），"事实上完全没有必要把抛射物做成这么细致。这告诉我们它表达了某种象征思想。人们说，'让我们完成一项真正美丽的事物……'，象征思想意味着人们在使用某些事物来指代另外一些事物。工具并非一定只是具有实际作用。而且黄土也可能被用来装饰他们的设备，或许还有装饰他们自己。"

在欧洲，艺术可以追溯到3万年前，直到西欧的旧石器时代（参见

Conkey，et al.，1997）。最早的乐器迪维·巴贝长笛（Divje babe flute）制造于 4.3 万年前。洞穴岩画，旧石器时代最广为人知的例子，从日常生活和每天的社会空间中被分离出来。那些画面被绘制在真正的洞穴里，位于地球深处。或许绘画也会作为他们某种过渡仪式的一部分，包括离开社会。用骨头或象牙雕刻的可随身携带的艺术品以及音乐口哨和笛子，也证明了贯穿古石器时代的艺术展现。

艺术通常比洞穴绘画更为大众。一般来说，它的目的是在社会中展示、评价、表演和欣赏。它拥有观众和听众，并非仅为了艺术家而存在。

 民族音乐学

民族音乐学（ethnomusicology）是对世界音乐及音乐作为文化和社会方面的比较研究。民族音乐学的研究领域因此包含音乐和人类学两个方面。音乐这个部分涉及音乐本身以及对用以演奏音乐的乐器的研究和分析。人类学部分把音乐看作是探索文化和判定音乐在所处社会中历史与当代作用的方式，以及影响音乐如何创造和展演的社会和文化特点的工具。

民族音乐学以文化的视角研究非西方社会的音乐、传统和民族音乐，甚至当代流行音乐。这种研究必须通过田野工作才能完成，由此对特定形式的音乐进行第一手的研究，并且探索在特定社会中它们的社会功能和文化意义。民族音乐学家访谈乡土音乐家，在田野中录制音乐，并研究乐器的摆放、表演，以及表演者（Kirman，1997）。现在，在全球化的背景下，多元化的文化和音乐风格不断接触和融合。吸收了大量文化工具和风格的音乐被称为世界融合、世界节拍或世界音乐——这也是当代民族音乐学的另一个研究主题。

因为音乐具有文化多样性，并且音乐才能似乎在家庭中运作，因此有观点认为音乐的最早分布可能具有基因遗传基础（Crenson，2000）。产生于成百上千年前的"音乐基因"能够赋予那些早期人类拥有者们进化的优势吗？音乐存在于所有文化，这一事实证明了它在人类历史中出现已久。为证明音乐的古老历史不妨提供一个直接的证据，那就是来自斯洛文尼亚岩洞中的古代雕刻的骨制长笛。这种迪维·巴贝长笛是世界上现今所知最古老的乐器，可以追溯至 4.3 万多年前。

为了探索音乐可能的生物学基础。桑德拉·特雷赫（Sandra Trehub，2001）注意到了世界上母亲唱给子女的歌曲具有惊人的相似性——高调、慢拍和与众不同的调子。所有文化中都有摇篮曲，听起来是如此相似，很难被误认为是其他的乐曲（Crenson，2000）。特雷赫推测音乐可能一直都在适应人类进化，因为有音乐天赋的妈妈们能够更轻松地安抚自己的婴儿。平静的婴儿可以轻松入睡，很少吵闹，这一点或许更利于适应成年时期生活。他们的哭闹不会吸引掠食者；婴儿和妈妈可以得到更好的休息；他们遭虐待的可能性也较小。如果影响音乐才能的基因很早出现在人类进化过程中，进行了优先选择，具有音乐才能的成年人会把基因传递给他们的孩子。

音乐大概会被看作是最具有社会性的艺术类型之一。通常它把群体中的人们联合在一起。的确，音乐关乎一个群体——唱诗班、交响乐、合唱团和乐队。会不会是生物上对音乐具有倾向的早期人类能够在社会群体中生活得更有效率呢？这会不会是另一个可能的适应优势？甚至娴熟的钢琴家和小提琴家也会多次同管弦乐或歌手一起表演。梅里亚姆（Alan Merriam，1971）描述了刚果民主共和国开赛省的巴松业人（Basongye）使用三个特征来区分音乐和其他被归为"噪声"的声音。第一，音乐总是吸引人们沉醉其中。第二，音乐的声音一定是有组织的。单独敲一下鼓并不是音乐，但是鼓手们一起按照节奏演奏便是音乐。第三，音乐必须是持续的。即使一些鼓被同时敲击，也不是音乐。他们必须不断地演奏形成某种音乐节奏。对于巴松业人来说，音乐本来便是文化性的（人类独有的）和社会的（依靠合作）。

"民俗"（folk）艺术、音乐和传统知识最早是为欧洲农夫创造的，比之欧洲精英阶层的"高等"艺术和"古典"艺术，这些是关于平常人的富有表现力的文化。当表演欧洲民俗音乐的时候，服饰、音乐还有常常伴随其中的歌曲和舞蹈的结合目的在于诉说地方文化和传统。旅游者和其他局外人常常用这种表演来构拟乡村和民俗生活的形象。社区居民们常利用这些表演方式为外来人展现和表演自己的地方文化和传统。

在战前波斯尼亚的村庄普兰妮卡，伊冯娜·洛克伍德（Yvonne Lockwood，1983）研究了当地民俗歌曲，在那里日夜都能听到这些歌曲。最为活跃的歌手们通常是未婚的女性，年龄介于 16 岁到 26 岁之间（处女）。领唱歌手是通常在习惯上唱歌曲开头并领唱的人，她们具有雄厚、饱满而清晰的嗓音，并且音域宽广。她们同当代北美洲的同行一样，但是后者风格显然更为柔和，有些领唱采用的方式是非传统的。一个人会因为她的败坏风俗的抒情歌唱而被认为不庄重。另一个对歌手的批评是吸烟（这通常是男人的习惯）并且喜欢穿男性的裤子。如果把当地的这种指责放在一边，她倒是被认为诙谐的而且临时准备的歌曲也比其他人要好。

积极参与到公开歌舞中标志着从女孩到未婚少女（可以结婚的女性）的过渡。成年女孩被妇女们督促着加入歌舞中，扮演未婚少女。这是过渡仪式的一部分，小女孩（dite）经过仪式之后成为未婚少女（cura）。相比之下，婚姻则将大多数妇女从公共领域转入到私人领域；公开歌唱一般都停止了。已婚妇女只在自己的家中唱歌或者同其他妇女一起时才唱。只是偶尔情况她们可以参加到公开唱歌的少女中，但是她们从不领唱，以免把大家的目光吸引到自己身上。年龄超过 50 岁的妇女一般都不再唱歌了，即使私下里也是。

对于妇女来说，歌唱因此指代的是一系列年龄阶层之间的转变：从小女孩到少女（可以公开歌唱），从少女到妻子（只能私下唱歌），从妻子到老人（不再唱歌）。洛克伍德描述了一位新婚的少妇在婚后第一次回到娘家时进行的仪式（婚后的居住方式是从夫居）。在她就要动身返回到丈夫的村庄时，出于对过去时光的纪念，她带领村中的未婚少女一起唱歌。她最后一次以其当地女儿的身份，像未婚少女一样歌唱。洛克伍德把这称为对所有在场人们的怀旧和情绪的表现。

载歌载舞在普雷罗（prelos）活动中是很普遍的，男女均参加。在普兰妮卡，克罗地亚语中的 prelo 一词，通常被界定为"纺纱蜜蜂"，意为任何拜访的时候。普雷罗活动尤其在冬天的时候更普遍。在夏天，村民们都忙着花大把时间干活，因而普雷罗的活动较少。普雷罗活动给人们提供了玩耍、放松和唱歌跳舞的机会。所有少女们的集会，尤其是普雷罗活动，都是歌唱的大好机会。已婚妇女被鼓励去歌唱，常常会建议她们唱几首特别的歌曲。如果男孩子也在场，歌唱比赛便会上演，少女们和年轻男孩们互相奚落取笑对方。普雷罗活动有了大量歌舞才算是成功。

在战前波斯尼亚的村庄里，传统上人们会在许多其他场景下公开歌唱。在山坡上割干草忙碌了一天之后，村庄里成群的男人集合在回村庄的小路上的某个地点。他们根据歌唱能力排成队，最优秀的歌手在最前面，最缺乏天赋的排在末尾。他们一起边走边唱，漫步返回村庄，走到村中心时才会四处散开。根据洛克伍德的描述，无论何时，劳作或者闲暇的活动在把一群少女或年轻男人集合在一起时，无不是以集体歌唱来结束的。这一点从《白雪公主》和《怪物史瑞克》的电影片断中的灵感追溯到欧洲的乡间风土人情，都是没错的。

 ## 艺术与文化的表现

艺术可以象征传统，即使当传统艺术从它最原本（乡间的）的地点移走也不变。我们在第 20 章"文化交流与文化生存"中可以发现，具有创造性的产品和民间、乡村以及非西方文化的形象都在越来越多地被媒体和旅游者传播和商业化。最后结果是许多西方人最终开始以多姿多彩的习俗、音乐、舞蹈和装饰物（服饰、珠宝和发型）来界定"文化"一词。

对艺术和宗教的偏好，而非更为普通、缺少吸引力和经济社会功能的节目，得以在探索频道（Discovery Channel）播出，甚至出现在许多人类学电影中。许多民族志电影以音乐开头，常常是鼓声雷动："咚，咚，咚，在这里（地点名字），人们宗教信仰非常强烈。"我们在之前的批评假设中看到过这种表现手法，非工业社会的艺术通常都与宗教联系紧密。这一信息虽然通常不是被有意传达给人们的，但却表明非西方人常花费大量时间穿上五颜六色的服饰，载歌载舞，举行宗教仪式。这种想象把文化描绘成休闲娱乐并最终是不严肃的现象，而不是普通人每天生活所经历的内容——不仅仅在他们过节的时候。

 ## 艺术与交流

艺术在社会中的作用还表现为艺术家和社区或者听众之间的交流形式。然而有时候，艺术家和观众之间存在中间媒介。例如，演员本身作为艺术家把其他艺术家（如作家和导演）的作品和思想翻译成表演的形式，观众可以观看并欣赏。音乐家演奏并歌唱其他人谱曲或编曲的艺术作品。使用他人所编的音乐，舞蹈设计者们设计并指导舞蹈动作，舞者可以将其展示出来给观众欣赏。

艺术又是如何交流的呢？我们需要知道艺术家试图交流的内容，以及观众或者听众如何回应。观众常常直接同艺术家交流。例如，现场表演者会得到直接的反馈，许多作家和导演也可以通过观看自己作品的展示或播映实现交流。艺术家期待在接受中至少会有不同。在当代社会中，观众层次多元化加强，观众一致的回应非常少见。当代艺术家像商人一样，都深刻意识到他们有着目标观众。人群中的特定部分比其他人更倾向于欣赏某些特定艺术形式。

 理解我们自己

　　北美文化自从20世纪70年代以来的一项重要发展，是由"整体化"向"部分感染力"的普遍转变，这尤其在媒体中十分明显。一个正在逐渐异质化的国家提倡多元化。大众媒体——印刷的和电子的——都卷入了这一趋势，估量着多种"人口组成状况"。媒体把自身产品和信息划分为特定的部分——目标观众。电视、电影、广播、音乐、杂志和网络论坛所有适合他们的主题、版本和风格，都指向特定的同质的部分人群。尤其是有线和卫星电视，连同 VCR 和 DVD 机，都帮助引导电视这种最重要的大众媒介远离 50 年代和 60 年代网络钟爱的大众观众，并转向了特定的观看群体。有特殊兴趣的观众现在可以从多种多样具有目标群体的频道里选择。这些频道是专门频道，种类包括音乐（乡村音乐、流行音乐、摇滚乐、拉丁或黑人娱乐）、体育、新闻（财经、气象、提要）、戏剧、科学幻想、八卦、电影（商业片、外语片、"艺术片"、"经典"）、动画、老式情景喜剧、西班牙语、自然、旅游、冒险、历史、地理和家庭购物等。美国橄榄球超级碗大赛、奥斯卡颁奖礼和奥运会仍然能够牢牢抓住大量的国内和国际观众。但是在 1998 年，尽管《宋飞正传》是一部非常流行的电视剧，还是没能战胜《根》或者《风流医生俏护士》里露西生孩子的故事获得的收视率。

艺术可以传递多种信息。它能够传达道德教化或讲述警示故事，也可以讲授艺术家或社会想要讲的课程。如同仪式既能够引起焦虑也能够驱散焦虑一样，戏剧的张弛能引导观众的精神的宣泄，使紧张的情感得以释放。艺术可以改变情绪，使我们大笑、哭泣、情绪饱满或者情绪低落。艺术需要智力和情感。我们或许会在一座建筑精美、平衡精致、完美表现的艺术品中获得灵感。

艺术常常是为了纪念和延续，怀着某种长期持久的信息。例如，像仪式一样，艺术可能发挥记忆的功能，帮助人们记住。艺术的设计是为了帮助人们记住人或事件，例如艾滋病在世界许多地区被证明是致命的传染病，或者2001年"9·11"恐怖袭击事件。

 ## 艺术与政治

艺术在社会中发挥何种作用？艺术应该多大程度上为社会服务？艺术可以自我有意识地亲近社会。它既可以用于表达群体的情感和水准，也能够挑战后者。艺术也进入到政治领域。艺术作品的判断，或者如何展示艺术的决定，都可以说具有政治意味并富有争议。博物馆不得不在大众群体的水平、艺术家及其作品展示创造性和创新性的渴望之间加以平衡。

今天被认为价值连城的艺术在它自己的时代可能遭遇强烈的反感。纽约布鲁克林艺术博物馆记载了艺术在最初创造出来的时候如何遭到打击和反对，又如何随着时间的流逝而被接受并重视的历史。当马蒂斯、布拉克和毕加索的绘画作品最早在纽约1913年军械库艺术博览会（Armory Show）上展出时，孩子们被禁止观看。《纽约时报》称其为"病态的"。将近一个世纪过去了，纽约城和鲁道夫·朱利安尼（Rudolph Giuliani）市长在1999—2000年度被称为"耸人听闻的"展览举行后把该博览会告上了法庭。宗教团体抗议克里斯·奥弗里（Chris Ofili）的《圣母玛利亚》，这是一幅抽象拼贴画作品，画上有象的粪便，朱利安尼认为这幅作品冒渎神灵。后来的法庭审判过程激发了反审查群体和艺术提倡者们针对市长行为的奋起反抗。博物馆赢得了胜利，但是奥弗里的作品再一次处于攻击之下，一个男人私自携带颜料进入布鲁克林展览，并试图泼洒在《圣母玛利亚》上（弗吉尼亚大学，未注明出版日期）。根据艺术专家迈克尔·戴维斯的说法，奥弗里的抽象拼贴画是"令人震惊的"，因为它有意激起并撼动观看者们，把他们带入一个更广阔的参考框架中。市长的反应可能就是基于某种狭隘认识，即艺术一定是美丽的，圣母玛利亚有着意大利文艺复兴时期的绘画作品中描绘的同等狭隘的形象（Mount Holyoke College，1999）。

今天，没有哪位博物馆主管能够安排一次展览而毫不担心会冒犯到某些社会的政治性组织。在美国，一直有着自由主义者和保守派之间的斗争，包括国家艺术基金会。艺术家们被批评远离社会，创造仅属于他们自己和社会精英的艺术，缺乏对传统和管理的艺术价值的了解，甚至还嘲弄普通人的评价。

 ## 艺术的文化传播

由于艺术是文化的一部分，对艺术的欣赏便依靠文化背景来实现。在西方艺术博物馆中观看的日本旅游者试图解读他们眼中的艺术。相反，日本茶道的形式和意义或者日本的折纸艺术的阐释，在外国看客眼中则又是不同的。人们只有学习才会欣赏艺术。这是濡化的一部分，和更多正式教育一样。罗伯特·莱顿（Robert Layton，1991）认为，无论艺术表达的普遍原则是否存在，它们在不同文化中都以不同方式被实践着。

用从审美角度是否给人愉悦感受来界定艺术，这是某种程度上依赖文化的情况。基于熟悉程度，具有特定音调和旋律节奏的音乐将会愉悦某些人，而偏离另外一些人的兴趣。在对纳瓦霍人的音乐研究中，麦卡利斯特（McAllester，1954）发现，它从三个主要方向上反映了当时的总体文化：第一，个体主义是纳瓦霍人重要的文化价值观。因此，决定如何处置他 / 她的财产将取决于个人——无论财产是物质、知识、思想还是歌曲。第二，麦卡利斯特发现，纳瓦霍一般性的保守主义也延伸到音乐中。纳瓦霍人把外面的音乐看做危险的并拒绝它们，因为并非是他们自己的文化（第二点已经不再符合实际情况：现在已经有了纳瓦霍人的摇滚乐队）。第三，强调应用在音乐中

趣味阅读　我就要抓住你了，小家伙，还有你的小机器人

人类学家用于分析神话和民俗故事的技术可以被扩展用于分析两个大多数人都看过的幻想电影。几十年来，《绿野仙踪》每年都会在电视里播放。最早的《星球大战》一直以来都是最受欢迎的电影之一。二者都具有明显的神话特征，都是我们常常听到的重要的文化产品。法国结构主义人类学家列维-斯特劳斯（1967 年）以及新弗洛伊德精神分析学家布鲁诺·贝托罕（Bruno Bettelheim）（1975 年）在神话和童话故事研究方面的贡献，使得接下来对当代美国人耳熟能详的影视童话故事的分析成为可能。

通过考察不同文化的神话和传说，列维-斯特劳斯认为，一个故事可以通过一系列简单的操作转化为另一个故事，例如，通过以下几种方式：

1. 把神话中积极的元素转变为消极方面。

2. 颠倒神话元素的顺序。

3. 把一个男性英雄换成女英雄。

4. 维持或者重复特定重要元素。

通过这些操作，两个看起来不相似的神话可以表现为共同的结构的变体，也就是互为对方的变化形式。

我们现在可以发现，《星球大战》是《绿野仙踪》的系统性结构转换。我们需要推测有多少相似性是有意识的，又有多少不过是反映了《星球大战》的作者和导演乔治·卢卡斯同其他美国人共有的濡化过程。

《绿野仙踪》和《星球大战》都是开始于贫瘠的乡村，前者是在堪萨斯，后者是在沙漠星球 Tatooine。《星球大战》把《绿野仙踪》里的女英雄变成了一个小男孩，卢克·天行者（Luke Skywalker），童话故事里的英雄通常有简单大众的名字，而姓大多指他们的来源或者能力。因此乘着宇宙飞船到处飞行的卢克是位天行者，多萝西被一阵旋风吹到了奥兹国。多萝西离开家时带着她的狗 Toto，这只狗被后来在奥兹国的坏女巫追赶并成功逃脱。卢克跟着他的机器人 R2-D2，它正在逃避黑骑士，而黑骑士与坏女巫的角色在结构上是对应的。

多萝西和卢克两个孩子都是和叔叔婶婶一起开始自己的生活的。然而，由于英雄的性别改变，基本的人际关系也颠倒过来。因此，多萝西同婶婶的关系是首要的、温暖而充满温情的，卢克同叔叔的关系尽管也是首要的，但却是紧张而有距离

感的。叔叔婶婶出现在故事中是因为同一个原因。他们都代表着家（核心家庭观念），孩子们（根据美国的文化准则）必须最终离开家去开创自己的生活。如贝托罕（Bettelheim, 1975）指出，童话故事常常以叔叔婶婶来扮演父母，二者建立了社会距离。与同亲生父母的生离死别相比，孩子能够更轻松地处理英雄的离别（《绿野仙踪》）或叔叔婶婶的死亡（《星球大战》）。进而，这一点允许孩子对亲生父母的强烈感情可以在不同的更为核心的角色中表现出来，例如坏女巫和黑骑士。

这两部电影都关注孩子与同性别家长的关系，把父母亲划分为三部分。在《绿野仙踪》里，母亲被分成两部分坏的和一部分好的。她们是东坏女巫，在电影开始就死了；还有西坏女巫，在最后死去；还有好女巫生存下来。最早的《星球大战》颠倒了好与坏的比例，给了卢克一个好父亲（他自己的），绝地武士在片头宣告已死。还有另一个好父亲，欧比王·肯诺比，他在电影结尾模糊地死去。第三个是坏父亲的角色，黑骑士。第三个好女巫在《绿野仙踪》里活了下来，在《星球大战》之后坏父亲活了下来，在续集里卷土重来。

孩子与异性父母的关系也在这两部电影中有所体现。多萝西的父亲角色是巫师奥兹，最初是个恐怖的角色，后来被证明是假的。贝托罕提到，童话故事里典型的父亲形象被伪装成为怪物或巨人。或者即使作为人类出现时，父亲也是虚弱、冷淡或者很没用的。多萝西渴望巫师来解救她，但是发现巫师提出了看起来不可能的要求，而且结果证明他也不过是个普通人。她最终依靠自己取得了胜利，不再依靠父亲这个提供不了她自身拥有的东西之外的帮助的人。

在《星球大战》中（尽管很明显没有在后来的续集里出现），卢克妈妈的形象是莱娅公主。贝托罕提到男孩们通常想象母亲被迫成为父亲的俘虏。童话故事常常把母亲形象幻化为公主，男孩小英雄必须去争取她的自由。在弗洛伊德式的想象图景中，黑骑士用女巫扫帚大小的针威胁着莱娅公主。在电影末尾，卢克解救了莱娅公主并击败了黑骑士。

在两部电影结构中还存在其他惊人的相似之处。童话故事中的英雄在冒险过程中身边常常还有次级角色，他们把成功需要的品质以人的形象表现出来。这种人物常三个三个出现。多萝西带有智慧（稻草人）、爱（铁皮人）和勇气（狮子）。《星球大战》包括一个结构上的对应的三个人物——汉·索罗、C-3PO 和丘巴卡，但是他们与特定品质的联系并不像《绿野仙踪》那样精准。小人物也是结构对应的：小矮人和 Jawas，苹果树和沙人，飞猴和星战士兵。道具也有可比性——女巫的城堡和死亡星球，翡翠城和反抗军霍斯基地。结局也很类似。卢克以自己的力量实现了目标，使用武力（玛纳、魔法）。多萝西的目标是回到堪萨斯，她通过敲打鞋子并利用在红鞋子上的魔法力量获得成功。

所有成功的文化产品都是旧与新的结合，利用相似的主题。他们可能会用新颖的方式重新加以安排，因此在文化的现象世界里赢得了长期的地位，这个文化正是创造或者接受他们的文化。《星球大战》成功地利用新的方式使用旧有的文化主题。它利用美国童话故事完成了新的创造，而这些童话故事早在 20 世纪初就出现在书本里（表 17.1）。

表 17.1　《星球大战》与《绿野仙踪》的结构变换

《星球大战》	《绿野仙踪》
男英雄（卢克·天行者）	女英雄（多萝西）
沙漠星球	堪萨斯城
卢克后面跟着 R2-D2：	多萝西后面跟着 Toto：
R2-D2 从黑骑士身边溜走	Toto 从巫婆手中逃脱
卢克同叔叔和婶婶一起住：	多萝西同叔叔和婶婶一起住：
与叔叔具有基本关系（同性别）	与婶婶具有基本关系（同性别）
与叔叔的关系紧张而有距离	与婶婶的关系温暖而亲密
同性别的父亲被分为三部分：	同性别的母亲被分为三部分：
两部分好父亲，一部分坏父亲	两部分好母亲，一部分坏母亲
好父亲在片头死去	坏母亲在片头死去
好父亲死于结尾（不确定）	坏母亲死于结尾
坏父亲存活	好母亲存活
与异性的母亲的关系（莱娅公主）：	与异性的父亲的关系（奥兹巫师）：
公主被不情愿地绑架	巫师提出不可能满足的要求
针	扫帚
公主被解救	巫师最后被证明不过是个凡人
三位同伴：	三位同伴：
汉·索罗、C-3PO、丘巴卡	稻草人、铁皮人、狮子
小角色：	小角色：
Jawas	矮人
沙人	苹果树
星战士兵	飞猴
场景：	场景：
死亡星球	女巫的城堡
反抗军霍斯基地	翡翠城
结论：	结论：
卢克使用魔法实现目标（毁灭死亡星球）	多萝西使用魔法实现目标（返回堪萨斯）

的适当形式。在纳瓦霍人的信仰里，存在一种正确演唱每种类型歌曲的方式。

人们学习听特定类型的音乐，并学习欣赏特别的艺术形式，就像他们在学习听懂并解释一门外语一样。不同于伦敦人和纽约人，巴黎人并不聚集在一起欣赏音乐剧。尽管具有多种法语来源，甚至音乐剧《悲惨世界》在伦敦、纽约和世界上多个城市产生轰动，在巴黎却遭遇失败。幽默当然也是种语言文化，也依赖文化背景和设置的不同而存在差异。某个文化中好笑的段子在另一个文化中翻译过来可能并非如此。如果笑话没起到效果，美国人可能会说："好吧，你必须当时在场才行。"笑话，像审美评价一样，离不开情境。

在文化更加微观的层次上，特定艺术传统可以在家族中传递。例如，巴厘岛有许多雕刻世家、音乐世家、舞者和面具制造的家庭。在尼日利亚的约鲁巴人，制作皮革的两个家族常常被委托制作用珠子装饰的贵重物品，例如国王的皇冠、包，还有传教士的手镯。艺术像行业一样，常常在家族中"运作"。例如，巴赫世家不仅培养出了 J.S. 巴赫，还有其他一些著名的作曲家和音乐家。

在第 1 章中，人类学对艺术的研究同传统人性对"美术"的关注和精英表达形成对比。人类学已经扩大了对艺术"文化"的界定，远远超出了"高等"艺术文化的精英含义。对人类学家来说，每个人都通过濡化而获得文化。在学术环境下，对人类学的文化定义的接受有助于深化对人性的研究，加强对从美术精英艺术到大众和民俗艺术，以及大众和来自许多文化中的创造性的表现方式的认识。

在许多社会中，神话、传说、故事以及叙述这些故事的艺术在文化传递和传统保护中发挥着举足轻重的作用。在没有文字书写的条件下，口述传统保护着历史细节和家谱，这在西非的许多地区非常普遍。艺术形式常常会如江河汇于一处。例如，音乐和口传故事可以结合为戏剧和表演，尽管后者主要出现在电影和剧院中。

那么，孩子是从几岁开始学习艺术呢？某些文化中孩子从很小便开始学习。我们不妨对比一下韩国的小提琴学习班的情景和阿留申人聚集在一起的情景。韩国的小孩一般是接受正式教育。教师带头为孩子们演示如何演奏小提琴。阿留申人则常聚集在非正式的地方，孩子们把艺术当作他们的整个濡化过程的一部分来学习。韩国孩子们学习艺术，大概是因为他们的父母希望他们这样做，并不一定是因为他们拥有艺术的激情，想要或者渴望去表达。有时候孩子们学习艺术或者表演，包括运动，是强制濡化的很好例子。强制濡化可能是父母推动的而不是孩子们自己希望的。在美国，表演通常同学校联系在一起，具有强烈的社会性，并且通常竞争激烈。孩子们与同伴们一起表演。在表演过程中，他们学习竞争，无论是为了争取在运动比赛中获得第一名还是争取担当学校乐队的首席。

 ## 艺术职业

在非工业社会里，艺术家更像是兼职专家。在国家社会里，艺术家们拥有更多的方式去全身心地投入完成自己的作品。在"艺术与休闲"领域中，艺术家的职位在当代社会迅速提升，北美社会尤其如此。许多非西方社会也提供了在艺术上的职业发展道路，例如出生于特殊家庭或家族的孩子会发现自己注定要从事皮革制造或者纺织行业。某些社会因特定的艺术形式而闻名，例如舞蹈、木雕或纺织。

艺术生涯也会包含某种程度的召唤。人们会发现他们独具某种天赋，而且发现了这种天赋可以成长的环境。艺术家们各自单独的职业道路通常要求特殊的训练和学徒经验。这种职业道路更多是在复杂社会，因为这种社会比队群社会或者部落社会有许多单独的职业道路可走，在队群或者部落社会中表现性的文化更为缺少同日常生活的正式分离。

如果艺术家预备奉献所有时间在艺术创作上，便需要资助。他们会向家庭或者家族寻求资助，如果存在涉及亲属团体的艺术的专门化情况。国家社会专门资助艺术的人通常是精英阶层的成员，赞助者会为有抱负和天赋的艺术家，诸如宫廷画家、音乐家或雕塑家提供多种类型的帮助。在一些例子里，人们会为宗教艺术贡献一生。

古德尔和科斯（Goodale and Koss，1971）描述了生活在澳大利亚北部的提维人制造装饰性埋葬柱的过程。艺术家在制造埋葬柱的过程中与其他社会角色独立和分离，这使得他们能够将自己全神贯注于制造工作。艺术家会在有人死亡之后接受正式的委任。他们被赋予暂时免于寻找日常食物的自由。其他社区成员同意资助他们。他们还为这些艺术家提供一些制造过程中需要的同时又难以获得的材料。埋葬柱制造艺术家被隔绝在墓穴附近的工作区域。这一区域对其他所有人都是禁区。

艺术通常被认为既不是实践的也不是普通的。艺术家依靠天赋，虽然天赋是个人的属性，但是必须朝社会认可的方向引导和塑造。艺术天赋和创造力不可避免地促使艺术家脱离谋生计的实践需要。如何去供养艺术家和艺术的问题反复出现。我们都听说过这个短语——"挣扎中的艺术家"。但是社会应该如何供养艺术家？如果是国家或者宗教的资助，这些一般都要求回报。艺术家的"自由"便难以逃脱某些限制。赞助者和资助者们也能够从创作可以公开展览的艺术品当中获利。上流社会的艺术品常常只是在他们的家中展出，或许他们死后，作品才有机会进入博物馆。教会下达的艺术创作任务可能离人群更近一些。艺术对大众文化的表达，想要为大众而不是精英的消费服务，在第 20 章 "文化交流与文化生存" 中会进一步深入讨论。

 ## 延续与变迁

艺术总是一直在变化之中，尽管某些艺术形式已经存在了几千年。旧石器时代的洞穴艺术已经存在了超过 3 万年，本身便是人类创造性和象征主义的表现，无疑具有长期进化的历史。纪念性的建筑，连同雕塑、浮雕、装饰陶器，以及书面的音乐、文献和戏剧一起，从早期文明时期便已经存在，直到现在。

国家和文化都因特定的贡献而闻名，包括艺术贡献。巴厘岛人因其舞蹈而闻名；纳瓦霍人的艺术则体现在沙画、珠宝和编织上；而法国人则把烹饪做成了艺术。我们仍然在大学里阅读希腊的喜剧和悲剧，阅读莎士比亚和弥尔顿，欣赏米开朗琪罗的大作。希腊戏剧是历时最为久远的艺术之一。希腊悲剧诗人埃斯库罗斯、索福克勒斯、欧里庇得斯和喜剧诗人阿里斯托芬的诗句被广泛引用，并流传至今。谁知道我们失去了多少无文字时期的伟大创造和艺术表现呢？

经典希腊剧在全世界范围内都能找得到踪迹。大学的课堂上、电影里，还有舞台上的现场表演，从雅典到纽约，这些地方都能阅读和欣赏到希腊戏剧。当今世界，戏剧艺术成为庞大的"艺术与休闲"工业的组成部分，这项产业将西方和非西方的艺术形式都连接在国际网络中，并拥有审美和商业的双重维度（参见 Marcus and Myers，1995；Root，1996）。例如，非西方的音乐传统和乐器已经融入到当代世界体系。我们看到地方音乐家为外来人表演，包括来参观当地村庄的越来越多的旅游者。而"部落"艺术，例如澳大利亚土著人的迪吉里杜管，一种很长的木质的管乐器，已经出口到世界各地。至少在荷兰首都阿姆斯特丹，有商店专卖迪吉里杜管，也就是说它是店中仅有的一种商品。世界上的任何国家的首都，都有几十个店铺在沿街叫卖着来自上百个第三世界国家的"传统"艺术品，如乐器。非西方艺术的商品化，以及当代利用艺术创造重新界定的群体身份，这些将在本书的最后一章中深入讨论。

我们已经看到，艺术一般利用多种媒介传播。在当今媒体越来越丰富的条件下，多媒体甚至更加具有标志性。来自世界各地的食材和香料在现代烹饪技术下相互结合，这些当然也成为来自许多文化的元素并且融入当代艺术和表现中。

我们的文化提倡变迁、实验性创新和新奇的事物，但是创造性本身也是建立在传统基础上的。还记不记得纳瓦霍人？他们既可以是充满个性的，同时也可以是保守和专心的。在一些例子和文化中，艺术家们并不一定要像具备创造力一样拥有创新。创造力同样可以在传统形式基础上实现多种形式的表达。就这一点，不妨阅读一下"趣味阅读"中的例子，其中提到的《星球大战》，不管它的故事和创新性的特殊效果如何，采取的叙述框架同以往的电影和童话故事一样。艺术家们并不总是需要在作品中发表某种评论，试图把自身同历史割裂开来。常常，艺术家们遵循过去，同过去联系起来，艺术建在历史的大厦之上，而不是否定前人的作品。

第
18
章

现代世界体系

第四部分 变迁中的世界

世界体系的出现

旅行、贸易和谋杀可能与人类一样古老。但毫无疑问，与欧洲的联系加大了美国——乃至全世界贸易、族际交往和暴力的规模。这些潮流延续至今。因此，虽然小型社区的田野工作是人类学家的标志，但是与世隔绝的群体今天再难寻觅，或者他们根本就没有存在过。数千年以来，人类群体之间总是相互联系。地方社会总是参与在一个更大的体系中，这一体系今天已经具有了全球维度。我们称之为现代世界体系，意为一个各国在经济和政治上相互依存的世界（一些早期体系控制混合了很大的区域，包括罗马帝国、中国帝王统治时期和香料贸易体系）。

城市、国家和世界日益侵入地方社区。今天，若人类学家要研究孤立社会，他们必须游历至巴布亚新几内亚高地或者南美的热带雨林。即使在这些地方，他们也可能遇到传教士、探险家和游客。在当代澳大利亚，曾经举行图腾仪式的地方讲英语的人拥有的羊群正在吃草。在更远的腹地，一些图腾部落的后裔可能正在为电视台工作拍摄新一期《幸存者》（Survivor）节目。希尔顿酒店矗立在遥远的马达加斯加首府，已铺就的高速路现在有一个出口通向阿伦贝培——那个我从 1962 年起就一直在研究的巴西小渔村。这个当代世界体系是何时以及如何开始的？

世界体系以及体系中各国之间的关系是由世界资本主义经济形塑的。世界体系理论可追溯至法国社会历史学家费尔南·布罗代尔（Fernand Braudel）。在其三卷本著作《15 至 18 世纪的物质文明、经济和资本主义》（*Civilization and Capitalism,15th-18th century*）（1981，1982，1992）中，布罗代尔主张社会由相互关联的部分组成并组合成一个体系。社会是更大体系的子系统，世界是最大的那个体系。

随着欧洲人开始航海，发展起跨洋的贸易导向的经济，全世界的人都卷入了欧洲的影响范围。15 世纪，欧洲人与亚洲、非洲最终与新大陆（加勒比和美洲）建立了定期的联系。继 1492 年哥伦布（Christopher Columbus）从西班牙至巴拿马和加勒比的第一次远航之后，更多的远洋航行接踵而至。随着新旧大陆被永远地联系起来，这些航行为人员、资源、疾病和思想的交换开辟了道路（Crosby，1986，2003；Diamond，1997；Viola and Margolis，1991）。在西班牙和葡萄牙的带领下，欧洲人采掘金银、征服土著（将其中一些作为奴隶）并对他们的土地进行殖民。

以前的欧洲和全世界一样，乡村人口基本上是自给自足的，他们种植食物并从当地的产品中制作衣物、家具和工具。非急需的产品被用于缴税和购买诸如盐和铁器之类的商品。迟至 1650 年，英国人的饮食和今天世界上大多数地区一样，是基于本地种植的淀粉的（Mintz，1985）。然而，在随后的 200 年间，英国成为最显著的进口货物的消费者。最早也最流行的物品就是糖（Mintz，1985）。

甘蔗的原产地是巴布亚新几内亚，最先传播至印度，经中东和地中海东部到达欧洲，并由哥伦布带至新大陆（Mintz，1985）。巴西和加勒比的气候被证明种植甘蔗很理想，所以欧洲人在那里建立种植园以满足日益增长的对糖的需求。这导致了 17 世纪基于单一经济作物的种植园经济——被称为单一作物种植体系。日益国际化的世界对于糖的需求刺激了横跨大西洋的奴隶贸易，以及以奴隶劳工为基础的新大陆种植园经济的发展。至 18 世纪，英国人不断增长的原棉需求导致现在的美国东北部地区的定居以及那里基于奴隶的另一单一作物种植体系的出现。和糖一样，棉花也是推动世界体系形成的关键贸易品。

贸易日益占据支配地位形成了**资本主义世界经济**（capitalist world economy）（Wallerstein，1982，2004b），一种致力于为销售和交换而生产的单一世界体系，以利润最大化而不是供给家庭为目标。**资本**（capital）指的是投资于商业的财富或者资源，意在利用生产手段创造利润。

世界体系理论的核心主张是一个可辨认的社会系统，建立在财富和权力分工基础之上，并延伸至单个的国家和民族。这个体系由一整套经济和政治关系组成，这些关系代表了自 16 世纪即新旧大陆建立联系以来全球大多数地区的特征。

沃勒斯坦（Wallerstein，1982，2004b）认为，世界体系中的国家占据了三种不同的经济和政治地位：核心、边缘与半边缘。存在一个地理上的中心或**核心**（core），居于世界体系中的支配地位，包括最强大最有权势的国家。在核心国家中，"经济活动的复杂性和资本积累的水平是最高的"（Thompson，1983，p.12）。利用其复杂的科技和机械化生产，核心国家生产资金密集型高科技产品。这些产品的大多数流向其他核心国家，但也有些进入边缘和半边缘国家。按照阿里西（Arrighi，1994）的观点，核心国家垄断了利润最高的活动，特别是对世界金融的控制。

半边缘（semiperiphery）和**边缘**（periphery）国家掌握了更少的权力、财富和影响。半边缘处在核心与边缘之间。现代的半边缘国家已经工业化了。像核心国家一样，它们既出口工业品也出口日用品，但它们缺乏对核心国家的权力和经济支配。因此，半边缘国家巴西向尼日利亚（边缘国家）出口汽车，也向美国（核心国家）出口发动机、鲜榨橙汁、咖啡和虾。

边缘国家的经济活动较之半边缘国家机械化程度更低。边缘国家生产原材料、农产品和越来越多地向核心与半边缘国家输出劳工。今天，虽然即使是边缘国家也达到了一定程度的工业化，核心与边缘的关系根本上依然是剥削关系。二者之间的贸易和其他经济关系一边倒地有益于资本主义核心地区（Shannon，1996）。

在当今美国和西欧，合法和非法的移民为核心国家的农业提供廉价劳动力。在美国加利福尼亚、密歇根和南卡罗来纳的广大地域中，来自墨西哥的农业劳动力被大量使用。从非核心国家如墨西哥（在美国）和土耳其（在德国）获得相对廉价的工人使核心国家的农场主和企业主获益，同时也为半边缘和边缘国家的家庭提供了经济收入。作为 21 世纪通信科技发展的结果，廉价劳动力甚至无须迁到美国。成千上万印度家庭从事美国公司面向核心国家之外的"外包"工作——从电话远程支援到软件工程。

想想信息技术公司 IBM 的动作。2005 年 7 月 24 日，《纽约时报》报道IBM 计划在印度再雇用 1.4 万名工人，与此同时，他们解雇了欧洲和美国的约 1.3 万名员工（Lohr，2005）。上述数字说明正在发生的工作全球化以及技术工作向低薪国家的转移。批评家指责 IBM 在全球采购最廉价的劳动力以提高公司利润，而这是以美国和其他发达国家的薪水、利益和工作安全为代价的。在解释大量雇用印度人的问题上，IBM 资深副总裁（转引自 Lohr，2005）引证印度繁荣的经济对技术服务的波动的需求和将很多印度软件工程师引至世界各地的项目工作的机遇。西欧的技术工人现在要与低薪国家如印度的受过良好教育的工人们竞争，在这些国家，熟练的软件程序员的平均工资只有美国同行的五分之一（1.5 万美元对 7.5 万美元）（Lohr，2005）。

 # 工业化

至 18 世纪，**工业革命**的平台已经建好——通过经济工业化实现从"传统"社会进入"现代"社会的历史变革（在欧洲，1750 年以后）。工业化需要用于投资的资本。已经建立的跨洋商业和贸易体系形成的巨大利润提供了这种资本。富有者寻找并最终在机器和驱动机器的引擎中发现了投资机遇。由于资本和科学创新推动发明，工业化提高了农业和制造业的生产力。

欧洲工业化从家庭制造体系（家庭手工业）发展而来（并最终取代它）。在这种体系下，企业组织者为家中的工人提供原材料并从他们那里收集最终产品。企业家的经营范围可能覆盖几个村庄，他拥有生产资料、支付薪酬并安排经销。

 ## 工业革命的起因

工业革命最早出现在棉制品、钢铁和陶器贸易中。这些是广泛使用的商品且其制造可以分解成机器可以实施的简单、常规动作。当制造业从家庭转移到机器取代了手工的工厂的时候，农业社会就演变为工业社会。随着工厂生产便宜的日用品，工业革命带来了生产的大发展。工业化推动了都市发展并创造了一种工厂都集中到煤和劳动力低廉之地的新型城市。

工业革命始于英格兰而非法兰西。为什么？不同于英国，法国人无须通过工业化来转化其家庭制造体制。18 世纪晚期，面对增长的产品需求，因为有两倍于大不列颠的人口，法国只需将更多的家庭纳入其家庭制造体系。法国人可以不通过创新增加产量——他们可以扩大既存体系而非采用新的体系。但是，为了满足对日用品上升的需求——国内和殖民地——工人人数较少的英国必须要工业化。

随着工业化的推进，英国的人口开始显著增加。在 18 世纪翻了一番（特别是 1750 年之后）而且在 1800—1850 年又翻了一番。这种人口爆炸推动了消费，但是英国的企业用传统的生产方式无法满足日益增长的需求。这就刺激了实验、创新以及快速的技术变革。

英国的工业化依赖于国家在自然资源方面的优势。大不列颠有丰富的煤和铁矿石、可航行的水路以及可轻松协商进入的海岸。它是一个位于国际贸易中心的海岛国家。这些特征奠定了英国进口原材料和出口制成品的优势地位。英国工业增长的另一个因素是这一 18 世纪的殖民帝国的殖民者在新大陆照搬欧洲文明时依靠母国。这些殖民地又购买了大量英国产品。同时有人主张特殊的文化价值观和宗教也促成了工业化。因此，很多新出现的英国中产阶级成员是清教徒。他们的信仰和价值观鼓励工业、节俭、新知识的传播、发明以及接受变革的愿望（Weber，1904/1958）。在"宗教"一章中可以看到韦伯探讨了关于清教徒价值观和资本主义的观点。

 # 分层

工业化的社会经济影响是多重的。英国的国民收入在 1700 年至 1815 年间翻了 3 倍，而到 1939 年又增加了 30 倍。舒适标准提高了，但是繁荣是不平衡的。最初，工厂工人的薪水高于家庭作坊的人。后来，业主们开始从生活水平更低、劳动力（包括妇女和儿童）更廉价的地方招聘劳工。随着工厂区和工业城市发展以及查尔斯·狄更斯（Charles Dickens）的《艰难时世》（*Hard Times*）中描绘的状况的出现，社会弊病增加了。污物和烟尘污染了19 世纪的城市。住房拥挤且不卫生，供水和排污设施缺乏、疾病与死亡率上升。这是埃比尼泽·斯克鲁奇（Ebenezer Scrooge）、鲍勃·克拉特基特（Bob Cratchit）、小蒂姆（Tiny Tim）以及卡尔·马克思（Karl Marx）所面对的世界。

工业分层

社会理论家卡尔·马克思和马克斯·韦伯关注与工业化相关的分层体系。从对英国的观察和对 19 世纪工业资本主义的分析中，马克思（Marx and Engels，1848/1976）将社会经济分层看作两个对立阶级之间尖锐和简单的划分：资产阶级（资本家）和无产阶级（无财产的工人）。资产阶级的源头可追溯至海外探险和转变了西北欧的社会结构、创造出富裕商人阶级的资本主义经济。

工业化将生产从农场和家庭转移至作坊和工厂，可以运用机械动力，工人们可以组织起来操作重型机器。**资产阶级**（bourgeoisie）是工厂、矿山、大型农场和其他生产资料的所有者。**工人阶级**（working class）或者说无产阶级，由那些被迫靠出卖劳动力以求生存的人组成。随着生活资料生产的减少和城市移民以及失业可能性的上升，资产阶级开始身处工人和生产资料之间。工业化加速了无产阶级化——工人和生产资料分离——的进程。资产阶级也支配了通信方式、学校和其他关键机构。马克思认为国家是压迫的工具，而宗教是转化和控制大众的手段。

阶级意识（对共同利益的认识和个人对自己的经济集团的认同）是马克思阶级观的重要部分。他视资产阶级与无产阶级为利益激烈对立的社会阶级划分，认为阶级是强大的集体力量，可以调动人类能量影响历史进程。在共同经历的基础上，工人们会形成阶级意识，而这会导致革命性的变化。虽然英国没有发生无产阶级革命，但是工人们确实成立了组织以保护自身利益和增加产业利润的份额。在 19 世纪期间，工会和社会主义政党出现，表达出反资本主义的精神。

英国工人运动的关注点是禁止工厂雇佣童工和限定妇女儿童的工作时间。核心工业国的轮廓逐渐成形。资本家控制了生产，但是劳工们组织起来要求更好的薪酬和工作条件。至1900年，很多政府有了工厂立法和社会福利项目。核心国家大众的生活水平提高了，人口也在增长。

在今天的资本主义世界体系中，所有者与工人之间的阶级划分已经遍布世界。但是，公开贸易的公司使工业国中资本主义和工人之间的划分复杂化了。通过养老金计划和个人投资，很多美国工人现在在生产资料方面有某些业主权益。他们是共有者而非无产工人。关键的区别在于富人控制这些方式。现在最重要的资本家不是那些可能已被成千上万股东代替的工厂主，而是首席执行官（CEO）或者董事会主席，这两者可能都不真正占有公司。

现代分层体系不是简单和二分的。这部分人包括（尤其是在核心国和半边缘国家）技术和专业工人组成的中产阶级。伦斯基（Gerhard Lenski，1966）认为，在发达的工业国中社会平等倾向于加强。公众得到经济利益和政治权力的途径得以改善。在伦斯基的方案中，政治权力向公众的转移反映了中产阶级的增长，这减轻了所有者和工人阶级之间的两极分化。中产阶级队伍的壮大为社会流动创造了机会。分层体系也变得越来越复杂了（Giddens，1973）。

韦伯认为马克思的分层观过于简单和纯经济学，他（Weber，1922/1968）定义了社会分层的三个维度：财富（经济地位）、权力（政治地位）和声望（社会地位）。虽然如韦伯所表明的，财富、权力和声望是社会等级的三个单独组成部分，但是它们也确实是相互关联的。韦伯也相信社会身份是基于民族、宗教、种族、国籍和其他优先于阶级的因素的（社会身份基于经济地位）。除了阶级差异，现代世界体系被地位集团如族群、宗教团体和国家所切割（Shannon，1996）。阶级矛盾倾向于出现在国家内部，国家主义似乎阻碍了全球阶级特别是无产阶级的团结。

虽然资产阶级在大多数国家的政治中占据统治地位，但是增长的财富使核心国家付给本国公民更高的薪酬变得容易（Hopkins and Wallerstein，1982）。如果没有世界体系，核心国家工人生活水平的提高是不可能出现的。从半边缘和边缘来的充足且廉价的劳动力使核心国的资本家在保持利润的同时满足核心国工人的需求。在边缘国家，薪酬和生活水平要低得多。现在的世界分层体系表现了核心国资本家和工人与边缘国工人之间的本质区别。

亚洲工厂的女工

　　耐克（Nike），世界头号运动鞋生产商，在制鞋方面严重依赖亚洲劳动力。耐克将制鞋业转包给越南、印度尼西亚、中国、泰国和巴基斯坦的工厂。大多数职工是 15 岁至 28 岁的妇女。耐克的亚洲转包商以及耐克公司本身的做法，已经受到国际媒体、劳工和人权组织的质疑。公众的注意力集中在鞋子由非常廉价的亚洲劳动力生产然后在北美以高达 100 美元一双的价格出售这一事实上。一些越南裔美国人组织成立了一个新的 NGO（非政府组织）——越南劳工观察（Vietnam Labor Watch）。在耐克公司的配合下，该组织调查了耐克公司在越南经营的情况——最终给出了耐克及其转包商同意执行的建议。

　　越南劳工观察组织证实工资水平、工作条件存在问题。在亚洲范围内，耐克员工的平均工资是 1.84 美元一天。在越南胡志明市，简单的一日三餐要花费 2.10 美元，耐克员工每天却只能拿到 1.60 美元。健康问题作为工厂安全问题之一也是一个关注点。工人们不得不忍受高温和充斥着颜料、胶水化学气味的糟糕的空气。

　　耐克年轻的女员工需要穿制服。在严格控制之外，还有军事训练营的氛围。工人们被欺负、侮辱，而且要服从严苛的律令。每 8 个小时，工人们只被允许有一次上厕所的时间和两次喝水的机会。工人们抱怨存在肢体虐待、男性管理者的性骚扰，以及外国管理者的侮辱。前文提到的马来西亚工厂的女工用神灵附体来发泄对工作状况的失望。耐克的越南员工采取了一些更有效果的行动。她们采取了工会策略，包括罢工、停工和拖拉。她们还获得了非政府组织国际劳工组织和对此很关注的越南裔美国人的支持。通过这些努力和行动她们得以改善工作状况和提高薪水。

开放和封闭的阶级体系

　　已成为国家社会结构一部分的不平等趋向于持续多代。其程度是对分层体系开放及其所允许的社会流动的容易度的衡量。在世界资本主义经济中，分层有多种形式，包括种姓制、奴隶制和阶级系统。

种姓制（caste systems）是封闭的、分层的等级系统，通常是由宗教决定的。等级的社会地位是从出生就决定的，所以人们被锁定在父母的社会地位中。种姓界线被严格地界定，法律和宗教制裁被用于反对那些企图越界的人。世界上最有名的种姓制度在传统印度，与印度教相关。正如加尔干（Gargan，1992）所描绘的，虽然种姓制度在1949年已被正式废除了，但基于种姓的分层在现代印度社会依然很重要。估计约有500万成人和1 000万儿童是抵债劳工。这些人完全生活在奴役状态下，工作是为了偿还实际或者想象的债务。他们中的多数是不可接触者，是处在种姓等级底端的贫困且无权的人。有些家庭已经被束缚了数代；人们一出生就成为奴隶，因为他们的父母或者祖父母曾经被卖为奴隶。抵债工人在采石场、砖窑和稻田艰苦劳作却没有报酬。

类似种姓制度的种族隔离直到近期依然存在于南非。在那个依法存在的等级制中，黑人、白人和亚洲人各有独立（且独一无二）的街区、学校、法律和惩罚。

奴隶制（slavery）是最无人道、最可鄙的分层形式，人们在其中被待如财产。在大西洋奴隶贸易中，数以百万计的人被当作商品。加勒比、南美和巴西的种植园就是建立在强迫奴隶劳动的基础上的。奴隶们没有任何生产资料。在这一点上，他们与无产阶级相似。但无产阶级至少在法律上是自由的。和奴隶不同，他们对在哪里工作、做多少工作、为谁工作以及如何支配自己的工资方面有一些控制权。相反，奴隶则被迫在主人的随心所欲下生活和工作。奴隶被界定为次等人，缺乏法律上的权利。他们可以被买卖和转售；他们的家庭被拆散。奴隶没有可以出卖的东西，即使是他们自己的劳动力（Mintz，1985）。奴隶制是最极端胁迫和虐待的合法的不平等形式。

垂直流动（vertical mobility）是一个人社会地位的向上或者向下变化。一个真正开放的**阶级系统**（open class system）会便于流动。个人成就和个人优点决定社会等级。等级的社会地位在人们努力的基础上实现。赋予地位（家庭背景、民族、性别、宗教）变得次要。开放的阶级体系模糊了阶级界线和各式各样的身份地位。

与非工业国家和现代的边缘、半边缘国家相比，核心工业国家倾向于拥有更开放的阶级系统。在工业主义之下，财富在某种程度上是建立在**收入**（income）——工资和薪水所得——基础上的。经济学家将这种劳动回报与财产或者资本回报所得的利息、红利、租金和利润相对照。

 # 当今的世界体系

在本章的"趣味阅读"中，我们将看到世界经济也可以在核心国家内部制造出边缘区域，比如美国南部的乡村地区。世界体系理论强调一种全球文化的存在。它强调地方民族和国际力量之间的历史交流、联系和权力差异。在过去 500 年间，影响文化互动的主要力量是商业扩张、工业资本主义

 ## 理解我们自己

　　多数美国人认为他们属于并且宣称认同中产阶级，他们倾向于认为那是一个庞大的没有差异的群体。然而，美国的阶级系统并不像多数美国人预设的那样开放和没有差异。最富裕的美国人和最贫困的美国人之间在收入和财产上有本质的区别，而且这种差距正在拉大。根据美国统计局的数据，1967 年至 2000 年，最顶端的（最富裕）五分之一家庭在国民收入中占有的份额上升了 13.5%，其他所有的均在下降。最底端的五分之一的跌幅最明显——17.6%。2003 年，收入最高的五分之一美国家庭占据了整个国民收入的 48%，而收入最低的五分之一仅占 4%。最富裕的五分之一美国家庭的年均收入是 141 621 美元，比最贫穷的五分之一高 14 倍，他们的年均收入只有 10 188 美元（美国统计局，2004），而这种趋势今天仍在延续。当我们考虑财产而不是收入的时候，对比更为惊人：1% 的美国家庭持有国家财富的三分之一（Calhoun, Light, and Keller, 1997）。理解自身意味着认识到我们关于阶级的意识形态与社会经济现实不相符合。

和殖民、核心国家的权力差异（Wallerstein，1982，2004b；Wolf，1982）。像国家形成一样，工业化加速了地方参与到更大的网络中。根据柏德利的观点（Bodley，2001），永无止境的扩张（无论是人口还是消费）是工业经济体系的突出特征。队群与部落是小型、自给自足和以维持生活为基础的系统。相反，工业经济是大型、高度专业化的系统，该系统中地方不消费自己生产的产品、市场交换以利润为动力而出现（Bodley，2001）。

1870 年以后，欧洲企业纷纷开始在亚洲、非洲和其他不太发达地区寻找市场。这一进程产生了非洲、亚洲和大洋洲的欧洲帝国主义。**帝国主义**（imperialism）指的是将一个国家或者帝国（如大英帝国）的规则扩展至外国并占领和持有外国殖民地的策略。殖民主义指的是在一段持续的时间内，外国政权在政治、社会、经济和文化上对某一领土的控制。欧洲帝国主义的扩张得益于交通的改善，它使得大量新的区域变得容易到达。欧洲人也对北美洲、南美洲和澳大利亚腹地先前没有人或者很少人定居的广大区域进行殖民。新的殖民者从工业中心购买大量货物，同时运回小麦、棉花、羊毛、羊肉、牛肉和皮革。于是开始了殖民主义的第二阶段（第一阶段是哥伦布发现新大陆之后），欧洲国家在 1875 年至 1914 年间争夺殖民地，这一进程是第一次世界大战的因素之一。

在持续至今的过程中（表 18.1），工业化已传播至许多其他国家。至 1900年，美国成为世界体系内的核心国家。它已在铁、煤和棉花生产方面超过了英国。几十年后（1868—1900 年），日本从一个中世纪的手工业国家变成了工业国，至 1900 年加入了半边缘国家又在 1945 年至 1970 年成为了核心国。

表 18.1　世界体系中国家和地区的上升与衰落

边缘到半边缘	半边缘到核心	半边缘到核心
美国（1800—1860 年）	美国（1860—1900 年）	西班牙（1620—1700 年）
日本（1868—1900 年）	日本（1945—1970 年）	
韩国（1953—1980 年）	德国（1870—1900 年）	

来源：Thomas Richard Shannon, An Introduction to the World-System Perspective, 2nd ed.（Boulder, CO: Westview Press,1996），p.147.

趣味阅读 美国边缘

　　世界经济的影响也可以在核心国家内部制造边缘区域，如美国的南部乡村地区。在对田纳西州两端的两个县的比较研究中，科林斯（Thomas Collins，1989）回顾了工业化对贫困和失业的影响。希尔县（Hill County）位于田纳西州东部的坎伯兰高原（Cumberland Plateau），居民为阿巴拉契亚白色人种。德尔塔县（Delta County）位于田纳西州西部密西西比河低地地区，距孟菲斯（Memphis）60 英里（约 97 公里），以非裔美国人为主。两个县的经济都是农业和木材为主导，但是这些部门的工作机会随着机械化的出现急剧减少。两县的失业率均比整个田纳西州的失业率高 2 倍。各县都有三分之一的人口生活在贫困线以下。这样的小块贫困区代表着现代美国边缘世界的一部分。由于工作机会有限，受教育程度最高的当地青年迁移到北部城市已经三代了。为了增加就业，当地官员和企业管理部门尝试从外界吸引企业。他们的努力是更广泛的南部乡村策略的典范，该策略始于 20 世纪 50 年代，通过"良好的商业气候"——这意味着低租金、廉价的设施和没有工会的劳务市场——的招牌招商引资。但是，很少有公司被贫困和教育程度低的劳动力吸引。所有来到这类区域的企业面临的是有限的市场支配力和微薄的利润。这些公司依靠支付低工资和让渡极小的利益存活，还伴随着频繁的解雇。这些企业倾向于注重传统的女性技艺如缝纫，吸引的也主要是妇女。

　　高度流动的制衣业是希尔县主要的用人单位。制衣厂可以迅速迁移到其他地方，这往往会减少对雇员的需求。管理者可以随心所欲地独断专行。失业率和低教育水平保证了妇女会接受只略微高于最低工资的缝纫工作。在两个县，新产业都没有为失业率比女性更高的男性带来更多的就业（像是黑人之于白人）。科林斯发现希尔县的很多男人从未被永久雇用过；他们只是做临时工，总是为了现金。

　　工业化在德尔塔县的影响是相似的。该县的招商引资也只吸引到一些边缘产业。最大的是一家自行车座和玩具制造商，它雇用的妇女占 60%。其他两家大型工厂，制造服装和汽车椅套，雇用了 95% 的妇女。鸡蛋生产在德尔塔县一度非常突出，但是当鸡蛋市场随着人们对胆固醇后果的关注而萎缩，该产业也倒闭了。

　　被工业化忽略的两个县的男性保留着一种非正式经济。他们通过个人网络贩卖和交易旧货。他们做临时的工作，比如以日或者季节为单位操作农场设备。科林斯发现拥有一辆汽车是男性为他们的家庭所作的最重要和最突出的贡献。两个县都没有公共交通；希尔县甚至没有校车。每家需要汽车送妇女上班和送孩子上学。男人如果能驾驶里程最长的老旧汽车就能受到特殊的尊敬。

　　男人们表现的工作机会的减少——这在美国文化中被赋予重要意义——让他们产生了自我价值降低的情绪，并通过肢体暴力来表达。希尔县的家庭暴力比率超出了州平均水平。家庭暴力源于男人控制妻子薪水的要求。（男人将赚到的现金视为自己的，花费在男性活动上。）

　　两个县的重要区别在于工会。在德尔塔县，组织者开展了成功的工会组织运动。在田纳西州，对工人权利的态度与种族相关。南部乡村的白人若有机会通常不会投票赞成工会，而非洲裔美国人更倾向于挑战管理的薪酬和工作规则。当地黑人视自己的工作条件为黑人与白人的比较而不是从工人阶级团结的立场出发。他们被工会吸引是因为他们在管理位置上只看到白人，对白人工厂工人有差别的晋升感到怨恨。一个管理者向科林斯表示，"一旦一个工厂里的劳动力中黑人占到三分之一，那么不出一年就会产生工会代表"（Collins，1989，p.10）。为了应对这种可能性，日本资本家不在密西西比河低地非洲裔美国人较多的县设厂。田纳西州的日本工厂集中在东部和中部。南部乡村（和其他地区）的贫困地带代表了现代美国内部的世界边缘。通过机械化、工业化及其他由更大体系推动的变迁，当地人被剥夺了土地和工作。在多年的工业发展之后，希尔县和德尔塔县依然有三分之一的人口生活在贫困线以下。当机遇减少的时候，受过教育的、有天赋的当地人的移民依然在延续。科林斯总结说，乡村贫困不能通过吸引边缘产业来缓解，因为这些公司缺乏市场支配力来提高工资和收益。这些县和广大南部乡村需要不同的发展策略。

20 世纪的工业化增加了数百个新产业和数百万新的工作岗位。产量增加，经常超出直接需求。这刺激了广告之类的策略以销售工业批量生产的所有东西。大规模生产导致了过度消费文化，推崇获取和突出的消费（Veblen，1934）。工业化伴随着从依赖可再生资源到依赖矿物燃料如石油的转变。从矿物燃料中获取的能量储藏了几百万年，现在正在衰竭，以支持之前未知和可能不可持续的消费水平（Bodley，2001）。

表 18.2 对比了多种类型文化中的能源消耗。美国是世界上不可再生资源的首要消耗者。就能源消耗而言，美国人人均消耗比觅食者或者部落民高 35 倍。自 1900 年以来，美国人均能源使用已经翻了 3 倍。能源消耗总量增加了 30 倍。

表 18.2　多种背景下的能量消费

社会类型	每人每天千卡路里
队群和部落	4 000~1.2万
前工业社会	2.6万（最大值）
早期工业社会	7万
1970年的美国	23万
1990年的美国	27.5万

来源：John H.Bodley,Anthropology and Contemporary Human Problems（Mountain View, CA:Mayfield, 1985）.

表 18.3 对比了美国和选取的其他国家的人均和能源消耗总量。美国占了每年世界能源消耗的 23.7%，中国占了 10.5%，但是美国的人均消耗量是中国的 10 倍和印度的 26 倍。

表 18.3　选定国家的能量消费，2002 年

	总量	人均
世界	411.2*	66**
美国	97.6	342
中国	43.2	33

续表

	总量	人均
俄罗斯	27.5	191
德国	14.3	173
印度	14.0	13
加拿大	13.1	418
法国	11.0	184
英国	9.6	162

* 411.2（百万的四次方）（411 200 000 000 000 000）Btu[①]。

**66（百万）Btu。

来源：Based on data in Statistical Abstract of the United States，2004-2005（Table 1367），and Statistical Abstract of the United States，2003（Table 1365）.

 ## 工业退化

工业化和工厂劳动是现在很多拉丁美洲、非洲、太平洋地区和亚洲社会的特征。工业化扩散的影响之一是本土经济、生态和人口的破坏。

两个世纪之前，工业化正在发展，尚有 5 000 万人生活在边缘之外独立的队群、部落和酋邦中。这些非国家社会，占有广袤的土地，虽然不是完全孤立，但也只是在边缘受到民族国家和资本主义经济的影响。1 800 个队群、部落和酋邦控制了半个地球和全世界 20% 的人口（Bodley, ed., 1988）。工业化颠覆了平衡使之有利于国家。

随着工业国征服、吞并和"发展"非国家社会，*种族屠杀*（Genocide）大规模出现了。种族屠杀指的是通过战争和谋杀消灭某个群体的有意的策略。柏德利（Bodley，1988）估计在 1800 至 1950 年间，每一年平均有 25 万个土著人被杀害。除了战争，原因还包括外界的疾病（土著居民对此缺乏抵抗力）、奴隶制、争夺土地以及其他形式的剥削和贫困。

很多本土人群已经并入民族国家，成为其中的少数族裔。很多类似的群

---

① Btu为英国热量单位。——译者注

体人口得以恢复。很多土著民族尽管程度不等（部分灭绝）地丢失了祖先文化，但依然存活下来并保持他们的族群认同。很多部落民的后裔伴随着独特的文化和被殖民的自我意识继续生活，他们之中的很多人渴望自治。作为自己领地的原住民，他们被称为**土著人**（indigenous peoples）（参见 Maybury Lewis，2002）。在世界范围内，很多现代国家正在重蹈——以更快的速率——工业革命期间始于欧洲和美国的资源消耗的覆辙。幸运的是，当今世界有一些在工业革命的头几个世纪不存在的环境监督部门。有了国家和国际合作与制裁，现代世界也许能够从以往的教训中获益。

殖民主义与发展

- 殖民主义
- 发展
- 革新的策略

殖民主义

在上一章，我们看到 1870 年以后，欧洲企业纷纷开始在亚洲和非洲寻找市场。这一进程导致了非洲、亚洲和大洋洲的欧洲帝国主义。帝国主义指的是将一个国家或者帝国如（大英帝国）的规则扩展至外国并占领和持有外国殖民地的策略。**殖民主义**（colonialism）指的是在一段持续的时间内，外国政权在政治、社会、经济和文化上对某一领土的控制。殖民主义的影响不会仅仅因为独立被承认而消除。

帝国主义

帝国主义可追溯到早期国家，包括旧大陆的埃及和新大陆的印加帝国。亚历山大大帝缔造了希腊帝国，恺撒及其继任者则打造了罗马帝国。这一术语也被用于更多晚近的例子，包括英国、法国和俄国（Scheinman，1980）。

如果说帝国主义几乎和国家本身一样古老，那么殖民主义可以追溯至古代腓尼基人（Phoenicians），约 3 000 年前他们在沿地中海东部建立了殖民地。古希腊人和古罗马人是帝国缔造者，也是狂热的殖民者。现代殖民主义始于欧洲"地理大发现时代"（Age of Discovery）——发现美洲和到远东的航线。1492 年以后，欧洲国家开始建立海外殖民地。在南美洲，葡萄牙攫取了对巴西的统治权。阿兹特克和印加最早的征服者西班牙则在新大陆扩张。他们对加勒比、墨西哥和后来成为美国一部分的南部地区虎视眈眈，同时也在中美洲和南美洲殖民。在现在的拉丁美洲，特别是有本土酋邦（比如哥伦比亚和委内瑞拉）和国家（比如墨西哥、危地马拉、秘鲁和玻利维亚）的地区，当时人口多且稠密。今天拉丁美洲的人口还能折射出殖民主义第一阶段时期的民族和文化交汇。墨西哥以北，土著人口比较少且分散。这种交汇的印记在美国和加拿大不如拉丁美洲明显。

旨在结束第一阶段的欧洲殖民、争取美洲国家独立的反抗和战争至 19 世纪初期告一段落。1822 年，巴西宣布从葡萄牙统治下独立。至 1825 年，多数西班牙的殖民地获得了政治上的独立。除了对古巴和菲律宾的控制坚持到 1898 年之外，西班牙从其他殖民地撤出。

 ## 英国殖民主义

在 1914 年前后的巅峰时期，大英帝国覆盖了全世界五分之一的土地，统治了全世界四分之一的人口。和其他几个欧洲国家一样，英国殖民主义分为两个阶段。第一阶段开始于 16 世纪伊丽莎白航海时期。17 世纪，英国获得了北美东海岸的大部、加拿大圣劳伦斯盆地、加勒比岛屿、非洲的奴隶制国家以及对印度的特权。

英国与西班牙、葡萄牙、法国和荷兰瓜分了新大陆。英国大体上将墨西哥与中美洲和南美洲一起留给了西班牙和葡萄牙。1763 年，七年战争结束，法国从之前与英国争夺的加拿大和印度的大部分地区撤退（Cody，1998；Farr，1980）。

美国独立战争终结了英国殖民主义的第一阶段。第二阶段的"日不落"帝国在第一阶段的灰烬中重生。从 1788 年开始，1815 年开始加速，英国在澳大利亚殖民。至 1815 年，英国已经得到了荷属南非。1819 年新加坡的建立为延伸至南亚大部和中国海岸的英国贸易网络提供了基地。此时，英国的老对手，尤其是西班牙已经在范围上急剧缩小了。英国作为殖民霸权和世界头号工业国的地位已经不可撼动了（Cody，1998；Farr，1980）。

在维多利亚时代（1837—1901 年），随着持续获得领地和贸易优惠，首相本杰明·迪斯雷利（Benjamin Disraeli）实施了一项外交政策，并以帝国主义是肩负起"白人的负担"（White man's burden）——诗人鲁德亚德·吉卜林（Rudyard Kipling）发明的一个短语——的观点为由将其合理化。亡国的人们被视为没有能力自我管理，所以需要英国的引导以实现文明化和基督教化。家长式作风和种族主义教条为英国攫取和控制非洲中部和亚洲的合法化服务（Cody，1998）。

第二次世界大战之后，伴随着民族独立运动，大英帝国开始瓦解。1947

年，印度独立；1949 年，爱尔兰独立。20 世纪 50 年代末，非洲和亚洲的非殖民地化开始加速。现在，英国和其原先的殖民地之间的关联主要是语言和文化上的，而非政治上的（Cody，1998）。

 ## 法国殖民主义

法国殖民主义也有两个阶段：第一阶段始于 17 世纪早期；第二阶段则迟至 19 世纪才到来。这是更广泛的追随工业化的扩散和寻找新市场、原料以及廉价劳动力的欧洲帝国主义在法国的表现。但是，与受利益驱动而扩张的英国相比，法国殖民主义更多的是由国家、教会和武装力量而非商业利益推动的。在 1789 年法国大革命之前，传教士、探险家和商人推动了法国的扩张。他们为法国在加拿大、路易斯安那和几个加勒比海岛切分空白区域，这些地区和印度的一部分于 1763 年被英国夺走。至 1815 年，只有西印度产糖的海岛和散落在非洲和亚洲的几个点还处在法国的控制之下（Harvey，1980）。

第二阶段的法兰西帝国建立于 1830 年至 1870 年间。法国攫取了阿尔及利亚和后来成为印度尼西亚的一部分。和英国一样，法国顺应了 1870 年之后的新帝国主义浪潮。至 1914 年，法兰西帝国覆盖了 400 万平方英里（约为 1 036 万平方公里）的土地和大约 6 000 万人口。至 1893 年，法国在印度尼西亚的统治已经完全建立起来，突尼斯和摩洛哥沦为法国的保护国（Harvey，1980）。

无可否认，和英国一样，法国在其殖民地获得了实质性的商业利益。但是和英国一样，他们也寻求国际荣耀和威望。与英国的"白人的负担"相对，法国的干预哲学是文明的布道（mission civilisatrice）。目标是将法国文化、语言和宗教以罗马天主教的形式移植到所有殖民地（Harvey，1980）。

法国人运用了两种形式的殖民统治：在国家组织历史悠久的地区如摩洛哥和突尼斯采用间接统治，通过本地首领和已经建立的政治结构来统治。由法国官员对非洲的很多地区实行直接统治。法国将新的政府结构强加给这些曾经是无国家的地区以控制多样的部落和文化。和大英帝国一样，法兰西帝国在第二次世界大战之后开始解体。法国挣扎更久——最终徒劳——以保证帝国在印度尼西亚和阿尔及利亚的权利完好无损（Harvey，1980）。

 ## 殖民主义与认同

今天新闻中的很多地缘政治标签已经没有与之前的殖民主义对等的意义了。整个国家和社会团体及其内部分化是殖民主义的产物。比如在西非，根据地理逻辑，几个毗邻的国家可以合而为一（多哥、加纳、科特迪瓦、几内亚、几内亚比绍、塞拉利昂、利比里亚）。相反，它们由于殖民主义引起的语言、政治和经济差异分离开来。数以百计的族群和"部落"是殖民建构（参见 Ranger，1996）。以坦桑尼亚的苏库玛（Sukuma）为例，它最初被殖民政府登记为单一部落。随后传教士们在翻译《圣经》和其他宗教典籍时将一系列方言加以规范，整合为统一的苏库玛语。此后，这些经典在教会学校被用于向欧洲的外国人和其他不说苏库玛语的人传授。久而久之，苏库玛语和族性被标准化了（Finnstrom，1997）。

在东非大部、卢旺达和布隆迪，农民和牧民生活在同一片区域、说同一种语言。历史上，他们共享一个社会世界，虽然他们的社会组织是"极端等级化的"，几乎"类似种姓制"（Malkki，1995，p.24）。有一种倾向认为，游牧的图西族比农耕的胡图族优越。图西族人被视为贵族，而胡图族人则是平民。但是在卢旺达分发身份证的时候，比利时殖民者简单地将有 10 头以上的牛的所有人认定为图西族人。拥有牛的数目较少的人被登记为胡图族人（Bjuremalm，1997）。多年后，在 1994 年的卢旺达种族大屠杀中，这些随意的殖民登记被系统地作为"族群"身份证据。

 ## 后殖民研究

在人类学、历史学和文学中，后殖民研究自 20 世纪 70 年代以来逐渐变得重要（参见 Ashcroft，Griffiths and Tiffin，1989；Cooper and Stoler，eds.，1997）。**后殖民**（postcolonial）指的是对欧洲国家及其殖民社会之间互动的研究（主要是 1800 年之后）。1914 年，第二次世界大战后开始分解的欧洲帝国统治了世界的 85% 之多（petraglia-Bahri，1996）。后殖民这一术语也被用于描述整个 20 世纪下半叶继殖民主义之后的时期。更广义地，"后殖民"还可以用于象征反对帝国主义和欧洲中心主义的一种立场（Petraglia-Bahri，1996）。

以前的殖民地（后殖民地）可以划分为驻领（settler）殖民地、非驻领（nonsettler）殖民地和半驻领（mixed）殖民地（Petraglia-Bahri，1996）。驻领国有数量众多的欧洲殖民者和稀疏的本土人口，包括澳大利亚和加拿大。非驻领国有印度、巴基斯坦、孟加拉国、斯里兰卡、马来西亚、印度尼西亚、尼日利亚、塞内加尔、马达加斯加和牙买加。这些国家都有相当数量的本土人口和相对较少的欧洲移民。半驻领国包括南非、津巴布韦、肯尼亚和阿尔及利亚。这些国家除了有数量颇多的本土人口外还有数量可观的欧洲移民。

考虑到这些国家多样的经历，"后殖民"必然是一个松散的概念。以美国为例，曾经被欧洲人殖民后通过独立战争从英国脱离出来。美国是后殖民地吗？考虑到其现在的世界霸权地位、对印第安人的待遇（有时也称内部殖民化）以及对世界其他地区的吞并（Petraglia-Bahri，1996），它通常不被这样认为。后殖民方面的研究正在增加，这使得对各种语境下权力关系的大范围考察成为可能。粗略说来，该领域中的话题包括帝国的形成、殖民化的影响以及后殖民地的现状（Petraglia-Bahri，1996）。

以下是后殖民研究中经常被提出的问题：殖民化如何影响被殖民的人们——及其殖民者？殖民国如何能征服大部分的世界？殖民地的人们是如何抵抗殖民统治的？殖民化是如何影响文化和认同的？性别、种族和阶级在殖民和后殖民背景中是如何发挥作用的？就文学而言，后殖民的作者应该为了争取更多的读者而使用殖民语言如英语和法语吗？抑或他们应该面向后殖民地的其他人而用本土语言？最后，帝国主义的新形式如发展和全球化已经取代旧形式了吗（Petraglia-Bahri，1996）？

发展

在工业革命时期，有一股很强的思潮将工业化视为有机发展和进步的有益进程。很多经济学家依然设想工业化提高生产和收入。他们试图在第三世界（"发展中"）国家创建一个进程——经济发展——就像 18 世纪首次自然出现于英国的那样。经济发展一般旨在帮助人们从生计经济转向现金经济，因而增加地方在世界资本主义经济中的参与度。

我们刚才看到英国用"白人的负担"来合理化其帝国主义扩张。与之相似，法国宣称参与到其殖民地的**文明的布道**——一个文明化的使命中。这两种观念都阐明了一种干预哲学，对外来者将本地人引向特定的方向进行意识形态合理化。经济发展规划同样是一种干预哲学。柏德利（John Bodley，1988）认为，干预背后的基本信条——无论是殖民主义者、传教士、政府还是发展规划者——在过去 100 年中一直都是一样的。这个信条就是工业化、现代化、西化和个人主义是理想的发展方向，而发展计划将为当地人带来长远的益处。以一种更极端的形式，干预哲学提出启蒙的殖民或者其他第一世界的规划者的智慧，相对的则是所谓"劣等的"当地人的保守主义、无知或者"过时"。

 ## 新自由主义

新近的和主导的干预哲学是新自由主义（neoliberalism）。这一术语包含了一整套预设和经济政策，它们在过去的 25 年至 30 年间被广泛传播且正被资本主义国家和发展中国家包括后殖民社会贯彻执行。新自由主义是旧的经济自由主义（economic liberalism）的新形式。旧经济自由主义在亚当·斯密（Adam Smith）著名的资本主义宣言《国富论》（*The Wealth of Nations*）中被提出，该书出版于 1776 年，工业革命发生不久之后。斯密主张自由放任（laissez-faire）经济是资本主义的基础：政府不应插手国家的经济事务。斯密认为，自由贸易是一国经济发展的最好途径。制造业不应有限制，商业不应有障碍，也不应有关税。这些观点从主张没有控制的意义上而言是"自由的"。经济自由主义鼓励以生成利润为目的的"自由"企业和自由竞争。注意此处"自由的"含义与美国电台谈话中被普及的那个"自由的"（liberal）之间的差异，彼处"自由的"（liberal）被用作——经常是作为贬义词——"保守的"（conservative）反义词。讽刺的是，亚当·斯密的自由主义成为了今天的资本主义"保守主义"。20 世纪 30 年代，富兰克林·罗斯福总统新政期间，经济自由主义在美国盛行。大萧条为凯恩斯主义经济学（Keynesian economics）制造了契机，它开始挑战自由主义。约翰·梅纳德·凯恩斯（John Maynard Keynes，1927，1936）坚持充分就业（full employment）是资本主义发展所必需的，政府和中央银行应该介入以增加就业，政府应该推动公益。

尤其是在苏联解体和东欧剧变之后（1989—1991 年），经济自由主义复兴，它现在被称为新自由主义，已经在全球传播。全世界范围内，新自由主义由强大的金融机构如国际货币基金组织（IMF）、世界银行和美洲发展银行推行（参见 Edelman and Haugerud，2004）。在很多发展中国家，国有企业的腐败已经成为严重的问题，自由市场被视为一种出路。

新自由主义与亚当·斯密认为政府不应调控私人企业和市场力量的原初观点略有出入。新自由主义伴有开放的（无关税无障碍）国际贸易和投资。利润通过提高生产力、解雇员工或者寻找愿意接受低薪的员工以降低成本来实现。为了获得贷款，发展中国家的政府被要求接受新自由主义的前提即放松调控促进经济增长，而经济增长最终将通过一个有时被称为"滴漏效应"（trickle down）的过程使所有人获益。伴随对自由市场和降低成本的信仰的是减少政府开支的财政紧缩措施的倾向。这意味着减少在教育、医疗保健和其他社会服务上的公共花销（Martinez and Garcia，2000）。在全世界，新自由政策引发了去调控和私有化——将国有企业如银行、基础工业、铁路、收费公路、公共事业设备、学校、医院甚至淡水出售给私人投资者。从特征来看，资本主义关注个人主义，新自由主义更多地强调"个人责任"而不是"公益"。新自由政策的影响在各个国家是不同的。在有些国家，社会计划的启动是可有可无的，医疗保健也主要限于精英。

 # 革新的策略

关注经济发展中的社会问题和经济发展的文化维度的发展人类学家，必须与当地人紧密合作以评估和帮助实现当地人自己对变革的愿望和需求。很多地方迫切需要针对那些不适合 A 地区但 B 地区需要，抑或哪里都不需要的浪费资金的发展项目的解决之道。发展人类学家可以帮助整理出 A 地和 B 地的需求并相应找出适宜的规划。把当地人放在首位，与他们协商，回应他们表达的真实需求的规划必须得到支持（Crenea，1991）。据此，发展人类学家可以致力于确保项目通过社会适宜的方式实施。

在对世界各地 68 个乡村发展项目的比较研究中，我发现文化适宜的经济发展项目在经济上的成功双倍于不适宜的项目（Kottak，1990b, 1991）。这个发现表明发挥应用人类学专家的作用以确保文化适宜性，是物有所值的。为了最大化社会和经济效益，项目必须：（1）文化适宜；（2）回应地方感知的需求；（3）在规划和实施影响他们的变革中将男性和女性都纳入进来；（4）利用传统组织；（5）要灵活。

 ## 过度革新

在我的比较研究中，适宜的和成功的项目避免了过度革新（过多变革）的谬误。我们应该预见到人们会抵制要对他们的日常生活，特别是涉及生存诉求方面进行重大变革的发展项目。人们通常只想要足够维持他们所有的变革。变更行为的动力源自传统文化和对一般生活的细微关注。农民的价值观不是抽象的，如"学习一种更好的方式""进步""增加专门技术""提高效率""采用现代技术"（这些词语是干预哲学的例证）。相反，他们的目标是实际的和具体的。人们想提高稻田的产量、为典礼集聚资源、让孩子完成学业或者有足够的现金按时缴纳税款。为生计而生产和为货币而生产的人的目标和价值观是不同的，就像他们和发展规划者的干预哲学不同一样。在规划过程中必须考虑不同的价值体系。

在比较研究中，失败的项目通常都是经济和文化上都不适宜的。例如，南亚一个促进洋葱和辣椒种植的项目希望能够使这一实践适合既存的劳动力密集型的水稻种植体系。种植经济作物并不是该地区的传统。这与既有的粮食优先原则和农民的其他利益相冲突。而且，辣椒和洋葱种植的劳动力需求高峰与水稻种植同时发生，农民自然地给予后者优先权。

理解我们自己

　　我们认为变革是好的。领导们被期待提供变革的"愿景"。没有哪位政治家是通过承诺"我将使事情保持原样"而当选的。通常的预设是变革更好——但是什么样的变革更好呢？从此处关于过度革新的谬误的讨论中，我们可以学到教训并将之应用于我们自己的生活中。

　　和多数人一样，当下的北美人一般寻求维持或者改善其生活方式的变革——而不是彻底地调整。试想一个对组织文化不熟悉的外来者被选中领导该组织。他或她应该仿效人类学家在尝试变革地方文化之前先研究它。领导应该努力确定什么是有效的，什么是没有效的，以及什么是当地人（例如组织中的男性和女性）想要的和真正需要的。在评估了地方认知和需求之后，若变革看起来是有序的，领导者必须决定如何以破坏最少的方式规划和实施变革。此外，他或她应该仿效应用人类学家在整个变革过程中与当地人协商并获得帮助和支持的策略。要成为有效的"变革代理人"要求倾听和努力调整革新以使之适合当地文化。

　　这种研究和合作的过程展示的是参与性变革——"自下而上"的变革。与此相反，自上而下的变革经常是有问题的。一个自上而下的领导者一般依赖于组织蓝图——可能是他或她从别的组织引进的。未调整的蓝图通常是不会奏效的。就如我们大脑中的语言蓝图要加以调整以适合某种特定的语言，一个组织的蓝图必须足够灵活以至于可以调整到具体的组织。如若不然，这个蓝图就应该被舍弃。蓝图规划和过度革新的谬误不只是来源于失败的发展项目的模糊教训。它们是任何希望经营或改变一个组织的领导者首先要考虑的。

　　在世界范围内，项目的问题源自对地方文化关注不够以及继之而来的不适宜。另一个天真和不适宜的项目是埃塞俄比亚的过度革新方案。其最主要的过错在于试图将游牧民改造为定居的农民。它忽略了传统的土地权。外来者——商业性农民——得到了牧民的大部分领地。牧民被期望定居下来并开始从事农耕。这个项目帮助了富裕的外来者而不是本地人。规划者天真地指望无限制的牧民放弃世代相传的古老的生活方式而花费三倍于前的工作量种植水稻和采摘棉花。

 ## 低度异化

低度异化的谬误是倾向于将"欠发达国家"看得比实际情况更相似。发展机构经常忽视文化多样性（如巴西和布隆迪的差异）而采用统一的路径对待不同群体的人。忽视了文化多样性之后，很多项目还试图灌输不适宜的财产观念和社会单位。最经常地，错误的社会规划预设（1）由个人或夫妇所有并由一个核心家庭实施的个体生产单位或者（2）至少部分基于东方阵营和社会主义国家模式的合作生产单位。

通常，发展旨在通过输出生成个人财富。这一目标与队群和部落共享资源、依赖地方生态系统和可再生资源的趋势相悖（Bodley，1988）。发展规划者通常强调带给个体的益处。同时需要更多对社区影响的关注（Bodley，1988）。

错误的欧美模式（个体与核心家庭）的一个例子是为西非一个以扩大家庭为社会单位基础的地区设计的项目。尽管社会规划错误，但是由于参加者利用他们传统的扩大家庭网络来吸引更多的居民，项目还是成功了。最终，随着扩大家庭成员蜂拥至项目区域，两倍于计划的人受益。此处，居民通过遵循他们传统社会的规则修改了被强加给他们的项目。

第二种在发展策略中常见的值得怀疑的外国社会模式是合作模式。在对乡村发展项目的比较研究中，新的合作模式情况更糟。合作模式只在利用既存的社区机构时才能成功。这是另一条更普遍的法则的推论：参与者团体在建立于传统的社会组织或者成员的社会经济相似性基础之上的时候是最有效的。

两种外国社会模式——无论是核心家庭农场还是合作模式——在发展的记录中都不是毫无瑕疵的。需要转换思路：将第三世界的社会模式更多地用于第三世界的发展。这些传统的社会单位如非洲、大洋洲和很多其他地区的氏族、宗族及其他扩展的亲属群体，有公有的财产和资源。

第三世界模式

很多政府不是真正地或者在现实中致力于改善其公民的生活。大国的干预也阻碍了政府实施必需的改革。在高度分层的社会中，阶级结构是非常严格的。个人要进入中产阶级的流动很困难。要提高下层阶级整体的生活水平同样不易。很多国家在很长一段历史时期中由反对民主的领导人和强势的利益集团控制，他们倾向于反对改革。

但是在有些国家，政府更多扮演的是人民的代理的角色。马达加斯加即为一例。同非洲很多地区一样，在 1895 年法国政府之前，马达加斯加的前殖民国家已经获得了发展。马达加斯加人、马尔加什人（Malagasy）在国家产生之前按照世系群组织。梅里纳人（Merina），马达加斯加主要的前殖民地国家的缔造者，将世系群整合进结构中，使重要世系群的成员向国王提建议以此获得在政府中的权威。梅里纳国为治下的人民做准备。它为公共工程收税和组织劳动。作为回报，它将资源再分配给需要的人。它也为人民提供一些保护使他们免于战争和奴隶劫掠，允许他们安心地耕种稻田。政府维持灌溉稻田的水利，并向有志的农民兄弟开放通过努力工作和学习成为国家官员的机会。

梅里纳国历史上——在现代马达加斯加仍在延续——个人、世系群和国家之间存在着紧密关系。当地建立在世系基础上的马尔加什人社区，比爪哇和拉丁美洲社区更团结、更具同质性。1960 年，马达加斯加从法国获得了政治独立。虽然在 1966 年至 1967 年我第一次去那里做调查的时候，它在经济上还依赖于法国，但新政府正致力于一种旨在提高马尔加什自给能力的经济发展方式。政府政策强调粮食作物水稻而不是经济作物的增产。而且，拥有基于亲属和世系的传统的合作模式和凝聚力，地方社区被视为发展过程之中的模式而不是对发展过程的阻碍。

在一定程度上，世系群预先适应了公平的国家发展计划。在马达加斯加，地方世系群成员将资源用于培养有志向的成员，这已经成为惯例。一旦受到教育，这些男人或女人就在国家中获得了经济上的安全位置。然后，他们与其亲属共享新地位的优势。例如，为乡下上学的表亲提供食宿和帮他们找到工作。马尔加什政府总体看来致力于民主经济发展。也许因为政府官员是农民出身或者对民主经济有强烈的个人情结。相反，在拉丁美洲国家，精英和下层阶级一般有不同的出身且没有通过亲属、世系和婚姻产生的紧密关系。

此外，有世系群组织的社会与很多社会科学家和经济学家所做的预设相悖。随着国家与世界资本主义经济联系的加强，社会组织的地方形式并不必然瓦解为核心家庭组织、缺乏人情味儿或疏离。拥有传统的社群主义和协作团结的世系群，在经济发展中扮演了重要角色。

实事求是的发展促进变革而不是低度异化。若目标在于保留地方体系同时使它更有效，那么很多变革是有可能的。成功的经济发展项目尊重或至少不破坏地方文化模式。有效的发展依照本土的文化实践和社会结构。

第
20
章

文化交流与文化生存

- 涵化
- 接触与支配
- 制造和再造文化
- 迁移中的人
- 土著民族
- 文化多样性的延续

涵化

自 20 世纪 20 年代以来，人类学家已经在考察工业社会与非工业社会的接触所带来的变迁——双方都有。对"社会变迁"和"涵化"的研究颇丰。英美的民族志学者，分别用这些术语描述同一过程。涵化指的是两个人群进入持续的直接接触而产生的变化——其中一个或两个人群出现的文化模式的变迁（Redfield, Linton and Herskovits，1936，p.149）。

涵化和传播或者文化借用不同，传播或文化借用不通过直接接触也可以出现。例如，多数吃热狗（法兰克福香肠）的北美人从未到过德国法兰克福，拥有丰田车或者吃寿司的北美人也从未到过日本。虽然涵化可以应用于很多文化接触和变迁的案例，但是该术语最经常的还是用来描述**西化**（westernization）——西方扩张对土著民族及其文化的影响。因此，穿着从商店买的衣服、学习印欧语系的语言或者采纳西方习俗的当地人称为被涵化了。涵化可能是自愿的也可能是被迫的，可能存在对此进程的相当大的抵制。

 ## 接触与支配

不同程度的对本土文化的破坏、支配、抵制、遗存、适应和变更可能伴随族际交往而出现。在最具破坏性的接触中，本土及其次生文化面临消亡。在本土社会和更强势的外来者接触导致破坏的案例中——一种独具殖民主义和扩张时代特征的境况——通常在最初的接触后随之而来的是"休克阶段"（Bodley，1988）。外来者可能袭击或剥削本土居民。这种剥削可能增加死亡率、破坏生计、分裂亲属群体、损坏社会支持系统以及启发宗教运动。在休克阶段，可能存在军事力量支持的国内镇压。这些因素可能导致该群体的文化崩溃（民族文化灭绝）或者身体毁灭（种族灭绝）。

外来者经常试图按照自己的想象再造本土景观和文化。政治和经济殖民者尝试重新设计被征服的和依附的土地、民族和文化，将自己的文化标准强加给他人。例如，很多农业发展项目的目标，使世界尽可能像艾奥瓦州，包括机械化的农场和核心家庭所有制——不顾这些模式可能不适合于北美核心地带之外的场景。

 ## 发展与环保主义

今天，第三世界经济的改变通常是基于核心国家而不是这些国家政府的跨国合作。但是，各国的确倾向于支持掠夺性企业在核心之外的国家如巴西寻找廉价劳动力和原材料，这些地方的经济发展致使生态环境遭到破坏。

与此同时，来自核心国家的环保主义者则不断抗议这些生态环境破坏的情况，力图推动保护。亚马逊流域的生态环境破坏已经成为国际环保主义者关注的焦点。但是很多巴西人抱怨北方国家的人在为了第一世界经济增长而将自己的森林毁坏殆尽之后又大谈全球需要保护亚马逊雨林。艾哈迈德（Akbar Ahmed，1992，2004）总结说，非西方人倾向于对西方的生态道德表示怀疑，将之视为帝国主义的又一信号（Akbar Ahmed，1992, p.120）。

在上一章，我们看到若发展计划试图用文化陌生的财产观念和生产单位取代本土形式，通常都会失败。吸收本土形式的策略比过度革新和低度异化的谬误更有效。同样的告诫似乎也适用于寻求灌输全球生态道德而无视文化变化和自主权的干预哲学。国家和文化可能抵制以发展或者全球角度上合理的环保主义为目的的干预主义者的哲学。

一种与环境变化相关的文化间的冲突在发展威胁到土著民族及其环境的时候可能出现。世界范围内数以百计的群体，包括巴西的卡亚波（Kayapó）印第安人（Turner，1993）和巴布亚新几内亚的卡鲁利人（Kaluli），为诸如大坝建设或者商业驱使的滥砍滥伐的计划和力量所威胁，这些将毁掉他们的家园。

第二种与环境变化相关的文化间的冲突出现于外部调控威胁到土著民族

时。本土人群实际中可能被寻求保存（save）他们家园的环境规划所威胁。有时，外来者为了保护濒危物种希望当地人放弃很多惯例性的经济和文化活动，而没有清晰的替代、选择或者诱因。传统的保护方式包括限制接近保护区、雇守卫和惩罚违犯者。

当外部调控取代本地系统时，往往会出现问题。和发展项目相似，保护计划可能要求人们改变他们代代相传的处事之道以满足规划者而非本地人的目标。讽刺的是，善意的保护努力可能与那些引起剧烈变化，但在规划和实施策略时未将受影响的当地人包含在内的发展计划同样不够敏感。当人们被要求放弃其生计的基础时，他们通常都会抵制。思考一个生活在马达加斯加东南部安多亚耶拉（Andohahela）森林保护区边缘的一位坦诺斯人（Tanosy）的案例。多年以来，他依赖于保护区内的稻田和牧场。现在外来机构正试图让他为了环境保护而放弃这片土地。这个男人是富有的 ombiasa（传统巫医），有 4 位妻子、12 个孩子和 20 头牛。他是一位有抱负、辛勤劳动和多产的农民，有金钱、社会支持和超自然权威，他对试图使他放弃土地的保护区管理者给予了有效的抵制。这位巫医声称他已经放弃了他的部分土地，正在等待补偿性土地。他最有效的抵制是超自然的。管理者儿子的死被归因于巫医的魔力。从此，管理者在强制执行时放松了警戒。

考虑到滥砍滥伐对全球生物多样性的威胁，策划有效的保护策略是至关重要的。法律和执法或许有助于遏制受商业驱使的以烧林和皆伐为形式的滥砍滥伐的潮流，但是，地方居民也使用和滥用林地。环保方向的应用人类学家面临的挑战之一是使像马达加斯加坦诺斯人一样的本地人对森林保护感兴趣。就像发展计划一样，有效的环境保护策略应该关注生活在受影响区域内人们的习俗、需求和动机。环境保护的成效取决于地方合作。在坦诺斯人的例子中，保护区管理者应该通过边界调整、谈判和赔偿以使那位巫医和其他受影响的人们满意。对有效的保护（就像对发展一样）而言，任务是策划文化适宜的策略。如果想要灌输自己的目标而不考虑受影响的人们的实践、习俗、规则、法律、信仰和价值观，那么无论是发展机构还是 NGO（非政府组织）都不会成功（参见 Johansen，2003；Reed，1997）。

文化帝国主义

文化帝国主义（cultural imperialism）指的是一种文化以牺牲其他文化为代价或强加给其他文化的传播或者扩展，它修改、取代或者破坏其他文化——通常是由于其不同的经济或政治影响。因此，法国的殖民国家的儿童从同样在法国使用的标准教科书上学习法国历史、语言和文化。塔希提人（Tahitians）、马尔加什人（Malagasy）、越南人和塞内加尔人通过背诵关于"我们的祖先高卢人"的教科书来学习法语。

现代技术，尤其是大众传媒在何种程度上是文化帝国主义的帮凶呢？随着同质的产品到达世界范围内更多的人手中，有些评论者视现代技术抹杀了文化差异。但是其他人则看到了现代技术在使社会团体（地方文化）自我表达和存活（Marcus and Fischer，1999）中的角色。例如，现代的广播和电视不断地使地方事件（例如艾奥瓦州的"鸡节"）引起更多公众的注意。北美媒体在刺激多种地方活动时起到了作用。与此相似，在外来力量，包括大众传媒和旅游业的背景下，巴西的地方实践、庆祝会和表演正在发生改变。

在巴西阿伦贝培（Kottak，1999a），电视普及已经刺激了年度传统表演柴甘卡（Cheganca）的参与。这是一种渔民的舞蹈表演，重现葡萄牙人当年发现巴西的场景。阿伦贝培人到该国首都参加一个以来自很多乡村社区的传统表演为特征的电视节目，在摄像机前面表演柴甘卡。

一个全国性的巴西周末之夜类的节目（Fantastico）在乡村地区特别流行，因为它呈现这类事物。在亚马逊河沿岸的几个城镇，年度的民俗节现在更慷慨地为拍摄提供舞台。例如，在亚马逊的 Parantins 镇，一船一船在一年中的任何时刻到达的游客都能看到该镇一年一度的 Bumba Meu Boi 节的录影带。这是一种模仿斗牛的化妆表演，其中有些部分在 Fantástico 上播放过。这种地方社区为了表演给电视台和游客观看的保留、复兴和扩大传统仪式规模的形式正在扩展。

巴西电视台通过促进节日如狂欢节和圣诞节的传播流行也扮演了"自上而下"的角色（Kottak，1999a）。电视帮助了狂欢节在传统的城市中心之外的全国性流行。不过，对全国范围播放狂欢节及其饰物的影像（复杂的游行、服装和狂热的舞蹈）的地方反应并不是对外界刺激的简单或者千篇一律的回应。

当地的巴西人没有直接采纳狂欢节，而是有各种不同的回应方式。通常他们不是接受狂欢节本身而是修饰他们的地方节日以使其符合狂欢节的形象。其他人则主动摈弃狂欢节。例如，在阿伦贝培，狂欢节在这里从来都不重要，可能是因为它在日期上接近主要的地方节日，即在 2 月份举行的纪念亚西西的圣方济各（Saint Francis of Assisi）的节日。过去，村民无法承受庆祝两个节日的负担。现在，阿伦贝培人不仅拒绝狂欢节，也日渐反感他们自己的主要节日。因为每年 2 月份，这个节日吸引成千上万的游客来到阿伦贝培，圣方济各节已经成为"一个外来者的活动"，阿伦贝培人对这一事实感到愤怒。村民们认为商业利益和外来者占有了圣方济各节。

与这些趋势相反，很多阿伦贝培人现在更喜欢参加传统的 6 月份纪念圣约翰（Saint John）、圣彼得（Saint Peter）和圣安东尼（Saint Anthony）的节日。在以前，这些被视为比圣方济各节规模小得多的节日。阿伦贝培人现在用新的活力和热情庆祝这些节日，作为对外来者和他们庆祝活动的反应，真实并接受拍摄。

 # 制造和再造文化

任何媒体创造的形象如狂欢节，都可以从性质和影响方面加以分析。它也可以被作为一个**文本**（text）来分析。我们通常认为文本就是书，就像本书一样。其实它有更广泛的意义。人类学家用文本指代可以被"阅读"、阐释和赋予意义的任何东西。从这个意义上说，文本不一定非得是写就的。这一术语可能指代一部电影、一个形象或者一个事件，如狂欢节。当巴西人参与狂欢节的时候，他们将它作为一个文本"阅读"。这些"读者"从狂欢节事件、形象和活动中得出自己的意义和情感。这种意义可能与文本创造者如官方赞助商设想的截然不同（创作者预期的"解读"或者意义——或者精英认为是预期的或正确的意义——可被称为霸权性解读）。

趣味阅读 雨林之音

巴布亚新几内亚政府已经批准了美国、英国、澳大利亚和日本公司对雨林中卡鲁利人（Kaluli）和其他土著民族居住地的石油开发。森林退化往往伴随着伐木，放牧，筑路，培育濒危植物以及动物、民族和文化的消失。随树木一起消失的是歌曲、神话、词汇、思想、手工艺品和技术——雨林民族如卡鲁利人的文化知识和实践。人类学家和民族音乐学家菲尔德（Steven Feld）已经研究卡鲁利人超过 20 年了。

菲尔德与感恩而死乐队（Grateful Dead）的哈特（Micky Hart）在一个旨在通过音乐促进卡鲁利人文化生存的项目中合作。多年以来，哈特致力于通过教育基金、音乐会策划和录制来保存音乐多样性，包括光闪之声唱片公司（Rykodisc）发行的成功的"The World"系列。《雨林之音》是完全出自巴布亚新几内亚土著音乐的首张专辑。它用 1 个小时记录了博萨维村庄中卡鲁利人全天 24 小时的生活。该专辑使得文化生存和传播在高质量商品中的形式成为可能。博萨维成为杂糅音乐和自然环境之声的"音景"的代表。卡鲁利人将自然中鸟、蛙、河流、溪水都编织进他们的文本、旋律和节奏中。他们与小鸟和瀑布一起唱歌和吹口哨。他们与鸟、蝉一起谱写二重奏。卡鲁利项目于 1991 年世界地球日在《星球大战》创作者卢卡斯（George Lucas）的"天行者农场"（Skywalker Ranch）启动。在那里，"雨林行动网路"（Rainforest Action Network）的执行理事海耶斯（Randy Hayes）和音乐家哈特谈及雨林破坏和音乐生存的关联问题。随后是为卡鲁利人民基金举行的旧金山募捐晚宴。这个信托基金是为了从卡鲁利专辑中收取版税而建立的，这是菲尔德为促进卡鲁利文化生存而制定的经济策略。

雨林之音被以"世界音乐"的名义在市场上推出。这一术语本意是在强调文化多样性，即音乐来源于世界的所有地区、所有文化。"部落"音乐加入西方音乐作为一种值得表演、倾听和保存的艺术表现形式。哈特的系列既包含了非西方来源的音乐，也提供了西方世界主流族群的音乐。

哈特的唱片系列旨在保存"濒危音乐"，使土著民族免受艺术损失。其意图在于为被主流世界体系消声的人们赋予一种"世界之音"。1993 年，哈特发起了一个新的系列——"国会图书馆濒危音乐项目"，该项目包含了对由美国民俗生活中心（American Folklife Center）收集的田野唱片的重新灌录。该系列的第一部分，"灵魂在哭泣"（The Spirit Cries），集中了来自南美洲、中美洲和加勒比文化中的音乐。项目所得被用于支持表演和这些地方的文化传统。

在《雨林之音》中，菲尔德和哈特将所有"现代的"和"主导的"的声音排除在他们的唱片之外。唱片中没有卡鲁利村民现在每天听到的世界体系的声音。现在唱片使"机械音"沉寂下来：飞机跑道上割草的拖拉机、气体发生器、锯木厂、直升机和往返于石油钻探区域间的小飞机的嗡嗡声。不见的还有村庄教堂的钟声、阅读《圣经》的声音、福音派的祈祷和赞美诗，以及老师和学生在只能讲英文的学校里的声音。

最初，菲尔德预测试图创造与侵入的力量和声音隔绝的理想化的卡鲁利"音景"将招致批评。他期待在卡鲁利人中间，关于他项目的价值，人们有多种观点：

> 这是一个有些卡鲁利人毫不关心的音景世界，一个还有些卡鲁利人瞬间就选择忘记的世界，一个有些卡鲁利人愈发怀旧和感到不安的世界，一个还有些卡鲁利人仍然生活、创造和倾听的世界。这是越来越少的卡鲁利人会主动想知道和珍视的声音世界，但也是越来越多的卡鲁利人只能从磁带上听到并且感伤地感到疑惑的世界。（Feld，1991，p.137）

尽管有这些担忧，但是在 1992 年携内置扬声器和唱片返回巴布亚新几内亚的时候，菲尔德获得了势不可挡的积极回应。博萨维人的反应非常善意。他们不仅感谢唱片，而且得以用捐给卡鲁利人民基金的《雨林之音》的版税建立了一座急需的社区学校。

来源：Based on Steven Feld, "Voices of the Rainforest," Public Culture 4（1）:131-140（1991）.

　　媒体信息的"阅读者"不断生产自己的意义。他们或许会抵制或反对文本的支配意义，又或许利用文本反支配的方面。在此之前，我们提到过美洲的奴隶喜欢摩西和解救的圣经故事胜过他们的主人所教的接受和服从的霸权训诫。

 ## 流行文化

　　在《理解流行文化》（1989）一书中，菲斯克（John Fiske）将每个个体对流行文化的运用视作创造性的行动（对一文本的独创性"解读"）。（例如，麦当娜、滚石乐队和《指环王》对不同的追捧者而言有不同的意义。）正如菲斯克所说："当我认为我从一个文本中制造的意义是属于我的意义，并且以实际和直接的方式与我的日常生活相关的时候，这是令人愉快的。"（Fiske，1989，p.57）我们所有人都可以创造性地"阅读"杂志、书籍、音乐、电视、电影、名流以及其他流行文化产品（参见 Fiske and Hartley，2003）。

　　个体也依靠流行文化表达反抗。通过运用流行文化，人们可以象征性地反抗他们每天面对的不平等的权力关系——在家庭中、工作中和教室中。流行文化（从说唱音乐到喜剧）都可以被无权或者感到无权和受压迫的群体用来表达不满和反抗。

 ## 流行文化的本地化

　　要理解文化变迁，认识到意义可能是地方制造的这一点很重要。人们赋予接收的文本、信息和产品以自己的意义和价值。这些意义反映出他们的文化背景和经历。当来自世界中心的力量进入新的社会时，它们被本地化了——被修正以适合本地文化。这对于快餐、音乐、住宅风格、科学、恐怖主义、庆典以及政治理念和机构等不同的文化力量同样适用（Appadurai，1990）。

　　以影片《第一滴血》在澳大利亚的接受效果作为流行文化可能被本地化的一个例子。迈克尔斯（Michaels，1986）发现《第一滴血》在澳大利亚中部沙漠的土著人中非常流行，他们为影片赋予了自己的意义。他们的"解读"不同于制片方的本意，也与多数北美人不同。澳大利亚土著将片中主人公兰博（Rambo）视为卷入与白人官员阶级斗争的第三世界的代表。这一解读表达了他们对于白人家长制和既存种族关系的消极情绪。澳大利亚土著也认为兰博和他所救的囚犯之间存在部落联结和亲属纽带。从他们的经验出发，这些都是合情合理的。澳大利亚土著在澳大利亚监狱中人数众多。他们最有可能的解救者就是与他们有私人关系的人。对《第一滴血》的这种解读是从文本中得出的相关意义，而不是文本本身具有的（Fiske，1989）。

 ## 图像的世界体系

所有的文化都表达想象——在梦、幻想、歌曲、神话和故事中。然而今天，更多地方的更多人能够比以往任何时候想象到"一系列更广泛的'可能'的生活"。这种变化的一个重要来源是代表着丰富且千变万化的可能的生活方式的大众传媒（Appadurai，1991，p.197）。美国是世界传媒中心，并有加拿大、日本、西欧、巴西、墨西哥、尼日利亚、埃及、印度的加盟。

就像几百年来印刷所做的一样，电子传媒也能传播甚至帮助创造国家和民族认同。与印刷出版相似，电视和广播可以将不同国家的文化在本国境内传播，由此提升国家文化认同。例如，从前与城市和国家事件、信息隔绝（由于地理隔绝或者文盲）的数百万巴西人现在通过电视网络参与到全国性的通信体系中（Kottak，1999a）。

对电视的跨文化研究反驳了美国人关于其他国家的电视收看上所持的民族中心主义观点。这种错误观念认为美国的电视节目必然战胜地方节目。这种情况在存在有吸引力的地方竞争时不会发生。以巴西为例，最有名的电视网（TV Globo）严重依赖地方节目。TV Globo（巴西环球电视台）最流行的节目是 telenovelas，即地方制作的与美国肥皂剧相似的电视连续剧。Globo 每晚 8 点向世界上最庞大、最投入的观众（全国 6 000 万~8 000 万观众）播放。吸引大量人群的这一节目是由巴西人制作的，也是为巴西人制作的。因此，巴西电视正在推广的不是北美文化而是新的泛巴西国家文化。巴西节目也参与国际竞争。它们被出口到 100 多个国家，跨越拉丁美洲、欧洲、亚洲和非洲。我们可以这样概括，文化陌生的节目在任何有高质量的本

趣味阅读 运用现代技术保护语言和文化多样性

虽然有些人将现代技术视为对文化多样性的威胁，但也有人看到了技术可以使社会群体表达自身。人类学家伯纳德（H. Russell Bernard）是教濒危语言的使用者如何用电脑书写他们的语言的先驱。伯纳德的工作使语言和文化记忆得以保存。墨西哥和喀麦隆的本土民族用他们的母语表达作为个体的自己，并为不同的文化提供内部人的解释。

墨西哥伊达尔戈州乡村学校的一名教师萨利纳斯（Jesús Salinas Pedraza），几年前开始着手文字处理并创作一本纪念性书籍，全书共25万字，用纳胡鲁（Näh ñu）语言记录了他自己的印第安文化。内容无所不包：民间故事和传统宗教信仰、植物和矿物的实际使用以及生活在田地和村庄中的日常流动……

萨利纳斯先生既不是人类学教授也不是文体家。但他却是第一个用纳胡鲁语（NYAW-hnyu）写书的人。纳胡鲁语是几十万印第安人的母语，以前是非书写语言。

这种使用微型计算机和台式电脑发表、用无文字传统的语言写就的作品现在被人类学家鼓励用于以内部人的眼界记录民族志。他们将此视为保存文化多样性和人类知识财富的一种途径。更紧迫地，语言学家用技术作为挽救世界上有些濒临灭绝的语言的手段。

语言学家认为世界上 6 000 种语言的半数濒临灭绝。这些语言为小型社会所使用，它们随着更大、更有活力文化的入侵而衰弱。年轻人在经济压力下只会学习主导文化的语言，和有书写历史的语言如拉丁语不同，随着年老的一代相继过世，非书写语言就会消失。

伯纳德博士是佛罗里达大学（Gainesville）的人类学家，就是他教会萨利纳斯先生用本族语阅读和书写的。他说："语言总是出现又消失……但是语言似乎比以往消失得更快。"

阿拉斯加大学费尔班克斯分校阿拉斯加土著语言研究中心（the Alaska Native

Language Center）的负责人克劳斯（Michael E. Krauss）博士估计美洲的 900 种土著语言中，有 300 种已濒临消失。就是说，它们不再为儿童所使用，可能在一代或两代之后完全消失。在阿拉斯加的 20 种土语中只有两种仍然有孩子在学习……

为了保护墨西哥的语言多样性，伯纳德博士和萨利纳斯先生于 1987 年决定开始教印第安人用计算机阅读和书写自己的语言。他们在墨西哥瓦哈卡州（Oaxaca）建立了一个本土识字中心，在那里，人们可以追随萨利纳斯先生的脚步用其他印第安语写书。

瓦哈卡中心超越了多数集中于教人们用土语说和阅读的双语教育项目。相反，如伯纳德博士认定的，这一项目实施的前提是假设多数土语缺乏的是用自己语言写作的作者……

瓦哈卡项目的影响正在扩散。由于对萨利纳斯先生和其他人印象深刻，伊利诺伊大学人类学家威腾（Norman Whitten）安排厄瓜多尔的教师前往瓦哈卡学习技巧。

现在厄瓜多尔的印第安人已经开始用盖丘亚（Quechua）语和舒瓦拉（Shwara）语书写自己的文化。其他来自玻利维亚和秘鲁的人正在学习用电脑书写他们的语言，包括古印加人的语言盖丘亚语，现在在安第斯山地区仍然有 1 200 万印第安人讲这种语言……

伯纳德博士强调，这些土语识字项目并没有阻碍人们学习国家主导语言的意图。"我认为若保持单一语言会导致被国家经济排斥，那么它就没有益处也不迷人了。"他说。

来源：Excerpted from John Noble Wilford, "In a Publishing Coup, Books in 'Unwritten' Languages," New York Times, December 31, 1991, pp.B5, B6.

地选择的地方都不会表现太好。这在很多国家都得到了证实。国产节目在日本、墨西哥、印度、埃及和尼日利亚都极为流行。在 20 世纪 80 年代中期进行的一项调查中，75% 的尼日利亚观众选择本土节目。只有 10% 偏爱进口节目，还有剩下的 15% 两种同样喜欢。本土节目在尼日利亚之所以成功是因为"它们充满了观众可以产生共鸣的日常时刻。这些节目是尼日利亚人的本土制作"（Gary，1986）。每一周有 3 000 万人观看最流行的电视剧《村长》（*The Village Headmaster*）。这个节目将乡村价值观搬上了已经失去了与乡村之根的联系的都市人的屏幕（Gary，1986）。

大众传媒也在保持跨国居民的国家和民族认同方面起着作用。离散群体（diaspora，从原籍或祖籍离散在外的人）扩大了面向特定的民族、国家或者宗教的人群的媒体、通信和旅行服务的市场。只要付一笔费用，位于弗吉尼亚费尔法克斯的 PBS（美国公共广播公司）就可以向哥伦比亚特区的移民群体提供每周 30 余个小时的时间让他们用自己的语言制作节目。

 ## 跨国的消费文化

除了电子传媒，另一个重要的跨国力量是金融。跨国公司和其他企业到国境之外寻找投资地并获利。阿巴杜莱（Arjun Appadurai，1991，p.194）这样说："资本、商品和人在世界范围内无休止地相互追逐。"很多拉丁美洲社区的居民现在依赖国际迁移劳动力寄回的外国货币。美国经济也日益受到外国特别是来自英国、加拿大、德国、荷兰和日本的投资的影响（Rouse，1991）。美国经济对外国劳动力的依赖也通过移民和工作外包而加强了。

当今的全球文化为人员、技术、金融、信息、图像和意识形态的流动所驱动（Appadural，1990，2001）。商业、技术和媒体增加了全世界对商品和图像的渴望（Gottdiener，2000）。这促使民族国家向全球的消费文化开放。今天几乎所有人都参与这种文化。几乎没有人从未见过印有西方产品广告的 T 恤衫。美国和英国摇滚明星的专辑在里约热内卢的街道回响，而从多伦多到马达加斯加的出租车上都在播放巴西音乐。农民和部落民参与现代世界体系不仅因为受制于现金，也因为他们的产品和形象被世界资本主义所使用

（Root，1996）。他们被其他人商业化了（如电影《上帝也疯狂》中的桑人）。此外，土著民族也通过"文化幸存者"等途径推销自己的形象和产品（参见Mathews，2000）。

 # 迁移中的人

现代世界体系中的联系既扩大又消除了旧的界限和区别。阿巴杜莱（Arjun Appadural，1990，p.1）将当今世界描绘为"崭新"的、"跨地方"的"互动体系"。无论是难民、移民、游客、朝圣者、改宗者、劳工、商人、开发人员、非政府组织的雇员、政治家、恐怖分子、士兵、运动员，还是媒体塑造的形象，人们似乎比以往流动得更多。

在前面的章节中，我们看到觅食者和牧民是传统上是半游牧的或游牧的。然而今天，人类活动的范围急剧扩展了。跨国迁移变得如此重要以至于很多墨西哥村民发现"他们最重要的亲属和朋友有可能住在千里之外，也可能近在咫尺"（Rouse，1991）。很多移民保持着与故土的联结（打电话、发电子邮件、拜访、寄钱、看"民族电视"）。在某种程度上，他们是多地方地生活着——同时在不同的地方。例如，纽约的多米尼加人，被描绘为居于"两岛之间"：曼哈顿岛和多米尼加共和国（Grasmuck and Pessar，1991）。许多多米尼加人和来自其他国家的移民一样——近期迁移到美国，寻找金钱以便在返回加勒比海的时候改变其生活方式。

因为有如此多的人"在迁移中"，人类学的研究单位由地方社区扩展至**离散群体**（diaspora）——已经散居到很多地方的某一地区的后代。人类学家日益追随我们研究过的村民的后裔从乡村迁移到城市和跨越国境。在 1991 年芝加哥美国人类学联合会年会上，人类学家坎普（Robert Kemper）组织了一个关于长期民族志田野工作的专题会议。坎普自己的长期研究的关注点是墨西哥的钦专坦（Tzintzuntzan）村庄，他和他的导师福斯特（George Foster）已经在此做了几十年的研究。但是他们的资料库现在不仅限于钦专坦，还包括其遍布世界各地的后人。因为有散居在外的钦专坦人，坎普甚至可以利用在芝加哥的某些时间拜访已经在这里建立起聚居地的钦专坦人。在当今世界，人们迁移的时候也带上了他们的传统和人类学家。

后现代性（postmodernity）描绘了我们的时代和状况：当今世界在流动，流动的人们学会了依照不同的地点和背景处理多重身份。在最一般化的意义上，**后现代**（postmodern）指的是模糊和打破已经确立的准则（规则或标准）、类别、区别和界限。该词出自**后现代主义**（postmodernism）——建筑学中继现代主义之后的一种风格和运动，开始于 20 世纪 70 年代。后现代建筑舍弃了现代主义的规则、几何顺序和朴素。现代主义的建筑应该有清晰的和实用的设计。后现代设计"更凌乱"、更活泼。它从不同的时代和地区吸收了多样的风格——包括流行的、民族的和非西方文化的。后现代主义将"价值"扩展到经典、精英和西方文化形式之外。后现代现在被用来形容音乐、文学和视觉艺术中的类似发展。从这一来源出发，后现代性描绘的是一个其中的传统标准、区别、群体、界限和身份认同是开放的、延伸的和被打破的世界。

全球化促进了文化间的交流，旅行和移民将不同社会的人引入了直接联系。这个世界比以往任何时候都要融合。但是分裂也同样伴随着我们。和政治集团解体一样，国家也解体了（南斯拉夫、苏联）。

与此同时，新型的政治和民族单位正在出现。在有些情况下，文化和族群在更大的联盟中结合起来。出现了日益发展的泛印第安人认同（Nagel，1996）和国际性的泛部落运动。因此，1992 年 6 月，世界土著民族大会和UNCED（联合国环境与发展大会）在里约热内卢同时召开。和外交官、记者以及环保主义者一同出席的还有在现代世界中保存下来的部落多样性的 300 名代表——从拉普兰德到马里（Brooke，1992；也参见 Maybury-Lewis，2002）。

 # 土著民族

随着 1982 年联合国土著人工作组（WGIP）的设立，土著人这一术语和概念在国际法中获得了合法性。联合国土著人工作组每年召开一次会议，代表来自所有六个大陆。1989 年联合国土著人工作组起草了《土著民族权利宣言草案》，该草案于 1993 年被联合国接受进入讨论议程。同样在 1989 年，169 号公约［一份支持文化多样性和土著赋权 ILO（国际劳工组织）的文件］获得通过。这些宣言和文件，和联合国土著人工作组的工作一起，已经影响了政府、NGO 和包括世界银行在内的国际机构，对土著民族表达了更多的关注，并采取有益于土著民族的政策。世界范围内的社会运动已经采用"土著民族"这一术语作为以过去受压制但现在被合法化的社会、文化和政治权利调查为基础的自我认同和政治标签（de la Peña，2005）。

在说西班牙语的拉丁美洲，社会科学家和政治家赞成用术语 indigena（土著人）而不是 indio（印第安人）——西班牙和葡萄牙征服者过去用于指代美洲本土居民的殖民词语。国家独立运动终结了拉丁美洲的殖民主义，土著民族的境遇没有得到必然的改善。对于新国家中的白人和梅斯蒂索人（mestizo）（欧洲人与美洲印第安人的混血儿——译者注）而言，印第安人和他们的生活方式被认为异于（欧洲）文明。但是在主张提高印第安人福利的社会政策的知识分子看来，印第安人也是可以救赎的（de la Peña，2005）。

直到 20 世纪 80 年代中期至晚期，拉丁美洲的公共话语和国家政策强调同化，反对土著认同和流动。印第安人被与传奇的过去相联系，但是现在却被边缘化，除了博物馆、旅游和民族活动。阿根廷的印第安人几乎是隐形的。玻利维亚土著和秘鲁土著被鼓励自我认同为 campesino（农民）。过去 30 年见证了巨大变迁。现在侧重点已经从生物和文化同化——混杂文化（mestizaje）——转变为重视差异，特别是印第安人特质。在厄瓜多尔，以前被视为讲盖丘亚语（Quechua-speaking）的农民现在被划为有指定领地的土著社区居民。其他安第斯地区的"农民"也经历了重新土著化。巴西已经在东北部认可了 30 个土著社区，其中有一个曾经被认为已经没有土著人口了。在危地马拉、尼加拉瓜、巴西、哥伦比亚、墨西哥、巴拉圭、厄瓜多尔、阿根廷、玻利维亚、秘鲁和委内瑞拉，宪法改革已经将这些国家确认为多文化国家（Jackson and Warren，2005）。有几个国家的宪法现在承认土著民族在文化特殊性、可持续发展、政治代表性和有限的自治方面的权利。例如，在哥伦比亚，土著社区被承认为大片领土的合法占有者。他们的领导者和地方议会

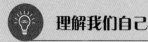 **理解我们自己**

　　身为散居群体的一员和拥有散居认同如泛印第安或者泛非洲认同是有差异的。散居认同经过旨在传播或者加强此类认同的媒体和政治、文化组织的炒作，在当今世界日益重要。所有人类都是某个散居群体的成员。所有美国人，包括土著印第安人，都起源于其他地方。有些群体，包括英国人、法国人、西班牙人、葡萄牙人、荷兰人、意大利人、波兰人、犹太人、黎巴嫩人、非洲人和中国人，已经大范围地迁移并在很多国家定居。但是还有更早的移民，如引发波利尼西亚群岛的定居那一支——始于 3 000 年前。美洲印第安人的离散的祖先遍及北美洲和南美洲。澳大利亚的最早居民，可能来自印度尼西亚，在 5 万年至 6 万年前，然后很晚之后才在作为英国殖民地的一部分，重新定居。

　　当狩猎成为人类适应策略的一部分，直立人将人类的活动范围延伸至非洲、欧亚大陆及其以外的地方。迁移的直立人群是突出的散居者的一部分，但是他们无疑缺少散居认同。散居是后来出现在非洲之外，包括将解剖学意义上的现代人带到欧洲、亚洲，最终到达美洲的大移民。在奴隶制下被迫迁出非洲的移民是后来的非洲散居者出现的原因，这些非洲散居者为美国、加勒比、巴西和西半球很多其他国家的定居作出了贡献。虽然我们很多人缺乏散居认同的意识，但接触人类学无疑使我们相信我们都有权享有这种认同。很少人能声称他们属于永世居住在家乡的一个支系。

享有与任何地方政府一样的权益。哥伦比亚参议院为印第安代表保留两个席位（de la Peña，2005）。

　　在拉丁美洲，土著民族寻求民族自决，并强调：（1）他们的文化特殊性；（2）包含国家重组的政治改革；（3）领土主权和获得自然资源，包括对经济发展的控制权；（4）针对土著的军事和治安权力的改革（Jackson and Warren，2005）。

　　土著权利运动以及政府对此的回应，发生在包括聚焦人权、妇女权利和环保事业的跨国社会运动的全球化背景之下。跨国组织帮助土著民族影响国家的法制议程。致力于发展和人权的非政府组织已经将土著民族视为其客户。很多拉丁美洲国家签署了国际人权条约和协议。

虽然从 20 世纪 80 年代开始，拉丁美洲经历了从极权统治向民主统治的总体转变，民族、种族歧视和不平等并未就此消失。我们也应该认识到土著组织也付出了高昂的代价，包括土著领导人及其支持者被暗杀。尤其是在危地马拉、秘鲁和哥伦比亚，存在严重的政治压迫，相伴随的还有数以千计的土著遇害者、土著难民和境内流离失所的人群（Jackson and Warren，2005）。

库彭斯和格史里（Ceuppens and Geschiere，2005）考察了最近在世界上的不同地区兴起的一个概念——土生土长（autochthony）（是发现地的土著或者形成于发现地）——隐含着排斥外人的呼吁。土生土长和土著（indigenous）都可追溯到古希腊史，有着相似的隐含意义。土生土长指自我和土地。土著的字面意思是生在内部，在古希腊语中有"生在屋内"的引申义。两个概念都强调面对外人时保卫祖先之地（世袭遗产）的需要，此外，还有先来者相对于合法或非法的后来的移民享有特权和保护（Ceuppens and Geschiere，2005）。

20 世纪 90 年代，土生土长成为非洲很多地区的问题，激发了排斥"外人"的暴力行动——尤其是在说法语的（Francophone）地区，但是也波及说英语的（Anglophone）国家。与此同时，土生土长在欧洲成为移民和多元文化主义辩论中的关键概念。不同于"土著民族"，土生土长由欧洲的多数群体提出。这个术语突出了排外在世界范围内的日常政治中的显著性（Ceuppens and Geschiere，2005）。一个熟悉的例子是美国，以始于 2006 年春天的国会关于非法移民问题爆发的辩论为代表。

土著政治中的认同

本质论（essentialism）描述的是一种进程，它将认同视为确立的、真实的和僵化的，掩藏了认同形成的历史进程和政治。在"殖民主义与发展"一章中讨论的卢旺达"胡图"和"图西"的民族标签即为一例，这些标签在创制时与民族毫无关系。民族国家运用本质化策略（如图西-胡图区分）使等级永存且使针对被视为不是完全的人的群体的暴力合理化。

　　认同绝对不是固定的。我们在"民族和种族"一章中看到认同是流动的和多样的。人们利用特定的、有时是竞争的自我标签和认同。例如，有些秘鲁群体自我认同为混血梅斯蒂索人，但是依然视自身为土著。他们不需要讲土著语言，或者穿"土著"服装。认同在经过各种各样的协商之后，在特定的时间和地点由特定的个人和群体所维护。土著认同与其他认同成分包括宗教、种族和性别共存，且必须在这些成分组成的背景中处理。认同必须被视为：（1）潜在多元的；（2）通过特定的过程出现；（3）在特定的时间和地点成为某人或某事物的方式（Jackson and Warren，2005）。

 ## 土著民族与民族志

　　土著运动、政治动员和认同政治是如何影响民族志的？斯特朗（Pauline Turner Strong，2005）通过近期在美洲印第安人中间和北美进行的民族志研究详尽地梳理了这一问题。传统民族志研究的标志是在一个地方社区集中地、长期地参与观察。这种研究今天在北美印第安人中间仍在持续，但是通常发生在制度化的场景中，如部落学校、博物馆、文化中心、赌场和旅游度假区。这种部分的变化反映出土著偏好：这些机构是土著社区和外部世界的中介。在这些地点，人类学家可以进行基于社区的研究而无须侵扰私人生活。而且，这也是自我呈现、自决、遣返和经济发展的理想环境。例如，博物馆研究已经催生了新的关于部落文化中心的民族志（Strong，2005）。

　　同样，关于美洲印第安人的民族志研究也越来越多地选取政府机关，包括部落事务局、法庭和社会服务机构作为地点。这些研究对正式访谈和档案研究的倚重程度与参与观察是一样的。此类研究的主题包括：（1）部落政治与区域、国家以及全球政治经济的勾连；（2）土著社区内部的政治分化与合作；（3）土著社区内部、相互之间以及与周围的非印第安社区之间的种族政治；（4）部落社区中的主管部门和司法机关（Strong，2005）。主权和认同政治的出现是中心线索，人类学家作为部落研究者进行着以识别、承认和遣返为目标的研究。

与自 20 世纪 90 年代以来在北美和拉丁美洲的研究相比，土著人口占全国总人口 2% 的澳大利亚关于社会运动和认同政治的人类学研究较少。在澳大利亚，20 世纪 90 年代是和解期，目标在于创造澳大利亚移民和土著民族之间的新型关系。土著调停和解委员会（CAR）将自己定位为一个民族的内部事务机构。2000 年 5 月 28 日，继主要的公众事件 corroboree 2000（corroboree 指澳大利亚原住民的歌舞会）之后的人们徒步和解活动中，25 万人徒步穿越悉尼大桥。2002 年 12 月，土著调停和解委员会发布了最终报告。虽然土著和其他澳大利亚人共同致力于了解和帮助治愈过去的伤痕，但联邦政府尚未正式承认 2002 年的土著调停和解委员会的报告（Merlan，2005）。

梅尔兰（Francesca Merlan，2005）写道：直到非常晚近的时候，关于澳大利亚土著及其文化的看法还倾向于忽视他们对殖民和欧洲移民的回应。土著社会要么被视为受到殖民条约的重击（在主要的欧洲移民定居地区），要么被视为没有改变，如在更偏远的地区。人类学家重视土著文化，认为它们可以被视为区别于主流社会的传统和独特的文化。

本特（Ronald Berndt，1969）是一个例外，他将所看到的描绘为澳大利亚土著渐进的和迟到的抗议。本特发现，在多数抗议活动的背后是外部机构。他将土著活动的积极分子视作"为了所有实际意图的澳大利亚-欧洲人"，在土著的过去中寻找共同认同，这种潮流本身是"一种社会运动"（Berndt，1969，p.41）。他总结说，一旦人们"在与他人的关系中看待自己，一旦他们处于比较的位置，抗争之路就得以大开"（p.42）。换句话说，虽然抗争反映出边缘化和压迫，引导澳大利亚土著抗争的行动主义观念和作风已经在与澳大利亚国家文化的互动中出现了（Merlan，2005）。这是不常见的。没有哪个社会运动是游离于包含它的国家的。也没有任何一个当下的国家与世界体系、全球化和跨国组织相隔绝。

文化多样性的延续

人类学在促进一个尊重人类生物和文化多样性价值的更人性化的社会变

革图景中可以扮演关键的角色。人类学的存在本身为理解全世界人类之间异同的持续性需求作出了贡献。人类学告诉我们人类的适应反应可以比其他物种更为灵活，因为我们主要的适应手段是社会文化的。但是，过去的文化形式、机构、价值观和习俗总是影响随后的适应，衍生出持续的多样性并赋予不同群体的行动和反应以某种独特性。利用所学知识和对我们专业责任的认识，让我们使人类学这一关于人的研究成为所有科学中最人性化的学科。

图书在版编目（CIP）数据

理解人类多样性：科塔克人类学 /（美）康拉德·菲利普·科塔克著；黄剑波等译.
—北京：中国人民大学出版社，2020.9
书名原文：Anthropology: The Exploration of Human Diversity，Twelfth Edition
ISBN 978-7-300-28548-1

Ⅰ.①理… Ⅱ.①康… ②黄… Ⅲ.①人类学 – 研究 Ⅳ.①Q98

中国版本图书馆CIP数据核字（2020）第178679号

理解人类多样性：科塔克人类学

[美]康拉德·菲利普·科塔克（Conrad Phillip Kottak）   著
黄剑波 方静文 等 译
Lijie Renlei Duoyangxing:Ketake Renleixue

出版发行	中国人民大学出版社			
社　址	北京中关村大街31号		**邮政编码**	100080
电　话	010-62511242（总编室）		010-62511770（质管部）	
	010-82501766（邮购部）		010-62514148（门市部）	
	010-62515195（发行公司）		010-62515275（盗版举报）	
网　址	http:www.crup.com.cn			
经　销	新华书店			
印　刷	涿州市星河印刷有限公司			
规　格	170mm×240mm　16开本		**版　次**	2020年9月第1版
印　张	30插页2		**印　次**	2020年9月第1次印刷
字　数	449 000		**定　价**	88.80元